国家出版基金项目
NATIONAL PUBLICATION FOUNDATION

"十三五"国家重点图书出版规划项目

智能制造
系列丛书

智能制造

技术前沿与探索应用

郑力　莫莉　著

U0286049

INTELLIGENT MANUFACTURING
FRONTIERS AND IMPLEMENTATION

清华大学出版社

北京

图书在版编目（CIP）数据

智能制造：技术前沿与探索应用/郑力，莫莉著. —北京：清华大学出版社，2021.1(2024.6重印)
（智能制造系列丛书）
ISBN 978-7-302-54986-4

Ⅰ. ①智… Ⅱ. ①郑… ②莫… Ⅲ. ①智能制造系统 Ⅳ. ①TH166

中国版本图书馆 CIP 数据核字(2020)第 030554 号

责任编辑：冯　昕　赵从棉
封面设计：李召霞
责任校对：赵丽敏
责任印制：刘　菲

出版发行：清华大学出版社
　　　　　网　　　址：https://www.tup.com.cn，https://www.wqxuetang.com
　　　　　地　　　址：北京清华大学学研大厦 A 座　　邮　　编：100084
　　　　　社 总 机：010-83470000　　　　　邮　　购：010-62786544
　　　　　投稿与读者服务：010-62776969，c-service@tup.tsinghua.edu.cn
　　　　　质量反馈：010-62772015，zhiliang@tup.tsinghua.edu.cn
印　装　者：大厂回族自治县彩虹印刷有限公司
经　　　销：全国新华书店
开　　　本：170mm×240mm　　印　张：20　　　　字　　数：402 千字
版　　　次：2021 年 3 月第 1 版　　　　　　印　　次：2024 年 6 月第 8 次印刷
定　　　价：68.00 元

产品编号：086368-01

智能制造系列丛书编委会名单

主　任：

　　周　济

副主任：

　　谭建荣　李培根

委　员（按姓氏笔画排序）：

王　雪	王飞跃	王立平	王建民
尤　政	尹周平	田　锋	史玉升
冯毅雄	朱海平	庄红权	刘　宏
刘志峰	刘洪伟	齐二石	江平宇
江志斌	李　晖	李伯虎	李德群
宋天虎	张　洁	张代理	张秋玲
张彦敏	陆大明	陈立平	陈吉红
陈超志	邵新宇	周华民	周彦东
郑　力	宗俊峰	赵　波	赵　罡
钟诗胜	袁　勇	高　亮	郭　楠
陶　飞	霍艳芳	戴　红	

丛书编委会办公室

主　任：

　　陈超志　张秋玲

成　员：

郭英玲	冯　昕	罗丹青	赵范心
权淑静	袁　琦	许　龙	钟永刚
刘　杨			

制造业是国民经济的主体，是立国之本、兴国之器、强国之基。习近平总书记在党的十九大报告中号召："加快建设制造强国，加快发展先进制造业。"他指出："要以智能制造为主攻方向推动产业技术变革和优化升级，推动制造业产业模式和企业形态根本性转变，以'鼎新'带动'革故'，以增量带动存量，促进我国产业迈向全球价值链中高端。"

智能制造——制造业数字化、网络化、智能化，是我国制造业创新发展的主要抓手，是我国制造业转型升级的主要路径，是加快建设制造强国的主攻方向。

当前，新一轮工业革命方兴未艾，其根本动力在于新一轮科技革命。21世纪以来，互联网、云计算、大数据等新一代信息技术飞速发展。这些历史性的技术进步，集中汇聚在新一代人工智能技术的战略性突破，新一代人工智能已经成为新一轮科技革命的核心技术。

新一代人工智能技术与先进制造技术的深度融合，形成了新一代智能制造技术，成为新一轮工业革命的核心驱动力。新一代智能制造的突破和广泛应用将重塑制造业的技术体系、生产模式、产业形态，实现第四次工业革命。

新一轮科技革命和产业变革与我国加快转变经济发展方式形成历史性交汇，智能制造是一个关键的交汇点。中国制造业要抓住这个历史机遇，创新引领高质量发展，实现向世界产业链中高端的跨越发展。

智能制造是一个"大系统"，贯穿于产品、制造、服务全生命周期的各个环节，由智能产品、智能生产及智能服务三大功能系统以及工业智联网和智能制造云两大支撑系统集合而成。其中，智能产品是主体，智能生产是主线，以智能服务为中心的产业模式变革是主题，工业智联网和智能制造云是支撑，系统集成将智能制造各功能系统和支撑系统集成为新一代智能制造系统。

智能制造是一个"大概念"，是信息技术与制造技术的深度融合。从20世纪中叶到90年代中期，以计算、感知、通信和控制为主要特征的信息化催生了数字化制造；从90年代中期开始，以互联网为主要特征的信息化催生了"互联网＋制造"；当前，以新一代人工智能为主要特征的信息化开创了新一代智能制造的新阶段。

这就形成了智能制造的三种基本范式，即：数字化制造（digital manufacturing）——第一代智能制造；数字化网络化制造（smart manufacturing）——"互联网＋制造"或第二代智能制造，本质上是"互联网＋数字化制造"；数字化网络化智能化制造（intelligent manufacturing）——新一代智能制造，本质上是"智能＋互联网＋数字化制造"。这三个基本范式次第展开又相互交织，体现了智能制造的"大概念"特征。

对中国而言，不必走西方发达国家顺序发展的老路，应发挥后发优势，采取三个基本范式"并行推进、融合发展"的技术路线。一方面，我们必须实事求是，因企制宜、循序渐进地推进企业的技术改造、智能升级，我国制造企业特别是广大中小企业还远远没有实现"数字化制造"，必须扎扎实实完成数字化"补课"，打好数字化基础；另一方面，我们必须坚持"创新引领"，可直接利用互联网、大数据、人工智能等先进技术，"以高打低"，走出一条并行推进智能制造的新路。企业是推进智能制造的主体，每个企业要根据自身实际，总体规划、分步实施、重点突破、全面推进，产学研协调创新，实现企业的技术改造、智能升级。

未来 20 年，我国智能制造的发展总体将分成两个阶段。第一阶段：到 2025 年，"互联网＋制造"——数字化网络化制造在全国得到大规模推广应用；同时，新一代智能制造试点示范取得显著成果。第二阶段：到 2035 年，新一代智能制造在全国制造业实现大规模推广应用，实现中国制造业的智能升级。

推进智能制造，最根本的要靠"人"，动员千军万马、组织精兵强将，必须以人为本。智能制造技术的教育和培训，已经成为推进智能制造的当务之急，也是实现智能制造的最重要的保证。

为推动我国智能制造人才培养，中国机械工程学会和清华大学出版社组织国内知名专家，经过三年的扎实工作，编著了"智能制造系列丛书"。这套丛书是编著者多年研究成果与工作经验的总结，具有很高的学术前瞻性与工程实践性。丛书主要面向从事智能制造的工程技术人员，亦可作为研究生或本科生的教材。

在智能制造急需人才的关键时刻，及时出版这样一套丛书具有重要意义，为推动我国智能制造发展作出了突出贡献。我们衷心感谢各位作者付出的心血和劳动，感谢编委会全体同志的不懈努力，感谢中国机械工程学会与清华大学出版社的精心策划和鼎力投入。

衷心希望这套丛书在工程实践中不断进步、更精更好，衷心希望广大读者喜欢这套丛书，支持这套丛书。

让我们大家共同努力，为实现建设制造强国的中国梦而奋斗。

周济

2019 年 3 月

技术进展之快，市场竞争之烈，大国较劲之剧，在今天这个时代体现得淋漓尽致。

世界各国都在积极采取行动，美国的"先进制造伙伴计划"、德国的"工业 4.0 战略计划"、英国的"工业 2050 战略"、法国的"新工业法国计划"、日本的"超智能社会 5.0 战略"、韩国的"制造业创新 3.0 计划"，都将发展智能制造作为本国构建制造业竞争优势的关键举措。

中国自然不能成为这个时代的旁观者，我们无意较劲，只想通过合作竞争实现国家崛起。大国崛起离不开制造业的强大，所以中国希望建成制造强国、以制造而强国，实乃情理之中。制造强国战略之主攻方向和关键举措是智能制造，这一点已经成为中国政府、工业界和学术界的共识。

制造企业普遍面临着提高质量、增加效率、降低成本和敏捷适应广大用户不断增长的个性化消费需求，同时还需要应对进一步加大的资源、能源和环境等约束之挑战。然而，现有制造体系和制造水平已经难以满足高端化、个性化、智能化产品与服务的需求，制造业进一步发展所面临的瓶颈和困难迫切需要制造业的技术创新和智能升级。

作为先进信息技术与先进制造技术的深度融合，智能制造的理念和技术贯穿于产品设计、制造、服务等全生命周期的各个环节及相应系统，旨在不断提升企业的产品质量、效益、服务水平，减少资源消耗，推动制造业创新、绿色、协调、开放、共享发展。总之，面临新一轮工业革命，中国要以信息技术与制造业深度融合为主线，以智能制造为主攻方向，推进制造业的高质量发展。

尽管智能制造的大潮在中国滚滚而来，尽管政府、工业界和学术界都认识到智能制造的重要性，但是不得不承认，关注智能制造的大多数人（本人自然也在其中）对智能制造的认识还是片面的、肤浅的。政府勾画的蓝图虽气势磅礴、宏伟壮观，但仍有很多实施者感到无从下手；学者们高谈阔论的宏观理念或基本概念虽至关重要，但如何见诸实践，许多人依然不得要领；企业的实践者们侃侃而谈的多是当年制造业信息化时代的陈年酒酿，尽管依旧散发清香，却还是少了一点智能制造的气息。有些人看到"百万工业企业上云,实施百万工业 APP 培育工程"时劲头十足,可真准备大干一场的时候,又仿佛云里雾里。常常听学者们言,CPS(cyber-physical systems,信息物理系统)是工业 4.0 和智能制造的核心要素,CPS 万不能离开数字孪生体(digital twin)。可数字孪生体到底如何构建? 学者也好,工程师也好,少有人能够清晰道来。又如,大数据之重要性日渐为人们所知,可有了数据后,又如何分析? 如何从中提炼知识? 企业人士鲜有知其个中究竟的。至于关键词"智能",什么样的制造真正是"智能"制造? 未来制造将"智能"到何种程度? 解读纷纷,莫衷一是。我的一位老师,也是真正的智者,他说:"智能制造有几分能说清楚? 还有几分是糊里又糊涂。"

所以,今天中国散见的学者高论和专家见解还远不能满足智能制造相关的研究者和实践者们之所需。人们既需要微观的深刻认识,也需要宏观的系统把握;既需要实实在在的智能传感器、控制器,也需要看起来虚无缥缈的"云";既需要对理念和本质的体悟,也需要对可操作性的明晰;既需要互联的快捷,也需要互联的标准;既需要数据的通达,也需要数据的安全;既需要对未来的前瞻和追求,也需要对当下的实事求是……如此等等。满足多方位的需求,从多视角看智能制造,正是这套丛书的初衷。

为助力中国制造业高质量发展,推动我国走向新一代智能制造,中国机械工程学会和清华大学出版社组织国内知名的院士和专家编写了"智能制造系列丛书"。本丛书以智能制造为主线,考虑智能制造"新四基"[即"一硬"(自动控制和感知硬件)、"一软"(工业核心软件)、"一网"(工业互联网)、"一台"(工业云和智能服务平台)]的要求,由 30 个分册组成。除《智能制造:技术前沿与探索应用》《智能制造标准化》《智能制造实践指南》3 个分册外,其余包含了以下五大板块:智能制造模式、智能设计、智能传感与装备、智能制造使能技术以及智能制造管理技术。

本丛书编写者包括高校、工业界拔尖的带头人和奋战在一线的科研人员,有着丰富的智能制造相关技术的科研和实践经验。虽然每一位作者未必对智能制造有全面认识,但这个作者群体的知识对于试图全面认识智能制造或深刻理解某方面技术的人而言,无疑能有莫大的帮助。丛书面向从事智能制造工作的工程师、科研人员、教师和研究生,兼顾学术前瞻性和对企业的指导意义,既有对理论和方法的描述,也有实际应用案例。编写者经过反复研讨、修订和论证,终于完成了本丛书的编写工作。必须指出,这套丛书肯定不是完美的,或许完美本身就不存在,更何况智能制造大潮中学界和业界的急迫需求也不能等待对完美的寻求。当然,这也不能成为掩盖丛书存在缺陷的理由。我们深知,疏漏和错误在所难免,在这里也希望同行专家和读者对本丛书批评指正,不吝赐教。

在"智能制造系列丛书"编写的基础上,我们还开发了智能制造资源库及知识服务平台,该平台以用户需求为中心,以专业知识内容和互联网信息搜索查询为基础,为用户提供有用的信息和知识,打造智能制造领域"共创、共享、共赢"的学术生态圈和教育教学系统。

我非常荣幸为本丛书写序,更乐意向全国广大读者推荐这套丛书。相信这套丛书的出版能够促进中国制造业高质量发展,对中国的制造强国战略能有特别的意义。丛书编写过程中,我有幸认识了很多朋友,向他们学到很多东西,在此向他们表示衷心感谢。

需要特别指出,智能制造技术是不断发展的。因此,"智能制造系列丛书"今后还需要不断更新。衷心希望,此丛书的作者们及其他的智能制造研究者和实践者们贡献他们的才智,不断丰富这套丛书的内容,使其始终贴近智能制造实践的需求,始终跟随智能制造的发展趋势。

2019 年 3 月

制造业是立国之本,是打造国家竞争能力和竞争优势的主战场,一直受到各国政府的高度重视。近年来,新一代人工智能技术与先进制造技术深度融合所形成的新一代智能制造技术,成为新一轮工业革命的核心驱动力。为抢占国际竞争的制高点,在全球产业链和价值链中占据有利位置,世界大国纷纷将智能制造的发展上升为国家战略,全球新一轮工业转型升级竞赛就此展开。习近平总书记在党的十九大报告中强调,要加快建设制造强国,加快发展先进制造业,促进我国产业迈向全球价值链中高端,培育若干世界级先进制造业集群。可以预见,随着智能制造在全球范围内的孕育兴起,全球产业分工格局将被重塑,中国制造业也将迎来千载难逢的历史性机遇。

作为国内最早研究制造管理的学者与实践者,我们一直在紧密跟踪研究全球智能制造的演化、趋势与动向,一直在思索、探求中国制造的"智能"转型之路。非常幸运的是,我们的研究与探索得到了理论界和实业界的大力支持,周济院士、李培根院士、才鸿年院士等诸多制造领域的资深专家给出了许多富有建设性的建议,中国汽车行业领军者、中国一汽董事长徐留平先生等业界精英为实践案例的编写提供了大力的支持与帮助。也正是由于此,我们深感有责任、有义务,一方面要将全球智能制造的最新理论与技术前沿经系统梳理并精炼后通俗易懂地介绍给国内读者,另一方面既要将国际最新的先进实践讲明白,也要将国内企业的探索应用总结好,以供理论界和实业界参考。本书正是这些成果的汇集。

相比其他介绍智能制造的书籍,本书有以下特点。

一是在内容构架上,本书对智能制造理论、政府政策推动、企业最佳实践等3个维度进行有机整合,力求为读者展现全球智能制造演化过程的立体画卷。3个维度各有侧重,却又力求浑然一体:在理论方面,重点关注的是新思想、新模式、新工具;在政策推动方面,尤其关注"着力点"、实际成效及未来可持续发展;在最佳实践方面,着墨最多的是新的做法、新的流程与数据对比。

二是在叙述方式上,本书并没有耽于纯粹的理论说教,也没有流于枯燥的流程与工具图标,而是引导读者从近百个最佳实践案例中寻求全球智能制造的最新动向和最优路径。本书案例涵盖了全球第一产业——汽车制造的中外实践、国家竞争能力典型代表——国防军工的最新创新应用等。

三是在成果运用上，本书从提纲策划开始，就力争尽可能原汁原味地向读者呈现智能制造的发展与实践，通过大量的理论前沿、客观数据和管理事实，更加具体且直接地描述和回答"智能制造"应该"如何做"的问题。我们认为，中国企业正处于转型升级实现高质量发展的关键时期，不能仅仅停留在知道别人"做了什么"，而更应深入地了解"如何做"的过程与内涵，以及未来如何应对新技术和新趋势。

全书分为 3 篇共 11 章。

综合篇：历史、政策与趋势。第 1 章讲解了智能制造的历史沿革以及本质和内涵；第 2 章解析了智能制造的前沿和趋势，包括面临的挑战、未来的发展趋势，分析了全球主要制造大国的动向、先进技术的前沿应用，深度解读了美国将人工智能运用于工业领域的新进展，新动态；第 3 章对德国工业 4.0 作了详尽的分析；第 4 章重点讲述了美国先进制造业的创新和发展，并给出了相关启示；第 5 章对中国制造强国战略作了重点解读，深度解析了"国家重点研发计划重点专项实施方案（2018—2022 年）：网络协同制造和智能工厂"。

技术篇：方法、工具与系统。第 6 章重点讲述智能装备和智能产品，尤其对高档数控机床、工业机器人、增材制造设备、智能物流与仓储设备的应用作了详细讲解；第 7 章深入浅出地解析了数字化技术与制造执行系统，为企业推行智能制造提供了系统的方法论；第 8 章通俗易懂地讲解了物联网、工业互联网和信息物理系统，以及大数据和云计算助推工业制造转型升级；第 9 章为制造智能，系统讲述了如何应用人工智能，将传统制造扩展到柔性化、智能化和高度集成化。

应用篇：路径、模式与经验。第 10 章重点讲述汽车行业的智能制造，扫描了全球汽车智能制造，解读了中国汽车智能制造路线图，系统阐述了中国汽车工业的智能制造实践，并以"智造红旗"为例，深度解析了中国一汽"新红旗"智能制造案例；第 11 章为国防工业的智能制造，系统梳理了全球国防工业智能制造的现状，深度分析了军事强国对国防工业智能制造的总体安排与发展趋势，重点解读了中国国防工业在航天、航空、弹药等领域实施智能制造的做法及成效，最后，就美欧深化机器学习应用，极力谋求军事领先地位作了深度解析。

本书有娓娓道来的理论讲解，有多角度的政策解析，也有生动的企业实践，耐读且易于阅读，不仅授人以"鱼"，更授人以"渔"。本书可以作为政府行业管理部门决策参考之用，是企业决策与管理团队的日常读本，也对相关领域的研究人员有所裨益，更适合普通高校本科生、硕士生及博士生进行专业课程的延伸阅读。

在本书的编写过程中参阅了大量中外参考资料，在此对这些资料的作者表示深深的敬意和衷心的感谢。此外，中国一汽的刑志刚、孙佳琦、王翔等对案例的编写提供了大力帮助，清华大学工业工程系李淡远博士、彭飞博士、李璠博士后等为部分章节的撰写作出了贡献，在此一并表示感谢！

作　者

2020 年 9 月

Contents | 目录

第 3 章　德国工业 4.0

第 4 章　美国先进制造业创新和发展

技术篇：方法、工具与系统

第 7 章　数字化技术与制造执行系统

第 8 章　工业互联网与大数据

应用篇：路径、模式与经验

综合篇

历史、政策与趋势

第 1 章

智能制造的历史沿革

从广义上来说,智能制造(intelligent manufacturing,IM)是一系列计算机技术、通信技术、自动控制技术、人工智能技术、可视化技术、数据搜索与分析技术等技术思想、原理、协议、产品与解决方案共同支撑并与专家智慧、管理流程与经营模式结合形成的制造与服务状态。从狭义上而言,智能制造是一种由智能机器和人类专家共同组成的人机一体化智能系统,它在制造过程中能进行智能活动,诸如分析、推理、判断、构思和决策等,并通过人与智能机器的合作共事,去扩大、延伸和部分地取代人类专家在制造过程中的脑力劳动,它把制造自动化的概念更新扩展到柔性化、智能化和高度集成化。

1.1 智能制造的发展背景

智能制造源于人工智能(artificial intelligence,AI)的研究。自 20 世纪 80 年代以来,随着产品功能的多样化、性能的完善化以及结构的复杂化和精密化,产品所包含的设计信息量和工艺信息量猛增,随之而来的是生产线及生产设备内部的信息量增加,制造过程和管理工作的信息量也必然剧增,因而推动制造技术发展的热点与前沿转向了提高制造系统对于爆炸性增长的制造信息处理的能力、效率及规模上。目前,先进的制造设备离开了信息的输入就无法运转,柔性制造系统(flexible manufacturing system,FMS)和计算机集成制造系统(computer integrated manufacturing system,CIMS)的信息来源一旦被切断就会立刻瘫痪。制造系统正在由原先的能量驱动型转变为信息驱动型,这就要求制造系统不但要具备柔性,而且还要具有智能,否则是难以处理如此大量、多样化及复杂化(残余和冗余信息)的信息工作量的。

当前和未来企业面临的是瞬息多变的市场需求和激烈的国际化竞争环境。社会的需求使产品生产正从大批量生产转向小批量、客户化单件产品的生产。企业欲在这样的市场环境中立于不败之地,必须从产品的时间、质量、成本、服务和环保(T、Q、C、S、E)等方面提高自身的竞争力,以快速响应市场频繁的变化。为此,企业的制造系统应表现出更高的灵活性和智能性。过去由于人们对制造技术的注意力偏重于制造过程的自动化,导致自动化水平不断提高的同时,产品设计及生产管理效率提高缓慢。生产过程中人们的体力劳动虽然获得了极大解放,但脑力劳动的自动化程度(即决策自动化程度)却很低,各种问题的最终决策或解决在很大程度上仍依赖于人的智慧;并且随着市场竞争的加剧和信息量的增加,这种依赖程度将越来越大。为此,要求未来制造系统具有信息加工能力,特别是信息的智能加工能力。

从20世纪70年代开始,发达国家为了追求廉价的劳动力,逐渐将制造业移向了发展中国家,从而引起本国技术力量向其他行业转移;同时发展中国家专业人才又严重短缺,结果制约了制造业的发展。因此,制造业希望减少对人类智慧的依赖,以解决人才供应的矛盾。智能制造正是适应这种情况而得以发展的。当今世界各国的制造业活动趋向于全球化,生产制造、经营活动、开发研究等都在向多国化发展。为了有效地进行国际信息交换及世界先进制造技术共享,各国的企业都希望以统一的方式来交换信息和数据。因此,必须开发出一个快速有效的信息交换工具,创建并促进一个全球化的公共标准来实现这一目标。先进的计算机技术和制造技术向产品、工艺及系统的设计和管理人员提出了新的挑战,传统的设计和管理方法不能有效地解决现代制造系统中所出现的问题,这就促使我们通过集成传统制造技术、计算机技术与人工智能等技术,发展一种新型的制造模式——智能制造。智能制造正是在上述背景下孕育而产生的。可见,智能制造是面向21世纪的制造技术的重大研究课题,是现代制造技术、计算机科学技术与人工智能等综合发展的必然结果,也是世界制造业今后的发展方向。

1.2　智能制造的发展历程

智能制造可追溯到早期的计算机集成制造(computer integrated manufacturing, CIM),到20世纪80年代,CIMS(CIM system)演变成具有丰富内容的现代集成制造(contemporary integrated manufacturing systems,CIMS),并成为制造工业的核心支撑体系之一。CIMS的集成范围不断扩大,其中的独立系统涵盖计算机辅助设计(computer aided design,CAD)、计算机辅助制造(computer aided manufacturing,CAM)、计算机辅助工程(computer aided engineering,CAE)、计算机辅助工艺设计(computer aided process planning,CAPP)、柔性制造系统(flexible manufacturing system,FMS)、管理信息系统(management information system,MIS)、决策支持系统(decision support system,DSS)、产品数据与产品周期管理(product data management/product lifecycle management,PDM/PLM)、企业资源计划(enterprise resource planning,ERP)、物资需求计划(material requirement planning,MRP)、制造执行系统(manufacturing execution system, MES)以及分布式数控(distributed numerical control,DNC)等。

1990年,在丹麦哥本哈根召开的工业机器人国际标准大会上,建立了工业机器人的分类及相关技术标准。随后工业机器人进入实用化阶段并成为 CIMS 的一部分。日本工业机器人产业在 20 世纪 90 年代就已经普及了第一类和第二类工业机器人,而今已在发展第三类、第四类工业机器人的道路上取得了全球领先的成就。中国的工业机器人起步于 20 世纪 70 年代初,90 年代实用化,在部分机器人关键元器件、操作机的优化设计制造、控制与驱动系统的硬件设计、机器人软件的设计和编程、运动学和轨迹规划技术上经过长期研发和积累逐步形成自主知识产权,具备弧焊、点焊及大型机器人自动生产线与周边配套设备的开发和制造能力,弧焊、点焊、码垛、装配、搬运、注塑、冲压、喷漆等工业机器人以及外延应用自动导引车(automatic guiding vehicle,AGV)大量装备生产现场。日本在 1989 年提出智能制造系统(intelligent manufacturing system,IMS)概念,于 1994 年启动了先进制造国际合作研究项目,包括了企业内系统集成、全球制造知识体系、分布智能系统控制、快速产品实现等多个专题,多个发达国家/地区如美国、欧洲共同体、加拿大、澳大利亚等参加了该项计划。1992 年美国将智能制造系列技术(含信息技术和新的制造工艺)纳入关键重大技术。加拿大在 1994 年启动了智能计算机、人机界面、机械传感器、机器人控制、新装置、动态环境下系统集成的研究。欧洲联盟的 ESPRIT 项目在 1994 年开始资助包括信息技术和先进制造在内的 39 项核心技术。中国在 80 年代末将"智能模拟"列入国家科技发展规划的主要课题,并在专家系统、模式识别、机器人、汉语机器理解方面取得了一批成果。同期国家科技部提出了"工业智能工程",而智能制造是该项工程中的重要内容。

　　20 世纪末,随着上述 CIMS、机器人以及人工智能的发展,智能制造已经初步形成体系化思想。IM(智能制造)已经超越了生产自动化范畴,融入人工智能中的自学习机制、专家知识库概念,开始具有自学习功能,通过历史产品制造过程数据积累和企业内同类产品横向数据比较形成进一步的制造智慧。同时,IM 通过搜集并理解生产环境信息和各子系统所采集的信息,在系统预设的变量域与函数域内选择、优化和预测系统行为。专家系统和商业智能(business intelligent,BI)应运而生。BI 作为复杂关联数据的整理、筛选和处理方法为 IM 提供了支撑。专家系统和商业智能服务于随着业务系统集成和系统持续运行所积累的大量、多样、关联复杂的数据关系以及不确定性环境下的决策优化。专家系统开始用于工程设计、工艺过程设计、生产调度和故障诊断等。神经网络和模糊控制开始应用于产品配方与生产调度。1996 年加特纳集团(Gartner Group)描述了商业智能的一系列概念和方法,核心过程即抽取、转换、加载(extract-transform-load,ETL),贯穿于数据仓库的建立、联机分析处理(on-line analytical processing,OLAP)、数据挖掘、数据备份和数据恢复等过程。

　　在智能制造发展成一种由自动化控制的机器、人类专家和智慧算法共同组成的人机一体化智能系统并在企业内部生产过程中得到应用的同时,企业与企业之间的合作需求开始显现。企业上下游产业链的信息合作是应对市场快速变化的本能需要。于是,敏捷制造和柔性制造为满足上述需要而产生。美国国防部在 1994 年开始支持敏捷制造的研究,敏捷制造最初始于 1991 年,由通用汽车、波音、IBM、德州仪器、AT&T、摩托罗拉等 15 家当时的国际企业巨头和国防部的专家组成了核心研究队伍。"柔性"是相对于传统的"刚性"生产线而言的,"刚性"指一条生产线主要用于单一品种的大批量生产。虽然 20 世纪 60 年代威廉森就提出"柔性制造"的概念,但直到日本从 1991 年开始实施的"智能制造系统"国际性开发项目发展而来的第二代 FMS 才开始发挥实践效果。

在国内外技术思想和体系的带动下,从 1988 年开始,我国支持 CIMS 示范专项先后在 200 多家企业成功实施,行业覆盖机械、电子、航空、航天、仪器仪表、石油、化工、轻工、纺织、冶金、兵器等主要制造业,支持上千种新产品开发、改型设计。中国通过 CIMS 示范系统推进了国内企业界对新技术的应用,产生了良好的效果。2002 年中国首次提出"两化融合",即"以信息化带动工业化,以工业化促进信息化",2007 年国家进一步倡导"发展现代产业体系,大力推进信息化与工业化融合",两化融合的概念就此成熟。两化融合包括技术融合、产品融合、业务融合、产业融合四个方面。十多年来,两化融合在企业层、区域层、行业层推进了中国制造业的升级。

21 世纪以来涌现的新兴信息技术极大影响了智能制造体系子系统的演进以及子系统之间的集成;影响了企业智能制造系统之间的连接与互动方式、企业间生态系统的模式;影响了企业与产品用户之间的交互、制造环节与产品运营环节之间的关系;影响了制造全环节间的信息交换、制造全环节参与者之间的工作协作模式。物联网、云计算及服务、大数据、移动互联网对智能制造体系融合的影响尤为突出。

物联网技术的起源可追溯到 1990 年施乐公司的网络可乐销售机。1991 年美国麻省理工学院 Kevin Ashton 教授首次提出物联网的概念。1999 年美国麻省理工学院建立了"自动识别中心"(Auto-ID),提出"万物皆可通过网络互联"。早期的物联网基于射频识别(radio frequency identification,RFID),而今随移动互联网的带宽扩大及微机电系统(micro-electro-mechanical system,MEMS)、便携设备的普及,物联网具有更大的实用价值。2004 年日本提出 u-Japan 计划;2005 年国际电信联盟(International Telecommunication Union,ITU)发布《ITU 互联网报告2005:物联网》;2006 年韩国确立了 u-Korea 计划,2009 年韩国通信委员会出台《物联网基础设施构建基本规划》;2009 年欧盟执委会发表了欧洲物联网行动计划;2009 年美国将新能源和物联网列为振兴经济的两大重点。2009 年,物联网被正式列为中国五大新兴战略性产业之一。物联网感知层的传感器为智能制造的生产线、生产环境监控、产品体验交互提供了最核心的基础数据收集手段。

云计算(cloud computing)概念在 2006 年 8 月首次由 Google 首席执行官埃里克·施密特(Eric Schmidt)在搜索引擎大会(SES San Jose 2006)上提出,随着虚拟化、并行计算、效用计算、海量存储、容灾备份技术的成熟以及云计算底层技术开源代码项目如分布式系统基础架构 Hadoop、分布式文档存储数据库 MongoDB 的推广而被广泛应用。云计算衍生的 SaaS(software-as-a-service)、PaaS(platform-as-a-service)、IaaS(infrastructure-as-a-service)服务为企业间共享硬件、软件、应用和数据资源提供了共享平台和通路,很好地支持了企业因快速适应业务变化而带来的对系统按需动态变化的要求。

大数据随着 2012 年维克托·迈尔-舍恩伯格及肯尼斯·库克耶编写的《大数据时代》而迅速风靡全球产业界。大数据的 4V 特点——volume(大量)、velocity(高速)、variety(多样)、value(价值)在工业制造中体现得尤为明显。无论是从单一产品制造、销售或者使用上的时间轴来看,还是从大量制造伙伴的价值链关联数据来看,工业大数据本身都蕴含着无穷的值得挖掘的智能。

以 CDMA2000、WCDMA、TD-SCDMA 为代表的第三代通信技术(3G)以及下一代移动通信标准 TD-LTE 和 FDD-LTE,以至改进的 LTE-Advanced 为实时网络连接提供了足够智能制造数据传输的骨干链路。IEEE 802.11a、IEEE 802.11b、IEEE 802.11g 构成的 Wi-Fi 无线标准,2.45GHz 频段的蓝牙,IEEE 802.15.4 低功耗局域网协议 ZigBee,UWB(ultra wide band),近场通信(near field communication,NFC)等协议提供了适配于从大约百米厂区厂房范围内、工业现场的传感器之间、用于体感的低功耗设备到甚至厘米级别距离的通信传输方式。为适应多种设备、多种场合的无线通信与 Internet IP 协议的兼容,IETF 发布了 IPv6/6LoWPAN,已经成为许多其他应用标准的核心支撑,例如智能电网 ZigBee SEP 2.0、工业控制标准 ISA 100.11a、有源 RFID ISO 1800-7.4(DASH)等。

智能手机的普及及其与便捷的无线通信技术的结合催生了创新的应用服务模式。苹果 iOS 生态圈 App Store 和各类安卓手机厂商及第三方安卓应用商店改变了软件的应用方式,催生了云服务 SaaS 在移动互联网上的大量实践,并为企业制造的应用部署提供了新的样本。新模式正在改变传统的制造系统控制软件的交互形态,各企业或企业联盟将以制造应用服务商店的方式来发布弹性、可扩展的应用模块。

随着自动控制、人工智能、通信、数据处理、管理模式等的进步与升级,以及近几年来无线通信手段多样化和宽带化的选择,终端设备便携化,尤其是在更有效的制造协同需求及更好的用户体验需求的激励下,产生了美国的再工业化战略、工业互联网和德国工业 4.0,造就了智能制造当前最前沿的思想和技术体系。2015 年 5 月 19 日中国政府发布由中国工业与信息化部主导编写的《中国制造 2025》,这是应对全球智能制造新一轮变革而推出的最新中国制造的战略性纲领文件。

与此相对应的是,国内制造业智能制造的实践依然集中在企业内部子系统的集成,以实现"智慧工厂"的目标。系统集成正从点状向线状发展。内部工厂的生产智能和制造化进程优先于产业链上下游集成和服务链集成。社会化协作主要发生在强耦合的集团成员内部,虚拟企业的动态配置实践案例还未出现。国内的现实情况是,大型企业集团的制造资源分布地域广泛,如船舶制造全产业链,从设计、配套到总装分布在中国20多个省区,以船舶制造为代表的我国传统装备制造产能严重过剩。自2013年8月《船舶工业加快结构调整促进转型升级实施方案(2013—2015年)》实施以来,船舶制造转变模式提出的高效、低成本、高附加值的要求,广泛分布的过剩产能的消化需求是社会化协作和动态适配面向创新的产品市场的推动力。中船重工开发自升式钻井平台、中船集团近年来成功交付的海上浮式生产储油船都是典型案例。

无论是美国国家制造业创新网络(National Network for Manufacturing Innovation,NNMI)计划、工业互联网还是德国的"工业4.0"以及"中国制造2025",都是对制造业面临问题所作出的反应。全球化趋势下,制造业在产品、企业、联盟和国家竞争层面都面临各级别相应的竞争,在这个大背景下,智能制造越来越受到高度的重视,各国政府均将此列入国家发展计划,大力推动实施。

由此可见,智能制造是面向21世纪的制造技术的重大研究课题,是现代制造技术、计算机科学技术与人工智能等综合发展的必然结果,也是世界制造业今后的发展方向。

1.3 智能制造的本质和内涵

1.3.1 智能制造的本质

从本质上看,智能制造是智能技术与制造技术的深度融合。从发展脉络上看,传统制造基于互联网信息技术、物联网技术等实现数字化,而这些技术的进一步发展便是智能技术。传统的制造技术在智能技术的引导下,向更加成熟和更加高效的方向进步,再基于智能制造关键技术赋能,实现制造工厂的智能化。

智能制造包含智能制造技术(intelligent manufacturing technology,IMT)和智能制造系统(IMS)。智能制造包括三个应用层面:设备、车间、企业。这些都离不开大数据交融与共享,而未来的重点更是集中在基于大数据的智能制造应用方面。

智能制造技术是指利用计算机,综合应用人工智能技术(如人工神经网络、遗传算法等)、智能制造机器、代理(agent)技术、材料技术、现代管理技术、制造技术、信息技术、自动化技术、并行工程、生命科学和系统工程理论与方法,在国际标准化和互换性的基础上,使整个企业制造系统中的各个子系统分别智能化,并升级成网络集成、高度自动化的制造系统,该系统利用计算机模拟制造专家的分析、判断、推理、构思和决策等智能活动,并将这些智能活动与智能机器有机地融合起来,将其贯穿应用于整个制造企业的各个子系统(如经营决策、采购、产品设计、生产计划、制造、装配、质量保证和市场销售等),以实现整个制造企业经营运作的高度柔性化和集成化,从而取代或延伸制造环境中专家的部分脑力劳动,并对制造业专家的智能信息进行收集、存储、完善、共享、继承和发展的一种极大地提高生产效率的先进制造技术。

智能制造系统(IMS)是智能技术集成应用的环境,也是智能制造模式展现的载体。IMS 理念建立在自组织、分布自治和社会生态学机制上,目的是通过设备柔性和计算机人工智能控制,自动地完成设计、加工、控制管理过程,旨在提高适应高度变化的环境制造的有效性。智能制造是一个新型制造系统。由于智能制造模式突出了知识在制造活动中的价值地位,而知识经济又是继工业经济后的主体经济形式,所以智能制造就成为影响未来经济发展过程的制造业的重要生产模式。总体而言,网络化是基础,数字化是手段,而智慧化则是目标。首先,数字化,其重点在于从单点数字化模型表达向全局、全生命周期模型化表达及传递体系进行转变,实现数字量体系的表达和传递;其次,网络化,打通设计工艺,并向系统工程、并行工程、模块化支撑下的产品全生命周期及生产全生命周期一体化和价值链广域协同模式进行转变;再次,智能化,从信息世界模式向信息和物理世界融合下的管理与工程高度融合的模式进行转变;最后,智慧化,就是从过去的经验决策向大数据支撑下的智慧化研发和管理模式进行转变。

1.3.2　智能制造的显著特征

和传统的制造相比,智能制造集自动化、柔性化、集成化和智能化于一身,具有实时感知、优化决策、动态执行三个方面的优点。具体来说,智能制造具有以下鲜明特征。

智能工厂建设模式.pdf

1. 自组织和超柔性

智能制造中的各组成单元能够根据工作任务需要,快速、可靠地组建新系统,集结成一种超柔性最佳结构,并按照最优方式运行。同时,对于快速变化的市场、变化的制造要求有很强的适应性,其柔性不仅表现在运行方式上,也表现在结构组成上,所以称这种柔性为超柔性,如同一群人类专家组成的群体,具有生物特征。例如,在当前任务完成后,该结构将自行解散,以便在下一任务中能够组成新的结构。

2. 自律能力

智能制造具有搜集与理解环境信息和自身信息,并进行分析判断和规划自身行为的能力。智能制造系统能监测周围环境和自身作业状况并进行信息处理,根据处理结果自行调整控制策略,以采用最佳运行方案,从而使整个制造系统具备抗干扰、自适应和容错纠错等能力。强有力的知识库和基于知识的模型是自律能力的基础。具有自律能力的设备称为"智能机器",其在一定程度上表现出独立性、自主性和个性,甚至相互间还能协调运作与竞争。

3．自我学习与自我维护

智能制造系统以原有的专家知识库为基础，能够在实践中不断地充实、完善知识库，并剔除其中不适用的知识，对知识库进行升级和优化，具有自学习功能。同时，在运行过程中能自行诊断故障，并具备对故障自行排除、自行维护的能力。这种特征使智能制造系统能够自我优化并适应各种复杂的环境。

4．人机一体化

智能制造不单纯是"人工智能"系统，而是一种人机一体化的智能系统，是一种"混合"智能。从人工智能发展现状来看，基于人工智能的智能机器只能进行机械式的推理、预测、判断，它只能具有逻辑思维（专家系统），最多做到形象思维（神经网络），完全做不到灵感（顿悟）思维，只有人类专家才真正同时具备以上三种思维能力。因此，现阶段想以人工智能全面取代制造过程中人类专家的智能，独立承担起分析、判断、决策等任务是不现实的。但人机一体化一方面突出人在制造系统中的核心地位，同时在智能机器的配合下，更好地发挥出人的潜能，使人机之间表现出一种平等共事、相互"理解"、相互协作的关系，使二者在不同的层次上各显其能，相辅相成。因此，在智能制造系统中，高素质、高智能的人将发挥更好的作用，机器智能和人的智能将真正地集成在一起，互相配合，相得益彰。

5．网络集成

智能制造系统在强调各个子系统智能化的同时更注重整个制造系统的网络化集成，这是智能制造系统与传统的面向制造过程中特定应用的"智能化孤岛"的根本区别。这种网络集成包括两个层面。一是企业智能生产系统的纵向整合以及网络化。网络化的生产系统利用信息物理系统（CPS）实现工厂对订单需求、库存水平变化以及突发故障的迅速反应，生产资源和产品由网络连接，原料和部件可以在任何时候被送往任何需要它的地点，生产流程中的每个环节都被记录，每个差错也会被系统自动记录，这有利于帮助工厂更快速有效地处理订单的变化、质量的波动、设备停机等事故，工厂的浪费将大大减少。二是价值链横向整合。与生产系统网络化相似，全球或本地的价值链网络通过 CPS 相连接，囊括物流、仓储、生产、市场营销及销售，甚至下游服务。任何产品的历史数据和轨迹都有据可查，仿佛产品拥有了"记忆"功能。这便形成一个透明的价值链——从采购到生产再到销售，或从供应商到企业再到客户。客户定制不仅可以在生产阶段实现，还可以在开发、订单、计划、组装和配送环节实现。

6．虚拟现实

虚拟现实技术（virtual reality）是以计算机为基础，融合信号处理、动画技术、智能推理、预测、仿真和多媒体技术为一体，借助各种音像和传感装置，虚拟展示现实生活中的各种过程、物件等，是实现高水平人机一体化的关键技术之一。基于虚拟现实技术的人机结合新一代智能界面，可以用虚拟手段智能地表现现实，能拟实制造过程和未来的产品,它是智能制造的一个显著特征。

1.3.3　智能制造的关键环节

智能工厂发
展重点.pdf

先进制造技术的加速融合使得制造业的设计、生产、管理、服务
各个环节日趋智能化,智能制造正在引领制造企业全流程的价值最
大化。归纳国内外学者的研究成果,智能制造的关键环节主要包含
智能设计、智能产品、智能装备、智能生产、智能管理和智能服务等。

1. 智能设计

智能设计指应用智能化的设计手段及先进的设计信息化系统(CAX[①]、网络化
协同设计、设计知识库等),支持企业产品研发设计过程各个环节的智能化提升和
优化运行。例如,实践中,建模与仿真已广泛应用于产品设计,新产品进入市场的
时间实现大幅压缩。

2. 智能产品

在智能产品领域,互联网技术、人工智能、数字化技术嵌入传统产品设计,使
产品逐步成为互联网化的智能终端,比如将传感器、存储器、传输器、处理器等设
备装入产品当中,使生产出的产品具有动态存储、通信与分析能力,从而使产品
具有可追溯、可追踪、可定位的特性,同时还能广泛采集消费者个体对创新产品
设计的个性化需求,令智能产品更加具有市场活力。特斯拉被誉为"汽车界的苹
果",它的成功不仅缘于电池技术的突破,更由于其具有全新的人机交互方式,通
过互联网终端把汽车做成了一个包含硬件、软件、内容和服务的大型可移动智能
终端。

3. 智能装备

智能制造模式下的工业生产装备需要与信息技术和人工智能等技术进行集成
与融合,从而使传统生产装备具有感知、学习、分析与执行能力。生产企业在装备
智能化转型过程中可以从单机智能化或者单机装备互联形成智能生产线或智能车
间两方面着手。但是值得注意的是,单纯地将生产装备智能化还不能算真正意义
上的装备智能化,只有将市场和消费者需求融入装备升级改造中,才算得上真正实
现全产业链装备智能化。

4. 智能生产

在传统工业时代,产品的价值与价格完全由生产厂商主导,厂家生产什么消费
者就只能购买什么,生产的主动权完全由厂家掌控。而在智能制造时代,产品的生
产方式不再是生产驱动,而是用户驱动,即生产智能化可以完全满足消费者的个性

---

① CAX 是 CAD、CAM、CAE、CAPP、CIM、CIMS、CAS、CAT、CAI 等各项技术之综合叫法,因为所有缩
写都是 CA 开头,X 表示所有。

化定制需求，产品价值与定价不再是企业一家独大，而是由消费者需求决定。在实践中，生产企业可以将智能化的软硬件技术、控制系统及信息化系统（分布式控制系统、分布式数控系统、柔性制造系统、制造执行系统等）应用到生产过程中，按照市场和客户的需求优化运行生产过程，这是智能制造的核心。

5. 智能管理

随着大数据、云计算等互联网技术、移动通信技术以及智能设备的成熟，管理智能化也成为可能。在整个智能制造系统中，企业管理者使用物联网、互联网等实现智能生产的横向集成，再利用移动通信技术与智能设备实现整个智能生产价值链的数字化集成，从而形成完整的智能管理系统。此外，生产企业使用大数据或者云计算等技术可以提高企业搜集数据的准确性与及时性，使智能管理更加高效与科学。企业智能管理领域不仅包括产品研发和设计管理、生产管理、库存/采购/销售管理等制造核心环节，还包含服务管理、财务/人力资源管理、知识管理、产品全生命周期管理等。

6. 智能服务

智能服务作为智能制造系统的末端组成部分，起着连接消费者与生产企业的作用，服务智能化最终体现在线上与线下的融合O2O服务，即一方面生产企业通过智能化生产不断拓展其业务范围与市场影响力，另一方面生产企业通过互联网技术、移动通信技术将消费者连接到企业生产当中，通过消费者的不断反馈与所提意见提升产品服务质量、提高客户体验度。具体来说，制造服务包含产品服务和生产性服务，前者指对产品售前、售中及售后的安装调试、维护、维修、回收、再制造、客户关系的服务，强调产品与服务相融合；后者指与企业生产相关的技术服务、信息服务、物流服务、管理咨询、商务服务、金融保险服务、人力资源与人才培训服务等，为企业非核心业务提供外包服务。智能服务强调知识性、系统性和集成性，强调以人为本的精神，为客户提供主动、在线、全球化服务，它采用智能技术提高服务状态/环境感知、服务规划/决策/控制水平，提升服务质量，扩展服务内容，促进现代制造服务业这一新业态不断发展和壮大。

1.3.4　智能制造的应用场景

智能制造通过对海量工业数据的深度感知、泛在传输与高级分析，打通端到端的数据链，实现从单台机器、单个企业到整个社会生产制造活动的智能决策、动态控制与有机协同。智能制造在工厂内聚焦设计、制造、管理等生产活动的改进优化，在工厂外强调在连接用户、企业和产品基础上进行智能协同与服务，并最终通过工厂内外的交互反馈推动整个价值链条的提升。国内学者总结出了智能制造的四大应用模式。

第一种模式是基于现场连接的智能化生产。这种模式主要应用于石化、钢铁、电子信息、家电、航空航天、汽车等行业中,例如尼桑公司在汽车生产中采集控制器参数,分析比较机械臂运行异常状态,可以提前三周预测潜在故障问题。

第二种模式是基于产品联网的服务化延伸。这种模式主要应用于工程机械、电力设备、供水设备、家电等行业中,例如通用公司可以基于 Predix 平台监控飞机燃油消耗状态,并进行分析以优化飞行管理,帮助亚航公司 1 年节省 2000 万美元燃油费用。

第三种模式是基于企业互联的网络化协同。这种模式主要应用于航空航天、汽车、船舶、家电等行业中,例如宝钢与一汽就新车型开发进行纵向协同设计,预先对 44 个零件进行选材和优化,使新零件屈服强度提升 50%。

第四种模式是基于需求精准对接的个性化定制。这种模式主要应用于家电、服装、家具等行业中,例如红领公司根据消费者个性化需求进行服装设计、数据分析和信息交换,实现以多品种、小批量、快翻新为特征的 C2B 定制生产。

第 2 章

智能制造的前沿与趋势

2.1　智能制造面临的挑战

1. 异构异质系统的融合

智能制造系统利用信息物理系统纵向实现智能生产系统的整合和网络化,横向实现价值链的整合与网络化。现在面临的问题是,传统的工业自动化系统中不同的技术发展相对割裂。尽管一些既定的标准已经在各种技术学科、专业协会和工作组中使用,但是缺乏对这些标准的协调。目前,不同工业网络之间、设备之间存在严重的异构异质问题需要解决。异构性是指不同类型的网络技术(如Internet、WSN 等)高质量互联互通的问题。异质性是指不同公司生产的、不同功能的硬件不兼容的设备在彼此没有差异的情况下进行互联互通的问题。这要求从传感器、数据卡开始,从数据采集点,到整个网络、云平台、数据中心、全连接,需要统一的架构以及标准化的接口。这需要一套新的国际技术标准,以实现大范围嵌入式设备之间的互联以及向虚拟世界互联。通过网络间的融合与协同,对异构网络分离的、局部的优势能力与资源进行有序整合,最终实现无处不在、无所不能的一种智能网络。在异构的网络中,每一个通信节点都具备自路由的功能,形成一个自组织、自管理、自修复、自我平衡的智能网络。各个设备因为异构异质的融合可以进行良好的通信交流,在不同的网络共存的情况下,还可以整合与优化资源配置,利用性能更好的网络进行通信,实现更高效的资源利用。

要解决这个问题,单靠哪家企业都不现实,需要积极推进智能制造的各国政府、跨国界的产业技术创新组织、跨国公司以及广泛的中小企业共同参与,将现有标准(如工业通信、工程、建模、IT 安全、设备集成、数字化工厂等领域标准)纳入一个新的全球参考体系是实现智能制造的基础。这项工作具有高度的复杂性,是智能制造发展面临的一大挑战。

2. 复杂大系统管理

在现代管理中,我们一般可通过模型模拟来解决一些非常广泛的真实的或假想的管理问题,例如产品、制造资源或整个制造系统,如人类与智能系统的互动,又如不同企业和组织之间业务流程等管理方面的问题。

在智能制造时代,基于模型模拟使用标准的方式来配置和优化制造工艺对于企业是一个重大挑战。主要原因在于智能制造系统变得越来越复杂,由于功能增加、产品用户特定需求增加、交付要求频繁变化、不同技术学科和组织日益融合,以及不同公司之间合作形式变化迅速,很难开发一套稳定且具有极强适应性的管理模型。另外,开发新的管理系统模型的成本与收益问题也是一大难题。智能制造系统在建立初期阶段就需要建立明确的管理模型,这一阶段需要较高的资金支出。在高产量行业(如汽车行业)或有严格安全标准的行业(如航空电子行业),公司更有可能接受较高的初期投入。如果它们只生产小批量或个性化产品,则不太可能这样做。

3. 高质量、高容量网络基础设施

智能制造需要更高容量和更高质量的数据交换网络技术和基础设施,以保证智能制造所需的延迟时间、可靠性、服务质量和通用带宽。工业企业的信息化水平越来越高,信息数据量也越来越多,各种设备仪器产生的海量数据对信息处理的要求也提高了。高运行可靠性、数据链路可用性、保证延迟时间和稳定的连接成为智能制造的关键,因为它们直接影响应用程序的性能。

高质量、高容量网络技术开发和基础设施建设是智能制造面临的又一个挑战。这一挑战主要表现在以下几个方面:一是工业领域宽带的基础架构过去并不是面向大数据的,大量机器与机器、设备与设备之间等数据的收集、传输、交互等,对工业领域宽带基础架构提出了更大的挑战;二是要实现端到端的全生命周期基于数据来驱动,需要更大范围、更大维度的信息交流,异构异质网络的信息交流是一大挑战;三是网络的复杂性和成本控制的挑战,智能制造网络不仅需要高速、带宽、简单、可扩展、安全,还需要便宜,不明显增加现有制造产品和服务的成本。这个网络需要绑定可靠的 SLA(服务水平协议);通信容量的可用性和性能高;支持数据链路调试、跟踪,尤其是提供相关的技术援助;提供广泛可用、有保证的通信容量(固定、可靠的带宽);广泛使用的嵌入式 SIM 卡;所有移动网络运营商之间的短信传递状态通知;标准化的应用程序编程接口(API)的配置,涵盖所有供应商(SIM 卡激活、停用);移动服务合约的成本控制;负担得起的数据全球漫游通信费用等。

4. 系统安全

智能制造系统涉及高度网络化系统结构,将大量的有关人、IT 系统、自动化元件和机器的信息纳入其中。更多的参与者涉入整个价值链。广泛的网络和潜在的第三方访问至少意味着一系列全新的安全问题呈现在智能制造系统中。因此,在智能制造中,必须考虑到信息安全措施(加密程序或认证程序)对生产安全的影响(时间关键功能、资源可用性)。智能制造安全性的挑战主要表现在两个方面。首先,现有的工厂将升级网络安保技术和措施,以应对新的安全要求的挑战。但是,通常企业的机械装备寿命较长,原有的很多设备并不具备可靠的网络连接功能,升级改造非常困难。同时,由于企业内部生产系统与外部的在某些情况下很难联网

的陈旧基础设施等因素的影响,保障安全性也很困难。其次,要为新的工厂和机器制定解决方案的挑战。企业界目前缺乏完全标准化的操作平台来实施足够的安保解决方案。满足信息物理系统安全的技术和标准化平台开发本身也充满挑战。

5.法律的挑战

一是数据的权属问题。智能制造是数据驱动的制造。在智能制造时代,每一个工厂都应有一套智能系统,它首先能够通过传感器对机器运作数据进行采集,并加以分析,从而实时了解工厂的运作情况;其次,能够通过执行器对机器运作进行控制;此外,还能对消费者行为数据进行分析,对产品从设计到销售的全生命周期进行最优化的管理。因此,智能制造很大程度上依赖于数据的处理和加工,以数据链为基础,采用更自动化的生产设备、更灵活的流程管理,让工厂能够基于市场预测,快速地装配调度、智能地生产,从而以最快的速度匹配消费者需求,并在全社会范围内优化资源配置。海量数据在智能制造时代具有前所未有的商业价值。自动化时代的工业数据主要是在厂商的自动化生产和配送系统内部进行流转,因此制造商毋庸置疑地享有其所有权。但是在智能制造时代,制造系统、顾客的需求等海量数据将在一个更加广阔的工业互联网中流转,网络的参与者也更加多元化,能够利用这些数据谋利的主体也更加多元化。目前法律只对有形资产和专利保护有明确的界定,如果不从法律上解决数据的权属问题,并建立起适合智能制造发展需求的法律框架,使企业投资和开发数据、共享数据能够获得满意的回报,企业投资智能制造的积极性就会大打折扣,智能制造的发展可能会被大大延迟。

二是法律监管问题。智能制造系统在制造过程中能进行智能活动,诸如分析、推理、判断、构思和决策等,随着人工智能技术的不断发展,这种智能制造系统可能拥有越来越高的"自治"能力,并逐渐演化成"自治系统"。与此同时,自治系统带来的损害和伤害责任的法律问题也随之增长。在智能制造时代,很多相关的法律责任都需要重新界定。

自动驾驶汽车是一个典型的"自治系统",它面临的事故责任和法律监管问题是智能制造时代的典型案例。按照目前大多数相关的车辆法规,自动驾驶汽车这种"自治系统"是不能上路行驶的。这种挑战其实是自治系统使用的合法性问题,也是关系到未来越来越多的具有"自治"能力的智能制造系统是否能够大规模使用和推广的关键。这一挑战的另外一个方面,是自治系统的法律责任界定问题。例如,现在的道路交通法规一般都规定,驾驶者对所驾驶的车辆造成的事故负有直接责任。但如果是自动驾驶的汽车,交通事故发生的责任界定将变得复杂。因为事故的原因可能是自动驾驶系统的问题,也可能是驾驶者违规操作的问题。这使得责任的牵扯方将不再只包括驾驶者,还可能包括自动驾驶车的制造方、驾驶系统软件提供商等。法律并不是仅仅规定自动驾驶汽车能否上路那么简单,而是一整套条例和法令,决定了人们遭遇具体情境时会发生什么。对于自动驾驶系统来说,这些规则中的大部分尚未出现。假如法律规定驾驶者应该承担更多的责任,就有可能极大地影响智能汽车的销售。如果法律规定更多地要求制造商承担责任,也会影响厂商开发自动驾驶汽车和推动其上市的积极性。

自动驾驶汽车只是诸多"智能系统"中的一种,在"智能制造"时代,如何更好地监管数量庞大、种类繁多的"自治"系统,将是全球法律系统面临的一个更为巨大的挑战。

2.2 智能制造的发展趋势

1. 基础理论与技术加速发展

智能制造的基础性标准化体系对于智能制造而言起到根基的作用,表明本轮智能制造是从本质上对于传统制造方式的重新架构与升级。在市场和各国政府的大力推动下,行业统一标准与规范正在加速形成,具体来讲,标准化流程再造使得工业智能制造的大规模应用推广得以实现,特别是关键智能部件、装备和系统的规格统一,产品、生产过程、管理、服务等流程统一,将大大促进智能制造总体水平提升。与此同时,关键智能基础共性技术、核心智能装置与部件、工业领域信息安全技术等的研发与应用也都在提速。

2. 以 3D 打印为代表的"数字化"制造将改变传统制造业形态

"数字化"制造以计算机设计方案为蓝本,以特制粉末或液态金属等先进材料为原料,以 3D 打印机为工具,通过在产品层级中添加材料直接把所需产品精确打印出来。这一技术将改变产品的设计、销售和交付用户的方式,使大规模定制和简单的设计成为可能,可以使制造业实现随时、随地、按不同需要进行生产,并彻底改变自"福特时代"以来的传统制造业形态。3D 打印技术呈现三个方面的发展趋势:一是打印速度和效率将不断提升,随着开拓并行、多材料制造工艺方法的采用,打印速度和效率有望获得更大提升;二是将开发出多样化的 3D 打印材料,如智能材料、纳米材料、新型聚合材料、合成生物材料等;三是 3D 打印机价格大幅下降,一些较小规模的 3D 打印机制造商已经开始推出 1000 美元左右的 3D 打印机。随着技术进步及推广应用,3D 打印机的价格有望大幅下降。

信息网络技术对传统制造业带来颠覆性、革命性的影响,制造业互联网化、数字化正成为一种大趋势。信息网络技术能够实现实时感知、采集、监控生产过程中产生的大量数据,促进生产过程的无缝衔接和企业间的协同制造,实现生产系统的智能分析和决策优化,使智能制造、网络制造、柔性制造成为生产方式变革的方向。比如西方发达国家在智能制造实践时,其核心是智能生产技术和智能生产模式,旨在通过"物联网"将产品、机器、资源和人有机联系在一起,推动各环节数据共享,实现产品全生命周期和全制造流程的数字化。

3．以工业机器人为代表的智能制造装备在生产过程中应用日趋广泛

可以预测,随着工业物联网、工业云等一大批新的生产理念产生和应用,智能制造呈现出系统性推进的整体特征,特别是物联网技术带来的"机器换人"的现代制造方式,将逐步颠覆人工制造、半机械化制造与纯机械化制造等现有的制造方式。

近年来,工业机器人的应用领域不断拓宽,种类更加繁多,功能越来越强,自动化和智能化水平显著提高,汽车、电子电器、工程机械等行业已大量使用工业机器人自动化生产线,工业机器人自动化生产线成套装备已成为自动化装备的主流及未来的发展方向。

4．全球供应链管理创新加速

网络化异地协同生产将催生全球制造资源的智能化配置,生产的本地性概念不断被弱化,信息网络技术能使不同环节的企业间实现信息共享,能够在全球范围内迅速发现和动态调整合作对象,整合企业间的优势资源,在研发、制造、物流等各产业链环节实现全球分散化生产,使得全球范围的供应链管理更具效率。此外,大规模定制生产模式的兴起也催生了如众包设计、个性化定制等新模式,这从需求端推动生产性企业采用网络信息技术集成度更高的智能制造方式。

5．智能服务业模式加速形成

先进制造企业通过嵌入式软件、无线连接和在线服务的启用整合成新的智能服务业模式,制造业与服务业两个部门之间的界限日益模糊,融合越来越深入。消费者正在要求获得产品"体验",而非仅仅是一个产品,服务供应商如亚马逊公司已进入了制造业领域。

2.3 全球智能制造动向

进入 21 世纪,互联网、新能源、新材料等领域的技术融合形成一个巨大的产业能力和市场,将使整个工业生产体系跃升到一个新的水平,有力地推动着一场新的工业革命。信息技术、新能源、新材料、生物技术等重要领域和前沿方向的革命性突破和交叉融合,正在引发新一轮产业变革,将对全球制造业产生颠覆性的影响,并改变全球制造业的发展格局。

为应对这一重大变革,抢占智能制造的最高峰,世界各发达国家都在抢先布局智能制造,纷纷提出各自的发展战略和扶持政策。

2.3.1 美国

美国是智能制造思想的发源地,其"工业互联网"整合着全球工业网络资源,保持全球领先地位。从 20 世纪 80 年代开始,美国率先提出智能制造的概念。国际

金融危机后为促进制造业复兴,美国从国家层面就智能制造作出了系列战略部署,发布了《先进制造伙伴计划(advanced manufacturing partnership,AMP)》《先进制造业国家战略计划》《国家制造业创新网络》《制造 USA》等战略计划。一些机构也积极进行智能制造技术协同研发和应用推广,如美国国家标准与技术研究院承担"智能制造系统模型方法论""智能制造系统设计与分析""智能制造系统互操作"等重大科研项目工程。由美国通用电气公司发起,并由 AT&T、思科、通用电气、IBM 和英特尔成立的"工业互联网联盟",提出要将互联网等技术融合在工业的设计、研发、制造、营销、服务等各个阶段中。

美国一系列战略都强调加强政产学的智能制造创新网络,从国家层面提出加快制造业创新步伐,政府投资重点在先进材料、生产技术平台、先进制造工具与数据基础设施等与先进制造、智能制造相关的领域。目前在智能制造创新体系、智能制造产业体系、智能制造产业化应用领域、制造企业调整业务发展战略等方面都取得了一定成效。其人工智能、控制论、物联网等智能技术长期处于全球主导地位,智能产品研发方面也一直走在全球前列,从早期的数控机床、集成电路、PLC,到如今的智能手机、无人驾驶汽车以及各种先进传感器,大量与智能技术相关的创新产品均来自美国高校的实验室和企业的研发中心。

美国利用基础学科、信息技术等领域的综合优势,一方面聚焦创新技术研发应用,突破制造业尖端领域,另一方面利用互联网能力带动工业提升,重塑制造业领先地位。美国可以说是全球互联网技术最发达的国家,于 2011 年提出了先进制造业战略,在此基础上,2013 年又明确提出把这个战略聚焦为先进传感、控制和平台制造技术(ASCPM),可视化、信息化和数字化制造,以及先进材料制造等三大技术的优先突破,提出国家创新网络计划,到 2016 年底已经建立了 14 个创新中心。这些创新中心是政产学研用的集成合作,并按照企业化运作、项目制管理进行共同创新、共同分享,以及应用化实施。政府给予每个创新中心 1.5 亿~3 亿美元的支持,但只支持 5~7 年,之后中心要能独立存活;政府成立管理办公室,每年对中心进行相应检查。通过这样的机构,美国政府促进了研究机构、大型企业、中小企业都能加入到同一个机构或者组织中去,共同进行研发、突破、培训、共享,以及信息和创新红利的分享。

在政策体系构建方面,美国政府提出,"再工业化"由政府协调各部门进行总体规划,并通过立法来加以推进。为了推进"再工业化"战略,美国相继出台的法律政策有《重振美国制造业框架》《美国制造业促进法案》《先进制造伙伴计划》《先进制造业国家战略计划》《制造创新国家网络计划》等。另外,美国还围绕再工业化这一经济战略制定了一系列配套政策,形成全方位政策合力,真正推动制造业复苏,包括产业政策、税收政策、能源政策、教育政策和科技创新政策。例如,在制造业的政策支持上,美国选定高端制造业和新兴产业作为其产业政策的主要突破口。在税收政策上,美国政府通过降税以吸引美国制造业回流,2017 年 12 月,特朗普政府已将企业税由 35％下调至 20％。能源行业是美国再工业化战略倚重的关键行业之一，美国政府着重关注新能源的发展。鼓励研发和创新，突出美国新技术、新产业和新产品的领先地位，这也是美国推进"制造业复兴"的重要举措之一，美国在再工业化计划进程中整顿国内市场，大力发展先进制造业和新兴产业、扶持中小企业发展，加大教育和科研投资力度支持创新，实施智慧地球战略，为制造业智能化的实现提供了强大的技术支持、良好的产业环境和运行平台。同时，制定一些对外贸易政策，为智能制造拓宽国际市场，例如，2018 年 3 月开始，特朗普政府针对中国、欧洲甚至加拿大等美国传统贸易伙伴发动贸易战，究其根本就是为了巩固其全球科技创新经济制高点的地位，维护、提升美国在先进制造业的领先优势。

2.3.2　德国

目前，已经进入以现代信息技术为标志的第四次工业革命（工业 4.0）时代。"工业 4.0"的突出特点是"互联网＋智能制造"，即充分利用互联网技术、数据库技术、嵌入式技术、无线传感器网络、机器学习等多种技术融合实现制造业智能化、远程化测控。

德国提出了"工业 4.0"的发展战略。理想的"工业 4.0"就是：在（自动化）流水线上经济地生产定制化产品。网络化、数字化的作用是提高"工业 4.0"的经济性。真正的"工业 4.0"不但要实现系统与机器的柔性化、生产设施的网络分布化，还有生产全要素、全流程的互联互通，产品的联网和用户与各个环节交互。"工业 4.0"为我们展现了一幅全新的工业蓝图：在一个智能化、网络化的世界里，人、设备与产品实现了实时连通、相互识别和有效交流，从而构建一个高度灵活的个性化和数字化的智能制造模式。在这种模式下，创造新价值的过程逐步发生改变，产业链分工将重组，传统的行业界限将消失，并会产生各种新的活动领域和合作形式。

德国是全球制造业的"众厂之厂"，正以"工业 4.0"打造着德国制造业的新名片。德国的制造战略重点侧重利用信息通信技术与网络空间虚拟系统相结合的手段，将制造业向智能化转型。2010 年德国联邦教研部主持制订《2020 高科技战略》，2013 年，德国电子电气制造商协会等向德国政府提交了《保障德国制造业的未来——关于实施工业 4.0 战略的建议》。在德国工程院、弗劳恩霍费尔协会、西门子公司等德国学术界和产业界的推动下，"工业 4.0"战略在同年举行的汉诺威工业博览会上正式推出，并作为 2020 高科技战略的重要组成部分。在具体实践"工业 4.0"时，重点利用物联网等技术，依托强大的制造业优势，尤其是装备制造业和生产线自动化方面的优势，从产品的制造端提出智能化转型方案，为抢占未来智能制造装备市场做好充分准备。

在政策体系构建方面，德国政府为推进"工业 4.0"计划设定了一些关键性措施，主要包括：融合相关的国际标准来统一服务和商业模式，确保德国在世界范围内的竞争力；旧系统升级为实时系统，对生产进行系统化管理；制造业中新商业模式的发展程度应同互联网本身的发展程度相适应；雇员应参与到工作组织、协同产品开发(con-current product development，CPD)和技术发展系统之中。建立一套众多参与企业都可接受的商业模式，使整个信息和通信技术(information and communication technology，ICT)产业能够与机器和设备制造商及机电一体化系统供应商工作联系更紧密。

2.3.3　欧盟

制造业在欧洲占据着重要地位。来自欧委会的数据显示，制造业附加值(added value)大约占到欧盟 27 国总附加值的 20％，提供了欧盟 27 国 18％的就业岗位(合计 3000 万个就业岗位)，并且衍生出约 6000 万个间接支撑行业(如物流业)的工作岗位。此外，80％的欧洲出口产品都是制造业产品。欧洲制造业涉及 25 个不同的产业部门，其中多数都由中小企业所主导，对于欧洲经济发展起着巨大的推动作用。

然而，欧洲制造业正面临岗位流失、竞争力下降的严峻挑战。早在 2004 年，欧委会就发现，欧盟国的研发投入比重太小，2004 年欧盟成员国的研发强度(即研发支出占 GDP 比重)为 1.86％，而美国和日本分别高达 2.66％和 3.18％，这不利于欧洲制造业的创新。而欧委会近期的报告显示，自 2008 年金融危机以来，欧盟各国在制造业领域的岗位流失已达到 350 万之多，欧洲产业界对工业的投入持续降低，制造业占 GDP 的比重已从 2008 年的 15.4％降至 2018 年的 14.89％，欧洲的生产表现与竞争者相比持续恶化。

在这一形势下，欧盟急于通过工业复兴推动经济发展，其目标是到 2020 年使制造业 GDP 占比回升至 20％，为此一些相关的战略和政策陆续出台。为了提高欧洲制造业的整体竞争力，欧盟于 2010 年 6 月正式通过了未来十年的发展蓝图——《欧洲 2020：智能、可持续与包容性的增长战略》(简称欧洲 2020 战略)，提出要实现智能化的经济增长(smart growth)，重点发展信息、节能、新能源和以智能为代表的先进制造，并提出将实施七大配套旗舰计划以实现战略目标，其中就包括与智能制造领域直接相关的旗舰计划——"全球化时代的工业政策"(An Industrial Policy for the Globalisation Era)。该计划旨在改善商业环境，尤其是中小企业的经营环境，支持发展强大的、可持续发展的、具有全球竞争力的工业。同年，欧委会出台政策文件《全球化时代的工业政策——在中心舞台加强竞争力和促进可持续发展》，具体阐述针对欧洲推动新时期工业发展的计划举措。此后，2012 年和 2014 年，欧委会又分别出台《未来经济复苏与增长，建设一个更强的欧洲工业》《为了欧洲的工业复兴》两个政策文件，对于 2010 年的工业政策进行进一步调整。

欧盟将斥巨资扶持智能制造。欧盟委员会 2015 年 10 月 13 日宣布，根据当天通过的"2016—2017 工作方案"，将在未来两年内投资约 160 亿欧元推动科研与创新，以增强欧盟的竞争力。其中，欧洲制造业的现代化投资为 10 亿欧元，成为重点扶持领域。欧盟此举将为各国制造业升级起到示范作用。除此之外，欧盟积极推动智能制造领域的研发活动。作为欧盟资助欧洲研究的主要途径，欧盟第七框架计划（FP7）（FP7 是 2007—2013 年间欧盟研发框架项目）资助了多个智能制造相关项目。其中，最主要的当属"未来工厂"行动计划（Factories of the Future，简称 FoF 计划）和火花计划（SPARK）。

2.3.4　日本

日本是智能制造最早的发起国之一，非常重视技术的自主创新，要求以科学技术立国。2007 年，日本审议并开始实施"创新 25 战略"。这是一项社会体制与科技创新一体化的战略，为日本创新立国制定了具体的政策路线图。其中包括 146 个短期项目和 28 个中长期项目，后者以"智能制造系统"作为核心理念，大力实施技术创新项目。

在经历了看上去略微有些混乱的应对"工业 4.0"的各种政策之后，日本产业界终于在智能制造中找到了自己的位置。2015 年 1 月发布"新机器人战略"，其三大核心目标分别是世界机器人创新基地、世界第一的机器人应用国家及迈向世界领先的机器人新时代。2015 年 10 月，日本设立 IoT 推进组织，推动全国的物联网、大数据、人工智能等技术开发和商业创新。之后，由日本经济贸易产业省（METI）和日本机械工程师协会（JSME-MSD）发起产业价值链计划，基于宽松的标准，支持不同企业间制造协作。

2016 年 12 月 8 日《日本工业价值链参考框架》（*Industrial Value Chain Reference Architecture*，IVRA）的正式发布，标志着日本智能制造策略正式完成里程碑的落地。IVRA 是日本智能制造独有的顶层框架，相当于美国工业互联网联盟的参考框架 IIRA 和德国"工业 4.0"参考框架 RAMI 4.0，这是具有日本制造优势的智能工厂得以互联互通的基本模式。而工业价值链计划，赫然成为"通过民间引领制造业"的重要抓手。事实上，工业价值链计划正在成为日本智能制造的核心布局。

在政策体系构建上，日本政府在"创新 25 战略"提出之前，就已经致力于建设信息社会，以信息技术推动制造业的发展，增强产业竞争力，提出了"u-Japan 战略"，目的在于建设泛在信息社会。其主要关注网络信息基础设施、信息和通信技术（ICT）在社会各行业的运用、信息技术安全和国际战略四大领域。在泛在网络（人与人、人与物、物与物的沟通）发展方面，形成有线、无线无缝连接的网络环境；建立全国性的宽带基础设施以推进数字广播；建立物联网，开发网络机器人，促进信息家电的网络化。另一方面，通过促进信息内容的创造、流通、使用和 ICT 人才的培养实现 ICT 的高级利用。"u-Japan 战略"计划在 ICT 基础设施、物联网等领域取得了一系列成就，为"创新 25 战略"的实施奠定了基础。2008 年，基于"创新 25 战略"和第三期《科学技术计划》的基本立场和基本目标，日本政府提出了"技术创新战略"，主要围绕提升产业竞争力等方面进行政策设计。

2017 年 3 月,日本正式提出"互联工业"(connected industry)的概念,发表了"互联工业:日本产业新未来的愿景"。"互联工业"强调"通过各种关联,创造新的附加值的产业社会",包括物与物的连接、人和设备及系统之间的协同、人和技术相互关联、既有经验和知识的传承,以及生产者和消费者之间的关联。日本今后将在5 个重点领域寻求发展:无人驾驶•移动性服务;智能制造和机器人;生物与材料;工厂•基础设施安保;智能生活。以上这 5 个领域都是采取了交叉式的各种政策来推进的,主要是三类横向政策:一是实时数据的共享与使用,二是针对数据有效利用的基础设施建设(如培养人才、研究开发、网络空间的安全对策等);三是国际、国内的各种横向合作与推广(如向中小企业的推广普及)等。

日本政府做了一系列的工作,来推进工厂智能化以及物联网在制造业的应用。在这个过程中,政府和企业一起建立了新的支援体制,也就是新型"产官学"一体化合作机制。当前在日本,推进物联网 IoT 发展的团体一共有三个,分别是机器人革命协会 RRI、物联网 IoT 推进实验室和工业价值链 IVI,参加者既有大学教授,也有企业技术人员,既有政府官员,也有市场行销人员。通过新技术、新发明的发表,寻求企业的赞助与共同研究,最终转变为产品与市场。所以,日本的专利技术的转换率高达 80%,"产官学"一体化合作机制功不可灭。

为强化制造业竞争力,2019 年 4 月 11 日,日本政府概要发布了 2018 年度版《制造业白皮书》,指出在生产第一线的数字化方面,中小企业与大企业相比有落后倾向,应充分利用人工智能的发展成果,加快技术传承和节省劳力。与此同时,日本发布了多期《科技发展基本计划》。该计划主要部署多项智能制造领域的技术攻关项目,包括多功能电子设备、信息通信技术、精密加工、嵌入式系统、智能网络、高速数据传输、云计算等基础性技术领域。日本通过这一布局建设覆盖产业链全过程的智能制造系统,重视发展人工智能技术的企业,并给予优惠税制、优惠贷款、减税等多项政策支持。以日本汽车巨头本田公司为典型,该企业通过采取机器人、无人搬运机、无人工厂等智能制造技术,将生产线缩短了 40%,建成了世界最短的高端车型生产线。日本企业制造技术的快速发展和政府制定的一系列战略计划为日本对接"工业 4.0"时代奠定了良好的基础。

2.3.5　其他工业发达国家

英国启动"高价值制造"战略,意在重振本国制造业,从而达到拉动整体经济发展的目标。为保证高价值制造成为英国经济发展的主要推动力,英国政府配套了一系列资金扶持措施,促进企业实现从设计到商业化整个过程的智能制造水平,主要政策包括:①在高价值制造创新方面的直接投资翻番,每年约 5000 万英镑;②使用 22 项"制造业能力"标准作为智能制造领域投资依据;③开放知识交流平台,包括知识转化网络、知识转化合作伙伴、特殊兴趣小组、高价值制造弹射创新中心等,帮助企业整合智能制造技术,打造世界一流的产品、过程和服务。

韩国提出了"数字经济"国家战略来应对智能制造的国际化浪潮。在该战略的指导下,韩国政府制定了国家制造业电子化计划,建立了制造业电子化中心。2009年1月,韩国政府发布并启动实施《新增长动力规划及发展战略》,确定三大领域(绿色技术产业领域、高科技融合产业领域和高附加值服务产业领域)17个产业作为重点发展的新增长动力。2011年,韩国国家科技委员会审议通过了《国家融合技术发展基本计划》,决定划拨1.818万亿韩元(约合109亿元人民币)用于推动发展"融合技术"。韩国政府不遗余力地加快推动智能制造技术的培育和发展,高度重视传统支柱产业的高附加值化,在工业新浪潮中占领高地。

印度工业发展一直受到制造能力不足、制造业商品质量低下的困扰。2004年9月,辛格新政府宣布组建"国家制造业竞争力委员会",专职负责推动制造业的快速及持续发展。2011年,印度商工部发布《国家制造业政策》,进一步明确要加强印度制造业的智能化水平。2014年9月,印度总理莫迪启动了"印度制造"计划,提出未来要将印度打造成新的"全球制造中心"。"印度制造"的核心领域就是智能制造技术的广泛应用,特别是结合印度本国高度发达的软件产业基础,在智能制造流程管理等领域具有一定的发展优势。

2.3.6 全球领先企业的探索路径

相当一部分传统制造业基于传统制造能力的优势,着重提升数字化的能力,推动智能制造。西门子早早着手智能制造的推进,依托自己在装备和自动化技术上的优势,通过合作、并购不断补齐数据、软件等信息技术的短板,打造了一个全面化智能制造解决方案体系。这是非常传统及经典的提升路径。

一些老牌装备企业利用互联网技术重构生产体系,推动智能制造。美国通用电气公司通过构建工业互联网平台Predix,将传统层级制造体系转化为以平台为核心的网络制造体系,通过开放平台,引入产业合作力量,塑造产业竞争新优势。这是非典型的工业企业的转型发展路径。

一些互联网企业通过引发产品变革乃至颠覆原有产业形态,来推动智能制造。例如谷歌公司不断将其互联网技术和思维传递至工业领域,促进工业企业推出智能化产品,并使得原来以产品销售为核心的产业形态转化为以智能服务为核心的新形态。

2.4 先进技术的前沿应用

2.4.1 先进设计技术

1. 推动向以模型和数据为核心的产品研发模式转变

2018年7月,美国国防部发布《数字工程战略》,推动构建以模型和数据为核心的数字工程生态系统,将国防部以往线性、以文档为中心的采办流程,转变为以模型和数据为核心的数字工程生态系统,使国防部逐步形成以模型和数据为核心的工作方式。目前,美国国防部已实施数字系统模型、数字线索、飞行器机体数字孪生等多个数字工程转型计划。

2. 推进基于模型的设计技术深入应用

"基于模型的系统工程"(model based systems engineering,MBSE)研究与实践正逐步融合,不断提升产品研发效率。2018 年 10 月,欧洲空客公司与美国佐治亚技术学院正式开设基于模型的系统工程飞机总体设计空客/佐治亚技术中心。该中心将利用 MBSE、交互式参数设计太空探索任务和数字化技术的优势,实现飞机总体并行设计过程的开发与验证。MBSE 已成为推动飞机集成和实现多学科设计目标的基础。

3. 数字孪生/数字线索深入应用,有效提升虚拟验证和决策水平

2018 年 10 月,俄罗斯联合发动机制造集团(ODK)和萨拉夫工程中心合作开展"数字孪生"技术研究,主要包括建立"数字孪生"数学模型,开展计算工作,完成虚拟试验,进行初始数据和计算数据信息交换,合作分析校对结果等,成果将用于PD-14、PD-35、PS-90A、TV7-117 系列等航空发动机制造中。该技术的应用不仅可大幅缩短研制周期,还能降低全寿命周期成本。

4. 新设计技术与增材制造结合有望颠覆传统设计制造模式

美国国防先期研究计划局(DARPA)支持研究面向混合制造的新型设计方法。2018 年 9 月,DARPA 与美国施乐公司帕洛阿尔托研究中心(PARC)提出合作研发新型设计方法,将突破现有计算机辅助设计技术(CAD)的局限性,使设计人员能充分利用增材制造和增减材混合制造的优势进行设计创新。新方法将能实现对具有数十亿个几何属性的产品进行设计。利用控制程序可以自动优化几何形状、材料布局以及产品设计参数,并确定最佳的制造环境。

2.4.2　先进制造技术

1. 增材制造技术持续快速发展,应用范围进一步扩展

美欧积极推动增材制造技术发展。2018 年 6 月,美国国家增材制造创新机构发布《增材制造标准化路线图(2.0 版)》,对 2017 年发布的路线图 1.0 版进行了更新,并提出了 11 项新的标准缺口。2018 年 6 月,美国国家制造科学中心(NCMS)发布《采用区块链技术保护增材制造流程——安全制造的新去中心化模式》白皮书,并与穆格公司(Moog)合作研究将区块链技术用于国防领域增材制造。同月,英国启动航空航天数字化可重构增材制造计划,以满足英国航空航天领域对增材制造生产的轻质、性能优异零部件的需求。2018 年 7 月,国际自动机工程师学会(SAE)发布首套航空航天增材制造材料与工艺标准,可支持航空航天装备关键部

件的认证，并保证供应链内材料性质数据的完整性与可追溯性。

微纳增材制造、太空增材制造、梯度材料 3D 打印，以及 4D 打印等前沿工艺取得重大突破。2018 年 1 月，美国劳伦斯·利弗莫尔国家实验室将双光子光刻技术用于增材制造，突破了其应用于增材制造的局限，可制造出具有 100nm 结构特征的毫米级尺寸零件。2018 年 3 月，美研究人员成功采用 3D 打印技术制造金属玻璃合金，为制造耐磨材料、高强度材料和轻质 3D 打印结构提供了巨大潜力。2018 年 5 月，美国利用增材制造技术首次实现梯度复合材料构件一步成形，可有效减少制造工步，快速制造出具有多种材料的复杂构件。2018 年 6 月，美国佐治亚理工学院和新加坡科技设计大学将气溶胶喷射、喷墨、墨水直写和熔融沉积四种打印方式集成于同一打印平台，研究实现快速、高质量的 4D 打印功能。2018 年 10 月，德国在陶瓷 3D 打印经验基础上，经过进一步的工艺优化，首次成功实现零重力条件下金属工具的 3D 打印制造，并完成了两次失重飞行测试。

增材制造技术在国防领域的应用范围不断扩展。2018 年 1 月，美国国家航空航天局（NASA）与洛克达因公司对装备 3D 打印纵向耦合振动储能器组件的 RS-25 火箭发动机进行了点火试验，该组件是目前 3D 打印的最大火箭发动机组件。同月，印度科学研究院采用增材制造技术，制备出燃速可控的复合固体推进剂，解决了现有工艺难以制备复杂内孔形状推进剂的难题。2018 年 11 月，洛马公司利用 3D 打印技术制了 F-35 联合攻击战斗机全任务训练模拟器驾驶舱，将驾驶舱所需部件从 800 个减少到 5 个，使模拟器的制造成本降低 25％，预计未来五年将节省 1100 万美元。

2. 微纳制造取得多项突破性进展，在光电子器件、天线和集成电路制造等领域应用前景广阔

为什么西方国家要对中国禁运光刻机并封锁技术.pdf

美国、日本和欧洲国家利用表面刻蚀、沉积与薄膜等工艺提升光学及电子器件性能。2018 年 2 月，比利时微电子研究中心成功将极紫外光刻用于 32nm 节距 M2 金属互联层和 36nm 节距接触孔阵列制造，有望实现纳米尺度的极紫外光刻单次曝光，对未来集成电路制造技术节点图形化工艺产生深远影响。2018 年 5 月，日本东京大学基于"几何阻挫"概念，采用成本最小化的标准液体溶液工艺，制备出仅有两层分子、总厚度 4.4nm 的大面积半导体薄膜，可用于制备薄膜晶体管，在柔性电子器件或化学探测器中具有潜在应用价值。2018 年 9 月，美国德雷塞尔工程学院采用喷涂工艺制造出最薄达 62nm 的二维金属材料天线，利用该技术制成的天线的无线电传输质量比石墨烯天线好 50 倍，比银墨天线好 300 倍。

集成与组装工艺将在减小光电子器件体积、薄化集成电路等方面具有广泛应用前景。2018 年 4 月，美国麻省理工学院等三家高校成功地在单块芯片上分别集成了光子器件和电子器件，实现了同一芯片上电路和光路的混合集成。2018 年 6 月，美国陆军研究实验室与柔性电子技术联盟（FlexTech Alliance）合作，研究将薄化的集成电路、柔性和印刷电子元件、电源和传感器集成到柔性共形低功耗封装中等柔性混合电子(FHE)异质封装技术。

原子级制造取得突破性进展,实现了制造过程自动化。2018 年 5 月,加拿大阿尔伯塔大学通过采用一种基于机器学习的扫描隧道显微镜探头自动检测和修复方法来改进原子级制造,在全球首次实现原子级制造的自动化。2018 年 5 月,日本制造出"准商业化"纳米组装机器人系统,提供了一种高效的实现复杂范德华异质结构个性化设计和自动化组装的技术,利用原子层厚度的二维材料层层堆叠而形成纳米器件,有望进一步实现新型功能性微电子及光电子器件的制造。2018 年 8 月,德国卡尔斯鲁厄理工学院成功研制出单原子晶体管,创造了当前晶体管尺寸最小纪录,可在室温下通过控制单原子的重新定位来开关电流,工作能耗仅为传统硅基晶体管的万分之一。

3. 智能制造引领全球制造业发展,呈现快速发展态势

美国全面推进智能制造发展。2018 年 7 月,美国先进机器人制造创新机构(ARM)公布首批项目征集遴选结果,通过选定的项目研究成果解决工业机器人领域的关键差距,提高产品质量、改进工艺。2018 年 10 月,美国白宫发布《美国先进制造业领导力战略》,提出将智能与数字制造作为未来发展重点,实现从设计到零部件生产的无缝集成,生产质量有保证的优质零部件。

人机协同有力促进武器装备快速研制。2018 年 3 月,日本川崎重工推出"继承者"新型协作机器人系统,可通过远程操纵机器人手臂完成需要细微调整的精细动作。2018 年 5 月,美空军研究实验室展示了用于飞机维修的自动化机器人系统,利用人机交互技术,预期可将去除飞机涂层的时间缩短 50%。2018 年 6 月,麻省理工学院在波音公司的支持下开发出用大脑信号与手势控制机器人的系统,可用于机身钻孔操作,准确率由 70%提高到了 97%。

2.4.3　先进材料技术

1. 先进树脂基复合材料制备工艺优化升级,复合材料应用范围扩大

日本东丽公司开发出新型复合材料非热压罐制造技术。2018 年 4 月,东丽公司设计开发了一个加热系统,系统表面嵌有许多加热器板,通过独立控制每个加热器,可实现最佳热量分布,从而对真空状态下的零件进行有效加热。与热压罐工艺相比,采用这种工艺制造的零件尺寸更加精确,能耗降低 50%,制造工时减少 50%以上。

美国海军为驱逐舰发动机装备复合材料罩壳。2018 年 1 月,通用电气航空公司为 LM-2500 燃气轮机研发了一种轻型罩壳,新型罩壳用复合材料取代钢材,采用无缝连接,既加强了对舰员的保护,也便于维护。

2. 高性能金属材料的获取途径有所突破

美国利用机器学习算法加速金属玻璃材料的发现。2018 年 4 月,美国西北大

学、能源部 SLAC 国家加速器实验室和国家标准技术研究院联合开展研究，利用机器学习算法把从样品中发现金属玻璃的成功率从 1/300 或 1/400 提升到了 1/2 或 1/3。在过去的半个世纪里，科学家仅研究了约 6000 种组成金属玻璃的成分，而借助机器学习算法，可在一年内制作和筛选 2 万种。

3. 特种功能材料领域全面发展，核材料以及超高温、隐身、装甲防护材料成为研究热点

日本开发新型聚变堆包层材料。作为聚变堆包层的钒合金由 92％的钒、4％的铬和 4％的钛组成。2018 年 12 月，日本国家聚变科学研究所在真空或惰性气体中生成一种高纯度钒合金 NIFS-HEAT-2，显著改善了合金的延展性，克服了钒合金在加工时和焊接后断裂的问题。

美国国防先期研究计划局（DARPA）寻求高超声速飞行器超热前缘的材料系统冷却设计方案。2018 年 12 月，DARPA 启动高超声速飞行器材料系统和表征项目研究，为高超声速飞行器尖锐前缘开发、验证新的设计和材料解决方案，以实现前缘的形状稳定、可冷却。该项目主要研究通过可扩展的近净制造和先进的热设计来冷却前缘；利用现代高保真计算能力，开发新的被动和主动热管理系统、涂层和材料。

美国开发出可近乎完美实现红外隐身的新型材料。2018 年 6 月，威斯康星大学麦迪逊分校开发了一种超薄红外隐身薄片。这种薄片采用黑硅材料制成，在厚度小于 1mm 时，可吸收约 94％的红外光，可在中波长到长波长的红外波段范围内使被遮挡物或人"隐身"。

美国新型轻质泡沫金属复合材料显著提升装甲防护能力。2018 年 3 月，北卡罗来纳州立大学和美陆军航空应用技术委员会制备了一种轻质不锈钢泡沫金属复合材料，其重量仅为装甲钢重量的 1/3，可通过空心球局部变形来吸收冲击波和高速飞行破片的能量，从而将显著降低所承受的压力，具有更好的防护能力。

4. 电子信息功能材料在降低氮化镓器件成本、二维电子材料应用验证等方面取得进展

英国 BAE 系统公司与美国空军研究实验室签署氮化镓技术转化协议。2018 年 9 月，英国 BAE 系统公司与美国空军研究实验室签署了合作协议，推进氮化镓半导体技术在 6in 氮化镓晶圆的应用。

比利时微电子中心首次在 300mm 晶圆上直接制备二维材料。2018 年 12 月，比利时微电子研究中心首次展示了在 300mm 晶圆平台使用二维材料制造金属-氧化物硅场效应晶体管器件。研究人员首先在晶圆平台上集成了一个由二硫化钨（WS_2）组成的晶体管沟道，采用临时黏结和脱黏技术，将其临时黏附在玻璃载体晶圆片上，再将 WS_2 单层从生长晶圆片上机械剥离，并在真空中再次黏结到器件晶圆片上。这种脱黏技术是二维材料可控转移的关键技术。

2.4.4　试验测试技术

1. 美国空军研发增强现实快速无损检测技术

2018 年 8 月,美国空军研究实验室宣布正利用成熟的商业增强现实系统,研发一种增强现实检测设备。该设备能在检测人员视野内显示所需数据和技术文档等信息,从而无须并行进行多种操作,使飞机检测人员可快速进行无损检测。目前的相关检测主要依靠传感器在飞机材料表面感应电场,查找破裂缺陷,对人员具有相当高的技能要求。

2. 美国阿贡实验室开发改进增材制造的新型组合检测方式

2018 年 9 月,阿贡国家实验室工作人员首次采用将红外热像仪与先进光子源设施相互集成的新型组合检测手段,测量增材制造加工表面热特征与内部结构特征。新型检测手段每秒钟可获取百万帧 X 射线图像以及十万帧热成像图像,通过将参数数据反馈至增材制造模型,有效实现高质量稳定的增材制造。未来通过利用热成像与 X 射线图像间的关联性,仅采用红外热像仪即可能实现检测目的。

3. 美国海军新建移动电磁测试设施

2018 年 2 月,美国海军海上系统司令部“舰载电子系统评估设施”(SESEF)在关岛基地完成移动电磁测试与评估能力建设,该设施将为美国海军、海岸警卫队及盟国海军舰艇等提供电磁系统测试与评估服务,具备在实战环境下对电磁系统实时战备评估的能力。SESEF 使用最先进的电磁信号收发系统,为舰载电磁传感器系统进行测试、分析与故障诊断提供实时的数据分析能力,可最大限度减少测试时间。

4. 美国圣母大学新建美国规模最大的高超声速静风洞

2018 年 11 月,美国圣母大学宣布在美国空军资助下与波音公司研究人员合作开发建成美国最大的 6 马赫的高超声速静风洞,风洞喷嘴直径比美国现有的高超声速静风洞大 2.5 倍,能最大限度地减少传统高马赫数风洞中存在的声学干扰,利用该风洞可开发出飞行速度为 6 马赫的军用飞机,大幅提升美国高超声速飞机的试验测试能力。

5. 美国航空航天局推进试验设施向民间企业开放共享

2018 年 3 月,NASA 斯坦尼斯中心将闲置的 E4 综合试验设施无偿租借给从事低成本小型火箭发射的相对论公司独家使用,该公司负责租借期间的设施维护并承担全部相关费用。NASA 通过向民间企业开放共享专项试验设施,使该公司节约了 3000 万美元的设施费,推进企业技术发展与成本节约。

2.5 最佳实践——国外应用 3D 打印技术制造核级部件

近年来,3D 打印技术已在核电领域实现了从理论研究、技术分析向工程实践应用的跨越,国外在 3D 打印制造核级部件方面取得的成果引人瞩目。2018 年11 月,俄罗斯与法国核能公司就核领域的 3D 打印技术开发达成了合作意愿。其他国家主要核工业机构也在加大力度开展技术研发。

1. 3D 打印辅助设备部件已实现应用

与传统制造方法相比,将 3D 打印技术应用于核级部件制造具备多个优势：可生产高设计自由度的特殊部件；可加快新部件从设计到生产的部署进度,且生产成本低；形成的部件均匀性好,化学成分可控；可广泛用于核部件制造,包括核燃料、辅助部件和重要部件等。但同时在核领域,由于各种构件的运行工况较复杂,维护不方便,对可靠性的要求非常高,而且有的构件还需考虑辐照性能问题,因此3D 打印技术目前尚未建立工业化生产能力,大规模应用可能将面临 3D 打印标准体系的建立与完善、生产能力和产品质量有待提升等诸多方面的问题。

德国西门子公司于 2017 年 1 月在斯洛文尼亚的克尔什科核电站成功安装首个直径为 108mm 的 3D 打印消防泵金属叶轮,目前正在安全持续运行,有望延长核电站的预期寿命。该部件采用逆向工程制造,经测试,材料性能优于原来的部件。该公司计划继续和克尔什科核电站合作研发 3D 打印技术,重点推进传统技术难以生产部件的设计,如具有改进冷却模式的轻型结构。

2. 采用 3D 打印研制先进核燃料和堆内构件取得重要进展

美国西屋公司目前正在研究三种 3D 打印技术。①激光粉末床熔融技术。适用于生产小型复杂的燃料结构部件。该技术生产的产品流动特性高,结构更轻、更坚固,可使燃料性能得到较大的提高。此外,采用该技术可以较低的价格制造传统制造方法无法定制的小体积部件。西屋公司已成功对激光粉末床熔融 3D 打印的部件进行辐照和辐照后测试,并计划在商用反应堆中使用。②黏合剂喷射 3D 打印技术。适用于生产更小型的复杂部件,不需要制造复杂的铸件模具,可将成本降低50％,生产周期缩短 75％。其成本低于激光粉末床熔融技术。③直接能量沉淀技术。可用来生产适用于现有部件的喷嘴、凸台和法兰等,以及大型或更加复杂的部件。

美国爱达荷国家实验室(INL)2017 年 10 月开发的核燃料 3D 打印技术,被称为"作为一种替代性制造技术的 3D 打印"(AMAFT)。AMAFT 采用铀基原料,将处理铀矿石的传统水冶法和爱达荷实验室发明的"激光成形"技术结合起来,可制造出更安全、更先进的核燃料。该技术已被用来制造硅化铀颗粒,比传统的二氧化铀燃料密度更大,导热性能更强,因此耐事故性能更好。与传统技术相比,该技术可精简工艺步骤,节约时间和成本。

通用电气-日立核能公司(GEH)2016 年以来采用直接金属激光熔融(DMLM)技术、3D 打印 316L 和 Inconel 718 合金,生产核电站的替换部件。生产出的部件样品运往爱达荷国家实验室的先进试验堆进行辐照,辐照后取出,进行测试并和未经辐照的材料进行分析比较。这些工作大部分已经完成。GEH 目前正在考虑打印反应堆内部构件,包括燃料碎片过滤器和喷射泵备件。

英国核先进制造研究中心于 2017 年 6 月在《国际核工程》上公布已确定的 3 项成熟、未来可应用于核制造业的技术:热等静压工艺(HIP)、采用粉末床或吹制粉末的 3D 打印技术、放电等离子体烧结技术。利用这些技术可生产具有优质材料性能的近净成形部件,目前已在航空航天等领域开展应用,并且用于生产一些海军核反应堆部件,但尚未得到民用核工业的认可和批准。

3. 集中力量推动研发

俄罗斯国家原子能公司(Rosatom)近年来尤为重视 3D 打印技术在核工业的应用。2018 年 2 月,Rosatom 成立 3D 打印技术公司 RusAT,负责该技术研发,并制定了核工业 3D 打印技术发展路线图和战略。公司重点关注 3D 打印的 4 个重点领域:打印机及其部件的生产制造,材料和金属粉末的生产,系统的软件开发,为工业企业提供 3D 打印服务。RusAT 目前正在研究分离金属粉末技术;Rosatom 还计划建立 4 个专门研究 3D 打印技术的工业工程中心,研发 3D 打印新技术和新材料。

此外,英国核先进制造研究中心联合法国阿海珐集团、法国电力集团、法国原子能与可再生能源委员会和瑞典材料研究组等共同开发 PowderWay 项目,还制定了一回路管道和用于燃料过滤器捕获碎片的小型复杂构件等 6 种部件发展规划;通用电气-日立核能公司在合作开发核科学用户设施(NSUF)计划,评估核电站部件 3D 打印的材料性能特征。

2.6　深度解析——美国加快人工智能在工业领域的应用

2019 年 2 月 11 日,美国总统特朗普签署行政令并启动《美国人工智能计划》,从国家层面确保人工智能的领先地位。次日,美国国防部发布《2018 国防部人工智能战略》,以推动人工智能军事应用,应对竞争对手在相关领域的快速发展,保持美国的战略优势。

2.6.1　美国实施人工智能发展策略

1. 制定战略引领人工智能发展和应用

美政府高度重视人工智能技术,制定战略与政策引领人工智能技术发展和军事应用。2016 年,美政府发布了《国家人工智能研究与发展战略规划》(以下简称《战略规划》)和《为人工智能的未来做好准备》,其中前者重点通过政策引导人工智能的发展,促进人工智能的应用;后者详述了人工智能带来的若干政策机遇,提出了利用人工智能技术来提升社会福利和改进政府执政水平等。2019 年 2 月,美政府启动《美国人工智能计划》(以下简称《计划》),重点提出从优先投资、共享资源、制定标准、人才建设和国际合作 5 个方向,加速推动人工智能技术突破和应用推广。美国国防部随后发布了《2018 国防部人工智能战略》,分析了国防部在人工智能领域面临的战略形势,从解决关键任务、建立研发试验平台、培养人才、加强合作和制定军事应用准则等方面加速人工智能的应用,强调保证美军战略主导权和绝对战场优势。

2. 成立机构推进人工智能发展

为保障人工智能计划的顺利推进并取得预期效果,美政府成立推进保障机构。2016 年 5 月,美国白宫成立机器学习与人工智能分委会,专门负责跨部门协调人工智能的研究与发展工作。2018 年 6 月 27 日,美国防部成立联合人工智能中心(JAIC),旨在加快国防部交付人工智能的能力;同时在《2018 国防部人工智能战略》中强调了 JAIC 的核心地位,将其作为统筹推进核心部门,具体落实和推动人工智能的军事应用。2018 年 9 月,《2019 财年国防授权法案》批准设立“人工智能国家安全委员会”,将人工智能提升至国家安全层级,并于 2019 年 1 月公布了该委员会 15 名成员名单,以统筹指引全美人工智能的发展,完善监管链条,聚各方之力加速人工智能的推进。

3. 加强人工智能领域投资

持续加大对人工智能领域技术难度大和带动效应强的基础研发的投资力度。2016 年的《战略规划》将“长期投资人工智能研发领域”列为七大战略首位;2019 年的《计划》强调将优先考虑基础研发领域投资,以保持美国中长期优势;2018 年 6 月,JAIC 计划在未来五年内花费 17 亿美元发展人工智能;2018 年 9 月,DARPA 宣布未来五年将投资 20 亿美元,用于发展人工智能的新项目,并在 2019 年预算申请中为相关项目申请了 34.4 亿美元资金;近年,美国国家科学基金会每年用于支持人工智能研究的资金均超过 1 亿美元。

2.6.2　美国人工智能核心技术研究进展

人工智能已有 60 年发展历史,主要是研究如何应用计算机模拟、延伸和扩展人类智能行为的理论、技术和方法。当前,随着互联网、大数据、云计算等新一代信息技术的发展,机器学习、智能控制、类脑计算等基础技术的突破,以及计算机运算能力的提升,人工智能逐渐呈现出深度学习、跨界融合、人机协同、群智开放、自主操控等新特征。

1. 机器学习取得突破,有效提升学习和自主识别能力

机器学习是一门涉及概率论、统计学、逼近论、凸分析、算法复杂度理论等多领域的交叉学科,主要利用算法去分析和学习数据,专门研究计算机怎样模拟或实现人类的学习行为,以获取新的知识或技能,重新组织已有的知识结构,从而使计算机的性能不断提升,它是人工智能的核心。目前,机器学习借助大量数据训练和高度类人学习特征的新型算法,实现自主学习和进化,取得了技术突破,显著提升了计算机的学习和认知能力。

2015 年 12 月,美国科学家首次提出基于先验知识的感知学习方法,并完成了极少量样本下的增量机器学习(相较于需海量数据的深度学习,这更接近人类学习的特征),实现了人工智能基础理论的新突破。2017 年 12 月,美国国防部“Maven计划”开发的机器学习新算法,推动视频动态识别技术的发展,实现对全动态目标的探测和分析,识别准确率高达 80%。2019 年 2 月,DARPA 启动“人工智能科学和开发世界新奇学习”项目,该项目的主旨是通过改善机器学习算法,摈弃传统的基于大型数据集训练的学习模式,提升计算机自主学习的能力和对变化环境的准确识别和自主判断能力,最终决策并采取合理的行动。机器学习目前已广泛应用于数据挖掘、计算机视觉、自然语言处理、生物特征识别、搜索引擎、医学诊断、证券市场分析、DNA 序列测序、语音和手写识别、机器人运用等众多领域。

2. 人机协同和智能处理持续突破,提升交互和自主协调能力

在控制理论、计算技术和传感器等创新推动下,人机协同及智能处理技术取得了重大进展,提升了美军协同作战能力。

2016 年 4 月,美海军研究所成功完成了 30 架“郊狼”无人机的快速发射和完全自主编队任务。每架无人机都具备去中心化(均未处于中心控制地位)、自主化和自治化功能,构成稳定的群体结构,能独立分析并共享周边环境和飞行路径信息,必要时工作人员又可随时干预,体现出无人机集群的群体智能和人机协同。2018 年 1 月,洛马公司和雷神公司组成的联合团队围绕 DARPA“拒止环境中协同作战”(collaborative operations in denied environments,CODE)项目第二阶段的飞行测试,以 RQ-23 无人机为平台加装了 CODE 软硬件,开展飞行试验,演示验证了开放式架构和自主协同等性能指标;飞行试验结果超出了原定目标,表明无人机的自主协同能力迈出了一大步。2018 年 10 月,雷神公司公布新开发的无人机集群控制技术,开创性地实现了在不依靠地面控制站发出指令的情况下,利用智能处理技术,无人机群能自行完成定位并自主决策。2019 年 3 月 5 日,美空军推进的“忠诚僚机”项目取得重大进展,被设计用于担任F-35“无人僚机”的 XQ-58A 验证机完成首飞,验证评估了系统功能、空气动力性能以及发射与回收系统等。未来 XQ-58A 将配合 F-35 进行人机协同作战,即 XQ-58A 机群根据 F35 飞行员指令,自主完成攻击任务,或扮演“诱饵”,吸引对方防空武器或

美军 F-35 的“脉动
生产线”.pdf

战机出动，以掌握进攻主动权。

3. 类脑计算取得关键进展，可提升计算与决策判断能力

神经类脑计算是推动人工智能发展的重要技术之一。新型高性能计算类脑芯片技术取得突破，将促进感知智能系统和强自主能力无人系统快速进步。

2013年7月，美国和瑞士神经信息学研究人员联合研制出能实时模拟大脑处理信息过程的新型微芯片，迈出了神经元芯片研究领域的重要一步。2017年6月，IBM研发的"真北"类人脑芯片，其神经突触系统由4块芯片板组成，每块芯片板装载16个芯片，构成一个64芯片阵列。"真北"芯片可安装于标准4U服务器，其各个神经网络能进行平行操作，以保证在一个芯片不能正常工作时其他芯片不受影响，其数据处理能力已基本与"拥有6400万个神经元和160亿个突触的类脑系统"的功能相当。2018年，美国空军研究实验室与IBM公司合作开发了采用"真北"类脑芯片的"蓝渡鸦"超级计算机，能将图像、视频、声音和文本等信息高效转化为可处理数据信息，显著提升了系统目标识别能力、数据处理能力和实时决策能力。2018年2月，麻省理工学院成功研制出由硅锗制成的人造突触小芯片，并利用人造突触小芯片制造出可再现的单通道人工神经突触，该突触能精确控制流过的电流强度，实现了手写样本识别准确率达95％，可进一步促进便携式低功耗神经形态芯片的发展。

2017年5月，著名芯片制造企业英伟达公司推出了世界首款120万亿次级处理器Volta V100 GPU，将机器学习指令传达效率由几周缩短至几小时。微软、谷歌和苹果等知名公司也开始发力，研制芯片和处理器。2018年4月，微软公司为HoloLens眼镜的芯片设计找到方案，凭借增加一套人工智能处理器，可以直接分析HoloLens眼镜感知的内容。2018年5月，谷歌公司推出人工智能专用芯片TPU 3.0，计算能力比TPU 2.0提高了8倍。2018年9月，苹果公司推出智能芯片A12，主要构成是CPU、GPU和1个神经网络协处理器，其整体性能比All处理器提高了近1倍。

2.6.3 人工智能在美国国防工业领域的应用

1. 融合发展以提升武器装备的能力与效率

美军大量列装无人机和地面机器人等具备自主决策能力的无人装备，并已经在局部战争中进行实战应用，大幅提升了美军的智能化程度和作战能力。北约联合部队早在2000年左右的"波黑扫雷行动"中，应用单台豹式扫雷车两天内扫除了71颗杀伤地雷，工作效率是30名有经验工兵的15～20倍。2015年，美军就已经试验性地在阿富汗战场投入使用"大狗"机器人，该机器人通过约50个传感器收集各类信息，并经过类似人脑的信息处理形成决策，然后基于智能化构造实现跑、跳、蹲、爬、避障和跃障等各类动作；其负重高达200kg，奔跑速度达12km/h，并具有良好的防弹和静音效果。2019年1月，美军在东乌前线部署了军用机器人，并已经

投入实战,这些机器人不仅能对付危险爆炸物、突破雷区,从描述看,还安装有武器,具备一定的作战能力。

将人工智能技术应用于作战装备的维护保障中,可通过数据实时采集及分析,及时发现已存在或潜在的问题并快速解决。由人工智能驱动的实时分析已经在美军装备维修保障中取得了成功,2018 年 3 月,美军后勤保障人员利用人工智能系统,自主分析了安装在"斯特赖克"轮式装甲车上的 10 多个传感器采集的海量数据,并预测出这些作战车将会出现的故障,从而有针对性地开展维护保养,在保障作战能力的同时,有效降低了装备维修费用。

2016 年,美军启动"指挥官虚拟参谋"项目,旨在通过人工智能技术,分析海量数据及复杂战场态势,为军事决策提供技术支持。2017 年 11 月,美国密苏里大学研发团队利用深度学习算法,反复训练人工智能程序,最终使计算机可在高精度卫星照片中自主准确识别出导弹阵地,且将所需时间由原来的 60h 缩减到现在的 42min,且目标识别准确率达 90%。未来的战场指挥官将应用辅助智能决策指挥模式,实现战场态势实时感知、战争进程即时分析、作战计划滚动制定、作战指令动态下达。

2. 应用人工智能提升武器装备的研发能力并缩短更新周期

目前,主要通过以下两种方式,将人工智能技术应用于装备设计中:一是通过仿真数据、试验数据和设计数据融合,形成设计知识;二是基于大数据技术和智能挖掘算法,掌握研发过程中隐含的规律,并通过设计知识和规律形成优化的设计方案,为装备设计提供支撑,提高设计质量、缩短设计周期和降低研发成本。波音公司在 20 世纪 90 年代采用基于知识的设计方法,优化了产品设计并提升了设计效率,实现了 B-777 原型机一次装配成功,并在后续的机翼设计中借助大数据技术优化设计方案,将风洞实验次数由 2005 年的 11 次缩减至 2014 年的 1 次。

将人工智能应用于装备制造过程,提升了感知分析能力和产品质量,缩短了生产周期。波音公司制造 B-737 飞机时应用机器人铆接机,使生产效率提高至人工的 2 倍,且不合格品减少了近 70%;采用机器人喷涂 B-777 机翼,只用 24min 就高质量完成了工作,生产效率是人工的 10 倍。装甲车制造商 Navistar Defense 应用大数据实时分析判断加工状态,优化生产过程,有效减少了因设备或质量问题停产导致的时间浪费,整体提升了生产效率。

3. 智能无人装备将促成作战主体的改变并形成新的作战模式

美军"第三次抵消战略"中明确提出,以智能化车队、自主化装备和无人化战争为标志的军事变革风暴正在来临。在未来战场中,智能化无人作战装备将成为作战主体,并最终形成以精准打击、群体协同、信息共享、快速决策等为主要特征的智能作战模式。美军目前已列入研制计划的智能军用机器人超过 100 种。美国空军在面向 2035 年的《无人系统地平线》中指出，无人作战将是主导未来战场的一种颠覆性作战样式，智能化战争指日可待。

总之，美国已将人工智能发展作为提升国家竞争力、维护国家安全的重大战略，以国家意志大力推动其发展和应用，以促进基础和关键技术研发、军事应用和作战体系建设等方面取得关键性突破。未来，美国将会逐步加强无人智能装备在作战中的广泛应用，从而形成全新的作战模式，掌握未来作战的主导权。

第 3 章

德国工业4.0

"工业 4.0"是以物联网及务联网(服务联网技术)为基础的第四次工业革命。它通过互联网等通信网络将工厂与工厂内外的事物和服务连接起来,创造前所未有的价值,构建新的商业模式,实现工业制造业的智能化转型。其核心是"智能制造",目标是建立一个高度灵活的个性化和数字化的产品与服务的生产模式。物联网及务联网将渗透到所有的关键领域,创造新价值的过程逐步发生改变,产业链分工将被重组,传统的行业界限将消失,并会产生各种新的活动领域和合作形式。

德国政府提出"工业 4.0"并将其上升为国家战略,其主要目标是确保德国制造业的未来,其战略意图有二:一是对抗美国互联网,即应对美国互联网巨头对制造业的吞并,如 Google 进军机器人领域,Amazon 进入手机终端业务;二是防守中国制造业,中国等发展中国家机械产业的高速增长引起了"德国制造"的危机感,在全球设备制造业的 32 个子行业中,中国已经在 7 个子行业取得了领先地位。

3.1 德国工业 4.0 的战略要点

德国工业 4.0 的战略要点可以概括为"1238"工程,即:建设一个网络、研究两大主题、实现三项集成、部署八大领域。

建设一个网络:指信息物理系统(CPS)网络。信息物理系统的作用就是将物理设备连接到互联网上,让物理设备具有计算、通信、精确控制、远程协调和自治等5 大功能,从而实现虚拟世界和现实物理世界的联系和融合。CPS 可以将资源、信息、物体以及人紧密联系在一起,创造物联网及相关服务,从而将生产工厂转变为一个智能环境。

研究两大主题:智能工厂和智能生产。"智能工厂"是未来智能基础设施的关键组成部分,重点研究智能化生产系统及过程,以及网络化分布生产设施的实现。"智能生产"的侧重点在于将人机互动、智能物流管理、3D 打印等先进技术应用于整个工业生产过程,从而形成高度灵活、个性化、网络化的产业链。生产流程智能化是实现"工业 4.0"的关键。

实现三项集成:横向集成、纵向集成与端对端集成。"工业 4.0"将无处不在的传感器、嵌入式终端系统、智能控制系统、通信设施通过 CPS 形成一个智能网络,使人与人、人与机器、机器与机器以及服务与服务之间能够互联，从而实现横向、纵向和端对端的高度集成。横向集成是企业间通过价值链以及信息网络所实现的一种资源整合，是为了实现各企业间的无缝合作，提供实时产品与服务；纵向集成是基于未来智能工厂中网络化的制造体系，企业内生产过程可实现个性化定制生产，替代传统的固定式生产流程（生产流水线）；端对端集成是指贯穿整个价值链的工程化数字集成，是在所有终端数字化的前提下实现的基于价值链的各不同公司之间的一种整合，将最大限度地实现个性化定制。

部署八大领域：这是"工业4.0"得以实现的基本保障。一是标准化和参考架构。需要开发出一套单一的共同标准，不同公司间的网络连接和集成才会成为可能。二是管理复杂系统。适当的计划和解释性模型可以为管理日趋复杂的产品和制造系统提供基础。三是一套综合的工业宽带基础设施。建设全面、高品质的通信网络是"工业4.0"的一个关键要求。四是安全和保障。在确保生产设施和产品本身不能对人和环境构成威胁的同时，要防止生产设施和产品滥用及未经授权的获取。五是工作的组织和设计。随着工作内容、流程和环境的变化，对管理工作提出了新的要求。六是培训和持续的职业发展。有必要通过建立终身学习和持续职业发展计划，帮助工人应对来自工作和技能的新要求。七是监管框架。创新带来的诸如企业数据、责任、个人数据以及贸易限制等新问题，需要准则、示范合同、协议、审计等适当手段加以监管。八是资源利用效率。需要考虑和权衡的是，原材料和能源的大量消耗，将会给环境和安全应用带来的诸多风险。

总的来看，"工业4.0"战略的核心内容就是通过CPS网络实现人、设备与产品的实时连接、相互识别和有效交流，从而构建一个高度灵活的个性化和数字化的智能制造模式。在这种模式下，生产由集中向分散转变，规模效应不再是工业生产的关键因素；产品由趋同向个性转变，未来产品都将完全按照个人意愿进行生产，极端情况下将成为自动化、个性化的单件制造；用户由部分参与向全程参与转变，用户不仅出现在生产流程的两端，而且广泛、实时参与生产和价值创造的全过程。

3.2　德国工业4.0的本质特征

"工业4.0"的本质特征可以概括为互联、集成和数据。即基于信息物理系统（CPS），构建"状态感知—实时分析—自主决策—精准执行—学习提升"的数字虚拟环境，并实现万物互联，通过三项集成实现数据的自动流动，从而消除复杂系统的不确定性，在给定的时间、目标场景下，优化资源配置，实现知识循环应用，促进制造业模式革新，进而实现"智能制造"。

（1）互联。"工业4.0"顺应互联网时代的发展，将各种高端技术、系统通过CPS融合形成智能互联网。智能互联网能够帮助工业制造过程实现多种互联，可以让机器、工作部件、系统以及人类通过网络保持数字信息的持续交流，实现生产设备之间互联、设备与产品互联、虚拟与现实互联,最终实现万物互联。

(2)集成。集成是指"工业 4.0"的三大集成。"工业 4.0"构建出一个全新的智能网络,将无处不在的传感器、终端系统、智能控制系统以及通信设施通过 CPS 融合,不仅促进了人与人、人与设备之间的互联,还实现了"智能工厂"的集成。

(3)数据。在"工业 4.0"环境下,高端智能设备与终端的普及带来了无所不在的感知与连接。这些终端、生产和感知设备在运行过程中将产生大量数据,主要有产品数据、运营数据、价值链数据和外部数据。最终这些数据将会逐一渗透到企业运营,以及价值链在内的工业加工、制造周期中,成为推动"工业 4.0"发展进程的基石。

3.3　德国工业 4.0 的双重战略

"工业 4.0"的最优配置目标,只有在领先的供应商策略和领先的市场策略交互协调并能确保其潜在利益都能发挥的情况下才能实现,这即双重战略。它具有 3 个关键特征:一是通过价值链及网络实现企业间横向集成;二是贯穿整个价值链的端到端的工程数字化集成;三是企业内部灵活且可重新组合的网络化制造体系纵向集成。上述 3 个特征可使制造商在面对变化无常的市场时灵活地根据不断变化的市场需求调整自己的价值创造活动,进而稳固自己的市场地位。在双重战略下,制造业企业将在一个高速的、动荡的市场环境下,按照市场价格实现快速、及时和无失误的生产。

3.4　德国工业 4.0 的智能制造

"工业 4.0"重点研究两大主题——智能工厂和智能产品,归根结底是要实现智能制造。可以从智能化的产品、智能制造过程、智能工厂/车间、智能制造新模式/新业态几个方面来理解并认识智能制造。

1. 智能化的产品

所谓智能化的产品是指深度嵌入信息技术(高端芯片、新型传感器、智能控制系统、互联网接口等),在其制造、物流、使用和服务过程中,能够体现出自感知、自诊断、自适应、自决策等智能特征的产品。和传统非智产品相比,智能产品具有故障诊断功能,能够实现对自身状态、环境的自感知;具有网络通信功能,提供标准和开放的数据接口,能够实现与制造商、服务商、用户之间的状态和位置数据的传送;具有自适应能力,能够根据感知的信息调整自身的运行模式,使其处于最优状态;能够提供运行数据或用户使用习惯数据,支撑进行数据分析与挖掘,实现创新性应用等。

智能化的产品可分为 3 个方面：一是面向使用过程的产品，二是面向制造过程的产品，三是面向服务过程的产品。

2. 智能制造过程

智能制造过程包括设计、工艺、生产管理和服务过程的智能化。

（1）智能化的设计。通过智能技术在设计链各个环节上的应用，使设计创新得到质的提升。通过智能数据分析手段获取设计需求，进而通过智能创成方法进行概念生成，通过智能仿真和优化策略实现产品的性能提升，辅之以智能并行协同策略来实现设计制造信息的有效反馈，从而缩短产品研发周期，提高产品设计品质。

（2）智能化的工艺装备。智能化的工艺装备能对自身和加工过程进行自感知，对与加工状态、工件材料和环境有关的信息进行自分析，根据零件的设计要求与实时信息进行自决策，通过"感知—分析—决策—执行反馈"闭环，不断提升装备性能及其适应能力，使得加工从控形向控性发展，实现高效、高品质及安全可靠的加工，实现设备与人的协同以及虚拟/虚实制造。

（3）智能化的生产管理。在工厂或车间中，通过智能化技术和智能管理，实现生产资源最优化配置、生产任务和物流实时优化调度、生产过程精细化管理和智慧科学管理决策。内容涉及：智能计划与调度、工艺参数优化、智能物流管控、产品质量分析与改善、设备预防性维护、生产成本分析与预测、能耗监控与智能调度、生产过程三维虚拟监控、车间综合性能分析评价。

（4）智能化的服务。通过泛在感知、系统集成、互联互通、信息融合等信息技术手段，将工业大数据分析技术应用于生产管理服务和产品售后服务环节，实现科学的管理决策，提升供应链运作效率和能源利用效率，拓展价值链，实现在线监测、远程诊断和云服务，为企业创造新价值。

3. 智能工厂/车间

智能工厂/车间的特征主要体现在 3 个方面，一是具有自适应性，具有柔性、可重构能力和自组织能力，从而高效地支持多品种、多批量、混流生产；二是产品、设备、软件之间实现相互通信，具有基于实时反馈信息的智能动态调度能力；三是建立预测制造机制，可实现对未来的设备状态、产品质量变化、生产系统性能等的预测，从而提前主动采取应对策略。

4. 智能制造新模式/新业态

随着技术的进步，将涌现出一些全新的制造模式，或者叫新业态。这里主要介绍两种，一是网络协同制造或云制造模式，二是大规模个性化定制模式。

在网络协同制造模式中，网络化资源协同平台实现产业链不同环节企业间系统的横向集成，信息数据资源交互共享；并行工程实现异地的设计、研发、测试、人力等资源的有效统筹与协同；动态分析、持续改进，在生产组织管理架构方面实现敏捷响应和动态重组。

在大规模个性化定制模式中,产品采用模块化设计,可进行个性化组合;基于网络的个性化定制服务平台,利用大数据技术对个性化需求进行挖掘和分析,形成个性化产品数据库;企业设计、生产、供应链管理、服务体系实现集成和协同,匹配个性化定制需求。

新业态下,智能制造系统将演变为复杂的"大系统",制造过程由集中生产向网络化异地协同生产转变,企业之间的边界逐渐变得模糊,制造生态系统显得更为重要,单个企业必须融入智能制造生态系统才能生存和发展。

3.5　德国工业 4.0 的关键环节

1. 基于模型的全生命周期信息系统集成和管理是关键

以基于模型定义(model-based definition,MBD)为核心,构建基于模型的企业(model-based enterprise,MBE),包含基于模型的工程、基于模型的制造以及基于模型的维护,是企业迈向数字化、智能化的战略路径,成为当代先进制造体系的具体体现。只有通过模型的建立,实现数据源的统一、信息的实时获取和全部信息应用系统的集成,才能大幅度提高效率、减少交货时间,满足柔性制造、个性化制造及产品纠错机制,确保产品质量。

2. 物联网在线智能识别和实时检测是根本保障

物联网通过应用智能传感与传输技术、射频识别和智能终端技术,将产品、设备、生产线、人的信息连接起来,互联互通,实现制造服务过程中的现场实时数据采集、数据处理和信息共享、综合分析与优化,确保在线智能识别和实时检测。

3. 云制造是实现大型企业集团全球资源整合的有效手段

大型企业集团通常在全球分布有制造工厂,为了有效整合利用分布式制造资源,应采取云制造模式,通过全球订单的统一管理、ERP 计划的统一组织、物流的统一调配、制造的协同和市场的统一营销,提供高附加值、低成本和全球化制造的产品和服务。

4. 生产线和产品的模型仿真是难点

工业 4.0 重要的标志之一是能够实现生产线和产品工艺的模型仿真,只有通过仿真才能预测生产线的能力,并根据实际订单的需求来优化生产线工艺布局,真正实现制造的虚实结合。但是设备、生产单元、生产线以及工艺方法的数字化模型建立是当前制造业的难点,需要大量的数据积累和精准的算法模型,并不断地修正和完善,才有可能逐步逼近生产线的实际情况。同时,构建基于模型的制造企业,对于传统制造业无疑是一场革命,将改变原有的研制流程,与现行的生产、检验、管理制度甚至企业文化会发生很大的冲突。

3.6　德国工业4.0的技术支撑

"工业4.0"的技术支撑主要包括工业互联网、云计算、工业大数据、工业机器人、3D打印、知识工作自动化、工业网络安全、虚拟现实和人工智能，如图3-1所示。

（1）工业互联网是"工业4.0"的核心基础，是开放、全球化的网络，它将人、数据和机器连接起来，是全球工业系统与高级计算、分析、传感技术及互联网的高度融合。

（2）云计算（cloud computing）是基于互联网的相关服务的增加、使用和交付模式，通过互联网来提供动态易扩展且经常是虚拟化的资源。"云"是网络、互联网的一种比喻说法，可分为公有云和私有云。

（3）工业大数据是以工业系统的数据收集、特征分析为基础，对设备、装备的质量和生产效率以及产业链进行更有效的优化管理，并为未来的制造系统搭建无忧的环境。它在整个"工业4.0"里是一个至关重要的技术领域。

（4）工业机器人是面向工业领域的多关节机械手或多自由度的机器装备，它能自动执行工作，是靠自身动力和控制能力来实现各种功能的一种机器。它可受人类指挥，也可按预先编制的程序运行，现代工业机器人还可根据人工智能制定的原则纲领行动。

（5）3D打印是快速成形技术的一种，是以数字模型文件为基础，运用粉末状金属或塑料等材料，通过逐层打印的方式来构造物体的技术。

（6）知识工作自动化是通过机器对知识的传播、获取、分析、影响、产生等进行处理，最终由机器实现并承担长期以来被认为只有人才能够完成的工作，即将现在认为只有人能完成的工作实现自动化。

（7）工业网络安全是为工业控制系统建立和采取的技术和管理方面的安全保护措施，以保护其硬件、软件、数据不因偶然的或恶意的原因而受到破坏、更改、泄露。也即保护信息和系统不受未经授权的访问、使用、泄露、修改和破坏，为信息和信息系统提供保密性、完整性、可用性、可控性和不可否认性。

（8）虚拟现实是仿真技术的一个重要方向，是一种可以创建和体验虚拟世界的计算机仿真系统，它利用计算机生成模拟环境，是多源信息融合的交互式三维动态视景和实体行为的系统仿真，主要包括模拟环境、感知、自然技能和传感设备等方面。

（9）人工智能（artificial intelligence，AI）是研究、开发用于模拟、延伸和扩展人的智能的理论、方法、技术及应用系统的一门技术科学，它试图了解智能的实质，并生产出一种能以与人类智能相似的方式作出反应的智能机器，主要包括机器人、语言识别系统、图像识别系统、自然语言处理系统和专家系统等。

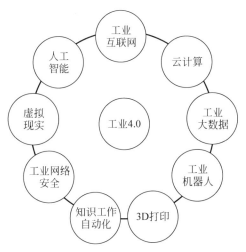

图 3-1　德国工业 4.0 九大支撑技术

3.7　德国工业 4.0 的主要优势

1. 信息物理系统

"工业 4.0"被认为是以智能制造为主导的第四次工业革命,旨在通过深度应用信息技术和网络物理系统等技术手段,将制造业向智能化转型,其中 CPS(信息物理系统)是关键通用技术。德国目前居于世界领先地位的有嵌入式系统、传感器和气动式控制系统,其信息物理系统制造商以及 M2M、嵌入式系统、智能传感器和执行器制造商很可能成为全球市场和创新领先者。信息物理系统的应用将传统工业的 3C——计算(computing)、通信(communication)和控制(control)拓展为 6C,增加了内容(content)、协同(community)和定制化(customization)。利用新的技术,工业企业借助德国具有比较优势的信息物理系统(包括智能设备、数据存储系统和生产制造业务流程管理),可以使订单自动通过整个价值创造链条,自动预定加工机器和材料,自动组织向客户供货,自动优化物流体系,并在生产环节实现数字化、可视化的智能制造。

2. 中小企业发挥重要作用

德国管理学家赫尔曼·西蒙认为,德国出口贸易之所以取得持续发展,主要得益于其众多的中小企业,特别是那些在国际市场上处于领先地位的中小企业。他把这些中小企业称为"隐形冠军"。德国机械设备制造业有超过 6000 家公司,其中 87% 以上是中小企业,且绝大多数是家族企业,平均从业人员不超过 240 人,共雇用了 90.8 万名高素质的劳动力。小而精是德国中小企业的特点,小是指企业的规模相对于大企业而言从业人数较少,精是指产品的科技含量和单位产值较高。但其实并不是所有的制造业都是以中小企业为主的，这种企业结构主要存在于机器设备制造业以及信息和通信产业，而在金属、钢铁和其他有色金属制造，重型机械和电力机械制造，人造染料、纤维、肥料以及新材料和化学工业等领域，则是以"大企业"为主导，但也有大量中小企业，且与大企业形成了比较和谐的共存和发展关系。在"工业4.0"目标下，各类智能互联制造平台将中小企业整合到新的价值网络中，进一步增强了中小企业的活力，使中小企业成为新一代智能化生产技术的使用者和受益者，同时也成为先进工业生产技术的创造者和供应者，从而带动产业结构整体升级。

3. 产业组织结构加速转变

"工业4.0"重新定义了制造商、供应商和开发商之间的网络协同结构，目的是实现市场与研发、研发与生产、生产与管理的协同，从而形成完整的制造网络。德国产业结构正由传统的大型企业集团掌控的供应链主导型向产业生态型演变，平台技术以及平台型企业将在产业中展现出更多的作用。根据德国工业4.0标准化路线图，可将"工业4.0"的参与者分为三类：技术供应方、基础设施供应方和工业用户，分别负责提供关键的产品技术、软件支持结构或服务以及利用新技术优化生产过程。从生产流程管理、企业业务管理到研究开发产品生命周期的管理形成的"协同制造模式"（collaborative manufacturing model，CMM），使企业价值链从单一的制造环节向上游研发与设计环节延伸，企业管理链从上游向下游生产与制造环节拓展，形成了集成工程、生产制造、供应链和企业管理的网络协同制造系统。

4. 标准先行

标准化是保持领跑的先决条件、产业竞争的制高点，保证制造业企业市场竞争力的关键，也是实行贸易保护的重要技术手段。德国是世界工业标准化的发源地，约有2/3的国际机械制造标准来自德国标准化学会（DIN），包括一系列专业委员会，如机械制造标准委员会（NAM）、机床标准委员会（NWM）、电工委员会（DKE）、技术监督协会（TUV）等，以及申克（SCHENCK）、鲁尔奇（LURGI）、道依奇（DEUTZ）三大公司的标准化室等。标准的功能主要体现在信息提供上，减少复杂多样性和不匹配。标准化每年为德国带来可观的经济利益，德国企业对"谁制定标准谁就拥有市场"体会颇深。技术变革的不断加快和生命周期的不断缩短，要求标准必须处在实时的演进中，以适应产业实践的跨越。为继续保持"德国制造"的领先地位，标准化成为工业4.0的重要组成部分。新的技术标准具有显著的高技术性、更强的系统性和协调性以及动态性与适应性，为企业提供技术标准和通用性框架。

5. 人力劳动的灵活性

未来的工业生产需要大量有素质和能力的员工来面对灵活性的需求。高度自动化系统难以实时反映产品越来越复杂、更多差异化、生命周期越来越短的现实，追求专门单一领域的自动化和由人推动的灵活链接方式是可行性较高的选择。人可以将自动化的单个系统连接起来,在思维能力、关联能力、感知能力等方面也比机器有优势,或者说这些功能通过机器来实现成本较高。未来控制标准化的日常工作可以依赖信息物理系统,而复杂的决策工作留给人,生产过程中机器和人的关系将更加紧密,合作方式更加灵活,人的灵活性要与机器设备的灵活性相匹配,组成团队共同工作。在德国,携带智能装备的人被吸纳到"工业 4.0"之中,工人通过移动终端调取相关信息、应用和商业数据,信息可以分散式获取、加工和反馈。例如,越来越多的工厂开始使用 Iproduction Pad 作为增强型辅助设备,按照不同情形给人提供相应信息和辅助系统。

3.8 德国工业 4.0 的远景展望

1. 智能化、网络化世界的建立

在"工业 4.0"的世界,物联网和务联网将渗透到所有相关领域:能源供应领域内智能电网将成为主流,并将出现在智能健康领域、可持续移动通信战略领域(智能移动性、智能物流);在生产环境中,纵向集成、端对端集成、横向集成将贯穿整个价值链,"工业 4.0"将开启智能生产及其网络系统。其主要特征如下。

(1)社会-技术互动达到新高度。在生产过程中所有的参与者与资源之间形成新的社会-技术互动的新高度,这种互动将围绕着生产资源网络(生产设备、机器人、传送装置、仓储系统以及生产设施)进行。该网络具备以下特征:自动化——根据不同情形自我反馈、自我修复,知识型——泛在的传感器,以及空间分散性。作为该愿景的重要组成部分,智能工厂将通过端对端工程被植入公司间价值网络,达到虚拟与实体世界的无缝衔接。

(2)智能产品的可识别性。智能产品将会具备单一的识别性并可随时定位,这意味着智能产品可以半自动控制生产过程。而且,智能产品的完成品知晓适合自己运行的最佳参数,并能在整个生命周期中感知自身的损耗程度。

(3)生产设计过程中的客户参与。有着独特需求的顾客可以参与到产品的设计、架构、计划、生产、运作以及回收等环节,甚至可以在生产过程及生产完成前随时根据需求改变设计及生产,使独一无二及小批量的产品生产并获得利润成为可能。

(4)员工的创造性将被激发。员工可以根据形势和环境敏感目标来参与生产工艺的控制、调节以及配置。员工将从日常工作中解脱出来,更加专注于富有创造性、附加值更高的生产活动。同时,灵活的工作条件可协调其工作与个人需求。

(5)网络基础设施及服务质量提升。"工业 4.0"的实施需要进一步拓宽相关网络基础设施以及特定的网络服务质量。这将使得满足那些高宽带需求的数字密集型设备成为可能,同时也可能满足有着严格时间要求的服务供应商,因为通常他们使用的设备具有高度时间敏感度。

2．新的商业机遇与合作模式

"工业4.0"将带来新的商业机遇与合作模式，朝着满足个性化、随时修改的方向发展。这种模式有助于中小企业采用在当今许可和商业模式下无力负担的服务与软件系统。新的商业模式将为如动态定价、服务质量水平协议等问题提供解决方案。动态定价将充分考虑顾客与竞争者的情况，服务质量水平协议则关系到商业合作伙伴之间的网络及合作关系。这些模式将确保价值链上所有利益相关者都能分享潜在的商业收益，包括新进者。

由于"工业4.0"通常被概括为"网络化制造""自我组织适应性物流""顾客集成形工程"，因此需要一个高度动态化的商业网络，而非单个公司的形式。这又将引发一系列如财政、发展、可靠性、风险、责任和知识产权等问题，并且要求责任被正确地分配到商业网络中的各相关主体，同时依靠相关约束性文件来支撑。

3．全新的社会基础设施

为应对未来人口老龄化问题，"工业4.0"倡导提高老年人以及妇女的就业比例，因为个人的生产效率并不取决于其年龄，而是取决于其从事某项工作的时间、工作组织方式以及工作环境。如果延长工作时间可以提高劳动生产率，那么就有必要协调和改变工作环境的若干方面，包括健康管理和工作组织方式、终身制学习方式和职业路径模式、团队结构以及知识管理。这些对于商业模式以及教育系统来讲，都是需要解决的问题。

"工业4.0"所带来的"人类-技术"以及"人类-环境相互作用"的全新转变将带来全新的协作工作方式，这使得工作脱离工厂变为可能，即通过虚拟、移动的工作方式开展。除了全方位培训以及持续的职业发展措施，工作组织和设计模型也将成为成功转变的关键因素。这些模型使得员工享有高度的自我管理权，并与领导的管理权下放相结合。

3.9　德国工业4.0的启示

"工业4.0"是德国从政府层面提出的战略，代表德国从国家层面对未来制造业走向和相关问题的战略布局和对策，以下启示值得包含中国在内的其他国家借鉴。

启示一：制造业智能化、互联网化是新一轮技术与产业革命的大趋势，要抓紧制定相应的顶层战略设计，重视话语权建设。

德国工业4.0是德国政府为保持德国全球制造业领先地位而确定的国家战略。为推进该战略的落实，首先，德国资讯技术和通信新媒体协会、德国机械设备制造业联合会以及德国电气和电子工业联合会等三大工业协会，共同建立了"工业

4.0平台"这一跨界研究小组,以协调所有参与"工业 4.0"战略计划的各种资源。这也是德国推进"工业 4.0"的组织保障。其次,充分重视释放市场潜力的战略设计。为了执行"工业 4.0"战略,德国采用了"领先的供应商战略"与"领先的市场战略"的双重战略来释放市场潜力。领先的供应商战略强调德国装备制造供应商要通过技术创新和集成,不断提供世界领先的技术解决方案,并借此成为"工业 4.0"产品全球领先的开发商、生产商。领先的市场战略强调将德国国内制造业作为主导市场加以培育,率先在德国国内制造企业加快推行"工业 4.0"与部署信息物理网络系统,以便加强德国装备制造产业。另外,重视在新一轮技术与产业革命中的话语权建设。为了充分发挥德国的传统优势,德国在吸收美国提出的 CPS 概念的基础上推陈出新,提出"工业 4.0"战略,其目的就是要争夺话语权,为德国的新技术与产品出口创造机会。

其他国家应该向德国、美国学习,立足于充分发挥本国制造业的现有优势,在深刻认识新一轮技术与产业革命的规律与特性的基础上,推进本国新一轮技术与产业革命的顶层战略规划。同时,积极参与德国"工业 4.0"战略研究,加强与德国工业界的合作,充分利用德国在全球制造业的领先优势和本国潜能,整合资源,力争在全球新的技术与产业革命中建立自身的话语权。

启示二:高度重视标准的引领作用,大力推进标准的国际化建设。

德国"工业 4.0"工作组把标准化排在为推进"工业 4.0"需要在关键领域采取的 8 项行动首位,并建议在"工业 4.0"平台下专门成立一个工作小组来处理标准化以及参考架构的问题。可以说,德国"工业 4.0"中的标准化战略显示出"标准先行"的鲜明模式特征,即在研发先进技术的同时,标准化建设工作同步甚至超前进行,以便为产业发展勾勒出整体框架。

其他国家在推进制造业转型升级时,不仅要重视发挥标准化工作在产业发展中的引领作用,及时出台标准化路线图,而且还要力争实现标准的国际化,使得本国设立的智能制造标准得到国际上的广泛采用,以夺取未来产业发展与竞争的全球制高点。

启示三:要重视关键技术的发展和突破,更应重视系统配套体系、企业创新生态系统的建设。

"工业 4.0"强调系统、集成以及社会资源的再配置,是对整个制造业体系发展的总体思考,而不仅仅把它作为一个新技术发展的问题。另外,在双重战略中,德国提出不仅要重视发挥大企业的龙头作用,更强调使中小企业能够应用"工业 4.0"的成果来解决"产、学、研、用"互相结合和促进的问题,力图使中小企业不断成为新一代智能制造技术的使用者,同时也成为先进制造技术的供应者。可以说,从技术发展、创新生态到社会融合,"工业 4.0"特别注重"工业系统的整体跃迁"的实现路径与配套体系建设。

其他国家在先进制造的实践中,不但要重视大企业的龙头作用,还应充分吸收中小企业参与，以推动跨学科、跨行业的创新生态系统的建设。同时，在实施工业转型升级规划时，应该重点考虑如何为工业提供综合的宽带互联网基础设施、如何开发和管理工业大数据、如何保证工业 IT 系统与工业控制系统的安全等课题。

启示四：在向智能制造的推进过程中，注重工作组织和工作设计、员工培训与可持续的职业发展。

"工业 4.0"是建立在一个开放、虚拟化的工作平台之上，人机交互以及机器之间的对话将会越来越普遍，这就决定了员工在执行和消化技术创新成果中将发挥决定性作用。传统的由分工明确的劳动力所组成的生产方式将发生重大改变，生产过程将更有组织及结构性特点，虚拟与真实环境之间的交互将更加频繁，ICT、自动化技术以及软件会被更广泛地应用。

其他国家也应高度重视适应技术与产业发展趋势的制造业人才培育，倡导员工导向型的劳动用工政策以及培训政策，促进社会组织与技术创新的融合，建立一个可参与型的工作组织并倡导员工进行终身式学习，以增强员工在工作环境中的学习能力，培养其数字化学习技能，这也是保障制造业转型升级得以顺利实现的重要人力支撑。

3.10　德国工业 4.0 的最佳实践

3.10.1　西门子智能工厂

作为"工业 4.0"概念的提出者，德国也是第一个实践智能工厂的国家。位于德国巴伐利亚州安贝格的西门子工厂是德国政府、企业、大学以及研究机构全力研发全自动、基于互联网智能工厂的早期案例。占地 10 万 m^2 的厂房内，员工仅1000 名，近千个制造单元仅通过互联网进行联络，大多数设备都在无人力操作状态下进行挑选和组装。在安贝格西门子工厂中，每年可生产约 1500 万件 Simatic控制设备产品，按每年生产 230 天计算，平均每秒就能生产出一台控制设备，而且每 100 万件产品中残次品约为 15 件，合格率超过了 6σ，可靠性达到 99%，追溯性达到 100%。在西门子的设计中，"在生产之前，这些产品的使用目的就已预先确定，包括部件生产所需的全部信息，都已经'存在'于虚拟现实中，这些部件有自己的'名称'和'地址'，具备各自的身份信息，它们'知道'什么时候、哪条生产线或哪个工艺过程需要它们，通过这种方式，这些部件得以协商确定各自在数字化工厂中的运行路径"，设备和工件之间甚至可以直接交流，从而自主决定后续的生产步骤，组成一个分布式、高效和灵活的系统。

成都西门子智能化工厂是在西门子实现"NO CAD—2D 设计—3D 设计—数字模型—数字化设计—数字化工厂"数字化表达产品全生命周期过程的基础上，建立的集产品设计、产品质量、生产规划、生产实施、物流、服务全过程数字化管理于一体的高水平样板展示数字化工厂。目前,工厂人均产值达到 1 亿元以上,以突出的数字化、自动化、绿色化、虚拟化等特征要素体现了现代工业生产的可持续发展,是全球领先的数字化工厂样板工程。

3.10.2　博世的工业 4.0 解决方案

作为"工业 4.0"的领先实践者,博世从价值链的角度出发,制定了从"点"到"线"再到"面"的实施路径。首先,找到价值链上的痛点和瓶颈,寻求运用互联网思维来解决问题。方法是,将供应商取货、仓库存储、物料供应、生产、组装、测试、包装到最终交付的整条价值链图画出来,然后逐一分析。其次,立足于整个工厂,将价值链联通起来。随着价值链上的"工业 4.0"创新项目越来越多,不同的项目应用于不用场景,系统有所不同,将所有系统互通互联,打通整条价值链,完成由"点"向"线"的发展。

博世全球工厂使用标准化系统,将所有工厂互联,在博世内部推行"smart copy"奖项,将成功的"工业 4.0"创新项目复制到其他工厂,使其持续发挥作用,最终全面实现"工业 4.0"。博世全球 270 多家工厂积极推行"工业 4.0"项目创新,涌现了一大批成功项目。例如,智能拧紧系统主要应用于汽车、航天制造过程中的螺丝安装作业,这些行业的螺丝扭矩需要十分精准,智能拧紧系统可通过在线平台实时观测拧紧枪在全程作业中的扭矩变化,通过数据采集掌握最精准的扭矩值,分析得出扭矩与安装质量的关系,保证产品质量最优。智能拧紧系统的应用使拧紧枪的停机时间减少 10%,因停机所带来的损失减少 10%,失效反应时间大大降低。再如多品种、小批量、共线柔性生产系统的应用,在博世德国的液压阀工厂里,6 条生产线生产 2000 种不同型号的产品,换型时间长,影响生产效率。博世利用"工业 4.0"互联网信息化手段,实现了多品种、小批量、共线柔性生产,2000 种产品零换型生产,同时库存降低 30%,生产效率增加 10%,每条产线节省的成本达 50 万欧元。

博世在智能物流方面的创新成果也十分丰富,包括 RFID 技术在价值链中的应用、可视化供应链、智能排产系统以及智能超市等。

(1) RFID 技术在价值链中的应用。通过 RFID 优化整个价值链的物流,实现仓库与产线的自动补料。RFID 可以存储产品信息,实现产品的精确识别,同时还可以实现分散化的自主监测。将 RFID 的信息与 SAP 的信息、供应商信息系统连接起来,当生产现场的物料消耗时,系统自动实时记录,并将信息传递给仓储管理系统。当达到最小库存时,系统自动给供应商发补料信号。RFID 硬件的使用,配合系统的互联互通,使整个补料系统实现智能化,减少了人工干预。目前,该解决方案已经广泛应用于博世全球多个工厂,效益十分明显,工厂的库存可下降 30%,生产效率可提升 10% 以上。

（2）可视化供应链。众所周知，供应链管理是繁杂的工作，链条长，涉及环节多。尤其是物流部分，人、设备、物料等由多个不同系统管理，对于物流管理人员来说，需要频繁地导出数据，整理报表，分析问题。可视化供应链内设逻辑算法与模型，不仅可以随时抓取固定数据，还可以自动生成报表，自动计算相关指标，能够帮助物流管理人员快速找出问题，制定解决方案，提高工作效率与工作质量。长沙工厂应用了可视化的供应链，可以实时掌握供应链的信息，并且根据历史的大数据来不断地提升效率，降低成本，提高客户交付率。

（3）智能排产系统。传统排产计划根据 ERP 里的客户订单，统计每周生产的产品种类、数量、交货期等信息，来制定主计划。生产排产人员对生产计划不能实时掌握，影响生产排班；生产计划不确定性强，经常变动，生产中临时更改时间紧张，也可能造成损失；由于设备故障需要及时与客户沟通，问题繁多。智能排产系统可以根据生产特性，在系统中建立模型，自动排产；将所有生产、物流设备相互关联，拉动整个工厂设备运转；系统两个小时自动更新，根据最新情况自动调整。目前，智能排产系统已经在苏州底盘控制事业部应用。此外，智能超市主要用于线边库存管理，能够自动识别超市料架上的商品型号、数量等信息，解决线边库存管理问题。

3.10.3　德国电信物流管理解决方案

德国电信是欧洲最大的电信运营商，它旗下的 T-Systems 专注于企业客户，公司利用其全球性的数据中心和网络基础设施，为许多跨国公司和公共机构运维 ICT 系统，是全球领先的 ICT 解决方案和服务供应商。在以下两个案例中，T-Systems 提供了两个物流管理的优秀解决方案。

作为奥地利最大的啤酒集团，Brau 酿造公司在 T-Systems 的指导下尽其最大努力优化了仓储模式。由 MetaSystem 公司开发的仓储管理系统、叉车制导系统及由物流专家 Locanis 公司提供的传感器技术被有效整合，有效降低了叉车空运行概率，同时可以降低燃气消耗以及 CO_2 的排放量。此外，酿造企业现有存储空间将被更加灵活地应用。该项目的创新点在于安装在叉车、仓库天花板上的激光/运动传感器以及叉车上的指令触控屏，可将仓储管理与物流运输两大软件有效整合，通过将现实世界中参与仓储活动的各主体在软件系统中进行仿真模拟，叉车司机、中控室调度人员可根据位置状态、产品保质期、生产批次等实时信息安排运输路线、货运顺序、仓储选择，以期达到存货周转率、叉车空驶率、库存空间利用率、CO_2 排放等指标的动态最优。具体来讲，该案例所涉及的生产物流环节如下：①扫描入库。机器自动扫描生产线上啤酒瓶的条形码，将产品保质期、生产批次、啤酒种类及数量等信息录入 MetaSystem 公司开发的库存管理软件。②仓储空间规划。中控室员工可在仿真仓储界面下追踪货品，某一仓储位可显示该位置是否已被占用及占位货品的信息。此外，员工还可通过单击某一仓储位置下达预留或存储指令。③运输指令呈现。叉车上安装的触摸屏向司机输出实施指令,即按照什么路线,前往哪个仓储位,装载哪种啤酒多少箱,又运输到哪个仓储位或哪辆外送卡车上。④无序存储(chaotic storage)。事实上,上述运输指令的生成有赖于两大软件,即 MetaSystem 公司提供的库存与 Locanis 开发的物流软件。当某一仓储位上的货品库存低于安全库存时,通过向 Locanis 物流软件发送补货通知,后者代入货品既定运输优先级规则、叉车位置信息及最大载重量等输入参数,以最短运输路径及叉车空驶率最低为目标函数,求解出该车辆线路规划模型,将指令集发送给叉车司机。需要说明的一点是,同 Amazon 仓储物流管理方式相仿,货品不会根据人工易于理解的方式堆放(如同一批次或是同一啤酒种类产品存储在某一永久固定区域),由于库存及物流指令都经软件自动优选生成,叉车司机仅需“照方抓药”即可,故存储体现为“无序状态”。⑤误操作处理。当叉车装载某一仓储位上的货品时,物流软件根据该仓储位上的信息判定叉车是否有操作权限,即验证叉车-货品配对信息,若不符合软件计算得出的配对关系,即可发送通知,告知叉车司机操作目标有误,同时显示正确的货运位置。⑥卡车填装。中控室员工可将不同种类库存的啤酒标识用鼠标拖到相应停车道上的卡车上,且可以设定卡车填装顺序。上述仿真操作将触发填装卡车指令,随即显示在叉车司机的触摸屏上。

在与 Claas Lexion 农机公司的合作中,T-Systems 通过在收割机、运输车辆、谷仓内装载传感装置,利用德国电信 4G LTE 网络将收割过程中的信息实时上传后台系统,将 Claas Lexion 公司的传统农机变为智能机器,软件可监控运输车辆、谷仓储存能力,降低运输车辆的空驶率及各运输车辆间的接驳等候时间。T-Systems 的贡献在于通过引入传感器与模型算法,在有限的资源约束前提下,生成最优的运输调度规划方案。事实上,农机司机不再像以往那样从事简单的收割驾驶工作,而是扮演了决策者的角色,即司机可根据收到的气象信息选择整套收割运输系统的工作模式。如天气不好时,可选择加速作业模式,即时间最优;天气正常时,可选择成本最优模式(运输车辆空驶率最低)。换言之,若从《德国工业 4.0 战略计划实施建议》中提出的八项关键行动之一的建模仿真视角分析,该案例可概括为运输调度问题:规划模型的目标函数是最大化资源效率,即成本最优(运输燃料最少),或是时间最优(生产耗时最少),约束条件是人员、车辆数目及运输能力、谷仓仓储能力、天气状况等。

第4章

美国先进制造业创新和发展

进入 21 世纪以来,尤其是 2008 年金融危机之后,美国政府进一步重视先进制造业的开发,加大对技术创新的支持力度,积极抢占世界高端制造业的战略跳板,推动智能制造产业发展的思路越来越明确,提出了以高技术研发和电子基础设施支持美国重振制造业再辉煌的经济政策,强调了信息技术对传统产业的渗透改造和对新兴产业的刺激与促进作用。

4.1 先进制造业的形成背景及其内涵

第二次世界大战后,美国凭借世界第一制造业体系优势发展成为世界超级大国。但从 20 世纪 80 年代以来,美国过分侧重于发展金融、房地产等服务业来实现利益最大化,步入 90 年代后,其服务业占 GDP 的比重就已高达 70% 左右,而制造业却不断萎缩,其产业空洞化的现象变得日益严重。

1. 先进制造技术产生的背景

美国制造业曾在 20 世纪 60 年代前后的 20 年中,创造了产值占美国 GDP 27% 以上的记录,并在四十余年间长期稳居世界第一。然而到了 20 世纪 80 年代,制造业逐渐被视作"夕阳产业",美国制造业开始向以服务业为中心的第三产业转移。多年来,由于受美国制造业转移以及美国过分重视金融等服务业思潮的影响,美国的制造业比重一直处于下降趋势,2000 年美国制造业占其 GDP 比重下降到 14.5%;到 2009 年,美国制造业占全国 GDP 的比重仅为 11.2%,导致美国制造业的国际竞争力被严重削弱。

2008 年金融危机的爆发,让美国重新认识到制造业特别是先进制造技术发展的重要性,也充分体验到金融创新和信贷拉动经济对发展经济的不可持续性。为实现可持续的经济发展,依然要由制造业,特别是要由先进制造业在国家经济、就业、技术创新、提高产品质量和军工中扮演重要角色。关于这一点,在 2012 年美国国防部递交给国会的国防工业基础能力调查报告中就明确作了论述。报告指出:美国已在金属加工领域的铸造、锻造和机械加工等方面丧失了技术上的优势,现有的工艺、技术不再能够满足火箭发动机、导弹发射系统、无人机、地面车辆等关键领域的制造需求;其主要原因包括制造技术储备不足、新工艺不够成熟。这些问题,让美国重新认识到制造业,特别是先进制造技术对于发展国民经济、进出口贸易,开发就业岗位和提高国家竞争力,甚至保障国家安全等方面,都起着重大的作用。

2. 先进制造技术的基本概念

美国是首先提出"先进制造技术"(advanced manufacturing technology,AMT)这一概念的国家。虽然先进制造技术迄今仍没有一致公认的定义,不过从广义上可以认为先进制造技术是在传统制造技术的基础上吸收机械、电子、材料、能源、信息和现代管理等多学科、多专业的高新技术成果,将其综合应用于产品全寿命周期中,实现优质、高效、低耗、清洁、灵活的生产;是一项能够在动态、多变的市场中提高制造技术的适应能力和竞争能力的技术的总称。

1993 年,美国政府批准了由联邦科学、工程与技术协调委员会(FCCSET)主持实施的先进制造技术计划(AMT 计划)。1994 年,美国联邦科学、工程与技术协调委员会下属的工业和技术委员会先进制造技术工作组组织专家进行了有关先进制造技术分类目录的编制工作,这是对先进制造技术内涵的首次较系统的说明。根据这个目录,先进制造技术由主体技术群(指有关产品的设计技术和工艺技术)、支持技术群(指支持设计和制造工艺两个方面取得进步的基础性的核心技术)和制造基础设施(与企业组织管理体制和使用技术的人员协调工作的系统工程的制造技术环境)3 个部分组成。具体的技术大致可分为 2 类,一是数字化设计、制造、管理和系统集成技术;二是制造工艺技术,包括精密/超精密加工技术、精密成形技术、先进焊接技术、表面工程技术、特种加工技术等。

3. 重振美国制造业,促成先进制造技术的国家战略

2009 年 4 月,美国总统奥巴马在乔治城大学的讲话中第一次提出了重振美国制造业,让制造业回归美国。2009 年 12 月,奥巴马签署了《重振美国制造业框架(2009)》,将重振制造业和确保先进制造业优势地位确立为国家战略。

重振美国制造业的框架方案将发展先进制造业作为提升国家经济实力、满足国防需求、确保全球竞争优势的重要战略举措。奥巴马政府在 2010 年《美国制造业促进法案》中,进一步提出先进制造业发展的要求,并由美国国家科学技术委员会于 2012 年 2 月正式发布了《先进制造国家战略计划》(*National Strategic Plan for Advanced Manufacturing*),该计划由国家科学技术委员会(NSTC)起草。在 2013 年的财政预算中,奥巴马总统提议建立全国制造业创新网络,加大对先进制造技术的投资,支持先进技术从实验室走向市场应用,以促进制造业创新发展。

4. 先进制造业发展和创新的主要领域

美国主要在以下几个关键领域不断贯彻落实制造业智能化的战略目标。

一是信息技术与智能制造技术融合。美国向来重视信息技术,此轮实施再工业化战略进程中,信息技术被作为战略性基础设施来投资建设。智能制造是信息

技术和智能技术在制造领域的深度应用与融合,大量诞生自美国高校实验室和企业研发中心的智能技术和产品为智能制造提供了坚实的技术基础,如云计算、人工智能、控制论、物联网以及各种先进的传感器等,这些智能技术的研发和应用极大地推动了制造业智能化的发展进程。

二是高端制造与智能制造产业化。为了重塑美国制造业的全球竞争优势,奥巴马政府将高端制造业作为再工业化战略产业政策的突破口。作为先进制造业的重要组成部分,以先进传感器、工业机器人、先进制造测试设备等为代表的智能制造,得到了美国政府、企业各层面的高度重视,创新机制得以不断完善,相关技术产业展现出了良好发展势头。

三是科技创新与智能制造产业支撑。美国“再工业化”战略的主导方向是以科技创新引领的更高起点的工业化。从产业支撑要素来看,智能制造是高技术密集、高资本密集的新兴产业,更加适合在创新水平较高的区域发展。美国政府在再工业化进程中瞄准清洁能源、生物制药、生命科学、先进原材料等高新技术和战略性新兴产业,加大研发投入,鼓励科技创新,培训高技能员工,力推3D打印技术、工业机器人等应用,以取得技术优势,引领制造业向智能化发展,从而抢占制造业新一轮变革的制高点。

四是中小企业与智能制造创新发展动力。美国将中小企业视为其再工业化的重要载体,为中小企业提供健全的政策、法律、财税、融资以及社会服务体系,加大对中小企业的扶持力度。在美国,企业是研发的执行主体,承担了89%的研发任务,联邦实验室和联邦资助研发中心(FFRDC)则承担了9.1%的研发任务。以企业为主体的研发体系使得美国研发成果转化率更高;美国制造业领域的小企业数量接近30万家,其中不乏像居于全球超高频RFID行业领先地位的Alien公司、加速器传感器方面表现卓越的Dytran公司等优秀企业,它们是未来智能制造创新发展的重要动力。

4.2 法规先行、策划周密、实施有方

自2010年以来美国联邦政府依据《重振美国制造业框架(2009)》要求制定了一系列的法案、战略计划和专项规划,指导联邦政府、州政府、地方政府、大学、研究机构、工会、专业人士、各种规模的制造企业等利益相关方实施美国先进制造业战略及一系列措施计划。

1. 政府立法,确保依法执行

在《重振美国制造业的框架(2009)》的指导下,由美国总统亲自批准了与发展先进制造业有关的两项法案。

(1) 2010年8月由美国总统奥巴马签署的《美国制造业促进法案》。该法案正式成为法律,创建了有利于制造业发展的税收条件,将大大推动大型和小型制造企

业的发展,美国制造商为此欢欣鼓舞。

(2) 2014 年 12 月 16 日由奥巴马总统正式签署的《振兴美国制造业与创新法案》(RAMI)。该法案赋予了商务部部长建立和协调制造业创新网络的权力;要求在美国国家标准技术研究院(NIST)框架下打造制造业创新网络计划;在全国范围内建立制造业创新中心;并明确了制造业创新中心的重点关注领域为纳米技术、先进陶瓷、光子及光学器件、复合材料、生物先进材料、混合动力技术、微电子器件工具的研发和制造。

2. 行政部门周密计划与布置

由行政主管部门或下属机构组织专家制定的指导《先进制造业促进法案》和《振兴美国制造业与创新法案》工作开展的相关计划,主要有国家科学和技术委员会等机构颁布的《先进制造业伙伴关系计划》《国家先进制造业战略计划》《国家制造业创新网络的设计规划》及《国家制造业创新网络纲要的战略计划》。

(1) 先进制造业伙伴关系计划。2011 年 6 月 24 日,美国总统宣布了一项超过 5 亿美元的《先进制造业伙伴关系计划》(*Advanced Manufacturing Partnership*(*AMP*)*Plan*),以期通过政府、高校及企业的合作来强化美国制造业。"材料基因组计划"(MGI)是 AMP 计划的重要部分之一。

(2) 国家先进制造业战略计划。2012 年 2 月,美国国家科学和技术委员会正式宣布了《国家先进制造业战略计划》(*A National Strategic Plan for Advanced Manufacturing*)。该计划描述了全球先进制造业的发展趋势及美国制造业面临的挑战,提出了实施美国先进制造业战略的 5 大目标:一是加快中小企业投资;二是提高劳动力技能;三是建立健全伙伴关系;四是调整优化政府投资;五是加大研发投资力度,并明确了参与每个目标实施的主要联邦政府机构。

(3) 国家制造业创新网络的设计规划。2013 年 1 月,美国总统行政办公室(EOP)在总结前期经验的基础上,正式出台了国家制造业创新网络(NNMI)及所属制造业创新研究机构(院、所或中心)(IMIs)的初始设计方案,进一步明确了这一国家战略计划的目的:一是完善美国制造业创新生态系统;二是建设制造业不同细分领域的专业创新研究机构。

(4) 国家制造业创新网络纲要的战略计划。2016 年 2 月,美国国会颁布《国家制造业创新网络纲要的战略计划》(*NNMI Program Strategic Plan*)。该计划是对 2015 年所发布的《国家制造业创新网络纲要年度报告》的补充。该计划可以概括为"提升竞争力、促进技术转化、加速制造劳动力的发展、确保稳定和可持续发展的基础结构"四大战略目标。

3. 若干标志性事件

自 2010 年以来,除制定有关法规、纲要和计划外,还先后发生过以下重要的大事。

(1) 2011 年 6 月,美国总统科学和技术顾问委员会提交了一份题为《确保先进制造业领先地位》的报告,随后奥巴马总统宣布了《先进制造业合作伙伴关系》专项措施计划。

(2) 2012 年 8 月 16 日,美国政府宣布新的公私营伙伴关系,以支持制造业创新、鼓励在美国投资。

(3) 2012 年 9 月,美国政府宣布投入专项资金用于制造业教育。

(4) 2013 年 5 月,美国政府宣布投入 2 亿美元,由五个政府部门——国防部、能源部、商务部、美国国家航空和航天局、美国国家科学基金会成立 3 个制造业创新研究院。第一个是国家增材制造创新研究院,已于 2012 年 8 月在俄亥俄州的扬斯敦(Youngstown)成立,当时还有另外两个研究院正在积极筹备中。

(5) 2013 年 5 月,奥巴马向国会建议一次性投入 10 亿美元在全美成立 15 个制造业创新研究院,打算在十年之内共建立 45 个与制造业相关的创新研究院。

(6) 2013 年 9 月,奥巴马总统宣布正式成立高端制造业联席会议。

(7) 2014 年 1 月,下一代电力电子制造创新研究院在北卡罗来纳州立大学正式成立。美国能源部集资投入了 1.4 亿美元,另有四所公立大学、两个国家实验室及以 ABB 公司为首的 18 家企业加盟。

(8) 2016 年 2 月,发布 2015 年度《国家制造业创新网络纲要年度报告》,报告收集了截至 2015 年 9 月底的信息。

4.3 美国针对先进制造业的计划和措施

根据《美国制造业促进法案》和《振兴美国制造业与创新法案》要求制定的纲要、计划,为促进先进制造业的发展提供了有效的措施和保证。

4.3.1 提供三大关键措施的先进制造业伙伴关系计划

值得注意的是,美国制造业国家战略,不是人们谈论得最多的工业互联网,而是《先进制造业伙伴关系计划》。其中把先进传感(ASCPM),可视化、信息化和数字化制造(VIDM),先进材料制造(AMM)作为美国下一代制造技术力图突破的核心。通过规划的《先进制造业伙伴关系计划》,保障美国在未来的全球竞争力。

该计划明确提出了通过构建国家级的创新网络、保证创新人才渠道,以及提升商业环境等 3 个方面的关键措施,继续保持美国在全球创新方面的领先优势。《先进制造业伙伴关系计划》中关注的重点内容在于 3 个方面:一是先进制造业在全球经济中扮演重要角色;二是在先进制造业中优先保持技术上领先的领域是国家安全设施;三是美国在经济上的主要竞争对手已经意识到强大的制造业带来的好处,并制定措施吸引制造业投资。

《先进制造业伙伴关系计划》对发展先进制造业的战略目标、蓝图和行动计划及保障措施进行了详细的说明。其中归纳的三大关键措施和 16 项举措就是计划的核心内容。

关键措施一：支持创新

美国政府认为，未来的美国制造将大大依赖于创新才可能实现，如果创新没有保障，那么美国制造继续领先全球的梦想就不可能实现。为了实现支持创新的目的，美国总统科技顾问委员会（PCAST）提出了以下 6 项举措：①通过系统化的流程确定跨领域技术的优先级，用于制定和调整国家先进制造业战略；②增加优先的跨领域技术的研发投资，确定并列出对先进制造业至关重要的跨领域技术，评估这些技术在研发和投资优先级的流程；③建立国家制造业创新网络，支持各地先进制造业技术的生态系统；④出台企业通过投资大学设施可以免税并获得股权的政策，以促进产业界和大学合作进行先进制造技术方面的研究；⑤营造促进先进制造业技术商业化的环境，为初创公司扩大规模提供更多融资渠道；⑥建立可搜索的制造业资源数据库，以此作为向中小型制造企业提供必需的基础设施的关键机制。

关键措施二：确保人才输送

人才历来是保障国家具有创新能力的关键要素。PCAST 提出了一系列的方法，以促使美国优秀的创新型人才进入制造业。PCAST 提出了 6 个方面的举措：①改变公众对制造业职业轻视的陋习，开展宣教活动提高公众对制造业职业的兴趣；②利用退伍军人人才库，填补美国制造业所需技能人才的空缺；③投资社区大学教育，把握缓解制造业人才需求的最佳切入点；④发展伙伴关系，提供技能认证，以帮助各个部门协同解决人才输送的关键问题；⑤加强先进制造业的大学项目建设，增加相关的教育模块和课程；⑥国家推出制造业方面的奖学金和实习机会，不仅提供更多的资源，更重要的是表明国家对制造业职业的认可。

关键措施三：完善商业环境

美国一直以本国的市场化来强调商业环境改善的必要性。为了完善有利于美国制造的商业环境，PCAST 提出了 4 个方面的举措：①不断出台一系列的税收改革方案，帮助国内制造企业参与国际竞争；②合理化监管政策，包括建立有关先进制造业更好的政策框架；③采取特殊措施，完善贸易政策；④针对制造业中重要的能源问题，及时出台更新的能源政策。

从美国总统科技顾问委员会在《加速美国先进制造业》报告中提出的革命性技术来看，美国没有把创新重心放到一些系统集成技术上，而是把第四次工业革命中的共性技术——智能化技术放到了至关重要的位置，无论是先进传感（ASCPM），还是可视化、信息化和数字化制造（VIDM），其核心是研究基于大数据（机器智慧）的智能如何更高效、精准地驱动物理世界的制造，这些都很可能颠覆德国、日本等制造强国在装备、消费品领域既有的强大制造能力。

4.3.2 规定考核指标的先进制造国家战略计划

为响应 2010 年版美国再授权法案中促进先进制造业发展的要求，美国国家科学技术委员会于 2012 年 2 月正式发布了《先进制造国家战略计划》。该计划客观描述了全球先进制造业的发展趋势及美国制造业面临的挑战，提出了先进制造业研发投入的指导战略，并强调：促进先进制造业创新需要连接一系列创新系统，特别是要在研发活动及科技创新开发活动与生产制造活动之间建立有效的衔接网络。该计划不仅规定了衡量每个目标的近期和远期指标，而且指定了参与每个目标实施的主要联邦政府机构，阐述了如何实现这些目标。

该战略计划提出了 5 个目标：一是通过更有效率地使用联邦能力和设施，加速对先进制造业技术的投资，特别是对中小型制造企业的投资；二是增加正在发展的先进制造业部门需要的有技能的工人数量，使教育和培训系统对技能需求作出积极反应；三是建立和支持全国和地区的公立和私立组织，包括政府、企业、高校之间的合作，以促进对先进制造技术的投资和资源配置，优化先进制造技术的研究和开发；四是通过采取跨部门的投资组合优化联邦政府先进制造业投资并适时调整研发方向；五是增加美国公共部门和私人部门对先进制造业研发的总投资，并强调加强国家层面和区域层面所有涉及先进制造机构的伙伴关系，必须包含各个利益相关方，包括联邦政府、州政府、地方政府、大学、研究机构、工会、专业人士、各种规模的制造企业。

4.3.3 初步设计的国家制造业创新网络规划

2013 年 1 月，美国总统行政办公室在总结前期经验的基础上，正式出台了国家制造业创新网络设计方案。主要在以下几个方面规定了开展 NNMI 相关活动的实施要求。

一是选择适宜的课题。聚焦应用研究、开发和示范项目，以降低高端制造业发展和应用新技术的成本和风险。在具有代表性的系统示范实验室环境中，某个创新学院的研究活动将由成熟的组件技术来带动。

二是各级教育和培训。一个制造业创新研究院应评估所需的技能和证书，并提供教育培训机会来改善和扩大劳动力，包括 K-12 课程、实习机会、技能鉴定、与社区学院和大学的合作，以及研究生、博士生等的再培训，以满足技术发展的需求。

三是能力需求的实现。发展提高创新能力的方法和实践，以及供应链的扩张和整合能力。通过创新学院及其战略合作伙伴部署上述措施，以努力影响规模较大的产业劳动力的综合素质提高。

四是鼓励中小企业参与先进制造业创新网络机构活动。中小企业是美国制造业的重要组成部分。在技术密集型制造业部门，凭借高度有效的供应链，中小企业成为提高美国高端制造业竞争力的重要力量。美国中小企业往往是变革性技术的早期采用者,并且他们在创新和生产作业等方面处于有利位置。这使得他们参与创新研究,最大化地发挥对产业和经济的影响成为必要。然而,迫于成本压力,美国中小企业的研发投资比大型或更为成熟的公司要少许多。因此,鼓励中小企业加入创新研究院的活动是建设美国国家制造业创新网络的主要目的之一。一般而言,鼓励美国中小企业参与创新研究院活动的策略主要包括:①向与中小企业联系紧密的合作伙伴和中介进行宣传,提供技术咨询(如技术发展趋势)和量身定做的服务(如提供与工艺创新相关的尖端技术服务);②为中小企业提供共享设施和专门的设备,以加速企业产品的设计和测试;③提供一个分层次的付费会员结构;④为新的中小企业会员所作的各项贡献提供津贴;⑤提供知识产权(IP)的分级授权,等等。

五是共用基础设施。每个创新研究院都要为本地制造业的发展提供共用性基础设施和测试装备,特别是中小企业和初创企业,目的是扩大实验室演示和验证作用,并使技术准备实现产业化服务。

4.3.4　务实、有效的国家制造业创新网络战略计划

美国国家制造业创新网络(NNMI)旨在创造一个从科研到制造,直至产品服务的具有竞争力的、有效的和可持续发展的体系,目的是为了使美国工业界和学术界一起解决相关产业日益浮现的挑战。为了创新,美国的制造厂商在研发方面大力投资,其投入的资本占私人投资的75%,不仅雇用了美国2/3的科研人员,还持有商务部签发的绝大多数的专利,使创新成为国家经济的命脉和经济发展的主要动力来源。

1. 制造业创新网络战略计划的愿景和使命

美国国家制造业创新网络方案提出的愿景、使命以及目标分别是:

愿景——成为先进制造业的全球领导者;

使命——以科技人员、创意和技术为本,来解决相关行业的先进制造挑战,以此促进产业竞争力和经济增长及加强国家安全;

目标——竞争力,技术进步,劳动力开发,可持续发展。

2. 国家制造业创新网络战略计划的目标和成效

《国家制造业创新网络战略计划》列出的战略目标,可以概括为提升竞争力、促进技术转化、加速制造业劳动力队伍成长以及确保稳定和可持续发展的基础结构4个方面。其中提升美国制造业的竞争力,以及帮助创新型制造机构稳定、可持续发展的商业运营模式是两大最为重要的目标。

提升美国制造的竞争力是首要的目标。这里所涉及的制造竞争力驱动因素包括:人才驱动的创新,物理基础设施,制造与创新中的政府投资,能源成本和政策,本地市场吸引力,以及供应商网络等;此外,还有法律和条例系统(的体制),劳动

力和原材料成本与可用性，经济、贸易、金融和税收系统（制度），医疗服务系统等。

NNMI 将美国制造的竞争力提升列为该计划最顶层的目标，密切关注前沿制造技术和高端制造产业，旨在重新夺回这些技术和产业的全球领导地位。因而要致力于发展技术和产业生态系统，并抢占基础材料、工艺、软件和元器件方面的话语权。

支持和帮助创新机构稳定、可持续发展的商业模式是根本性目标。"战略计划"指出制造创新机构不能一味依赖政府投资，机构是各级政府、工业界、学术界共同搭建的资源和服务共享平台、孵化器，应吸引中小企业和初创企业的参与，充分保护和利用知识产权以吸引工业界资金。

该"战略计划"的输入系来自国家制造业创新网络各个利益相关方的反馈与建议，它表达了国防部、能源部等计划参与部门和波音、洛马、GE 等工业领袖对该计划未来至少 3 年该如何发展的共识。"战略计划"还识别了实现这些目标的方法和手段，以及评价该计划的标准。

3. 战略目标的实施情况

此创新网络已按计划有效落实，至 2015 年 9 月全美已建成 7 家先进制造创新机构，分别由美国国防部和能源部支持。

其中，国防部支持了增材制造、数字化制造、轻量制造、集成光子制造、柔性电子制造等 5 家中心建设，具体如下。

（1）增材制造。2012 年 8 月，美国国家 3D 打印创新中心（NAMII）成立，于 2012 年 10 月开放设施，主中心位于俄亥俄州的扬斯敦，在得克萨斯州埃尔帕索拥有分中心。该中心主要针对增材制造，即 3D 打印领域开展研究，为扩大影响力，后更名为美国制造。该中心设立前五年的资金投入构成包括联邦政府资金和非联邦政府资金两部分，其中联邦政府资金 5500 万美元，由包括美国国防部、商务部、国家科学基金会（NSF）和国家航空航天局（NASA）在内的政府部门出资；非联邦政府资金 5500 万美元。中心建设的牵头机构是美国国家国防制造与加工中心，截至 2015 年 9 月份，成员数达到 149 家。

（2）数字化制造。2014 年 2 月，数字化制造和设计创新中心（DMDII）成立，于 2015 年 5 月开放设施，该中心位于芝加哥，致力于开发数字化制造和设计的应用建模和仿真工具、智能机器等。该中心由美国国防部出资 5000 万美元，其他政府机构出资 2000 万美元，另有非联邦资金 1.06 亿美元。该中心由伊利诺伊大学 UI 实验室牵头组建，截至 2015 年 9 月份，成员达到 140 多家，其中 100 家来自工业界。

（3）轻量制造。2014 年 2 月，未来轻量制造（LIFT）创新中心成立，于 2015 年 1 月开放设施，主中心位于密歇根州底特律，在俄亥俄州哥伦布、密歇根州安娜堡、马萨诸塞州伍斯特、科罗拉多州戈尔登拥有分中心，旨在促进风力涡轮机、飞机框架、医药设备、武装车辆等领域使用的轻量化合金制造。该中心的联邦资金为

7000 万美元,非联邦资金为 7800 万美元。牵头机构是爱迪生焊接研究所(EWI),成员达到 82 家。

(4) 集成光子制造。2015 年 7 月,美国集成光子制造创新中心成立,位于纽约,致力于集成光子制造的集成设计工具、自动化包装、组装和测试等。该中心的联邦资金为 1.1 亿美元,非联邦资金为 5.02 亿美元,其中包括纽约州出资的 2.5 亿美元。牵头机构是纽约州立大学研究基金会(RF SUNY),成员超过 124 家。

(5) 柔性电子制造。2015 年 8 月,美国柔性混合电子制造创新中心成立,后更名为下一代柔性,该中心位于加利福尼亚州圣何塞,关注集成了可弯曲的先进材料和薄硅芯片的柔性混合电子器件,可用于生产与复杂外形物体无缝集成的下一代电子产品。该中心的联邦资金达 7500 万美元,非联邦资金超过 9800 万美元,牵头机构是柔性技术联盟,拥有成员超过 162 家。

美国能源部支持了电力电子制造、复合材料制造两家中心建设,具体如下。

(1) 电力电子制造。2014 年 11 月,下一代电力电子制造创新中心(电力美国)成立,中心位于北卡罗来纳州罗力,致力于推进以氮化镓和碳化硅为基础的宽禁带半导体电力电子器件。该中心由美国能源部投资 7000 万美元,非联邦资金投入 7000 万美元,由北卡罗来纳州立大学牵头,成员包括 18 家企业、7 家大学和实验室。

(2) 复合材料制造。2015 年 6 月,复合材料制造创新中心(IACMI)成立并开放设施,该中心位于田纳西州诺克斯维尔,致力于提升纤维增强聚合物领域的制造能力,以满足环保车辆、风力涡轮机等产品对复合材料的需求。该中心由美国能源部发起,联邦政府提供了 7000 万美元资金,另有 1.8 亿美元的非联邦资金投资,牵头机构是田纳西大学,成员超过 122 家。

此外,还有两家将要建成的制造创新机构,分别为革命性的纤维和纺织品创新机构,以及智能制造创新机构。其中,前者聚焦研发革命性纤维和纺织品,后者关注先进传感器、控制平台和模具等的制造。

NNMI 还打造基于制造创新机构的生态系统,营造充满活力、高度合作的环境,促进技术成果的转化。为此,各机构致力于共同创造适当规则保护下的可信环境,携手制定研发投资线路图,共享知识产权。

4.3.5　战略计划的未来

根据 2015 年 NNMI 规划的年度报告的展望部分描述,美国先进制造业网络计划内容主要包括:

(1) 继续建设和改善网络及其功能,以及实施职能的程序;

(2) 加强对与国家制造业创新网络大纲有关的跨部门的合作与协调;

(3) 帮助引导基金资助机构在建立新的研究院上下功夫;

(4) 进一步规定网络的绩效标准;

（5）持续打造国家制造业创新网络的品牌；

（6）要像公立的票据交易所一样持续地为国家制造业创新网络大纲提供信息服务；

（7）引导基金资助机构人员所指派的机构间团队的协调配合，为识别最佳实践、通报国会强制性的年度报告以及评估网络的绩效正规地收集数据。

4.4　相关启示

在美国先进制造业战略中，国家制造业创新网络的资助重点是先进制造业，由跨部门的先进制造业项目办公室进行管理；通过建立部门或地区的"国家先进制造业创新研究院"来实现，两者均建立于公私营伙伴关系基础上；通过与产业界（大型或小型企业）、学术界、非营利组织、州政府合作，投资并促进尖端制造技术的发展。美国制造业创新机构的建设非常值得借鉴。

一是战略布局方面聚焦于制造业前沿领域。强调总体网络的构建与设计，以及重点领域的培育和开发，初期计划投资 10 亿美元建设 15 个区域性制造业创新研究院。2015 年，在初步取得成效后，奥巴马总统又提出在未来十年建设 45 家 IMIS（集成管理信息系统）的宏伟目标。

二是同一领域仅建设一家创新机构。在明确了支持领域后，通过公开、竞争的选拔过程，美国在每个重点领域仅选择一个团队建设一家制造业创新机构。比如"电力美国"（全称为下一代电力电子制造创新研究院）就由北卡罗来纳州立大学牵头的团队与纽约一所大学牵头的另一个团队竞争，最终北卡罗来纳州立大学团队竞标获胜。

三是大范围组织"产学研用"，各方联合共建。美国制造业创新机构的成员涵盖了制造企业、研究型大学、社区学院、非营利机构等产学研用各方，在组建之初一般拥有数十家成员。建成开业后，积极通过会员制进行扩张，截至 2015 年 9 月，7 家中心中有 6 家会员数均超过了 80 家。比如，"美国制造"（国家增材制造创新研究院）的会员单位根据捐助的资金或实物区分为白金级、黄金级以及白银级。这三个等级的会员每年分别需要缴纳会费 1.5 万美元、5 万美元、20 万美元，并拥有不同的权利；其会员数已由建设初期的 80 多家增长为 2015 年的 150 家，其中小型企业接近 50 家，会员的年净增长率接近 40％。这种公私合营会员组织模式，有效激发了企业参与的积极性。

四是选择具有影响力的牵头机构和带头人。每家美国制造业创新机构都选择了具有相当影响力的牵头机构和带头人，这无疑会增加创新中心的权威性，吸引更多的客户和会员。如先进复合材料制造创新研究院由能源部牵头组建，负责管理该机构的是田纳西大学。研究对象是纤维增强聚合物，主要任务是开发更低成本、更高速度、更高效率的先进复合材料制造和回收方法。执行董事具有相当的权威并掌握广泛的人脉资源。

五是在代表性地区建设相关领域创新机构。美国制造业创新机构的建设地点也是经过周密选择的,要求新建的机构能够有效依托当地资源,并反过来带动地区产业发展,进一步辐射周边地区。比如,未来轻质材料制造创新研究院选择建在底特律,这座城市发展与汽车材料相关的轻量化合金将极大地促进自身的复兴;又如"美国制造"主中心位于扬斯敦州立大学附近,不仅便于对研究院的人才输送,同时也有利于当地人才的培养。

六是强调大数据和工业互联网对制造业的改造升级。美国强调大数据分析,关注信息系统集成和服务行业。GE 公司认为,"工业互联网"是两大革命(工业革命和互联网革命)中先进技术、产品与平台的结合,是数字世界与机器世界的深度融合,其倡导将人、数据和机器连接起来,形成开放而全球化的工业网络,其内涵已经超越制造过程以及制造业本身,跨越产品生命周期的整个价值链,涵盖航空、能源、交通、医疗等更多工业领域。相比于德国的"工业 4.0",美国的工业互联网更加重视软件、网络、大数据等对于工业领域的颠覆。换句话说,与德国强调的"硬"制造不同,"软"服务是软件和互联网经济发达的美国经济最为擅长的,这也是美国在未来制造中对德国形成拦截的有力武器。

4.5　深度解析——美国 3D 打印创新中心的发展

在美国有关部门向国会提交《国家制造业创新网络计划:战略规划》的同时,首份《国家制造业创新网络计划:年度报告》也同步提交,对战略规划的落实情况进行了详细的介绍。在该战略规划执行 3 年多的时间内,共计成立了 7 家国家制造创新中心,3D 打印创新中心(后改名为"美国制造")作为最早成立的创新中心,成为年度报告中介绍的重点。

1. 构建 3D 打印生态链

在经过 3 年多的发展之后,美国 3D 打印创新中心不仅聚集了生态系统中的不同要素,还建立了流程,使之成为一个可持续的生态系统。这些流程使得参与的相关机构,如工业界、学术界、政府和其他组织获得收益,从而激励它们不断地参与中心的活动,并吸引新组织加入和投资到生态系统当中。

科学和技术的发展板块由 3D 打印创新中心的会员和相关政府机构(包括美国商务部、国防部、能源部、宇航局和自然科学基金)组成。通过开设技术路线图研讨会来确定 3D 打印研发需求的优先级。然后,3D 打印创新中心和其会员一同工作,构建团队、进行投资、管理研发资料、分享数据、加速获得知识产权。会员形成集成项目团队来进行研究,构建供应链,实现技术到产品的成果转化。这将提升美国制造业竞争力,推动美国工业实现制造业主导。同时,劳动力教育板块由 3D 打印创新中心的会员和相关政府机构(美国商务部、教育部和劳动部)组成,来建立劳动力培养的优先级。3D打印创新中心及其会员一起创建了劳动力发展计划路线图，明确所需的工作技能，并开发相关课程来匹配这些需求。中心会员提供的这些课程，为3D打印行业培养了具有专业技能的员工。

2. 技术进步

3D打印创新中心牵头构建了先进3D打印技术的工业驱动战略路线图。该战略强调聚焦美国技术领军地位关键技术的竞争力以及相关的缺口和机遇。这包括构建设计工具、新型材料开发、下一代多材料打印设备研制以及可降低制造变化性的先进工艺控制。为了完成这些技术进步，通过频繁地搭建集成项目团队，来形成行业供应链，其中包括技术开发商、材料和组件供应商、装备制造商和大型系统集成商。集成项目团队可形成牢固的商业关系，贯穿早期的项目技术开发直至项目结束面对实际应用及市场机遇。这种团队结构使得技术在转化为产品的过程中，供应链各层级所有单位的需求都能被了解。一个很好的例子是由诺斯洛普·格鲁门公司领导的、和其合作伙伴小型部件生产商牛津性能材料公司一起完成的可以用于航空航天飞行器的高性能聚合物材料。这个项目成功的开发传播了首个可广泛应用的任意高分子3D材料设计数据库，并和工业界分享其核心设计指南，演示了原材料回收使用的功能，从而大大降低了生产成本。3D打印创新中心已经设立了31个工业驱动研发项目，如果再加上其他渠道的3D打印项目，总数达到58个。

3. 劳动力培养

3D打印创新中心和其他一些机构合作共同开发和举办了很多劳动力培训活动，并与德勤咨询公司一起进行线上3D打印业务基本培训，2017年底就已有超过1万人参加。同时，中心与密尔沃基工程和社会学院的制造工程师们一起开设了首个3D打印和增材制造培训项目。截至2015年中期，学院已经颁发了超过150个专业证书。中心与工业界合作，为1000所中学捐赠了3D打印机，来支撑科学、技术、工程和数学（STEM）教育计划。3D打印创新中心仍在继续推动路线图的发展，发展未来3D打印劳动力所需的教育和培训项目。

4. 可持续发展

3D打印创新中心的生态系统发展十分成功。其中的一个佐证就是创新中心会员数量的增长，以及创新中心提供服务质量的提升。目前，创新中心已有会员单位179家，其中政府合作伙伴9家、白金会员19家、黄金会员53家、白银会员98家，涵盖了横跨全美3D打印全产业链主要的大型企业、中小型企业、高校、经济发展组织、国家实验室和政府机构。

作为3D打印创新中心的会员，小型企业从中获益匪浅。创新中心为小型企业的创新活动和大型企业的需求构建了一个联通的渠道。例如，通过和创新中心的其他成员合作，俄亥俄州雅芳湖的一个小型企业获得了重要的AS9100C认证，这使得该公司可以进入到高技术的供应链。公司可以为多个大公司，诸如洛克希德・马丁公司(即洛马公司)、诺斯罗普・格鲁曼公司、通用航空公司和波音公司等进行供货。小型企业 Optomec 牵头的一个项目团队,通过嵌入设计模块开发出混合打印系统(可以进行增材和减材制造),可以改造任何计算机数控机床,使其具有 3D 打印的能力。对比采购一个新系统来说,这个项目的成功开发使得设备商店可将 3D 打印能力并入到传统设备当中,使得成本下降 40%。Steelville Manufacturing 公司为市场提供 3D 打印工具,成为波音公司航空组件制造供应商。该公司能够获得市场准入,得益于 3D 打印创新中心的第一个技术开发项目——密苏里科技大学牵头的"基于熔融沉积工艺的复杂复材模具制备 Sparse 函数建模"项目。目前,已经有大约 50 个小型企业加入到创新中心当中,这些小型企业的年保留率高达 88%。

认识到 3D 打印创新中心的国有性和其促进 3D 打印制造技术发展的作用之后,联邦政府相关机构开始和创新中心合作,来开发所需的技术,以及进行战略路线图中的研发工作。相关的项目资料加入到分享目录中,形成资料池,提供给不同的公私相关单位,以完成重要的技术目标。

5. 创新生态系统的发展

创新中心的会员们展示了其直接投入的重要性,它们提供的人力对中心生态系统的创新和运营起到重要作用。例如,Raytheon 公司派出一位 3D 打印的专家,她的一半时间在创新中心工作,作为路线图咨询委员会的主席和 3D 打印创新执行委员会的成员;美国机械工程师协会派出一位资深专家,将其指派到 3D 打印创新中心的劳动力教育和推广效果部门;德勤咨询派出其雇员帮助创新中心发展技术商业化流程,并评估创新中心对经济的影响。

创新中心在私营公司投资方面也取得了重大进展。Alcoa 在新泽西投资 6000 万英镑建设了研发中心,它将包括最先进的 3D 打印中心,聚焦于原材料供给、工艺、产品设计和检测认证。该投资将推动先进的主流 3D 打印金属粉末技术的发展。通用电气公司投入了 3200 万英镑在比斯堡建设先进的 3D 打印工厂,该工厂将帮助它们的业务部门开发 3D 打印以及其他创新技术。在国家层面,几个大型的企业会员都声明,它们的内部研发投资将和 3D 打印创新中心的技术投资路线图保持一致。2015 年,创新中心在得克萨斯大学开设了一个分点,已实现创新中心的全功能运营,包括技术开发、技术转移、劳动力教育和培训。

第 5 章

中国制造强国战略

5.1 背景

制造业是国民经济的主体,是立国之本、兴国之器、强国之基,将中国建设成为制造强国已成国民共识。习近平主席指出,要加快建设制造强国,加快发展先进制造业,推动互联网、大数据、人工智能和实体经济深度融合,在中高端消费、创新引领、绿色低碳、共享经济、现代供应链、人力资本服务等领域培育新增长点、形成新动能;支持传统产业优化升级,加快发展现代服务业,瞄准国际标准提高水平;促进我国产业迈向全球价值链中高端,培育若干世界级先进制造业集群。

18世纪中叶开启工业文明以来,世界强国的兴衰史和中华民族的奋斗史一再证明,没有强大的制造业,就没有国家和民族的强盛。打造具有国际竞争力的制造业,是我国提升综合国力、保障国家安全、建设世界强国的必由之路。

新中国成立尤其是改革开放以来,我国制造业持续快速发展,建成了门类齐全、独立完整的产业体系,有力地推动了工业化和现代化进程,显著增强综合国力,支撑我国世界大国的地位。然而,与世界先进水平相比,我国制造业仍然大而不强,在自主创新能力、资源利用效率、产业结构水平、信息化程度、质量效益等方面差距明显,转型升级和跨越发展的任务紧迫而艰巨。

当前,新一轮科技革命和产业变革与我国加快转变经济发展方式形成历史性交汇,国际产业分工格局正在重塑。从德国的"工业4.0"、美国的"先进制造伙伴战略"到英国的"高价值战略",全球主要制造业大国均在积极推动制造业转型升级,以智能制造为代表的先进制造已成为主要工业国家抢占国际制造业竞争制高点、寻求经济新增长点的共同选择。这对我国而言是极大的挑战,同时也是极大的机遇。我们必须紧紧抓住这一重大历史机遇,按照"四个全面"战略布局要求,实施制造强国战略,加强统筹规划和前瞻部署,力争通过三个十年的努力,到新中国成立一百年时,把我国建设成为引领世界制造业发展的制造强国,为实现中华民族伟大复兴的中国梦打下坚实基础。

《中国制造2025》,是我国实施制造强国战略第一个十年的行动纲领。

5.2　战略目标

《中国制造 2025》提出：立足国情,立足现实,力争通过"三步走"实现制造强国的战略目标。

第一步：力争用十年时间,迈入制造强国行列。到 2020 年,基本实现工业化,制造业大国地位进一步巩固,制造业信息化水平大幅提升。掌握一批重点领域关键核心技术,优势领域竞争力进一步增强,产品质量有较大提高。制造业数字化、网络化、智能化取得明显进展。重点行业单位工业增加值能耗、物耗及污染物排放明显下降。到 2025 年,制造业整体素质大幅提升,创新能力显著增强,全员劳动生产率明显提高,两化(工业化和信息化)融合迈上新台阶。重点行业单位工业增加值能耗、物耗及污染物排放达到世界先进水平。形成一批具有较强国际竞争力的跨国公司和产业集群,在全球产业分工和价值链中的地位明显提升。

第二步：到 2035 年,我国制造业整体达到世界制造强国阵营中等水平。创新能力大幅提升,重点领域发展取得重大突破,整体竞争力明显增强,优势行业形成全球创新引领能力,全面实现工业化。

第三步：新中国成立一百年时,制造业大国地位更加巩固,综合实力进入世界制造强国前列。制造业主要领域具有创新引领能力和明显竞争优势,建成全球领先的技术体系和产业体系。

5.3　核心要义和本质内涵

全面贯彻党的十八大和十八届二中、三中、四中全会精神,坚持走中国特色新型工业化道路,以促进制造业创新发展为主题,以提质增效为中心,以加快新一代信息技术与制造业深度融合为主线,以推进智能制造为主攻方向,以满足经济社会发展和国防建设对重大技术装备的需求为目标,强化工业基础能力,提高综合集成水平,完善多层次、多类型人才培养体系,促进产业转型升级,培育有中国特色的制造文化,实现制造业由大变强的历史跨越。

1. 核心要义

一是创新驱动。坚持把创新摆在制造业发展全局的核心位置,完善有利于创新的制度环境,推动跨领域、跨行业协同创新,突破一批重点领域关键共性技术,促进制造业数字化、网络化、智能化,走创新驱动的发展道路。

二是质量为先。坚持把质量作为建设制造强国的生命线,强化企业质量主体责任,加强质量技术攻关、自主品牌培育。建设法规标准体系、质量监管体系、先进质量文化,营造诚信经营的市场环境,走以质取胜的发展道路。

三是绿色发展。坚持把可持续发展作为建设制造强国的重要着力点,加强节能环保技术、工艺、装备的推广应用,全面推行清洁生产。发展循环经济,提高资源回收利用效率,构建绿色制造体系,走生态文明的发展道路。

四是结构优化。坚持把结构调整作为建设制造强国的关键环节,大力发展先进制造业,改造提升传统产业,推动生产型制造向服务型制造转变。优化产业空间布局,培育一批具有核心竞争力的产业集群和企业群体,走提质增效的发展道路。

五是人才为本。坚持把人才作为建设制造强国的根本,建立健全科学合理的选人、用人、育人机制,加快培养制造业发展急需的专业技术人才、经营管理人才、技能人才。营造大众创业、万众创新的氛围,建设一支素质优良、结构合理的制造业人才队伍,走人才引领的发展道路。

2. 本质内涵

一是市场主导,政府引导。全面深化改革,充分发挥市场在资源配置中的决定性作用,强化企业主体地位,激发企业活力和创造力。积极转变政府职能,加强战略研究和规划引导,完善相关支持政策,为企业发展创造良好环境。

二是立足当前,着眼长远。针对制约制造业发展的瓶颈和薄弱环节,加快转型升级和提质增效,切实提高制造业的核心竞争力和可持续发展能力。准确把握新一轮科技革命和产业变革趋势,加强战略谋划和前瞻部署,扎扎实实打基础,在未来竞争中占据制高点。

三是整体推进,重点突破。坚持制造业发展全国一盘棋和分类指导相结合,统筹规划,合理布局,明确创新发展方向,促进军民融合深度发展,加快推动制造业整体水平提升。围绕经济社会发展和国家安全重大需求,整合资源,突出重点,实施若干重大工程,实现率先突破。

四是自主发展,开放合作。在关系国计民生和产业安全的基础性、战略性、全局性领域,着力掌握关键核心技术,完善产业链条,形成自主发展能力。继续扩大开放,积极利用全球资源和市场,加强产业全球布局和国际交流合作,形成新的比较优势,提升制造业开放发展水平。

5.4 技术支撑

瞄准新一代信息技术、高端装备、新材料、生物医药等战略重点,引导社会各类资源集聚,推动优势和战略产业快速发展。

1. 新一代信息技术产业

(1)集成电路及专用装备。着力提升集成电路设计水平,不断丰富知识产权(IP)和设计工具,突破关系国家信息与网络安全及电子整机产业发展的核心通用芯片,提升国产芯片的应用适配能力。掌握高密度封装及三维(3D)微组装技术,提升封装产业和测试的自主发展能力。形成关键制造装备供货能力。

（2）信息通信设备。掌握新型计算、高速互联、先进存储、体系化安全保障等核心技术，全面突破第五代移动通信（5G）技术、核心路由交换技术、超高速大容量智能光传输技术、"未来网络"核心技术和体系架构，积极推动量子计算、神经网络等发展。研发高端服务器、大容量存储、新型路由交换、新型智能终端、新一代基站、网络安全等设备，推动核心信息通信设备体系化发展与规模化应用。

（3）操作系统及工业软件。开发安全领域操作系统等工业基础软件。突破智能设计与仿真及其工具、制造物联与服务、工业大数据处理等高端工业软件核心技术，开发自主可控的高端工业平台软件和重点领域应用软件，建立完善的工业软件集成标准与安全测评体系。推进自主工业软件体系化发展和产业化应用。

2. 高档数控机床和机器人

（1）高档数控机床。开发一批精密、高速、高效、柔性数控机床与基础制造装备及集成制造系统。加快高档数控机床、增材制造等前沿技术和装备的研发。以提升可靠性、精度保持性为重点，开发高档数控系统、伺服电机、轴承、光栅等主要功能部件及关键应用软件，加快实现产业化。加强用户工艺验证能力建设。

（2）机器人。围绕汽车、机械、电子、危险品制造、国防军工、化工、轻工等工业机器人、特种机器人，以及医疗健康、家庭服务、教育娱乐等服务机器人的应用需求，积极研发新产品，促进机器人标准化、模块化发展，扩大市场应用。突破机器人本体、减速器、伺服电机、控制器、传感器与驱动器等关键零部件及系统集成设计制造等技术瓶颈。

3. 航空航天装备

（1）航空装备。加快大型飞机研制，适时启动宽体客机研制，鼓励国际合作研制重型直升机；推进干支线飞机、直升机、无人机和通用飞机产业化。突破高推重比、先进涡桨（轴）发动机及大涵道比涡扇发动机技术，建立发动机自主发展工业体系。开发先进机载设备及系统，形成自主完整的航空产业链。

（2）航天装备。发展新一代运载火箭、重型运载器，提升进入空间能力。加快推进国家民用空间基础设施建设，发展新型卫星等空间平台与有效载荷、空天地宽带互联网系统，形成长期持续稳定的卫星遥感、通信、导航等空间信息服务能力。推动载人航天、月球探测工程，适度发展深空探测。推进航天技术转化与空间技术应用。

4. 海洋工程装备及高技术船舶

大力发展深海探测、资源开发利用、海上作业保障装备及其关键系统和专用设备。推动深海空间站、大型浮式结构物的开发和工程化。形成海洋工程装备综合试验、检测与鉴定能力，提高海洋开发利用水平。突破豪华邮轮设计建造技术，全面提升液化天然气船等高技术船舶国际竞争力，掌握重点配套设备集成化、智能化、模块化设计制造核心技术。

5. 先进轨道交通装备

加快新材料、新技术和新工艺的应用，重点突破体系化安全保障、节能环保、数字化智能化网络化技术，研制先进、可靠、适用的产品和轻量化、模块化、谱系化产品。研发新一代绿色智能、高速重载轨道交通装备系统，围绕系统全寿命周期，向用户提供整体解决方案，建立世界领先的现代轨道交通产业体系。

6. 节能与新能源汽车

继续支持电动汽车、燃料电池汽车发展，掌握汽车低碳化、信息化、智能化核心技术，提升动力电池、驱动电机、高效内燃机、先进变速器、轻量化材料、智能控制等核心技术的工程化和产业化能力，形成从关键零部件到整车的完整工业体系和创新体系，推动自主品牌节能与新能源汽车同国际先进水平接轨。

7. 电力装备

推动大型高效超净排放煤电机组产业化和示范应用，进一步提高超大容量水电机组、核电机组、重型燃气轮机制造水平。推进新能源和可再生能源装备、先进储能装置、智能电网用输变电及用户端设备发展。突破大功率电力电子器件、高温超导材料等关键元器件和材料的制造及应用技术，形成产业化能力。

8. 农机装备

重点发展粮、棉、油、糖等大宗粮食和战略性经济作物育、耕、种、管、收、运、储等主要生产过程使用的先进农机装备，加快发展大型拖拉机及其复式作业机具、大型高效联合收割机等高端农业装备及关键核心零部件。提高农机装备信息收集、智能决策和精准作业能力，推进形成面向农业生产的信息化整体解决方案。

9. 新材料

以特种金属功能材料、高性能结构材料、功能性高分子材料、特种无机非金属材料和先进复合材料为发展重点，加快研发先进熔炼、凝固成形、气相沉积、型材加工、高效合成等新材料制备关键技术和装备，加强基础研究和体系建设，突破产业化制备瓶颈。积极发展军民共用特种新材料，加快技术双向转移转化，促进新材料产业军民融合发展。高度关注颠覆性新材料对传统材料的影响，做好超导材料、纳米材料、石墨烯、生物基材料等战略前沿材料提前布局和研制。加快基础材料升级换代。

10. 生物医药及高性能医疗器械

发展针对重大疾病的化学药、中药、生物技术药物新产品，重点包括新机制和新靶点化学药、抗体药物、抗体偶联药物、全新结构蛋白及多肽药物、新型疫苗、临床优势突出的创新中药及个性化治疗药物。提高医疗器械的创新能力和产业化水平，重点发展影像设备、医用机器人等高性能诊疗设备，全降解血管支架等高值医用耗材,可穿戴、远程诊疗等移动医疗产品。实现生物 3D 打印、诱导多能干细胞等新技术的突破和应用。

5.5　重大任务

实现制造强国的战略目标,必须坚持问题导向,统筹谋划,突出重点;必须凝聚全社会共识,加快制造业转型升级,全面提高发展质量和核心竞争力。

1. 提高国家制造业创新能力

完善以企业为主体、市场为导向、政产学研用相结合的制造业创新体系。围绕产业链部署创新链,围绕创新链配置资源链,加强关键核心技术攻关,加速科技成果产业化,提高关键环节和重点领域的创新能力。

2. 推进信息化与工业化深度融合

加快推动新一代信息技术与制造技术融合发展,把智能制造作为两化深度融合的主攻方向;着力发展智能装备和智能产品,推进生产过程智能化,培育新型生产方式,全面提升企业研发、生产、管理和服务的智能化水平。

3. 强化工业基础能力

核心基础零部件(元器件)、先进基础工艺、关键基础材料和产业技术基础(以下统称"四基")等工业基础能力薄弱,是制约我国制造业创新发展和质量提升的症结所在。要坚持问题导向、产需结合、协同创新、重点突破的原则,着力破解制约重点产业发展的瓶颈。

4. 加强质量品牌建设

提升质量控制技术,完善质量管理机制,夯实质量发展基础,优化质量发展环境,努力实现制造业质量大幅提升。鼓励企业追求卓越品质,形成具有自主知识产权的名牌产品,不断提升企业品牌价值和中国制造整体形象。

5. 全面推行绿色制造

加大先进节能环保技术、工艺和装备的研发力度,加快制造业绿色改造升级;积极推行低碳化、循环化和集约化,提高制造业资源利用效率;强化产品全生命周期绿色管理,努力构建高效、清洁、低碳、循环的绿色制造体系。

6. 大力推动重点领域突破发展

瞄准新一代信息技术、高端装备、新材料、生物医药等战略重点,引导社会各类资源集聚,推动优势和战略产业快速发展。

7. 深入推进制造业结构调整

推动传统产业向中高端迈进,逐步化解过剩产能,促进大企业与中小企业协调发展,进一步优化制造业布局。

8．积极发展服务型制造和生产性服务业

加快制造与服务的协同发展，推动商业模式创新和业态创新，促进生产型制造向服务型制造转变。大力发展与制造业紧密相关的生产性服务业，推动服务功能区和服务平台建设。

9．提高制造业国际化发展水平

统筹利用两种资源、两个市场，实行更加积极的开放战略，将引进来与走出去更好结合，拓展新的开放领域和空间，提升国际合作的水平和层次，推动重点产业国际化布局，引导企业提高国际竞争力。

5.6　中国政府加大智能制造的发展规划与推进力度

2016 年 12 月 7 日，工信部在南京世界智能制造大会上正式发布了《智能制造发展规划（2016—2020 年）》（以下简称《规划》）。正所谓千呼万唤始出来，《规划》的发布为我国智能制造的发展指明了方向。其中对智能制造该如何推进、发展方向在哪里以及需要重点攻克的关键技术装备等都给出了明确的答案，并明确提出了"十三五"期间，我国智能制造发展的指导思想、目标和重点任务。应该说，《规划》的推出，是我国智能制造领域的一场及时雨，突出体现了政府的引导性，不仅让很多蜂拥而至的智能制造从业者看清了前进的方向，同时也为我国整个智能制造发展理清了脉络。

《规划》的指导思想是：深入贯彻党的十八大及十八届三中、四中、五中全会精神，牢固树立创新、协调、绿色、开放、共享的发展理念，全面落实《中国制造 2025》和推进供给侧结构性改革部署，将发展智能制造作为长期坚持的战略任务，分类分层指导，分行业、分步骤持续推进，"十三五"期间同步实施数字化制造普及、智能化制造示范引领，以构建新型制造体系为目标，以实施智能制造工程为重要抓手，着力提升关键技术装备安全可控能力，着力增强基础支撑能力，着力提升集成应用水平，着力探索培育新模式，着力营造良好发展环境，为培育经济增长新动能、打造我国制造业竞争新优势、建设制造强国奠定扎实的基础。

《规划》明确了两步走战略和十大重点任务，是"十三五"时期指导智能制造发展的纲领性文件，将统筹国内智能制造发展，加快形成全面推进制造业智能转型的工作格局。

《规划》提出，2025 年前，推进智能制造实施"两步走"战略：第一步，到 2020 年，智能制造发展基础和支撑能力明显增强，传统制造业重点领域基本实现数字化制造，有条件、有基础的重点产业智能转型取得明显进展；第二步，到 2025 年，智能制造支撑体系基本建立健全，重点产业初步实现智能转型。

《规划》提出的十大任务是：一是加快智能制造装备发展，攻克关键技术装备，

提高质量和可靠性,推进其在重点领域的集成应用;二是加强关键共性技术创新,突破一批关键共性技术,布局和积累一批核心知识产权;三是建设智能制造标准体系,开展标准研究与实验验证,加快标准制订和推广应用;四是构筑工业互联网基础,研发新型工业网络设备与系统、信息安全软硬件产品,构建试验验证平台,建立健全风险评估、检查和信息共享机制;五是加大智能制造试点示范推广力度,开展智能制造新模式试点示范,遴选智能制造标杆企业,不断总结经验和模式,在相关行业移植、推广;六是推动重点领域智能转型,在《中国制造 2025》十大重点领域试点建设数字化车间/智能工厂,在传统制造业推广应用数字化技术、系统集成技术、智能制造装备;七是促进中小企业智能化改造,引导中小企业推进自动化改造,建设云制造平台和服务平台;八是培育智能制造生态体系,加快培育一批系统解决方案供应商,大力发展龙头企业集团,做优做强一批"专精特"配套企业;九是推进区域智能制造协同发展,推进智能制造装备产业集群建设,加强基于互联网的区域间智能制造资源协同;十是打造智能制造人才队伍,健全人才培养计划,加强智能制造人才培训,建设智能制造实训基地,构建多层次的人才队伍。

《规划》还针对中国智能制造亟须突破关键共性技术这一现实难题,对加强关键共性技术创新作了安排和部署:围绕感知、控制、决策和执行等智能功能的实现,针对智能制造关键技术装备、智能产品、重大成套装备、数字化车间/智能工厂的开发和应用,突破先进感知与测量、高精度运动控制、高可靠智能控制、建模与仿真、工业互联网安全等一批关键共性技术,研发智能制造相关的核心支撑软件,布局和积累一批核心知识产权,为实现制造装备和制造过程的智能化提供技术支撑。

同时,《规划》提出了加强统筹协调、完善创新体系、加大财税支持力度、创新金融扶持方式、发挥行业组织作用、深化国际合作交流等 6 个方面的保障措施。

5.7　典型案例

5.7.1　九江石化智能工厂

在全球经济一体化的进程当中,信息化占据十分重要的地位,是国有企业提升国际竞争力的重要手段。中国石化的信息化能力和世界一流的能源公司相比,在系统、IT 资源等方面的差距较为明显。石化行业是典型的流程行业,通过实现工业领域各个环节的交互和连接,形成数据为核心的交互,对数据进行实时的分析,方便企业进行智能决策。"十三五"期间,中国石化将按照《中国制造 2025》和"互联网+"行动计划,力争完成 8～10 家智能工厂建设示范,为炼化企业的健康持续发展注入新的活力。九江石化作为我国第一批智能制造试点,通过和华为公司进行战略合作,在信息通信、智能管理等方面进行改造,实现了生产的可视化、实时化和智能化。

九江石化通过互联网打通了生产运营、过程控制以及经营管理之间的障碍，使先进信息技术和石化生产工艺达到高度融合，实现了制造工业到智造工业的转变。九江石化率先在行业内部建成并投入使用智能工厂，并率先出台了企业级别的智能工厂的标准规范体系，从设置设备角度来说，在网络安保监控上投入使用智能监控和网络报警装置能够迅速判断事故的大小，迅速确定救援方案，缩短各部门的沟通和救援时间，避免造成更大的损失。通过和华为在通信方面的合作，九江石化已经实现了 LTE 无线宽带网络、调度系统、视频会议系统等设备终端的布局。虽然目前离"工业 4.0"要求的智能工厂的运营标准还有一段距离，但利用华为集团在大数据及云计算方面积攒的技术优势，九江石化将会建设一个实现虚拟化、云计算等 IT 智能化管理的云数据中心。

从生产效率上来看，九江石化智能工厂的先进控制投用率提高了 10％，外排污染源自动监控率达到 100％，生产优化由局部优化、离线优化提升到了一体化优化和在线优化。从企业生产组织模式角度来说，员工数量、班组数量都有不同程度的减少。截至 2016 年底，中国石化基本上实现了智能工厂的试点项目建设。九江石化自主开发了炼油全流程一体化平台，通过持续地开展资源优化配置等工作，2014 年累计效益为 2.2 亿元，2015 年，公司的赢利能力均位于沿江石化企业的首位，而生产优化从局部的优化逐步提升到了一体化在线优化，劳动生产率也提高10％以上。作为九江石化的战略合作方，华为在九江石化智能工厂建设中的作用巨大，在炼化工厂的建设当中，通过使用其设备，可以避免由于金属管线过于密集而屏蔽无线信号情况的产生。

5.7.2 报喜鸟"云翼互联"的智能化生产项目

浙江报喜鸟服饰股份有限公司（以下简称报喜鸟）成立于 2001 年 6 月，2007 年 8 月在深交所上市。作为 2016 工信部智能制造试点示范企业中唯一一家服装企业，报喜鸟实施了"云翼互联"的智能化生产项目。

通过云翼互联项目，无论何时何地，用户量体完成后，量体信息都将被录入生成电子数据，通过 E-MTM 线上智能下单系统，支持 DIY 自主下单。在车间，通过 RFID 系统集成服装身份认证，确保一人一版、一衣一款、一单一流，经过精准自动裁床、自动缝制、智能吊挂等系统完成生产全过程。这样的智能化生产克服了"个性化缝制降低品质，单件流降低效率"的服装生产难题，率先实现了"工业 4.0"智能化生产。

该项目架构是利用互联网采集并对接用户个性化需求，以消费者需求为导入点，构建后向传导的生产模式，以销定产，实现产销的无缝对接，打造具有国内领先水平，以"智能制造透明云工厂"为"一体"、"私享定制云平台"和"分享大数据云平台"为"两翼"的大批量个性化定制体系。项目充分体现出"云"的特性：大规模、开放共享、高度可扩展性、按需使用。

（1）"私享定制云平台"，即 Hybris 电子商务平台。该平台可实现用户通过线下体验店、第三方工厂 B2B 平台、400 电话、天猫、京东、报喜鸟官网、手机 App 或者微信平台下单，然后通过体验式量体来享受定制服务，再由平台通过虚拟现实仿真技术与 3D 渲染技术，构建 PLM、CRM、SCM 等系统，以"C2M＋O2O"模式实现工商一体，通过选择差异化参数，以 EMTM 方式实现一人一版、一衣一款的全品类模块化自主设计，实现与用户深度交互。

（2）"透明云工厂"。通过 CAPP、RFID、智能吊挂、MES 制造执行、智能 ECAD、自动裁床和 EWMS 等系统建设，打造 EMTM 数字化驱动工厂，实现研发设计、计划排产、柔性制造、营销管理、供应链管理、物流配送和售后服务等方面的协同与集成。

（3）"分享大数据云平台"。实现对用户的个性化需求特征的挖掘和分析，打造服装行业大批量个性化定制生产的新生态系统。

自项目投产以来，已有明显的成效。从企业经济效益来看，生产效率提升 50％，交付时间由 15 天缩短到 7 天，日均生产从 600 件提高到 1200 件，合格率从 95％提升到 99％。同时，物耗下降 10％，能耗下降 10％，同等产量生产人员精简 10％。从社会效益来看，云翼互联项目可以解决服装行业高库存、低周转、高渠道成本的瓶颈，同时满足消费者个性化、时尚化的需求，提高优质供给能力。

通过该项目的实施，报喜鸟预计最终可以实现"六大领先"的目标。一是智能制造行业领先。生产全流程实现数据流、物流和资金流"三流合一"，全品类服装定制从下单到交付时间缩减至 7 个工作日。二是定制规模行业领先。通过不断扩大服装定制品牌宣传，扩大定制生产接单渠道，提升互联网营销效率，定制规模达到 1000 套/日，年增长 50％以上。三是品质服务体验领先。践行工匠精神和精益生产，遵照客户穿衣习惯，承诺"不满意一律无条件重做，重做不满意无条件退货"，实现用户优质体验。四是品牌知名行业领先。通过对报喜鸟定制品牌的不断推广，报喜鸟及其附属品牌将成为国内高端服装定制市场的第一品牌序列，品牌价值进一步提高。五是信息管理行业领先。通过 Hybris 打通生产营销系统，以 SAP 为核心的信息管理系统不断完善，信息管理全面实现实时化、可视化、精细化。六是创业支持行业领先。利用分享大数据平台，积累行业数据 10 亿条，服务创业设计师/工作室 1000 家。

5.7.3　潍柴动力数字化车间

潍柴动力股份有限公司汽车发动机数字化生产车间项目是国家智能制造创新工程支持的试点示范项目，包括机械加工车间和装配车间两大部分，配备了集成化生产管控系统，主要用于潍柴 WP10 和 WP12 两种系列发动机的机械加工、装配、试车、喷漆和包装。实现了 WP10/12 系列二气门和四气门柴油发动机混合生产，生产效率比传统车间提升了 35％，WP10/12 系列发动机年产能达到了 40 万台。

智能化装备、先进的生产线、优化的物流和集成化生产管控系统组成了该数字化生产车间的主体。装配生产线与加工生产线实现了信息流对接，可以自动传输生产计划及上线计划，通过人工按拉动式计划投料生产，直至最终完成柴油机的包装入库，实现了产品整个生命周期中机械加工、装配、检测试验等各个阶段的质量控制和信息可追溯。借助 ERP、MES 等平台，实现了从产品设计到制造、从市场需求到生产工序执行的全程管理，从设计到制造、物流、在制、财务等环节的不确定性偏差降低，提高了系统运作的成功率和可靠性。

5.7.4 雷柏智能装备/智能产品

雷柏科技公司创立于 2002 年，主要生产鼠标、键盘等无线外设产品，在国内无线键鼠行业市场占有率排名第一。键鼠产品属于 3C 行业，大量使用劳动力进行重复拧螺丝、焊接、装配、检测等工艺，随着劳动力成本上升和由人带来的质量不可控因素的增加，企业为适应产品结构快速变化、品质多样化发展、质量一致性和标准化的要求越来越高、管理者必须对生产线的生产能力有更加精确的把控等情况，迫切需要进行生产线的自动化改造。雷柏选择部分投资回报率较高的工序（如贴膜、喷涂和焊接等）让机器人去做，其余工序由人配合机器人完成，从而形成"V 型线""L 型线""Z 型线"等适合产品及工艺特点的高质高效生产方式，然后从生产线布置到厂房设计，甚至物流体系，全部进行重新规划和设置，逐步开展机器人在测试、物流、包装等方面的应用，从而使得整个公司产品更加标准化、工人效率提高、制造体系不断升级。

作为国内 3C 行业首家规模实施"机器换人"的企业，雷柏经历了漫长的探索，实现了特色鲜明的 3C 行业工艺重构、应用集成的换人之路，产品性能、品质和品牌影响力稳步提升，人员从 2011 年的 3200 人减少到 2014 年的 800 多人，3 年内 4 次涨薪，每次幅度都超过 10％。

5.7.5 陕鼓动力智能化服务

陕鼓动力主要生产离心压缩机、轴流压缩机等产品，广泛应用于化工、石油等各个领域。面对下游钢铁、石化产能过剩的局面，公司确立了"两个转变"战略，努力拓展延伸产业链，打造能量转换设备制造、工业服务、能源基础设施运营三大业务板块，积极从制造迈向智造。2015 年，公司"动力装备全生命周期智能设计制造及云服务"项目入选工信部智能制造专项，将通过大数据挖掘及专业软件的应用提升在役设备的服务深度与广度，支持相应生态圈及产业价值链的共赢发展。公司建立了动力装备智能云服务平台，已为 300 多套机组提供监测诊断服务，监测超过 200 家用户约 600 套大型动力装备在线运行数据；建立了全生命周期运行与维护信息驱动的复杂动力装备可持续改进的制造服务及系统保障体系，将监测诊断与运行服务有机地集成为一体，以满足动力装备不同层面的用户需求；搭建了动力装备运行维护与健康管理智能云服务平台,实现基于大数据挖掘的云服务,以保障云服务平台的基础运行。

5.8　深度解析——国家重点研发计划重点专项实施方案（2018—2022 年）：网络协同制造和智能工厂

网络协同制造和智能工厂是落实《国家创新驱动发展战略纲要》《“十三五”国家科技创新规划》、推动《中国制造 2025》和“互联网＋”行动计划的重大举措；是我国迎接工业革命挑战,支撑制造强国,重塑制造业技术体系、生产模式、产业形态和价值链,推动产业结构转型升级的重要手段；也是“科技创新 2030——智能制造和机器人重大项目”的核心支撑,以引领智能制造发展的新模式、新技术、新平台和新业态。

什么是智能
工厂.pdf

5.8.1　总体目标

基于“互联网＋”思维,以“智能、协同、服务、融合、颠覆”为发展原则,以实现制造业创新发展与转型升级为主题,以推进工业化与信息化、制造业与互联网、制造业与服务业融合发展为主线,以“创模式、强能力、促生态、夯基础”以及重塑制造业技术体系、生产模式、产业形态和价值链为目标,坚持有所为、有所不为,推动科技创新与制度创新、管理创新、商业模式创新、业态创新相结合,探索一批引领发展的制造与服务新模式,突破一批网络协同制造和智能工厂的基础理论与关键技术,研发一批网络协同制造核心软件,建立一批技术标准,创建一批网络协同制造支撑平台,培育一批示范效应强的智慧企业。通过人工智能的深入应用,推动智能互联系统与装备发展以及设计制造服务管理的智能化；通过协同和价值链重构,推动制造业要素资源共享互联以及社会力量的参与互动；通过制造、服务及互联网的深度融合,推动服务型制造与制造服务新生态的发展；通过全链条数据采集与资源集成共享,推动制造大数据驱动能力以及企业自主智能能力的提升。

5.8.2　具体目标

（1）网络协同制造基础理论与技术研究综合水平进入世界三强。智慧企业制造大数据、智能工厂工业互联网、制造信息物理系统融合等形成系统理论,“互联网＋”定制设计、智能工厂协同控制与运行优化、制造服务价值网融合、预测运行与精准服务等基础前沿技术取得突破。

（2）引领智能制造发展新模式。探索形成智慧云制造、“互联网＋”协同设计、服务型制造、制造服务多价值链协同以及制造大数据驱动的预测运行与精准服务等网络协同制造模式。

（3）智能产品多学科协同仿真、装备数字孪生及数字样机、制造大数据驱动的全流程智能决策、面向工业应用的异构网络融合与互联互通、高端装备远程诊断与在线运维等一批共性关键技术取得突破。制定国家、行业或核心企业标准，取得网络协同制造和智能工厂新技术领域的主导权。

（4）围绕基础支撑、研发设计、智能工厂、制造服务、系统集成以及网络协同制造与智慧云制造的需求，研发不少于 5 类网络协同制造和智能工厂核心软件，自主产权核心软件占示范行业/示范区域中示范企业同类软件 30％的比重，培育核心软件领军企业和系统集成商。

（5）研发建立"互联网＋"协同设计、新一代智能控制器与编程开发、制造服务多价值链协同、服务型制造集成、数据驱动的制造企业经营管理与智能决策等业务支撑平台，形成基础支撑、研发设计、智能生产、制造服务、集成平台与系统等 5 大领域的技术能力。

（6）初步形成智慧企业网络协同制造创新技术能力，研发建立制造大数据驱动的资源优化配置、流程精细管理、智能决策运行、精准服务供给等以预测运营为特征的智慧企业网络协同制造平台，具备支持 5 大行业构建网络协同制造创新体系、打造智慧企业的技术能力。

（7）初步形成第三方云制造服务创新技术能力，研发建立智慧云制造平台，具备支持 5 大产业或区域开展企业群体协同的技术能力，推进制造服务新生态的创新发展。

（8）形成智能工厂、智慧企业网络协同制造和智慧云制造集成技术解决方案。网络协同制造在不少于 5 大行业形成 5 类以上解决方案，支持超 20 家企业开展集成应用示范，示范企业资源配置效率提升 15％～30％，精准服务能力提升 30％～50％。智慧云制造在 5 大产业形成解决方案，服务企业超 10 万家。

5.8.3 阶段目标

1. 2018—2020 年阶段性目标

（1）网络协同制造基础理论与技术研究综合水平进入世界先进水平。智慧企业制造大数据、智能工厂工业互联网、制造信息物理系统融合等基本建立，基础技术逐步取得突破。发表一批高水平的学术论文，发表论文不少于 300 篇，出版专著不少于 10 本。

（2）基本形成智慧企业网络协同制造、智慧云制造、"互联网＋"协同设计、服务型制造、制造服务多价值链协同及制造大数据驱动的预测运行与精准服务等新模式。

（3）在共性关键技术研究中取得不少于 20 项技术成果；申请发明专利或登记软件著作权不少于 200 项；网络协同制造与智能工厂标准体系逐步形成。

（4）围绕基础支撑、研发设计、智能工厂、制造服务、系统集成以及网络协同制造与智慧云制造的需求,研发不少于 5 类网络协同制造和智能工厂核心软件,核心软件领军企业和系统集成商得到培育。

（5）研发建立"互联网＋"协同设计、新一代智能控制器与编程开发、制造服务多价值链协同、服务型制造集成、数据驱动的制造企业经营管理与智能决策等 6～10 类业务支撑平台。

（6）初步形成智慧企业网络协同制造创新技术能力。研发制造大数据驱动的资源优化配置、流程精细管理、智能决策运行、精准服务供给等以预测运营为特征的智慧企业网络协同制造平台。

（7）初步形成第三方云制造服务创新技术能力,研发建立智慧云制造平台原型,初步具备支持产业或区域开展企业群体协同的技术能力。

（8）初步形成智能工厂、智慧企业网络协同制造和智慧云制造集成技术解决方案。网络协同制造在不少于 5 大行业基本形成 5 类以上解决方案,智慧云制造在 5 大产业基本形成解决方案,累计服务企业超 10 万家。

2．2021—2022 年阶段性目标

（1）网络协同制造基础理论与技术研究综合水平进入世界三强。累计发表论文不少于 800 篇,累计出版专著 40 部左右。

（2）引领智能制造发展新模式。探索形成智慧云制造、"互联网＋"协同设计、服务型制造、制造服务多价值链协同以及制造大数据驱动的预测运行与精准服务等网络协同制造模式。

（3）突破一批共性关键技术。累计取得超 200 项技术成果,累计申请发明专利或登记软件著作权不少于 800 项,累计制定国家、行业或核心企业标准不少于 200 项,取得网络协同制造和智能工厂新技术领域主导权。

（4）网络协同制造和智能工厂核心软件在示范企业得到应用,自主产权核心软件占示范行业/示范区域中示范企业同类软件 30％的比重,培育 3～5 家核心软件领军企业和系统集成商。

（5）建立网络协同制造的业务支撑平台,形成基础支撑、研发设计、智能生产、制造服务、集成平台与系统等 5 大领域的技术能力。

（6）智慧企业网络协同制造平台具备支持 5 大行业构建网络协同制造创新体系、打造智慧企业的技术能力。

（7）智慧云制造平台具备支持 5 大产业或区域开展企业群体协同的技术能力,推进制造服务新生态创新发展。

（8）形成智能工厂、智慧企业网络协同制造和智慧云制造集成技术解决方案。智能工厂提供小批量、大规模、流程等 3 类模式 5 家以上企业的成功案例。网络协同制造在不少于 5 大行业形成 5 类以上解决方案,支持超 20 家企业开展集成应用示范,示范企业资源配置效率提升 15％～30％,精准服务能力提升 30％～50％。智慧云制造在 5 大产业形成解决方案,服务企业超 10 万家。

5.8.4　主要任务

网络协同制造和智能工厂专项围绕基础前沿技术、共性关键技术与平台研发、应用示范等 3 个层次，按基础支撑、研发设计、智能生产、制造服务及集成平台与系统等 5 大方向开展研究，如图 5-1 所示。

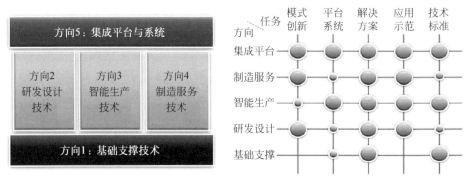

图 5-1　网络协同制造和智能工厂专项方向设置

按照全链条创新设计、一体化组织实施的要求进行重点任务布置，包括 35 项重点任务，如图 5-2 所示。

1. 方向 1——基础支撑技术

基础支撑技术方向重点围绕安全可靠、自主可控、互联互通和标准规范的具体目标，设置 5 大任务：智能工厂工业互联网理论与技术、智慧企业制造大数据理论与技术、制造信息物理系统融合理论、智能制造系统安全技术，以及制造企业智慧空间构建与运行技术等。

1）任务 1.1　智能工厂工业互联网理论与技术（基础前沿类）

（1）重点内容：建立工业互联网复杂大系统理论体系，包括：复杂大系统的性能分析与优化设计、信息物理融合系统基础、网络化嵌入式系统设计、网络安全及高可靠性理论等。揭示工业互联网条件下复杂大系统动态特性与稳定运行规律，完善智能工厂信息物理融合系统的统一语义定义与匹配机制，构建可用性、保密性、可信性混合的安全理论体系，给出智能工厂的优化设计与制造的理论及流程。

（2）具体目标：建立工业互联网复杂大系统模型，给出工业互联网复杂大系统性能分析与评价方法，解决工业互联网大系统下的性能分析与评价问题；构建信息、功能、过程等异构资源的语义级形式化描述方法，实现对信息物理系统的统一信息-物理耦合建模，解决信息物理系统中信息与物理交互融合产生的复杂性系统问题；制定安全可靠的协同设计和流程规范，给出基于共存网络干扰、耦合、分解的影响下系统低开销的合作共存模式和优化方法，解决网络系统设计与优化理论问题。

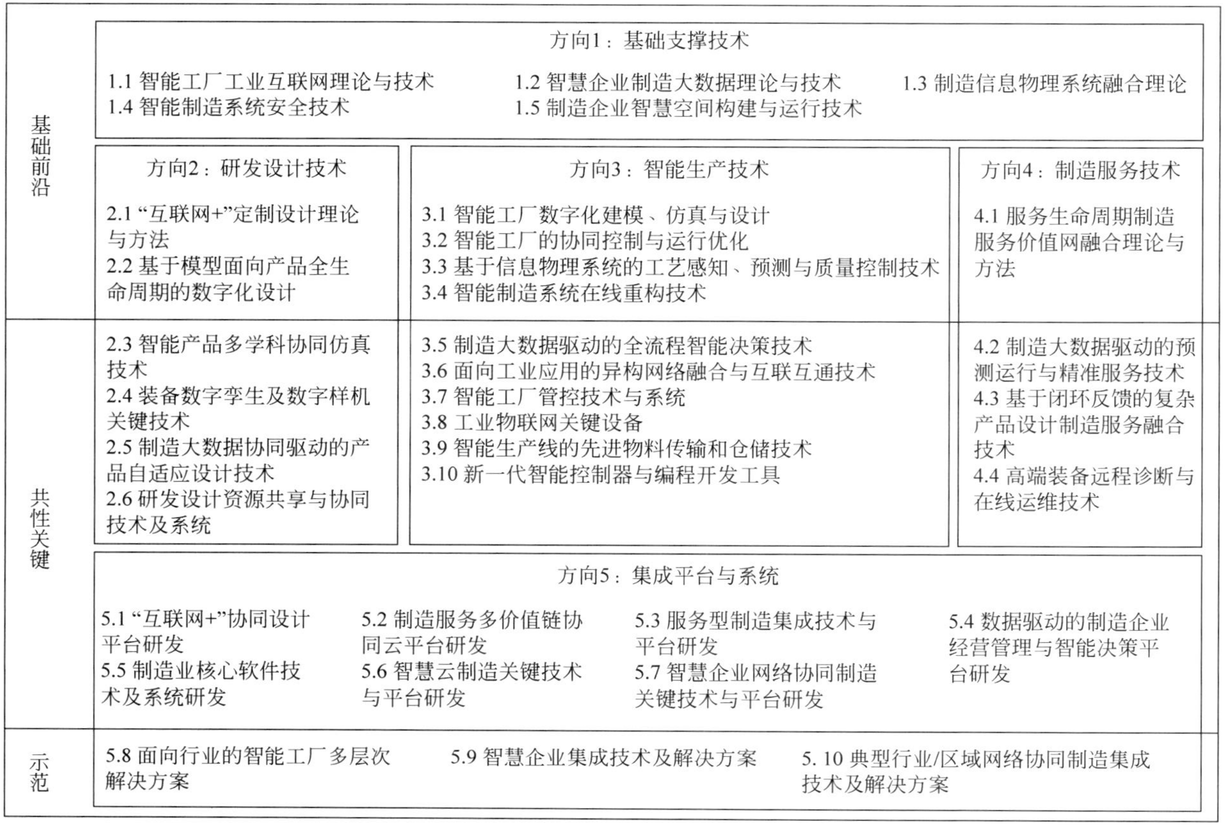
基础前沿
方向1：基础支撑技术
1.1 智能工厂工业互联网理论与技术
1.2 智慧企业制造大数据理论与技术
1.3 制造信息物理系统融合理论
1.4 智能制造系统安全技术
1.5 制造企业智慧空间构建与运行技术
方向2：研发设计技术
2.1 "互联网+"定制设计理论与方法
2.2 基于模型面向产品全生命周期的数字化设计
方向3：智能生产技术
3.1 智能工厂数字化建模、仿真与设计
3.2 智能工厂的协同控制与运行优化
3.3 基于信息物理系统的工艺感知、预测与质量控制技术
3.4 智能制造系统在线重构技术
方向4：制造服务技术
4.1 服务生命周期制造服务价值网融合理论与方法
共性关键
2.3 智能产品多学科协同仿真技术
2.4 装备数字孪生及数字样机关键技术
2.5 制造大数据协同驱动的产品自适应设计技术
2.6 研发设计资源共享与协同技术及系统
3.5 制造大数据驱动的全流程智能决策技术
3.6 面向工业应用的异构网络融合与互联互通技术
3.7 智能工厂管控技术与系统
3.8 工业物联网关键设备
3.9 智能生产线的先进物料传输和仓储技术
3.10 新一代智能控制器与编程开发工具
4.2 制造大数据驱动的预测运行与精准服务技术
4.3 基于闭环反馈的复杂产品设计制造服务融合技术
4.4 高端装备远程诊断与在线运维技术
方向5：集成平台与系统
5.1 "互联网+"协同设计平台研发
5.2 制造服务多价值链协同云平台研发
5.3 服务型制造集成技术与平台研发
5.4 数据驱动的制造企业经营管理与智能决策平台研发
5.5 制造业核心软件技术及系统研发
5.6 智慧云制造关键技术与平台研发
5.7 智慧企业网络协同制造关键技术与平台研发
示范
5.8 面向行业的智能工厂多层次解决方案
5.9 智慧企业集成技术及解决方案
5. 10 典型行业/区域网络协同制造集成技术及解决方案

图 5-2　网络协同制造和智能工厂专项任务部署图

（3）预期成果：建立一套支撑网络协同制造的工业互联网复杂大系统理论体系，实现系统不同信息间自动转换与融合；构建智能制造系统安全运行理论体系，掌握几种新一代制造和服务模式所依赖的网络互联互通等基础理论与技术，突破信息编码、自动信息获取、信息表示和不同控制网络下的信息融合和分享等关键技术，解决 30 种主流工业网络与互联网互联互通和数据共享问题。发表学术论文不少于 30 篇，撰写相应专著不少于 3 部；申请发明专利或登记软件著作权不少于 30 项；制定国家、行业或核心企业标准 3 项。工业互联网理论与技术综合水平进入世界三强。

（4）计划实施时间：2018—2021 年。

2）任务 1.2　智慧企业制造大数据理论与技术（基础前沿类）

（1）重点内容：重点研究智慧制造系统确定性与非确定性数据建模理论，突破智慧企业数据分析与业务创新融合基础理论，研究工程数据源集成、清洗、更新和演化机制，研究异构多元数据的高效存储和索引方法，探索物理产品、数字空间耦合机制与制造业数据语义融合方法，研究制造领域全类型数据管理技术与智能分析算法，工业数据可视化分析与关联挖掘方法；构建典型行业验证数据集、算法库与工具。

（2）具体目标：建立智慧企业制造大数据获取、传输和处理的理论体系，在智慧企业制造大数据处理与融合分析等方面取得国际原创理论成果，解决智慧企业信息体系构建问题；探索智慧企业大数据价值创造新模式、新方法、新工具，建立智慧企业制造大数据的研究、开发、利用和服务等平台与系统。

（3）预期成果：攻克制造大数据分析基础理论，突破不少于 10 项关键技术，开发不少于 30 项制造大数据采集、管理、处理与分析工具和软件构件，发表学术论文不少于 30 篇，撰写相应专著不少于 3 部；申请发明专利或登记软件著作权不少于 30 项；制定国家、行业或核心企业标准 3 项。制造大数据理论与技术综合水平进入世界三强。

（4）计划实施时间：2018—2021 年。

3）任务 1.3　制造信息物理系统融合理论（基础前沿类）

（1）重点内容：研究覆盖智能工厂全要素的信息物理系统数字化模型，实现设计、定义、配置智能工厂的生产组织方案。研究人、机、料、法、环全要素集成的智能工厂数字化建模方法；研究数据驱动的复杂制造过程建模方法；制定智能工厂数字化模型规范标准；研究基于全要素数字化模型的智能工厂动态重构设计方法，建立智能工厂大型组态架构。

（2）具体目标：建立智能工厂全要素物理信息系统数字化模型，给出数据驱动的复杂制造过程建模方法，解决制造过程信息构建问题。研究智能工厂动态重构设计方法，建立智能工厂大型组态方法，提升智能工厂设计与构建能力。制定智能工厂数字化模型和系统重构规范标准，构建智能工厂制造过程信息系统工具平台，形成一套制造过程信息系统构建的样板和解决方案,掌握制造过程信息物理系统标准的国际话语权。

(3) 预期成果:建立一整套信息物理系统融合理论体系,突破不少于 10 项智能制造过程信息获取、表示和处理等关键技术,解决智能制造系统信息融合和共享问题。建立完整的智能工厂动态重构理论,制定智能工厂数字化模型系列标准,推出几种智能工厂设计、开发和应用的平台软件,提升智能工厂设计、建设和运行的整体水平。发表学术论文不少于 30 篇,撰写相应专著不少于 3 部;申请发明专利或登记软件著作权不少于 30 项;制定国家、行业或核心企业标准 3 项。

(4) 计划实施时间:2018—2021 年。

4) 任务 1.4　智能制造系统安全技术(基础前沿类)

(1) 重点内容:针对智能制造过程系统的信息安全和功能安全需求,研究制造系统的信息安全技术,包括:制造系统的安全威胁来源及其种类分析、自身的脆弱性分析及其测试方法研究,构建智能制造系统信息安全知识库,建立智能制造系统的信息安全防护模型;研究制造系统的失效分析、安全性设计、测试、维护等功能安全理论与技术,对智能装置进行失效分析,给出功能安全失效机理,建立故障模型;研究功能安全设计和测试技术,给出智能装置安全等级评价方法;研究智能装备故障预测与健康管理技术,给出设备可靠性预测方法;建立基础失效数据库;研究构建高可靠性、可维护、自诊断、高安全性的智能制造系统,建立关键部件、软件、系统的安全技术试验验证方法和测试验证系统。

(2) 具体目标:建立智能制造系统信息安全防护模型,攻克高安全等级信息安全防护技术,建立信息安全知识库,解决智能工厂安全管控问题。研究功能安全失效机理,建立故障模型,给出智能装置安全等级评价方法和设备可靠性预测方法,建立基础失效数据库,提升智能制造系统的安全等级。

(3) 预期成果:构建智能制造系统的信息安全防护体系,攻克 15 项以上危险和威胁识别、风险分析、防御防护、监视检测和恢复等新原理、新技术和新方法,提升智能制造信息系统安全等级。建立完整的智能制造系统的失效分析、安全性设计、测试、维护等功能安全理论体系,建立设备基础失效数据库,构建 3～5 个安全分析测试验证平台。发表学术论文不少于 30 篇,撰写相应专著不少于 3 部;申请发明专利或登记软件著作权不少于 30 项;制定国家、行业或核心企业标准 3 项。

(4) 计划实施时间:2018—2021 年。

5) 任务 1.5　制造企业智慧空间构建与运行技术(基础前沿类)

(1) 重点内容:针对制造企业的人、机、物等多要素形成的多维空间复杂系统与人、机、物协同的群体智能基础理论薄弱等问题,研究多粒度制造主体的主动感知与发现、智能要素描述与自动分类编目、协同与共享、评估与演化、人机整合与增强、自我维持与安全交互等技术,形成构建制造企业智慧空间的理论体系;基于企业研发设计、智能生产、资源管理、制造服务等业务数据库,构建企业智慧空间;研究制造企业智慧空间中智能协作主体的建模、交互、自主协同控制与优化决策、数据驱动的人机物协同与互操作等关键技术，形成开放式网络环境中群体智能协同制造运行模式。

（2）具体目标：建立制造企业在智慧空间中自主协同与共享、评估与演化、自我维持与安全交互等理论，构建大数据驱动的人、机、物协同的群体智能企业运行模型；实现智慧数据空间中设备、产线、产品、供应、服务等重要环节智能运营与协同创新。

（3）预期成果：建立一套面向制造企业的智慧空间构建与运行理论和技术体系，形成覆盖十大领域制造业的产品设计、工艺、制造、检验、物流、服务等全生命周期各环节的协同与共享、评估与演化、自我维持与安全交互模型，攻克15项新技术和新方法；发表高质量学术论文不少于30篇，撰写相应专著不少于3部，申请发明专利或登记软件著作权不少于30项，制定国家、行业或企业标准3项。

（4）计划实施时间：2018—2021年。

2. 方向2——研发设计技术

研发设计技术方向重点围绕"互联网＋"模式创新、定制设计、协同仿真和数字孪生的具体目标，设置6大任务："互联网＋"定制设计理论与方法、基于模型面向产品全生命周期的数字化设计、智能产品多学科协同仿真技术、装备数字孪生及数字样机关键技术、制造大数据协同驱动的产品自适应设计技术、研发设计资源共享与协同技术及系统等。

1）任务2.1 "互联网＋"定制设计理论与方法（基础前沿类）

（1）重点内容：研究"互联网＋"环境下的个性化需求分类、预测与转化建模基础理论；探索并研究大数据驱动的"互联网＋"定制产品设计模式和方法；研究基于新一代人工智能的定制产品设计意图理解与智能反馈技术；研究开放式网络"众包""众创"产品定制研发设计模式的机理和自组织生态化网络系统；研究"互联网＋"环境下定制产品功能精确求解和设计可配置性、基于工业大数据的定制产品性能优化，以及面向设计过程的设计资源匹配与共享框架；研发"互联网＋"定制设计工具、标准规范与公共设计资源库。

（2）具体目标：揭示"互联网＋"环境下的定制设计机理和演化规律，建立"互联网＋"定制设计模式下的大数据诊断、挖掘、匹配、验证及自修复的数据模型；建立基于认知机理的设计知识需求捕提、特征提取与分类方法体系，突破基于大数据的设计资源关联挖掘、动态更新、状态反馈等"互联网＋"定制产品设计资源智能推送技术；建成"互联网＋"公共设计资源库，实现网络众包、异地协同下的设计要素资源共享；"互联网＋"定制设计理论与方法体系研究综合水平进入世界先进行列。

（3）预期成果：建立大数据驱动的"互联网＋"定制产品设计理论与方法体系；研制2～3套面向领域应用的、大数据驱动的"互联网＋"定制产品设计平台，研发不少于 30 项"互联网+"定制设计的工具、构件、接口和系统;形成以"互联网+"、新一代人工智能、大数据技术为主要支撑,以"众包设计""众创服务"为主要模式的新型研发设计体系,突破时间、空间、成本对制造业创新设计活动的限制;面向高档机床、工程机械、电梯、模具、家电、家具以及服装等行业形成若干"互联网+"定制成功案例。发表学术论文不少于 30 篇,撰写相应专著不少于 3 部;申请发明专利或登记软件著作权不少于 30 项;制定国家、行业或核心企业标准 3 项。

(4) 计划实施时间:2018—2021 年。

2) 任务 2.2　基于模型面向产品全生命周期的数字化设计(基础前沿类)

(1) 重点内容:研究复杂产品全生命周期模型定义体系、统一表达与模型互联规范,研究统一的产品全生命周期信息模型、信息转换与数据演化机制;研究跨单位、跨阶段、跨层次的系统全生命周期模型协同、计算协同、流程协同方法以及模型数据管理技术,研究基于产品寿命预测的决策机制、信息系统与设计系统的无缝集成框架、设计评价方法以及环境影响评估方法等。建立基于模型面向产品全生命周期的数字化设计技术理论框架;面向系统设计、系统试验和系统运维研究大数据、机器学习与系统模型相结合以及模型数据特征匹配的智能化设计方法,研究在线自学习与离线深度学习模型,构建新一代基于知识自动化的工业系统软件智能创成体系,研究设计、制造、服务相融合的产品数字化、网络化、智能化生态机制。

(2) 具体目标:建立大规模、高复杂度、模型驱动的产品全生命周期数字化设计理论体系,建立复杂产品全生命周期模型体系与模型表达互联规范,基于模型打通产品全生命周期端到端价值链协同,建立系统智能设计、系统智能试验和系统智能运维方法框架,构建新一代基于知识自动化的工业系统软件智能创成理论方法体系,初步形成完整的基于模型的产品全生命周期数字化设计方法、工具和应用体系,在典型行业形成设计、制造、服务相融合的应用验证规范。

(3) 预期成果:构建模型形态变迁及其关联数据演化机制,建立 1 套基于模型的产品数字化设计分析验证平台,开发完成 20 项以上相关支撑软件与工具,突破基于模型的数字化集成产品信息模型构建、设计评价等 10 项以上关键技术,建立 3~5 套贯通产品全生命周期各阶段的知识库/数据库/案例库,实现产品设计数据与知识共享。建立 3~5 类数字化设计评价标准,形成比较完整的基于模型的产品全生命周期数字化、网络化、智能化设计方法、工具和应用体系。基于模型面向产品全生命周期的数字化设计技术综合水平进入世界前列。发表学术论文不少于 30 篇,撰写相应专著不少于 3 部;申请发明专利或登记软件著作权不少于 30 项;制定国家、行业或核心企业标准 3 项。

(4) 计划实施时间:2018—2021 年。

3) 任务 2.3　智能产品多学科协同仿真技术(共性关键类)

(1) 重点内容:研究模型驱动的多学科全流程协同设计建模与优化方法;研究云端环境下的智能产品协同仿真求解、自动化验证、方案动态展示、虚拟体验、虚拟仿真试验及运维数字化镜像技术；研究工业互联环境下智能产品功能样机统一建模方法与互联标准；研究多学科工业知识模型库架构，研发智能产品全数字化优化和多学科协同仿真工业软件和平台，面向航空、航天、轨道交通、汽车制造、家用电子电器等行业开展验证。

（2）具体目标：建立模型驱动的多学科智能产品的知识表达、统一建模、互联规范等理论、方法和技术体系；突破功能样机在需求、设计、试验、运维等系统全生命周期的仿真和综合验证技术；研发完成智能产品全数字化设计、分析、优化和多学科协同仿真工业软件，形成模型驱动的贯穿设计、制造、服务与仿真全流程的协同设计标准规范；建设云端环境下典型智能产品知识模型库，实现智能产品的多学科交叉、跨地域协作和全生命周期协同生态。

（3）预期成果：建设 3～5 套典型行业功能样机模型库与知识库；建成 1～2 套面向智能产品系统全生命周期的多学科跨领域数字化设计软件系统仿真平台；建立产品虚拟体验平台，为用户提供实际产品在生产之前的虚拟体验，以调整并改进产品的设计方案；在航空航天、轨道交通、互联网汽车等 5 大重点领域进行验证，提升智能化产品的设计研制与仿真验证效率 30％以上；发表学术论文不少于 30 篇；申请发明专利或登记软件著作权不少于 50 项；制定国家、行业或核心企业标准 5 项。

（4）计划实施时间：2018—2022 年。

4）任务 2.4　装备数字孪生及数字样机关键技术（共性关键类）

（1）重点内容：研究重大装备几何、物理、行为与工况等特性的数字样机建模技术，重大装备设计、分析、测试与服役多元异构大数据融合技术，真实装备物理状态参数和数字样机状态参数的关联映射与同步方法，大数据驱动的数字孪生行为仿真方法，虚拟现实环境中融合数据学习的复杂装备运行状态可视分析与故障预测技术；开发重大装备数字孪生与数字样机仿真分析平台，实现在重大装备运行状态分析与故障预测中的应用与验证。

（2）具体目标：构建重大装备全生命周期的数字孪生模型，实现物理模型、运行历史等异构大数据的融合，在虚拟空间中完成真实装备物理空间的实时状态映射。提出虚实融合的重大装备数字样机关键性能可信仿真方法，可视化模拟预测重大装备服役过程中关键物理量与关键性能的演化规律，实现真实服役工况环境下重大装备作业状态分析与故障预测，实现典型重大装备应用验证。

（3）预期成果：构建融合大数据、虚拟现实的重大装备数字孪生与数字样机技术体系，开发重大装备数字孪生与数字样机仿真分析平台，实现重大装备从设计、制造、服役到维护的全过程数字化镜像，为重大装备设计制造和维护提供高可信度的仿真分析技术与工具。发表学术论文不少于 30 篇；申请发明专利或登记软件著作权不少于 50 项；制定国家、行业或核心企业标准 5 项。

（4）计划实施时间：2018—2022 年。

5) 任务 2.5　制造大数据协同驱动的产品自适应设计技术(共性关键类)

(1) 重点内容:突破多源用户需求汇聚发现技术,研究包括设计数据、经验、模型等在内的显性设计知识组织管理技术,研究面向设计的大数据搜集、挖掘、处理方法与数据规范,研究制造大数据驱动的产品需求决策支持方法、设计因素决策方法、系统模型构建及参数标定验证方法,研究基于模型与制造大数据综合的高效设计空间探索方法、设计方案选型方法及参数优化方法,研究制造大数据和模型驱动综合混合镜像(hybrid twin)方法,研究基于大数据的产品故障与健康预测方法,建立大数据环境下的闭环反馈与产品交互设计方法体系与系统,研究融合环境大数据、制造大数据驱动的产品自适应设计模型与算法,建立协同大数据自适应与交互的产品生态环境资源优化设计方法,开发大数据协同驱动的产品在线应用、制造及设计系统,形成产品自适应设计系列支撑软件。

(2) 具体目标:建立产品设计大数据表达与处理规范,形成融合环境大数据、制造大数据驱动的产品需求、设计方案及关键参数决策的产品交互设计方法体系,构建数据驱动与基于模型的混合数字化镜像方法框架,突破设计阶段大数据驱动的产品故障与健康预测及处理关键技术,构建大数据协同驱动的产品自适应设计方法框架与系列模型,开发大数据驱动的产品自适应设计软件,基于大数据的产品设计技术达国际先进水平。

(3) 预期成果:建立大数据驱动与基于模型的产品自适应设计方法技术,覆盖需求决策、设计探索、方案设计、参数优化、制造服务、故障预测等完整设计过程;突破自适应控制、混合数字化镜像方法框架、产品故障与健康预测等 8 项以上关键技术,以数据驱动样机取代物理样机,并结合数字化功能样机应用于设计全流程;形成 3~4 套大数据驱动支持产品自适应与交互设计的支撑软件。发表学术论文不少于 30 篇;申请发明专利或登记软件著作权不少于 50 项;制定国家、行业或核心企业标准 5 项。

(4) 计划实施时间:2018—2022 年。

6) 任务 2.6　研发设计资源共享与协同技术及系统(共性关键类)

(1) 重点内容:面向航空航天、轨道交通、海洋工程、地下工程、能源电力等装备集团制造企业,围绕研发设计资源共享和协同创新需求,研究面向需求的集团企业研发流程模块化、并行化、柔性化重组技术,集团企业云制造技术,资源聚集与共享技术,基于多学科虚拟样机的跨企业协同研发技术,研发设计资源平台构建与安全运行技术等;研发支持云制造的研发设计资源共享与协同创新平台,支撑大型集团企业研发资源共享、集团众创空间的构建及集团内企业间设计的协同。面向汽车制造、工程机械、家用电子电器、轻工纺织与农业机械等典型制造业产业价值链协同创新的需求,以龙头制造企业为核心,研究基于云制造的制造业产业链企业群协同技术、设计资源共享技术、研发设计资源平台构建与安全运行技术、研发资源平台服务技术、研发设计知识管理技术等,研发支持制造业产业链上下游企业群协同创新的研发设计平台，构建制造业产业价值链协同空间。

（2）具体目标：支撑大型集团企业实现研发设计资源共享、集团众创空间构建、安全运行以及集团内研发设计的协同；支持制造业产业链上下游企业群构建价值链协同空间，实现企业间研发设计资源共享与研发设计服务的协同；创新发展集团企业与制造业产业链企业群的云制造模式；构建研发设计知识管理与知识工程技术体系，构建工程级的设计知识库，确立设计知识与设计活动融合机制，实现基于设计共识的智能设计与决策。

（3）预期成果：攻克云制造模式所需共性关键技术，突破工程知识管理、知识驱动的协同设计集成等关键技术，具备知识共享设计等能力，实现从跟仿设计向原创设计、从经验型设计向知识型设计的转变，打造自主创新设计的技术手段体系和模式；研发建立支持云制造的研发设计资源共享与协同创新平台及工具5～10个，成果应用于典型集团企业和制造业产业链上下游企业群，平台支持的产品累计辐射200亿元产值。发表学术论文不少于30篇；申请发明专利或登记软件著作权不少于50项；制定国家、行业或核心企业标准5项。

（4）计划实施时间：2018—2022年。

3. 方向3——智能生产技术

智能生产技术方向围绕快速响应、柔性制造、互联互通和自主可控的具体目标，设置10大任务：智能工厂数字化建模、仿真与设计，智能工厂的协同控制与运行优化，基于信息物理系统的工艺感知、预测与质量控制技术，智能制造系统在线重构技术，制造大数据驱动的全流程智能决策技术，面向工业应用的异构网络融合与互联互通技术，智能工厂管控技术与系统，工业物联网关键设备，智能生产线的先进物料传输和仓储技术，以及新一代智能控制器与编程开发工具等。

1）任务3.1　智能工厂数字化建模、仿真与设计（基础前沿类）

（1）重点内容：研究基于跨领域、多尺度知识模型的智能工厂关键要素的多层次建模方法，建立基于物料流、能量流、信息流的智能工厂CPS语义化概念建模和组态设计技术；研究基于AR技术的智能工厂关键要素的物化设计方法和可视化引擎技术，构建面向智能工厂动态仿真的弱装配关系表示和可配置参数驱动方法；研究智能工厂关键要素行为模型的可定义参数化表示和机械-控制-通信多学科一体化仿真方法，建立多目标多尺度制造系统数字化仿真与全局优化集成模型。攻克基于现场实时数据的生产系统参数与状态辨识技术，建立生产过程的数字化双胞胎模型，研发面向智能制造的生产过程全要素工艺仿真系统、全生产工序的质量控制仿真系统。

（2）具体目标：建立智能工厂数字化建模、仿真与设计的标准化层次模型，突破智能工厂的组态化概念设计、多领域物化建模、多学科行为效应参数化仿真关键技术。开发典型行业智能制造过程的数字化建模、仿真、设计一体化工业软件工具与平台，解决工厂在智能化升级改造过程中目前普遍面临的设计缺少数字化和模型化手段、缺乏有效仿真手段、无法验证智能工厂制造能力等问题。

（3）预期成果：建立 2 类以上支撑智能工厂标准化设计流程的多层次知识模型库，开发支持语义化概念设计、多领域物化建模、多学科参数仿真等软件工具 6 套以上。构建典型行业智能工厂数字化模型库和知识库，开发生产过程仿真模拟、语义化编程与组态、模块化设计等软件工具 6 套以上。发表 SCI 收录文章不少于 100 篇，出版专著不少于 3 本。

（4）计划实施时间：2018—2021 年。

2）任务 3.2　智能工厂的协同控制与运行优化（基础前沿类）

（1）重点内容：研究面向智能工厂生产过程全要素的多控制系统协同、全生产工序控制性能与运行质量的优化控制系统。研究基于在线学习/优化与大数据的动态生产多目标/多任务实时优化运行与协同控制一体化技术。研究智能工厂面向网络协同/云定制的生产资源在线调度和协同控制技术，建立智能工厂模块化协同控制软件工具与制造系统实时运行优化平台。研究面向生产设备的新型复杂故障智能预测与健康管理理论，构建具备领域知识迁移学习能力的生产制造过程资源协同智能决策优化方法。

（2）具体目标：突破智能工厂各生产要素的在线调度、协调控制、实时优化及一体化技术，攻克基于网络协同/云平台定制的车间资源动态调度与快速响应技术，开发智能车间实时调控与运行优化工具软件与平台。通过研究制造控制系统在线自学习、自诊断、自重组及在线优化技术，解决制造系统分布式互联、实时控制和多目标多任务协同控制难题。提出基于人工智能的先进调度与实时运行优化一体化技术，实现智能工厂生产要素、生产资源及制造系统运行过程的智能优化，有效提高生产效率、降低能量消耗。

（3）预期成果：提出 2 类行业的智能工厂生产过程要素、资源、设备、物料等复杂制造系统控制协同方法，研制 2 套智能工厂生产运行与在线调度一体化系统，开发基于知识学习、多控制器协同和网络化协同控制、运行优化等软件平台 3 套以上，实施 3 类以上的智能工厂示范应用。发表 SCI 收录文章不少于 100 篇，出版专著不少于 6 本。

（4）计划实施时间：2018—2021 年。

3）任务 3.3　基于信息物理系统的工艺感知、预测与质量监控技术（基础前沿类）

（1）重点内容：研究数据与机理分析相结合的复杂工艺控制的感知建模方法，实现基于 CPS 实时数据的生产系统状态感知、关键工艺参数控制。研究上下游工序级联工艺参数的耦合机制分析方法，建立长链条工艺的产品性能预测和质量预报模型；研究基于 CPS 生产线要素状态和产品质量的大数据时序分析技术的异常工况预测和在线故障诊断方法，建立 CPS 生产系统关键设备的寿命预测和自愈控制方法。研究智能工厂生产线工艺能力分析理论、制造装备动静态特性分析与追溯理论、装备性能演变与退化机理。研究工艺流程优化方法、制造工艺仿真方法、传感器网络优化布置方法、产品质量虚拟量测方法。

（2）具体目标：突破制造长流程工艺的产品性能预测与质量分析方法，缩短工艺参数调试周期和控制次品率；提出 CPS 生产系统关键设备的寿命预测和容错控制方法，提升 CPS 生产线关键设备的维护能力。研究设备工艺能力的在线感知与监测方法，建立智能工厂生产线工艺能力评估与控制体系；研究制造装备质量性能和运行状态的泛在感知网络构建方法，建立泛在感知信号与设备状态预测系统；构建生产工序质量耦合分析模型，建立产品质量在线监测预测体系。开发智能生产过程工艺感知、预测及控制系统设计软件工具与平台，实现智能生产系统及其要素的全工艺流程实时感知、准确预测及最优化控制，实现产品制造过程的质量监测与控制。

（3）预期成果：提出面向离散制造加工、装配工艺参数监测、高速流程工业等 3 类应用场景的质量在线连续监控，基于大数据学习的复杂工艺控制的感知建模方法。构建 2 套以上智能工厂生产线基于 CPS 的泛在感知的生产工艺在线预测与优化控制平台系统，研制 4 套以上设备状态、产品质量及工艺能力预测分析与优化软件工具；提供智能工厂生产线工艺智能感知、优化与质量控制等核心软硬件工具 6 套以上。在 2 类以上的典型行业实现工具软件的验证应用。发表 SCI 收录文章不少于 100 篇，出版专著不少于 6 本。

（4）计划实施时间：2018—2021 年。

4）任务 3.4　智能制造系统在线重构技术（基础前沿类）

（1）重点内容：建立面向现场感知的群机器智能制造、定制化群机器柔性组态生产以及基于机器视觉的柔性工艺系统，研究面向场景感知的工艺软件智能组态定义技术及其自学习规划方法，研究可重构控制器的软硬件接口与数据交换技术。研究自适应产品定制化需求的生产系统布局、生产工艺流程及路径规划与重组、控制系统参数的动态在线调整技术，提出面向预测性维护和设备故障智能诊断的产线动态重构和任务在线重组方法。

（2）具体目标：面向智能工厂定制化生产系统按需部署、设备自主配置、产线变形重构的需求，突破智能工厂控制系统设备服务组件化封装以及基于情景的生产过程动态重构技术，解决传统工厂软/硬件固化难以变更，设备物料、工艺过程等生产资源无法灵活架构的问题。通过研究基于 CPS 的"装备-模型-监控-系统"多视图同步技术，开发智能车间快速定制设计软件工具与平台，构建支撑智能工厂工艺过程和控制参数的自主柔性规划方法，建立柔性生产系统的标准与资源服务库。

（3）预期成果：开发 2 套以上智能工厂制造过程可重构控制系统软/硬件设计开发平台，研制软件定义的生产设备部署、工艺和控制系统部署以及工业无线网络控制系统等 3 套以上软件工具，建立 2 种以上的智能工厂可重构原型平台并进行示范应用。制定标准 20 项；发表 SCI 收录文章不少于 100 篇，出版专著不少于 6 本。

（4）计划实施时间：2018—2021 年。

5）任务 3.5　制造大数据驱动的全流程智能决策技术（共性关键类）

（1）重点内容：研究基于 CPS 的智能生产线、生产车间、供应链中数字化检测和多源异构质量数据采集与集成、数据挖掘与机器学习、多源异构数据融合技术；研究总线数据监听技术和传感器网络通信技术；研究动态制造数据多尺度时序分析、制造数据关系网络建模与关联分析，提出基于数据的设备异常状态检测方法；研究数据驱动的智能算法与 MES 的融合技术，实现人机一体的装配过程优化；研究产品质量与生产效率在设备状态、运行参数影响下的演化规律，建立数据与机理分析相结合的全流程性能预测模型；研究面向领域知识高阶关联关系自学习的离散制造过程全流程资源协同智能决策优化方法，构建大数据驱动的全流程决策平台。

（2）具体目标：突破生产线、车间、企业、供应链中质量大数据的自动化采集、分析、集成与可视化管理关键技术，研发制造车间设备总线数据监听系统，实现工业现场设备内置信息的无损提取。攻克复杂生产过程中海量数据的提取、存储与智能分析技术与核心软件，构建适应不同行业的制造过程大数据分析平台，实现设备异常、产品异常、安全异常的实时分析。基于数据融合与人工智能技术实现计算机软件自动提出对企业生产系统全流程的智能决策和优化意见；实现适应订单快速变化的柔性制造；开发基于 CPS 的产品质量建模、监控、失控诊断与过程调整的集成管控系统，实现智能化质量管控。

（3）预期成果：开发复杂生产过程中海量数据的提取、存储与智能分析技术等核心软件平台 2 套以上；构建 2 套以上适应不同行业的制造过程大数据分析平台；研制基于 CPS 的产品质量建模、监控、诊断等软件工具 3 套以上；申请发明专利不少于 30 项，登记软件著作权不少于 10 项。

（4）计划实施时间：2018—2022 年。

6）任务 3.6　面向工业应用的异构网络融合与互联互通技术（共性关键类）

（1）重点内容：面向制造过程泛在感知、多源密集无线接入的需求，研究基于 IPv6 和 5G 通信技术的工业网络互联体系架构和模型；研究工业物联网、实时以太网关键技术；研究工业现场复杂电磁环境下异构网络互联互通和融合的通信机制、无线/有线通信协议快速转换技术；研究基于 OPC 协议的制造系统独立单元异构数据标准化方法，支持工业现场大数据与云端信息实时互联互通的多优先级调度技术；研究基于信息物理融合的智能生产线、生产车间、供应链中数字化检测和多源异构数据采集与集成、数据挖掘与机器学习、多源异构数据融合技术。

（2）具体目标：面向智能生产系统的开放、互操作、网络化、标准化发展趋势，提出新一代工业异构网络互联互通新模式和新架构，满足智能工厂对制造大数据异构融合和设备互联互通的需求；攻克工业以太网与低速现场总线、工业无线网络的互联共存技术；形成工业实时以太网高速通信技术标准与产品原型；针对运维服务、ERP、MES、PLM等系统数据实时交换与在线自学习需求，提出云端制造服务平台资源的优化利用和实时更新方法。

（3）预期成果：设计3类以上的异构网络融合体系架构，实现工业无线现场网络与控制网络及工厂网络的融合；提出多通信协议转换方法和数据标准化方法；提出感知终端-云端信息交互过程的数据传输调度方法；给出异构网络互联互通性能的评估指标和量化评估方法。实现20种以上工业设备和3种以上工业软件的互联与互操作应用。形成标准20项以上，申请发明专利不少于30项，登记软件著作权不少于10项。

（4）计划实施时间：2018—2022年。

7）任务3.7　智能工厂管控技术与系统（共性关键类）

（1）重点内容：研究支持云平台的智能工厂管控平台系统的参考模型、集成架构、业务要素与软件要素，研究平台的业务功能自适应演化与定制等技术，建立工厂生产运行过程的多模态、跨尺度、海量业务数据、制造资源和知识的集成模型与集成标准，研究支持生产管控全流程的工作流模型、服务适配器、服务总线，研制支撑智能工厂管控平台应用的各层次服务构件库和动态配置技术，研发智能工厂管控平台系统。研究面向小批量生产、大规模生产、流程生产不同模式的智能质量与能耗过程管控方法，研究制造全过程质量与能耗的建模、分析、诊断与调整技术，开发基于CPS与物联网的制造全过程质量的集成管控系统。

（2）具体目标：突破高实时、高并发、高可靠、高安全的服务总线和封装、适配、重组等平台共性技术；提出融合业务数据、制造资源和知识等资源的资源池构建技术和多视图融合处理技术，形成标准化的资源库；开发支撑智能工厂管控平台应用的服务构件库、组合逻辑、自适应配置和接口技术，实现各层次服务构件的快速开发、功能配置和面向平台的即插即用接入；研发智能车间精益质量管控软件和平台系统。突破生产线、车间、企业、供应链中质量大数据的自动采集、存储、分析、集成与可视化管理技术，开发基于CPS的制造过程质量与能耗建模、监控、诊断与过程调整的集成管控系统，实现制造质量的智能化管控。

（3）预期成果：掌握服务总线、资源池构建、生产管控全流程建模、服务构件库的开发与集成等关键技术，开发制造质量大数据集成、分析、过程调整与可视化管控等软件工具4套以上；研制2套以上的制造过程质量与能耗动态监控、质量追溯、效率与优化的管控平台系统；在3种以上的不同管控目标企业和典型行业进行应用。申请发明专利不少于30项，登记软件著作权不少于20项。

（4）计划实施时间：2018—2022年。

8）任务3.8　工业物联网关键设备（共性关键类）

（1）重点内容：针对智能工厂生产要素和制造数据互联互通的要求，开发支撑工业物联网一体化架构的基础设施和新型设备。研究跨机械、热学、力学和电学等各域的智能感知技术，开发融合传感器、微处理器、数据存储装置的智能感知设备和支撑软件；开发支持 5G 通信的工业物联网新型网关和交换机，研究基于物联网和连接路由的信息交互的确定性通信方法；开发支持 IPv6 并具备高实时、高带宽、高可靠性等特点的新一代工业通信技术，研究满足简便抗扰、强实时、高同步、复合承载需求的工业通信新原理和装置；研发多源密集信息的、实时接入的软件定义与配置技术；研发支持工业物联网边缘计算的分布式数据中心，提升数据传输、分析和计算的快速性。

（2）具体目标：开发软件定义工业物联网网关、低功耗技术和无线 AP 技术，满足物联网控制域的应用要求；研究满足 1Gb/s 以上的传输速率、毫秒级时延等时间敏感网络技术，实现管理域高速率、低延时、高可靠性能指标，支撑从控制域到管理域垂直集成的互联互操作新模式；研发融合传感、计算、存储为一体的智能感知设备；研发支持异构网络互联的新型网关和交换机，满足软件定义网络的快速配置需求，实现多工艺过程的横向集成；建立分布式数据中心，实现边缘计算和工业物联网系统快速响应。

（3）预期成果：研制 6 种以上的控制域物联网传感器和网关装置，实现基础控制域的信息采集、对象表述和实时传输；研制 6 种以上智能感知设备，开发 3 套以上适应车间联网的基于 IPv6 和 5G 通信的工业全互联新型网关；研制 4 套以上基于软件定义的工业控制网络交换机；开发 2 套以上支持网络功能虚拟化的软件工具；形成 3 套以上千兆级工业实时以太网产品原型。形成标准 10 项，申请发明专利不少于 30 项，登记软件著作权不少于 10 项。

（4）计划实施时间：2018—2022 年。

9）任务 3.9　智能生产线的先进物料传输和仓储技术（共性关键类）

（1）重点内容：研究智能工厂新型大容量、高速、高精度物料传输系统的先进驱动方式；研究高速、高精度物料传输系统的模块化设计、制造技术，多形式模块化拼接技术、通信技术和驱动系统，多物料（载体）的协同控制技术，开发高速、高精度物料传输模块机械系统、驱动系统、整体运动协同控制系统以及运动规划软件平台；研究动态物料识别与存取技术，研究智能精密定位与导航技术，开发低应力智能拾取、线下传送、装卸装置或系统，研究智能仓储的构架及控制、管理技术，实现智能产线的线上、线下物料的高效传输与仓储管理。

（2）具体目标：针对未来智能工厂的高速物料传输要求，突破高速、高精度、大容量、柔性大范围传输等难题，提出模块化组合式高速高精度物料传输系统的先进驱动方式和结构；开发高速高精度物流传输模块机械系统、驱动控制系统和多物料协同控制系统，解决多动子协同控制难题，开发多动子（物料）高速运动规划软件平台；掌握新型智能拾取和仓储的构架和控制、管理技术。

（3）预期成果：开发新型大容量、高速、高精度、模块化、可扩展、多载料的物流传输系统和仓储系统及其控制管理系统各 1 套。研制适应大批量定制的离散制造高速物料传输系统 2 套以上、高速物料传输平台运动规划和编程软件工具 2 套以上，高速物料传输平台重复定位精度 0.02mm，最高速度 120m/min，加减速 2g；低应力智能拾取次数 10 万次；研制以上适应离散制造的智能仓储的构架和控制、管理软硬件平台 4 套以上，并开展技术验证示范。申请发明专利不少于 20 项，登记软件著作权不少于 10 项。

（4）计划实施时间：2018—2022 年。

10）任务 3.10　新一代智能控制器与编程开发工具（共性关键类）

（1）重点内容：研发新一代智能控制器与编程开发平台，支持智能工厂"认知-决策-控制"多功能一体化的新型智能控制模式和基于深度学习的自主编程方法。研究感知、认知、决策、控制等基础功能块抽象封装方法，研发智能控制器操作系统基础功能库；研究来自于物联网、CPS 的智能生产装备、云端等多协议信息源的信息融合和实时交互方法；研究高性能实时计算硬件平台和多线程实时调度方法，研发智能控制器多任务处理引擎。设计支持"认知-决策-控制"多功能一体化的新型智能控制器架构，研发满足工业级实时性、可靠性、安全性要求的控制器产品。研发基于深度学习的自主编程工具，支持基于学习、推理的控制器功能块动态自组及代码自动生成。

（2）具体目标：面向智能工厂对能够执行复杂任务，具有网络协同、云端自主学习能力的新型智能控制器的需求，研发新型智能控制器自主可控重大共性关键技术，集成机器学习、数据挖掘等先进智能算法，实现控制器具备在线优化与自主决策的功能。攻克云端学习、高实时任务、高可信控制等共性关键技术，实现控制器与驱动系统的动态仿真、全分布式控制以及多种控制器的协作运行、无缝集成。

（3）预期成果：研制自主可控新一代 DCS 控制器、PLC 控制器、专用控制计算机、控制管理器及高可信分布式智能控制器等 5 类新一代控制器，抗扰度达到EMC 三级指标，具有冗余配置、安全防护等技术性能；具有基于经验进化、分布式控制运算和多控制器协作控制的运算能力，系统整体可用性达到 99.999％，研发4 套以上智能化过程监控软件开发平台和自主化编程工具，在 5 类以上典型行业智能工厂取得应用示范。申请发明专利不少于 30 项，登记软件著作权不少于20 项。

（4）计划实施时间：2018—2022 年。

4. 方向 4——制造服务技术

制造服务技术方向围绕远程诊断、在线运维、预测运行、精准服务的具体目标，设置 4 大任务：服务生命周期制造服务价值网融合理论与方法、制造大数据驱动的预测运行与精准服务技术、基于闭环反馈的复杂产品设计制造服务融合技术、高端装备远程诊断与在线运维技术等。

1）任务 4.1　服务生命周期制造服务价值网融合理论与方法（基础前沿类）

（1）重点内容：面向制造企业及其协作企业群，研究制造服务价值链及其业务协同模型，价值链协同优化理论、方法与技术。围绕产品服务生命周期，研究多价值链协同发展模式、多价值链业务协同模型、多价值链协同理论与方法。面向智能互联产品，围绕制造服务融合的产业新生态发展需求，研究制造服务融合发展模式、制造服务价值网融合理论与方法、基于价值链融合的多价值链业务协同模型与协同方法。

（2）具体目标：建立制造服务价值链及其业务协同模型，形成价值链协同优化方法与技术。形成产品服务生命周期多价值链协同发展模式，建立支持服务生命周期的多价值链业务协同模型、理论与方法。形成基于智能互联产品的制造服务融合发展模式、制造服务价值网融合理论与方法等。形成服务生命周期的制造服务多价值链协同解决方案及方法论，为推进我国制造业多价值链协同以及制造服务融合的产业新生态发展提供理论、方法和技术的支撑。

（3）预期成果：建立生命周期制造服务多价值链协同发展模式、理论及方法体系，突破不少于 10 项多价值链协同关键使能技术，发表学术论文不少于 30 篇；申请发明专利或登记软件著作权不少于 50 项；制定国家、行业或核心企业标准5 项。

（4）计划实施时间：2018—2021 年。

2）任务 4.2　制造大数据驱动的预测运行与精准服务技术（共性关键类）

（1）重点内容：面向高端装备在线监测、运行预测和服务优化需求，针对制造数据高通量、时序型、多模态和强关联的特征，研究针对失效（故障）模式的特征安全参量甄别与表征技术，制造大数据的接入、组织、融合和关联挖掘技术，基于特征安全参量的高端装备在线监测、状态评价、异常检测、容限评估和寿命预测等运行支持技术，基于状态的大规模高端装备的故障定位、视情维修、协同运行、备件预测以及应急决策调度等精准服务技术，开发相应核心算法库、验证平台和软构件。

（2）具体目标：基于制造业大数据攻克高端装备失效（故障）智能诊断与早期预警瓶颈技术，建立制造大数据驱动的预测运行与精准服务理论、技术和方法体系，研发支持高端装备预测运行和精准服务的软件平台和业务构件，实现软件平台的工程应用验证，为我国制造服务发展、产品质量改进、效率提升和成本降低提供技术、方法和平台支持。

（3）预期成果：攻克 15 项以上高端装备及其关键部件失效模式、寿命预测、应急处置、精益运行相关的新机理、新技术和新方法，构建数字和物理融合的验证平台；研制适应离散制造、流程制造两类装备试验系统，支持关键技术应用验证。发表学术论文不少于 30 篇；申请发明专利或登记软件著作权不少于 50 项；制定国家、行业或核心企业标准 5 项。

（4）计划实施时间：2018—2022 年。

3）任务 4.3　基于闭环反馈的复杂产品设计制造服务融合技术（共性关键类）

（1）重点内容：重点研究复杂产品服务生命周期集成管理技术、复杂产品设计制造服务的闭环质量控制技术、基于云计算环境的设计制造服务数据交互技术；

研究复杂产品服务生命周期数据挖掘与知识发现技术、个性化产品长寿命保障服务技术；研制复杂产品服务生命周期集成管理平台、智能服务终端，开发相应核心算法库、关键技术验证平台和软构件。

（2）具体目标：突破支持"互联网＋"环境下制造企业服务价值链拓展，实现服务增值的复杂产品设计制造服务融合共性关键技术，实现复杂产品服务生命周期闭环质量控制，研制支持复杂产品设计制造服务融合的智能服务终端、复杂产品服务生命周期集成管理平台，支持原厂商、经销商等重构服务价值链，围绕客户和产品提供全生命周期管理服务。

（3）预期成果：攻克 15 项以上设计制造集成建模、质量控制、数据交互、知识发现、寿命保障等关键技术，研制 5 款智能服务终端、5 种服务决策系统，构建复杂产品服务生命周期集成管理平台，支持关键技术应用验证。发表学术论文不少于30 篇；申请发明专利或登记软件著作权不少于 50 项；制定国家、行业或核心企业标准 5 项。

（4）计划实施时间：2018—2022 年。

4）任务 4.4　高端装备远程诊断与在线运维技术（共性关键类）

（1）重点内容：研究装备实时状态感知与智能互联技术，具体包括装备实时生产工况与运行环境等重要数据的在线采集、传输、存储与分析技术，装备实时运行状态、效率、效益与能耗、健康状态等监测与分析技术，基于物联网的装备集群互联技术；研究在线增值服务的智能互联嵌入式终端技术；研究基于大数据的在线增值服务决策技术，具体包括基于装备运行环境、生产工况数据及装备工作行为的生产综合协调优化技术，多维质量可视化管控技术以及服役质量分析与决策技术，装备服役状态分析、评估与设备维护决策技术，研发面向重点产业领域的装备在线增值服务平台，探索建立重点产业领域价值链在线增值服务模式。

（2）具体目标：重点突破基于大数据的在线增值服务决策技术，重点发展装备实时状态感知与智能互联技术，掌握装备智能化、在线互联互通等关键技术，研制出面向装备在线增值服务的智能互联嵌入式终端，研发面向重点产业领域的装备在线增值服务平台，支持重点产业领域依托装备在线增值服务形成新的利润增长点。

（3）预期成果：攻克 15 项以上装备窄带接入、边缘计算、协议适配、增值决策等关键技术，研发 5 款以上在线增值服务验证平台，研制 10 款以上智慧互联嵌入式终端产品。发表学术论文不少于 30 篇；申请发明专利或登记软件著作权不少于 50 项；制定国家、行业或核心企业标准 5 项。

（4）计划实施时间：2018—2022 年。

5. 方向 5——集成平台与系统

集成平台与系统技术方向围绕战略管控、智能决策、预测运营、示范引领的具体目标，设置 10 大任务："互联网＋"协同设计平台研发、制造服务多价值链协同云平台研发、服务型制造集成技术与平台研发、数据驱动的制造企业经营管理与智能决策平台研发、制造业核心软件技术及系统研发、智慧云制造关键技术与平台研发、智慧企业网络协同制造关键技术与平台研发、面向行业的智能工厂多层次解决方案、智慧企业集成技术及解决方案、典型行业/区域网络协同制造集成技术及解决方案等。

1) 任务 5.1 "互联网＋"协同设计平台研发(关键共性类)

(1) 重点内容:研究企业业务创新从源头到产业应用的演变规律,基于云架构的智慧企业资源集成、业务管控与服务创新理论,智慧企业数据链纵向集成模型和流程链横向集成模型,构建全信息时空关联知识共享模型和企业知识共享空间;研究基于云架构的智慧企业大数据多粒度知识提取、不确定性度量表示、动态网络化存储、并行处理、安全保障、产品设计知识管理与智能设计、资源管理一体化等技术及应用系统,开展应用验证;研究数字化支撑下的工程总包、租赁服务、产业链金融、技术方案服务等业务创新方法及应用系统,开展应用验证。

(2) 具体目标:针对制造企业服务转型、突破产业边界需求,建立支持跨界运营的制造资源集成与共享机制,提出云模式下企业业务创新的动态价值模型,构建基于云架构的企业资源集成、业务管控与服务创新理论方法体系,突破大规模资源纵向、横向和端到端集成等关键技术,形成支撑智慧企业资源集成与数字化业务创新的工具集和应用系统,并开展应用验证,实现企业产品链、业务链、营销链、服务链、供应链等知识无缝集成与资源共享。

(3) 预期成果:提出云模式下企业业务创新的动态价值模型,构建基于云架构的智慧企业资源集成、业务管控与服务创新理论方法体系;研发 20 项以上支撑智慧企业资源集成与数字化业务创新的工具集与构件;在 2～3 类典型行业的 5～10 家龙头企业开展应用验证;申请发明专利或登记软件著作权不少于 50 项;制定国家、行业或核心企业标准不少于 10 项。

(4) 计划实施时间:2018—2022 年。

2) 任务 5.2 制造服务多价值链协同云平台研发(共性关键类)

(1) 重点内容:面向制造业供应链、营销链或服务链上企业群的业务协同需求,针对多制造企业为核心的多价值链业务协同问题,探索多价值链业务协同发展模式,研究跨价值链的制造服务业务协同方法、面向制造服务的云服务平台架构等关键技术。针对突破传统供应链管理以及制造业多价值链协同的问题和需求,研发基于第三方服务的多价值链协同云平台及解决方案;针对基于智能互联产品实现与现代服务业的跨产业、跨价值链融合以及制造服务新生态发展问题,研究基于智能互联产品的价值网融合云平台及解决方案;针对设计制造与服务协同的问题和需求,研发基于云模式的制造服务价值链协同平台及解决方案。

(2) 具体目标:探索形成多价值链业务协同发展模式以及基于云模式和第三方服务的多价值链业务协同解决方案,突破制造业传统供应链的业务协同模式和技术,在跨价值链制造服务业务协同方法和技术、支持多价值链协同的云服务平台架构和技术等方面取得不少于 5 项关键技术突破,建成第三方制造服务多价值链协同云平台,支持以制造企业为核心的多价值链企业群实现业务协同,并在典型产业开展验证。

(3) 预期成果:探索形成基于云模式和第三方服务的多价值链业务协同解决方案,建成第三方制造服务多价值链协同云平台。突破制造业传统供应链的业务协同模式,为实现跨企业价值链的业务协同、构建制造业产业价值链提供平台支撑,形成典型案例。申请发明专利或登记软件著作权不少于 50 项;制定国家、行业或核心企业标准不少于 10 项。

(4) 计划实施时间:2018—2022 年。

3) 任务 5.3　服务型制造集成技术与平台研发(共性关键类)

(1) 重点内容:研究互联网环境下产品全生命周期服务模式;研发产品实时状态感知与智能互联、产品服务全生命周期闭环质量控制、基于大数据的产品在线增值服务决策支持等产品服务生命周期集成管理技术;结合多品种、小批量、个性化定制等产品生产方式,以产品制造企业为主导,构建产品服务生命周期集成管理平台系统。研究基于云服务平台的第三方专业化制造服务模式;研发服务价值链业务协同与优化、基于大数据的服务价值链智能管控与精准服务等制造云服务技术;以第三方外包服务特征明显的行业为对象,以第三方服务商为主导,构建服务型制造集成平台,开展专业化制造服务示范应用。

(2) 具体目标:形成制造企业主导的互联网环境下产品全生命周期服务模式、解决方案和产品全生命周期管理服务能力,支持产品制造企业、经销商等重构服务价值链;形成基于云服务平台的第三方专业化制造服务模式、解决方案和专业化服务能力,支持实现服务价值链协同及售后、配件、物流等精准化制造服务;构建制造与服务业务流程融合、信息系统互联互通的服务价值链协同新体系,引领制造业向服务化和价值链高端转型发展。

(3) 预期成果:形成不少于 5 个行业产品服务生命周期集成管理系统,支持产品制造企业、经销商面向客户、产品提供增值服务,促进相关示范行业企业的制造服务收入占比提高 15% 左右;形成 5 个以上面向服务价值链协同的专业化云服务平台系统,培育 5 家以上第三方专业化制造服务提供商,具备为骨干企业与中小企业群提供专业化服务的能力,服务企业万家以上;攻克服务型制造集成技术不少于 10 项,申请发明专利或登记软件著作权不少于 50 项;制定国家、行业或核心企业标准 10 项。

(4) 计划实施时间:2018—2022 年。

4) 任务 5.4　数据驱动的制造企业经营管理与智能决策平台研发(共性关键类)

(1) 重点内容:研究企业内外部多源异构数据融合、认知与开放共享、服务自适应与实时交互技术;构建数据驱动的智慧企业经营管理业务流程库、标准库、资源集约化配置管理模型库、品控信息数据库和目标用户模型库,研发基于新一代人工智能的制造企业经营预测、可视化辅助决策、交互式数据分析、超多维多目标优化、过程质量持续改进等工具和构件;研发数据驱动的制造企业经营管理与智能决策平台,实现制造运行状态的实时监测与预警、生产基础设施全生命周期管理与在线预测、产品质量动态监控与安全预警、物料精准配送与实时优化、供应链全局协同优化、精准营销与生产性服务个性化推送。

(2) 具体目标:建立数据驱动的智慧企业自适应平台架构;构建人机料、生产进度、工艺参数、质量、环境、能耗等各种生产要素的知识库和模型库;突破知识融合、目标优化、过程改进、质量控制等一系列关键技术;研发数据驱动的制造企业经营管理与智能决策平台,实现对制造企业运行过程和质量控制的监测与动态优化配置;对企业价值链进行优化、分析和创新,深度把握用户需求,建立基于大数据的目标用户模型,推动制造企业从传统的线性运行模式向多价值链融合的生态协同智能模式转变。

(3) 预期成果:突破制造大数据精准分析、基于大数据的企业经营管理和智能决策、制造大数据驱动的产品质量预测预警等 5 项以上关键技术;形成不少于 50 项支持企业智能化经营与决策的工具集和构件库;研发 1 套数据驱动的制造企业经营管理与智能决策平台,具备企业产品数据链、资源数据链、制造数据链、供应数据链以及服务数据链的智能集成能力;在工程机械、装备制造、航空航天、船舶、兵器装备、轨道交通、家电电子等行业形成 8～10 套智慧企业解决方案,配置效率提升 30% 以上,企业经营与决策精准服务能力提升 30% 以上;累计申请专利或登记软件著作权不少于 30 项,发表论文不少于 30 篇。

(4) 计划实施时间:2018—2022 年。

5) 任务 5.5　制造业核心软件技术及系统研发(共性关键类)

(1) 重点内容:研发智能互联装备跨界协同设计、产品全生命周期/服务生命周期管理、在线运维与基于 OT 的智能服务等产品生命链创新支撑软件;研发制造资源集成、智能供应链管理、服务价值链管理等产业价值链协同支撑软件;研发制造大数据分析、数据驱动的智能决策与预测分析等智慧企业决策支撑软件;研发制造资源管理、资源交易与服务等云制造平台支撑软件等,研发形成网络协同制造和智能工厂使能工具与系统。

(2) 具体目标:突破不少于 5 类关键技术,研发形成研发设计、智能工厂、制造服务、价值链协同、资源管理及智能决策等 5 类制造业核心软件,形成自主可控的网络协同制造使能工具、系统与产品。

(3) 预期成果:形成网络协同制造和智能工厂自主可控的核心支撑软件、使能工具和产品,自主产权核心软件占示范行业/示范区域中示范企业同类软件 30% 的比重。申请发明专利或登记软件著作权不少于 50 项;制定国家、行业或核心企业标准不少于 20 项。

（4）计划实施时间：2018—2022 年。

6）任务 5.6　智慧云制造关键技术与平台研发（共性关键类）

（1）重点内容：研究智慧云制造技术架构、集成互联技术和基于区块链的安全体系等关键技术；研究资源/能力自主感知/能力虚拟化、智慧云制造能力与协同应用的服务化、边缘制造及大数据引擎、制造知识/模型/大数据管理等智慧云制造平台及其开放 API 接口技术；研究基于区块链的服务动态集成、基于虚拟样机的业务智能协同等智慧云制造全生命周期业务集成技术；研究创新设计、智慧云排产和智慧服务等制造全产业链智能化技术，以及人机共融智能交互技术；研制智慧云制造服务支撑平台，并面向重点行业开展应用验证。

（2）具体目标：建立智慧云制造技术体系、集成互联模型和基于区块链的安全体系；研发自主知识产权、具有容器化/微服务架构的智慧云制造平台，提供一套开放的平台 API 接口，向上支持云制造全生命周期应用的开放、部署与使用，向下支持工业设备、工业产品和工业服务的集成接入，并包含不少于 10 种的智慧云制造资源/能力自主感知与接入接口、基于 SDN 的制造资源/能力虚拟化与服务化模型，不少于 10 种的云制造大数据管理与分析算法、智慧云制造业务集成应用服务套件，以及涵盖设计、仿真、生产、服务和管理等产品制造全生命周期的云制造应用服务；提供不少于 4 种应用场景的智慧云制造解决方案。

（3）预期成果：建立智慧云制造技术体系，掌握大数据、新一代人工智能、边缘计算和区块链等新兴信息技术与云制造技术相融合的基础理论与技术，研发自主知识产权的智慧云制造平台和智慧云制造业务集成应用服务套件，形成一批智慧云制造平台建设与运行的标准与规范，推动智慧云制造模式、手段和业态的形成，促进我国制造强国战略的发展，申请发明专利或登记软件著作权不少于 50 项；制定国家、行业或核心企业标准不少于 20 项。

（4）计划实施时间：2018—2022 年。

7）任务 5.7　智慧企业网络协同制造关键技术与平台研发（共性关键类）

（1）重点内容：探索智慧企业网络协同制造发展模式。研究基于模型的全生命周期管理技术、数字化设计制造服务集成技术、集成标准与软件接口；研究制造企业及其供应链、营销链、服务链的流程融合及系统集成技术、集成标准与软件接口；研究智慧企业及智能工厂/车间、智能生产线、智能装备的数据集成技术、集成标准与软件接口；研究智慧企业产品、设计、制造、管理、供应、营销和服务等多源异构数据建模以及集成技术与集成标准，构建企业智慧数据空间，研发制造大数据驱动的企业业务管控、智能决策、预测运行等技术系统，构建智慧企业网络协同制造平台，并在典型产业开展应用实践。

（2）具体目标：探索形成智慧企业网络协同制造发展模式，研发形成网络协同制造平台、企业智慧数据空间及其技术体系、标准体系、数据体系，形成制造大数据驱动的企业业务管控、智能决策、预测运行等网络协同制造软件支持系统，形成智慧企业网络协同制造整体解决方案；在基于模型的设计制造服务全生命周期管理、企业内外部价值链协同以及智能工厂/车间/生产线/装备等模型构建、全链条数据采集与集成、智慧企业业务管控、智能决策、预测运营等方面，突破不少于 5 类关键技术，取得不少于 50 项软件支持系统与接口。示范企业资源配置效率提升30％，精准服务能力提升 50％。

（3）预期成果：探索形成智慧企业网络协同制造发展模式与整体解决方案。建立网络协同制造系统支撑体系、技术体系、标准体系、数据体系，具备支持重点行业超 20 家企业构建网络协同制造平台的能力，实现从传统的工业运营企业向制造大数据驱动的资源优化配置、流程精细管理、智能决策运行、精准服务供给等以预测运营为特征的智慧企业发展；申请发明专利或登记软件著作权不少于 50 项；制定国家、行业或核心企业标准不少于 20 项。

（4）计划实施时间：2018—2022 年。

8）任务 5.8　面向行业的智能工厂多层次解决方案（应用示范类）

（1）重点内容：研究流程、离散行业的智能工厂组合特征、模块化设计和组态方法，建立面向行业应用的控制模组、管控模块、数字化制造单元等智能工厂单元知识库和数据库；研究智能工厂生产线、车间、供应链等不同层级系统的信息互联、智能控制、大数据决策与管控的集成技术；研发面向小批量、大规模、流程等不同模式以及定制化、混线制造特征的智能生产过程管控应用技术；结合智能工厂需求开展面向离散和流程行业的应用技术研究与示范应用。

（2）具体目标：形成面向企业智能生产的设计与管控组态方法，开发面向企业的智能产线设计和智能工厂运营系统平台，提出面向不同行业应用、不同层级的智能工厂解决方案，重点解决航空航天、3C 制造、高端装备、新能源汽车、通用机械、轻工纺织以及石化煤炭、钢铁冶炼等行业的智能工厂建设效率与应用水平低等问题，实现企业的绿色生产、高效决策的目标。

（3）预期成果：开发 2 类以上面向不同企业、不同规模的智能产线设计、智能工厂运营应用平台；针对小批量、大规模、定制化、混线制造等不同模式的智能工厂管控与优化的技术集成应用，提供 5 家企业以上的成功案例，带动相应行业市场规模 100 亿元以上；在流程、离散行业领域培养 5 家以上不同层级的智能工厂解决方案供应商。

（4）计划实施时间：2018—2022 年。

9）任务 5.9　智慧企业集成技术及解决方案（应用示范类）

（1）重点内容：围绕航空航天、轨道交通、海洋工程、兵器装备、地下工程、能源电力、大型数控等小批量生产方式，研究面向订单驱动的"互联网＋协同制造"模式；研发制造大数据分析、决策和知识获取，智能制造执行仿真、虚拟现实，装备运维保障智能服务等集成技术；构建覆盖产品研发制造一体化、智能订单生产、智能远程服务以及智能决策管理等全业务、全流程、多主体的智慧企业网络协同制造集成系统,开展应用示范。围绕汽车制造、工程机械、家用电子电器、轻工、纺织服装、农业机械等大规模生产方式,研究"互联网＋协同开放定制"模式;研发基于模型的产品协同设计及定制服务方法,定制产品的智能重组设计技术与方法,基于数字孪生的生产过程智能工艺、生产与运营优化决策等集成技术;构建覆盖市场客户需求挖掘、产品定制创新研发、智能混流生产、智能敏捷物流以及智能决策管理等产业链协作的智慧企业网络协同制造集成系统,开展应用示范。围绕钢铁、冶金、有色、石油、化工、食品、药品等流程生产方式,研究"互联网＋绿色制造"模式;研发智能生产调度、生产过程全要素工艺仿真、底层驱动-多回路控制-单元级协同控制-全流程优化调度的分层智能控制、能源资源效益精细化管控、设备联网状态智能监控等集成技术,构建覆盖市场需求分析、智能调度生产、智能能源管控、智能敏捷物流以及智能决策管理等全业务、全流程的智慧企业网络协同制造集成系统,开展应用示范。

（2）具体目标:创新发展以"互联网＋协同制造""互联网＋协同开放定制""互联网＋绿色制造"为标志的智慧企业网络协同制造模式,形成适应小批量、大规模、流程生产方式的智慧企业网络协同制造解决方案,支持企业加速构建形成全球产业链和实现全球资源优化配置,提升核心业务能力和参与全球竞争能力,支撑企业"互联网＋"时代转型升级。

（3）预期成果:形成智慧企业发展模式和解决方案,支持不少于20家企业实施示范工程;智慧企业网络协同制造发展水平达到国际先进水平;攻克智慧企业集成技术不少于20项;申请发明专利或登记软件著作权不少于50项;制定国家、行业或核心企业标准不少于20项。

（4）计划实施时间:2018—2022年。

10）任务5.10 典型行业/区域网络协同制造集成技术及解决方案(应用示范类)

（1）重点内容:针对高端装备制造、模具制造、家具制造、服装高级定制等典型行业,研究个性化创新设计、基于大数据和仿真技术的虚拟样机工程、智慧云工厂、智慧协同保障和精准供应营销服务等关键技术,研发面向制造全产业链活动的智慧云制造系统,并在行业和区域开展示范应用;面向航空航天、轨道交通、海洋工程、兵器、石化等行业管理特征明显的制造行业,围绕产业核心制造企业及协作企业群,研究针对多项目订单驱动、多业务协作、长流程管控的行业网络协同制造模式,研发动态协作组织构建、协作资源快速接入、多项目计划管理与执行监控、基于模型的协同系统工程、智能调度等网络协同制造集成技术和系统,开展行业网络协同制造集成应用示范;面向制造企业相对集中的国家战略经济区域,围绕区域支柱产业的核心制造企业及协作企业群、典型制造服务产业价值链及特色产业群,研究针对共性资源共享、关键业务协作的区域网络协同制造发展模式,研发共性资源整合管控,设计制造众包,制造大数据在服务分包、过程管控、制造生产、物流供应中的优化决策,适应需求的网络协同制造集成技术及应用系统,开展区域网络协同制造集成应用示范。

（2）具体目标：创新发展以个性化定制、社会化协同、智能化服务为标志的智慧云制造模式，形成覆盖设计、仿真、生产、服务、管理等产品制造全生命周期的智慧云制造解决方案和服务能力；形成行业网络协同制造模式和集成应用解决方案，支持行业级资源共享与优化配置；形成区域网络协同制造集成应用解决方案，支撑区域制造业企业间协作和中小企业群竞争力的提升，支持面向网络协同制造的专业技术人才培养。

（3）预期成果：形成基于智慧云制造平台的典型行业/区域智慧云制造系统解决方案，具备接入大型设计仿真资源、高端检测与试验装备、高端加工设备，以及 ERP、MES 等不少于 20 种的智慧云制造资源/能力，并在 5 个以上典型行业/区域实现应用示范，业务上线企业数不少于 1000 家，示范行业/区域资源配置效率提升 30%，精准服务能力提升 50%；形成不少于 5 个行业网络协同制造集成应用解决方案，行业资源配置效率提升 20%；形成不少于 5 个区域网络协同制造集成应用解决方案，区域制造业企业间协作效率提升 20%；攻克智慧云制造集成关键技术、网络协同制造集成技术不少于 15 项。申请发明专利或登记软件著作权不少于 50 项；制订国家、行业或核心企业标准规范不少于 20 项。

（4）计划实施时间：2018—2022 年。

技术篇　**方法、工具与系统**

第 6 章

智能装备和智能产品

智能制造的发展离不开智能装备的发展,要实现新一代的制造理念、制造方式,制造出新一代的产品,就需要新一代的制造装备。制造装备正从机械化向电气化、信息化和智能化方向发展,结合现代的信息和智能技术,制造装备被赋予了感知、分析、推理、决策、控制等能力。智能产品是新一代的产品,现代软硬件技术的结合使得产品逐步开始具备智能化功能,这些产品将为人们的工作和生活带来巨大的变革。本章将简要介绍典型的智能装备与智能产品,在此之前,首先对制造的数字化、网络化和智能化发展进行简要介绍。

6.1 数字化、网络化、智能化制造

数字化、网络化和智能化分别代表了制造业发展的不同阶段,本节将简要介绍数字化、网络化和智能化的相关概念,并围绕制造业的这 3 个发展阶段对制造业的发展历程,以及期间的关键技术革新与重要理念的提出进行介绍。

6.1.1 数字化制造

"数字化"就是将各种复杂信息转变为数据信息,再将这些数据信息构建为数字模型,然后转变为计算机可以识别的二进制代码,引入计算机内部进行统一处理的过程。数字化技术是实现信息数据化的技术手段,是以计算机软硬件、周边设备、通信协议和互联网络为基础的信息离散化表述、定量、感知、建模、传递、存储、处理、控制、联网的集成技术。数字化技术具有表达精度高,可编程处理,处理和传递可靠迅速,便于存储、提取和集成等优点,其与各种专业技术的融合形成了各种数字化专业技术,数字化制造技术就是将数字化技术与制造科学技术进行深层次结合而产生的交叉学科技术。

数字化制造技术最早起源于美国。20 世纪 50 年代,美国麻省理工学院成功设计制造了第一台数控铣床,并研制开发了一套自动编程语言,通过描述走刀轨迹的方法实现计算机辅助制造,标志着数字化制造的开端。60—70 年代,计算机辅助设计(computer aided design,CAD)和计算机辅助制造(computer aided manufacturing,CAM)技术发展迅猛并逐渐走向共同发展的道路。80 年代中期,

计算机集成制造系统（computer integrated manufacturing system，CIMS）出现，美国波音公司将其成功应用于飞机的设计、制造和管理，将原需 8 年的定型生产时间缩短至 3 年。

数字化制造技术发展至今，其内涵已变得十分丰富，包括数字化设计、数字化工艺、数字化加工、数字化装配、数字化检测、数字化管理等一系列以计算机建模与仿真、计算机图形、计算机网络、数据库、虚拟现实、逆向工程、快速原型等跨学科技术作为支撑技术，针对产品从开发设计到生产制造、从销售使用到报废回收的全生命周期不同阶段的数字化技术应用。数字化制造技术的最终目的是通过对产品、工艺和资源信息的分析、规划和重组来指导企业运作，从而提高生产效率和质量，降低生产成本，实现生产对市场的快速响应。

6.1.2　网络化制造

在第三次科技革命中，信息技术和计算机网络技术的飞速发展不仅深刻地改变了人们生活和交流的方式，更极大地改变了世界经济的面貌。信息产业以及依托于信息技术的新型服务行业逐渐成为越来越多国家的主导产业，这些产业突破了地域限制，将原本分散在世界各地的技术、资源、产品和市场联系起来，大大加速了世界经济全球化的进程，开辟了网络经济时代。网络经济时代中开放的国际市场使得消费者的消费范围由区域转向全球，消费需求变得更加个性化和多样化，再加上新技术的不断涌现和更迭，使得市场环境更加多变，难以预测。这些变化带来的是全球制造环境根本性的变化，不止产品价格和质量是决定制造企业竞争力的因素，能否快速响应全球市场的动态变化同样关系着制造企业的生死存亡。面对网络经济时代制造环境的巨大变化，一方面，制造企业需要从以生产和产品为中心的生产经营方式转向以客户为中心的生产经营方式，通过网络与客户建立联系，为客户提供基于网络的产品全生命周期的优质服务和技术支持；另一方面，制造企业需要通过网络进行企业内部和企业之间的资源、信息、技术和知识的共享和集成，在此之下，企业不再是独立的经济实体，而是根据自身发展战略，与全球范围内的其他企业联合组建的企业动态联盟，以合作共赢的关系实现资源整合、优势互补。

在需求和技术的双轮驱动下，网络化制造这一先进制造模式在 20 世纪 90 年代产生并迅速发展，美国、日本、欧盟等工业发达国家和地区对此进行了大量实践，并形成了一系列的国家级发展战略。1991 年，美国里海大学（Lehigh University）在《美国 21 世纪制造企业战略》报告中首次提出了敏捷制造（agile manufacturing）的概念，并强调为了适应快速多变、难以预测的市场变化，制造系统需要通过建立动态联盟这样一个含有合作和竞争的新生产模式来动态集成异地资源。随后，美国相继开展了"敏捷制造使能技术"（technologies enabling agile manufacturing，TEAM）（1994）、以敏捷制造和虚拟企业为核心内容的"下一代制造"（next generation manufacturing,NGM)模式(1995)、俄罗斯-美国虚拟企业网(Russian-American virtual enterprise network,RA-VEN)(1997)等项目研究。欧盟在1998年公布了"第五框架计划",其中一项就是为联盟内各个国家的企业提供资源服务和共享的统一基础平台;在此基础上,欧盟2002年公布的"第六框架计划"的一个主要目标,就是研究利用互联网技术改善联盟内各个分散实体间的协作与集成机制。此外,日本提出的"智能制造系统"(intelligent manufacturing system,IMS)国际合作研究计划(1995)和韩国提出的"网络化韩国21世纪"计划(1999)等也包含了大量网络化制造的相关内容。同一时期,我国也在网络化制造方面做了大量的研究工作,其中就包括列入国家"九五"科技攻关项目的"分散网络化制造系统"(1998),以及列入国家"863"项目的"现代集成制造系统网络"和"区域性网络化制造系统"(2000)。

网络化制造的内涵极为丰富,学术界有许多学者从不同的角度出发,对网络化制造的概念提出了自己的理解和定义。把握网络化制造的内涵,需要明晰网络化制造要实现的目标、企业为实现该目标应该采用的生产经营方式和开展的业务活动,以及在实现目标的过程中所依赖的技术支持。为此,本节引用范玉顺教授对网络化制造的定义:"网络化制造是企业为应对知识经济和制造全球化的挑战而实施的以快速响应市场需求和提高企业(企业群体)竞争力为主要目标的一种先进制造模式。通过采用先进的网络技术、制造技术及其他相关技术,构建面向企业特定需求的基于网络的制造系统,并在系统的支持下,突破空间地域对企业生产经营范围和方式的约束,开展覆盖产品整个生命周期全部或部分环节的企业业务活动,如产品设计、制造、销售、采购和管理等,实现企业间的协同和各种社会资源的共享与集成,高速度、高质量、低成本地为市场提供所需的产品和服务。"

从上述定义中,我们可以总结出网络化制造的几个典型特征:①以快速响应市场需求变化为主要目标之一;②通过网络突破时空差距给企业生产经营和企业间协同造成的障碍;③涉及企业活动覆盖产品全生命周期的各个环节;④强调企业间的协作和资源共享;⑤技术内容丰富,包括网络化制造模式设计、网络化制造系统体系结构设计、网络化制造系统的构建与组织实施方法等总体技术,网络化制造系统协议与规范、产品建模与仿真、工作流等基础技术,企业应用集成、ASP服务平台、集成平台与集成框架等集成技术,以及资源封装与接口、数据中心与数据管理、网络安全等应用实施技术。

6.1.3　智能化制造

20世纪80年代前后,人们开始意识到尽管制造过程的自动化极大地解放了人的体力劳动,提高了制造过程的效率,但脑力劳动的自动化程度仍然很低。日益复杂的生产系统的正常运作需要越来越多的决策支持,如何作出合理的决策在很大程度上仍然依赖于人的知识与智能。然而,随着产品市场需求向小批量、多品种、高质量的转变，产品的功能结构越来越复杂，交货期越来越短，更新换代越来越快，企业对生产柔性的需求越来越高，跨地域、跨领域的企业合作越来越广泛，这些变化给生产过程中的决策带来了诸多依赖于人的知识与智能而难以解决的问题。例如，传统的信息处理方式已经无法适用于制造过程中产生的繁杂、大量而分散的信息，生产系统中各元素之间的耦合关系导致决策过程更加复杂，快速响应市场变化要求决策时间进一步缩短，生产运作管理中各类专业知识与技能的交叉融合对决策者提出了严峻的考验等。为了解决这些问题，借助于飞速发展的计算机科学以及其他高新技术，学者们提出了一种集成传统制造技术、计算机技术与科学以及人工智能等技术的新型制造技术——智能制造技术（intelligent manufacturing technology，IMT）。

早期关于智能制造的研究侧重于将人工智能技术应用于制造领域以实现企业内部制造加工、过程控制、设备维护等技术型环节的自动化。1988 年，美国学者 P. K. Wright 和 D. A. Bourne 合作出版了智能制造领域的第一本专著《制造智能》（*Manufacturing Intelligence*），其中详细介绍了机器视觉等人工智能技术在机器控制，以及专家系统在刀具管理等活动中的应用。到了 20 世纪 90 年代，各个工业发达国家开始相继实施智能制造发展计划，其中最具有代表意义的是 1989 年日本提出的智能制造系统（IMS）国际合作研究计划，该项计划于 1995 年在日本、澳大利亚、加拿大和美国的支持下正式启动，随后瑞士、欧盟、挪威和韩国相继加入该项计划。IMS 国际合作研究计划中指出："智能制造系统是一种在整个制造过程中贯穿智能活动，并将这种智能活动与智能机器有机融合，将整个制造过程从订货、产品设计、生产到市场销售等各个环节以柔性方式集成起来的能发挥最大生产力的先进制造系统。"IMS 国际合作研究计划将智能制造所覆盖的范围扩大到从订货到设计、从生产到销售的产品全生命周期，并对面向世界范围内的整个制造环境的集成化与智能化进行探索。为了开发能使人和智能设备不受生产操作和国界限制的彼此合作的系统，IMS 国际合作研究计划提出了 5 项技术课题，分别用于解决产品全生命周期问题（total product life cycle issues）、生产过程问题（process issues）、策略/计划/设计工具（strategy/planning/design tools）、人/组织/社会问题（human/organization/social issues）和虚拟/扩展企业问题（virtual/extended enterprise issues）。

21 世纪以来，随着人工智能技术的进一步发展和物联网、大数据、云计算等新一代信息技术的快速兴起，智能制造被赋予了新的内涵。2012 年，美国通用电气公司发布了《工业互联网：突破智慧和机器的界限》（*Industrial Internet：Pushing the Boundaries of Minds and Machines*）白皮书。"工业互联网"倡导将人、数据和机器连接起来，形成开放而全球化的工业网络，其内涵超越制造过程以及制造业本身，跨越产品全生命周期的整个价值链，涵盖航空、能源、交通、医疗等更多工业领域。该项目的核心元素是智能机器、先进分析方法和工作中的人，由智能机器和网络收集数据,利用大数据分析工具进行数据分析和可视化以及知识获取,通过工作中的人以及人与人之间的实时连接支持更为智能的设计、操作、维护以及安全保障。2013 年,德国联邦教研部与联邦经济技术部联手推出了《德国 2020 高技术战略》确定的十大未来项目之一——"工业 4.0"。该项目旨在通过充分利用信息通信技术和信息物理系统等手段将制造业向智能化转型,并提出了 3D 打印、虚拟现实、人工智能、工业网络安全、知识工作自动化、工业机器人、工业云计算、工业大数据和工业互联网等 9 大核心技术。"工业 4.0"的最终目标是实现智能工厂和智能生产。在智能工厂中,生产环境由智能产品、智能设备、宜人的工作环境、高素质的劳动者和智能能源供应组成,它们之间通过企业内的传感器和通信网络进行交互,共同实现数据采集、工况分析、制造决策等功能。智能生产则侧重于将现代传感技术、人工智能技术、人机交互技术、3D 打印技术等先进技术应用于整个工业生产过程。实现这一目标的基础是信息物理系统,通过计算、通信和控制技术的有机融合将工厂、机器、生产资料、信息系统和人高度联结并建立反馈循环,实现生产系统的实时感知、动态控制和信息服务,为生产系统赋予智能。

我国自 20 世纪 90 年代起开始研究智能制造,其间有许多学者侧重于不同的方面对智能制造进行了定义。有些学者侧重于智能制造的支持技术,将智能制造技术定义为一门综合了制造技术、信息技术和智能技术的交叉技术;有些学者从智能制造的功能特征出发进行阐释,认为智能制造的核心功能是感知、分析、推理、决策和控制;有些学者则强调智能制造的目的是通过智能化和集成化的手段来增强制造系统的柔性和自组织能力,提高快速响应市场需求变化的能力。2015 年,我国发布了《中国制造 2025》,将推进智能制造定为我国制造业发展的主攻方向。2016 年,工业和信息化部、财政部联合组织相关单位和专家,通过大量调研和研究,编制完成了《智能制造发展规划(2016—2020 年)》,明确了"十三五"期间我国智能制造发展的指导思想、目标和重点任务。规划中对智能制造做出了如下定义:"智能制造是基于新一代信息通信技术与先进制造技术深度融合,贯穿于设计、生产、管理、服务等制造活动的各个环节,具有自感知、自学习、自决策、自执行、自适应等功能的新型生产方式。"围绕推进智能制造发展,该规划列出了加快智能制造装备发展、加强关键共性技术创新、建设智能制造标准体系、构筑工业互联网基础、加大智能制造试点示范推广力度、推动重点领域智能转型、促进中小企业智能化改造、培育智能制造生态体系、推进区域智能制造协同发展、打造智能制造人才队伍等 10 项重点任务。

6.2 智能制造装备

智能制造装备是具有感知、分析、推理、决策、执行功能的各类制造装备的统称,是先进制造技术、信息技术和智能技术的集成和深度融合,智能制造装备的水平已经成为当今衡量一个国家工业化水平的重要标志。本节将对一些典型的智能制造装备以及智能制造装备的关键智能元件进行介绍。

6.2.1　高档数控机床

机床是用来制造机器的母机，是装备制造业的基础设备，这是机床区别于其他装备的重要特点。机床的技术水平（如加工能力、加工精度、可靠性等）直接影响工程机械、军工装备、电力设备，以及汽车、船舶、铁路机车等交通运输设备的质量，因而在国民经济现代化的建设中起着举足轻重的作用。数控机床（computer numerical control machine tools）是一种装有程序控制系统的自动化机床。程序控制系统能够逻辑地处理具有控制编码或其他符号指令规定的程序，并将其译码，用代码化的数字表示，通过信息载体输入数控装置，经运算处理由数控装置发出各种控制信号，控制机床的动作，按图纸要求的形状和尺寸自动地将零件加工出来。数控机床相较普通机床具有加工精度高、可加工形状复杂、自动化程度高、加工柔性高、加工效率高等优势。高档数控机床是指具有高速、精密、智能、复合、多轴联动、网络通信等功能的数控机床。高档数控机床作为世界先进机床设备的代表，其发展象征着一个国家目前机床制造业的发展水平，国际上也把五轴联动数控机床等高档数控机床技术作为衡量一个国家工业化的重要标志。

制造业是推动国家经济发展的重要行业，而数控机床，尤其是高档数控机床则是现代制造业的关键装备，其发展一直受到我国的高度重视。2006 年 2 月，国务院发布《国家中长期科学和技术发展规划纲要（2006—2020 年）》，对国家 2006 年至 2020 年的科学技术发展进行了总体部署，瞄准国家目标安排了 16 个重大专项，其中，"高档数控机床与基础制造装备专项"（简称"国家 04 专项"）明确"十二五"期间重点实施的内容和目标分别是：重点攻克数控系统、功能部件的核心关键技术，增强我国高档数控机床和基础制造装备的自主创新能力，实现主机与数控系统、功能部件协同发展，重型、超重型装备与精细装备统筹部署，打造完整产业链。2015年，《中国制造 2025》发布，其中将数控机床和基础制造装备列为"加快突破的战略必争领域"，提出要加强前瞻部署和关键技术突破，积极谋划抢占未来科技和产业竞争制高点，提高国际分工层次和话语权。为指明《中国制造 2025》十大重点领域的发展方向，国家制造强国建设战略咨询委员会编制了《〈中国制造 2025〉重点领域技术路线图》，其中列举了高档数控机床发展重点，包括以电子信息设备加工装备、航空航天装备大型结构件制造与装配装备等为代表的重点产品、高档数控系统，以高速电主轴和多轴联动主轴头等为代表的高性能功能部件，以及以数字化协同设计及 3D/4D 全制造流程仿真技术和复杂型面与难加工材料高效加工及成形技术等为代表的关键共性技术等。在上述政策的推动下，我国在近几年数控机床的发展中已突破了一系列关键核心技术，并形成了一批标志性的产品，如航空设备领域的 800MN 大型模锻压机、120MN 铝合金板张力拉伸机等重型锻压设备，汽车制造领域的大型快速高效数控全自动冲压生产线,核电设备领域的超重型数控立式车铣复合加工机床、数控重型桥式龙门五轴联动车铣复合机床、超重型数控落地铣镗床、超重型数控卧式镗车床、专用数控轴向轮槽铣床等。

智能数控机床是高档数控机床的一个发展趋势,美国国家标准与技术研究院(National Institute of Standards and Technology,NIST)认为智能数控机床应该具备:①能够感知自身状态和加工能力并进行自我标定的能力;②能够监视和优化加工行为的能力;③能够对工件的加工质量进行评估的能力;④能够自我学习的能力。瑞士 Mikron 公司则强调智能数控机床与人之间的互动通信,他们认为智能数控机床应该能够将加工信息提供给操作人员,并提供各种工具辅助操作人员优化加工过程。智能数控机床的关键是智能的数控系统,数控系统的智能化程度直接决定了数控机床的智能化程度。智能数控系统一般需要具备如下几类功能:①执行复杂加工任务的功能,包括对复杂加工运动的控制,如五轴加工、复合加工等,以及对并行加工任务的控制;②智能选择加工参数的功能,即系统能够通过对机床、加工工件等进行数据采集,建立模型以及利用仿真分析对进给速度、吃刀量、切削力和切削角度等加工参数的选择进行优化;③监测、补偿与诊断的功能,即系统能够对加工工件、刀具、主轴等在加工过程中的状态进行监测,通过对检测到的数据进行分析,判断当前和预测未来的加工状况,并动态地对加工参数进行调整,针对加工误差进行动态补偿,以及对加工过程中出现的或将有可能出现的异常情况进行警告和诊断;④刀具管控的功能,包括刀具寿命管理与刀具破损管理;⑤通信功能以及人机交互的功能。智能数控系统上述功能的实现离不开软硬件技术的支持,硬件方面的典型技术包括智能传感技术、网络通信与现场总线技术等(有关智能传感器的介绍请参见 6.2.4 节),软件技术方面则需要完善的系统体系架构以及高效的算法来实现大量数据的采集、传输、处理与分析。

6.2.2 工业机器人

工业机器人是面向工业领域的多关节机械手或多自由度的机器装置,它能自动执行工作,是靠自身动力和控制能力来实现功能的一种机器。工业机器人可以接受人类的指挥,也可以按照预先编排的程序运行,现代的工业机器人还可以根据人工智能技术制定的原则纲领行动。1958 年,美国 Consolidated Controls 公司研发出世界上第一台工业机器人,此后经过 60 多年的迅速发展,工业机器人已经能够胜任焊接、搬运、码垛、装配、涂装等多项工作任务,被广泛应用于汽车及汽车零部件制造业、机械加工行业、电子电气行业、橡胶及塑料工业、食品工业、物流和制造业等诸多领域。

工业机器人是集机械工程、控制工程、传感器、人工智能、计算机等技术为一体的自动化设备,其关键组成如下。

(1)机械结构。工业机器人由一些复杂的机械结构组成,包括:末端操纵器,用于抓取物料，如夹钳式取料手、吸附式取料手等；腕部，用于连接手臂和末端操纵器，负责调整末端操纵器的方位和姿态；臂部，由一系列关节和连杆组成，负责支撑腕部和手部，并带动它们在作业环境空间运动；机身与机座，用于承载和安装其他部件；此外还有传动机构、行走机构，等等。

（2）驱动与控制系统。驱动系统的主要任务是按照控制命令，对控制信号进行放大、转换调控等处理，最终将给定指令变成期望的机构运动，常见的驱动系统按动力源可分为电动、气动和液压3类。控制系统的主要任务是在工作中向机器人驱动系统发送指令，包括脉冲信号、电压和电流等，使驱动系统带动机器人各关节的执行机构，从而完成机器人的运动控制。

（3）感知系统。工业机器人的感知系统通常由多种传感器或视觉系统组成，感知系统使得工业机器人能够感受发生在内部或外部的所有信息，并把这类信息转换为机器人可以理解的数据或者信息，为决策系统和控制系统的运作提供支持。如今，构成工业机器人感知系统的传感器种类已经非常繁多，包括传统的位置、速度、加速度传感器，激光传感器，视觉传感器，力传感器等，为工业机器人赋予了视觉、听觉、触觉、力觉和平衡觉等多种感知知觉。

此外，工业机器人的关键组成还包括软件系统、网络通信系统、遥控和监控系统、人机交互系统等。

工业机器人从最初发展至今已经走过了三代。第一代工业机器人只能以"示教—再现"的方式工作，也称为示教再现型工业机器人，其基本工作原理是由操作者指示机器人运动的轨迹、停留点位和停留时间等，即示教，然后工业机器人依照示教的行为、顺序和速度重复运动，即再现。第二代工业机器人带有一些可感知环境的装置，通过反馈控制，使机器人能够在一定程度上适应环境的变化，如应用了焊缝跟踪技术的焊接机器人能够通过传感器感知焊缝的位置，再通过反馈控制跟踪焊缝。第三代工业机器人即工业智能机器人，其具有多种感知功能，可进行复杂的逻辑推断、判断及决策，可在作业环境中独立行动，具有发现问题且能自主解决问题的能力。工业智能机器人实现特定功能的核心为感知、处理和执行3个步骤，这3个步骤由硬件系统和软件系统协同完成，其中，软件系统是机器人人工智能技术的主要载体。工业智能机器人所使用的人工智能技术包括语音识别、图像识别、生物特征识别、运动路径规划、自动避障、柔顺行为控制、故障预测和诊断等，如日本FANUC公司的R2000-iC系列工业机器人就具备学习、散堆工件拾取、力觉传感、视觉追踪等智能化功能。

近几十年来，随着工业机器人产业的发展，逐渐出现了一批具有影响力的工业机器人企业，典型代表有瑞典的ABB、日本的FANUC和Yaskawa，以及德国的KUKA，这4家企业占工业机器人市场份额的60%~80%。我国在工业机器人研发方面，也涌现出了以沈阳新松、南京埃斯顿、安徽埃夫特、武汉华中数控、广州数控设备等为代表的工业机器人企业。尽管我国工业机器人产业发展迅速，但还缺乏整体核心技术的突破,尤其是缺乏具有自主知识产权的高精度减速机、伺服电动机、控制器等关键部件。近年来,随着我国工业的迅速发展,对工业机器人的需求愈发迫切,政府也逐步加大了对工业机器人产业发展的支持力度。2016 年 3 月,工业和信息化部、发展改革委、财政部联合印发《机器人产业发展规划(2016—2020 年)》,其中提出推进工业机器人向中高端迈进的主要任务,重点提及发展全自主编程智能工业机器人,目标是在 5 年内提升工业机器人速度、载荷、精度、自重比等主要技术指标,使其达到国外同类产品水平,自主品牌工业机器人年产量达到 10 万台,六轴及以上工业机器人年产量达到 5 万台以上。

6.2.3　增材制造设备

2012 年,英国《经济学人》(*The Economist*)杂志发表文章《第三次工业革命》,认为以数字化制造为核心的"第三次工业革命"已经到来。文章中列举了第三次工业革命中突出的先进技术,其中就包括以 3D 打印技术为代表的全新的生产工艺。2014 年,著名咨询公司麦肯锡(McKinsey)发布了一项决定 2025 年经济发展的12 大颠覆性技术报告,该报告同样也将 3D 打印技术罗列其中。3D 打印技术是增材制造(additive manufacturing,AM)的主要实现形式,如今在学术界和产业界也常用 3D 打印来直接代指增材制造或者快速成形技术(rapid prototyping,RP)。2009 年美国材料与试验协会(American Society for Testing and Materials,ASTM)将增材制造定义为"process of joining materials to make objects from 3D model data, usually layer upon layer,as opposed to subtractive manufacturing methodologies",即通过三维模型数据来实现增材成形,通常用逐层添加材料的方式直接制造产品。从该定义中可以看到,增材制造与传统机械制造的区别在于,传统机械制造是"减材"的过程,在原材料基础上使用机械制造装备,通过切削、磨削、腐蚀、熔融等方法去除多余部分得到所需要的物件;增材制造则不需要传统的刀具、夹具和机床等设备,它是根据物体的三维模型数据,通过软件分层离散和数控成形系统,利用激光、紫外光、热熔喷嘴等方式将金属粉末、陶瓷粉末、塑料等特殊材料进行逐层堆积黏结,最终叠加成形。与传统制造相比,增材制造能够打造出形状复杂的物件,对材料的利用率理论上可以达到 100%,并且由于其可以自动、快速、直接和精确地将设计模型转化为实物模型,从而能够有效地缩短产品周期。但同时在现阶段,增材制造仍然存在着一些局限,包括生产批量小、制造材料受限、构件强度相对较低等。

3D 打印的一般过程是,首先在计算机中生成符合零件设计要求的三维 CAD数字模型,也就是 3D 建模过程,并保存得到 STL 文件;然后使用切片软件,根据工艺要求,将原来的三维 CAD 模型在 z 轴方向上进行分层得到一系列具有一定厚度的层片,再根据层片的轮廓信息输入加工参数自动生成数控代码,导出 3D 打印机可识别的 Gcode 文件;最后由 3D 打印机在计算机数字化控制程序控制下沿预设路径喷涂材料层。

自 20 世纪 80 年代美国发明家 Chuck Hull 发明第一台 3D 打印机至今，3D 打印技术已发展出了多种类型，ASTM F2792 标准将现阶段和未来的 3D 打印技术分成以下 7 类：

（1）黏合剂喷射成形技术（binder jetting），特点是使用黏合剂连接粉末材料；

（2）定向能量沉积技术（directed energy deposition），特点是使用激光或者电子束作为能量源，使得金属粉末或者金属丝在产品表面上熔融固化；

（3）材料挤出成形技术（material extrusion），特点是材料通过轨道或珠子中的喷嘴或孔口以液态的形式挤出，然后将其组合成多层模型；

（4）材料喷射成形技术（material jetting），特点是将材料（如光聚合物或蜡）进行一层一层的叠加；

（5）粉末床熔融技术（powder bed fusion），特点是通过使用诸如激光或电子束的热源将粉末材料熔化在一起来选择性地固化粉末材料；

（6）薄板层压技术（sheet lamination），特点是将片状材料堆叠并层压在一起以形成物体；

（7）光聚合成形技术（vat photopolymerization），特点是通过激光或投影仪使得液态光聚合物树脂选择性曝光固化，然后引发聚合并将曝光区域转化为固体部分。

目前，国内外已有许多成熟的 3D 打印机制造商，包括美国的 Stratasys、3D Systems，德国的 EOS，瑞典的 Acram，中国的上海联泰、湖南华曙、北京太尔时代等，这些制造商根据使用对象、应用场景、打印技术、打印材料等开发生产出了种类繁多的 3D 打印机。以 Stratasys 公司为例，其产品分为 4 个系列，包括灵感系列（idea series），主要针对办公、桌面级应用，典型产品 Mojo 和 uPrint SE Plus 都采用了熔融堆积成形（fused deposition modeling，FDM）技术，该技术是材料挤出成形技术的一种，是 Stratasys 公司的核心技术之一，也是目前最为畅销的打印技术之一；设计系列（design series），可支持构建精细的细节、颜色和多种纹理，典型产品 Connex 和 Eden 系列都采用了 PolyJet 技术，该技术由以色列 Objet 公司（后被 Stratasys 合并）开发，可快速而高质量地打印出高分辨率或具有精细光滑表面的零件；生产系列（production series），具有产能大、材料多样的特点，主要针对制造环境的应用，典型产品 Stratasys F900 专门为工作规模较大的制造业和重工业设计，拥有 FDM 系统的最大构建尺寸，同时支持及时更改设计、修改生产材料、自动生产和监控、生产阶段优化等多种功能；牙科系列（dental series），主要针对数字牙科应用，特点是精度高、速度快和支持生物相容性材料，该系列产品采用 PolyJet 技术，支持多色、多用途、多类型材料的选择，可进行超精细的建模和打印。我国 3D 打印机厂商在近几年也相继开发生产出了众多成熟的商业产品，例如上海联泰的 RS Pro 系列，该系列使用立体光固化（stereo lithography apparatus，SLA）技术（该技术是光聚合成形技术的一种);湖南华曙的尼龙 3D 打印系列,该系列使用选择性激光烧结(selective laser sintering,SLS)技术(该技术是粉末床熔融技术的一种);以及北京太尔时代的桌面级打印机 UP 系列等。

如今,3D 打印技术已被广泛应用在医学与健康服务、航空航天、国防武器、汽车、家电、建筑、文化创意设计等领域,学术界和产业界也将越来越多的目光投向了 3D 打印,这推动了 3D 打印技术从打印耗材到打印工艺、从硬件设备到软件系统的不断发展和进步。以湖南华曙为例,该公司自主研发了全套工业级 3D 打印软件操作系统,功能覆盖了建造前准备、设备控制和建造过程等多个阶段,集合了制造与故障诊断、温场控制、远程监测、数据反馈与集成控制、智能送粉等多种功能于一体,使 3D 打印设备走向智能化。

6.2.4　智能传感器

根据《传感器通用术语》(GB/T 7665—2005)规定,传感器(transducer/sensor)是"能感受规定的被测量并按照一定的规律转换成可用信号的器件或装置,通常由敏感元件和转换元件组成"。传感器是一种检测装置,其能够感受到被测量的信息,并将感受到的信息转换成电信号或其他所需形式的信息输出,以满足信息的传输、处理、存储、显示、记录和控制等要求,传感器的输出和输入之间满足一定的规律,并具有一定的精度。传感器的一般组成包括敏感元件、转换元件和信号调理与转换电路三部分,其中,敏感元件是传感器直接感受被测量的部分,常见的敏感元件如热敏电阻器、压敏电阻器、光敏电阻器等;转换元件是传感器中能够将被测量转换成适于传输或测量的电信号的部分,输出的电信号与被测量之间成确定关系;信号调理与转换电路是传感器中能够将信号进行转移和放大,使其更适合作进一步处理和传输的部分,常见的信号调理与转换电路有放大器、电桥、振荡器、电荷放大器、滤波器等。传感器的种类繁多,按照传感器的输入量分类有位移传感器、速度传感器、压力传感器、温湿度传感器等,按照传感器的输出量分类有模拟式传感器和数字式传感器,按照传感器的信号转换作用原理分类有电路参量式传感器、电光式传感器、压电式传感器、磁电式传感器、热电式传感器和半导体式传感器等。传感器技术发展至今,不仅在工业自动化领域中起到举足轻重的作用,而且在科学研究、医疗卫生、环境保护、家用电器、自动驾驶等各个领域都是关键的使能技术。传感器的重要性使得各个国家,尤其是工业发达国家纷纷将传感器技术的发展列为国家科学技术发展的重点目标之一,如美国曾把 20 世纪 80 年代看成是传感器技术时代,并将其列为 20 世纪 90 年代 22 项关键技术之一;日本曾把传感器技术列为 20 世纪 80 年代十大技术之首;而从 20 世纪 80 年代中后期开始,我国也把传感器技术列为国家优先发展的技术之一,并在近期推动智能制造发展中再次强调了传感器技术发展的重要性。《〈中国制造 2025〉重点领域技术路线图》特别提出要"开发具有数据存储和处理、自动补偿、通信功能的低功耗、高精度、高可靠的智能型光电传感器、智能型接近传感器、高分辨率视觉传感器、高精度流量传感器、车用惯性导航传感器、车用域控制器等新型工业传感器"。

智能化的传感器是现今传感器发展的主要趋势之一，智能传感器是传感器、计算机和通信技术结合的产物，其除了包含传统传感器的结构外，还带有微型处理器和网络通信装置，使其兼有信息检测、信号处理、信息记忆、信息传输、逻辑判断等功能。智能传感器的概念最初来源于美国宇航局，美国宇航局在开发宇宙飞船的过程中提出宇宙飞船需要安装各式各样的传感器来获取太空中的环境信息以及宇宙飞船自身的速度和位置等信息，大量传感器获取的数据需要大型计算机进行处理，但这无法在宇宙飞船上实施，因而专家们希望能够将数据处理功能嵌入到传感器中，这种需求催生了传感器与微处理器技术的结合。从 20 世纪 70 年代至今，随着技术的不断发展，智能传感器被赋予了越来越多的功能。

（1）自校准和故障自动诊断功能。智能传感器能进行自动调零、自动标定校准，某些智能传感器还可以进行故障的自动诊断和修复。

（2）数据存储和信息处理功能。智能传感器能够装载历史测量数据等各类数据，能够对数据进行快速存取，并自动对被测量进行信号调理和补偿。

（3）逻辑判断和统计分析功能。智能传感器能够根据检测数据进行逻辑判断，并对检测数据进行统计和分析。

（4）组态功能。智能传感器允许设置多模块化的软件和硬件，便于用户选择合适的组合方式来进行多传感器、多参数的复合测量，实现不同的应用目的。

（5）人机交互功能。智能传感器和仪表相结合，可以配合各种显示装置和输入设备实现人机交互。

（6）双向通信和标准化数字输出功能。智能传感器系统具有数字标准化数据通信接口，通过 RS-232、RS-485、USB、I^2C 等标准总线接口，能与计算机接口总线相连，相互交换信息。

在上述功能的支持下，智能传感器能够克服传统传感器的诸多不足，获得高稳定性、高可靠性、高精度、高信噪比、高分辨力的检测结果，并有着较高的自动化程度，能够极大地提升信息在外部环境、人和系统之间的传输效率以及信息的价值。智能传感器上述智能化功能的实现依赖于大量软硬件技术的支持，其中典型的有以下几种。

（1）非线性自校正技术。理想的传感器的输入物理量与输出信号之间应该尽可能呈线性关系，对于信号处理单元而言，这种线性程度越高，其精度也就越高。但在实际应用中，传感器自身的输入-输出特性往往是非线性的，这就需要在智能传感器中引入非线性自校正技术。非线性自校正是通过按照反非线性特性对传感器的输出信号进行刻度转换来实现传感器输入-输出特性之间的线性关系的。举例而言，假设传感器自身的输入-输出特性为 $y_1 = f(x)$，其中 $f(x)$ 为非线性函数，希望校正后传感器的输入-输出呈 $y_0 = kx + m$ 的线性关系，则需要求 y_0 与 y_1 之间的函数关系,并设计一个实现该函数关系的运算模块,简单计算可以得出 $y_0 = kf^{-1}(y_1) + m$,这里的反函数 f^{-1} 即上述提到的反非线性特性。常用的非线性自校正技术实现方法包括查表法、曲线拟合法、函数链神经网络法以及遗传算法等智能算法。

(2) 自校零与自校准技术。假设传感器的输入-输出特性为 $y = a_1 x + a_0$,其中 a_1 称为灵敏度,a_0 称为零位值,在理想的传感器中,灵敏度和零位值等参数应该保持不变,但在实际应用中,因为环境变化等因素的影响,零位值和灵敏度等参数都有可能发生漂移而引入测量误差,这就需要在智能传感器中引入自校零与自校准技术。

(3) 自补偿技术。自补偿技术主要用于应对传感器因为多种误差因素的影响而性能下降的问题,在要求测量精度较高的情况下,采用以监测法为基础的软件自补偿智能化技术,能够消除因工作条件、环境参数发生变化而引起的系统漂移,使传感器系统的动态特性得到改善。自补偿技术的一个典型应用是在压阻式压力传感器中添加测温元件监测工作温度,然后根据监测结果由软件实现自动补偿。

(4) 噪声抑制技术。传感器获取的信号中常常夹杂着噪声和干扰信号,噪声抑制技术使得智能传感器不仅能感受外界信息,还可以通过信息处理从噪声中自动准确地提取表征被检测对象特征的定量有用信息。常见的噪声抑制技术包括滤波法、差动法、调制法等。

(5) 自诊断技术。随着现代科学技术的发展,系统的可靠性得到了越来越多的关注,在航天航空、核电站、化工、制造等行业中,如何快速准确地对故障进行诊断是一个非常重要的问题。传感器采集的数据可用于对其所监测的对象进行故障诊断,同时也需注意,传感器自身也有可能发生故障,这就要求智能传感器具备一定的能够检测自身故障以及排除故障的自诊断能力。目前已经得到实际应用的自诊断方法主要有硬件冗余方法、解析冗余方法和人工神经网络方法。

除了上述技术之外,微传感器(micro-sensor)、嵌入式传感器等硬件技术和以模糊技术、神经网络技术等为代表的智能技术与算法都在智能传感器中有着广泛应用。此外,工业系统中往往会大量使用传感器,这些传感器的运作并不是相互独立的,而是构成一个庞大的传感器系统协同运作。传感器系统的使能技术包括:①网络通信与现场总线技术,该技术使得控制系统与传感器等现场设备之间能够进行通信,并组成信息网络,美国国家标准与技术研究院和电气与电子工程师协会(Institute of Electrical and Electronics Engineers, IEEE)联合制定的 IEEE 1451标准(智能传感器接口标准)即对传感器与网络之间的接口进行了规范,以实现不同厂商的传感器和现场总线之间的互换性和互通性;②多传感器信息融合技术,该技术通过多传感器采集的大量多样的数据的组合来获取更多的信息,利用多传感器共同或联合操作的优势提高传感器系统的有效性,典型的应用场景是对飞行器航行的预测与跟踪；③分布式技术，该技术用以构建分布式的传感器网络，分布式的传感器系统不仅能够同时测量空间中多个点的环境参数，提供大量的数据，而且每个传感器或部分传感器组成的子系统具有独立的信息处理能力。

6.2.5 智能物流与仓储装备

物流(logistics)是指利用现代信息技术和设备，以准确的、及时的、安全的、保质保量的、门到门的合理化服务模式和先进的服务流程将物品从供应地送向接收地。我国的物流术语标准(GB/T 18354—2006《物流术语》)将物流定义为"物品从供应地向接收地的实体流动过程。根据实际需要，将运输、储存、装卸、搬运、包装、流通加工、配送、信息处理等基本功能实施有机结合。"从该定义中可以看到，物流包含了种类繁多的工业活动，有着极为丰富的内涵。物流技术是人们在物流活动中所使用的各种设施、设备、工具和其他各种物质手段，以及由科学知识和劳动经验发展而形成的各种技能、方法、工业和作业程序等，一个完善的物流系统离不开现代物流技术的应用。现代物流技术按技术形态可以分为硬技术和软技术，其中：硬技术主要涉及物流活动中所使用的各种机械设备、运输工具、站场设施，以及服务于物流的电子计算机、通信网络设备等，例如各种运输工具、装卸搬运设备、分拣包装设备、仓库、车站、港口、货场等；软技术主要涉及物流系统的基础理论研究、系统工程技术、价值工程技术、规划技术、集成技术等，是以提高物流系统整体效益为中心的技术方法。

物流设施与装备是现代物流技术中的关键内容，其贯穿于物流活动全过程，是物流活动开展的物质基础，是影响物流运作效率的关键因素，也是物流系统的重要资产和物流技术水平的主要标志。根据物流活动中各个环节的功能需求，物流装备主要可以分为以下7大类。

(1) 运输装备。运输装备是指用于较长距离运输货物的装备，一般可分为铁路、公路、水路、航空、管道运输装备等5种类型。

(2) 装卸搬运装备。装卸搬运装备是指用来搬移、升降、装卸和短距离输送物料或货物的机械设备。按照主要用途，装卸搬运装备可分为：①起重设备，主要对物品进行起升、下降和水平方向的移动，包括以各种类型的机械葫芦和升降机为代表的简单起重机械，和以回转式起重机和桥架式起重机等各种起重机为代表的通用起重机械；②连续输送机械，主要用于沿给定线路连续输送散粒物料或成件物品，典型的输送机械包括带式输送机、链式输送机、斗式提升机、辊道式输送机、螺旋式输送机等；③装卸搬运车辆，主要用于对物品进行短距离的水平运输，包括各种叉车和以各种手推车为代表的轻型搬运车，其中叉车装有可升降的门架和可更换的取物装置，能够将货物进行托取和升降，从而实现对货物的堆垛和拆垛。

(3) 仓储装备。仓储装备用于物资的存储和保管，是仓库进行保管维护、搬运装卸、计量检验、安全消防和输电用电等各项作业的物质基础。仓储装备按照功能要求可分为：①存货取货设备，包括种类复杂多样的货架、叉车、堆垛机械(如巷道堆垛机、堆垛机器人)和起重运输机等；②分拣配货设备，包括自动分拣设备、搬运车(如牵引车、平板拖车、自动导引车(automated guided vehicle，AGV)等)；③其他设施设备，包括用于货物进出时计量、点数和存货期间盘点、检查的设备，如地磅、轨道秤、电子吊秤，以及条码打印机、条码扫描器、便携式数据采集器等信息设备。

(4) 包装装备。包装装备是指用于完成全部或部分包装过程的有关机器设备，主要有罐装机械、充填机械、裹包机械、封口机械、贴标机械、清洗机械、干燥机械、杀菌机械、捆扎机械、集装机械、多功能包装机械，以及完成其他包装作业的辅助包装机械和包装生产线等。

(5) 流通加工装备。流通加工装备是指用于物品包装、分割、计量、分拣、组装、价格贴附、标签贴附、商品检验等作业的专业机械装备。流通加工装备可以弥补生产过程加工程度的不足，有效地满足用户多样化的需要，提高加工质量和效率以及设备利用率，从而更好地为用户提供服务。流通加工装备的种类繁多，按照流通加工形式可分为：①剪切加工设备，用于进行下料加工或将大规格的板材裁小或裁成毛坯；②冷链加工设备，用于实现生鲜和药品在流通过程中的低温冷冻；③精制加工设备，主要用于农、牧、副、渔等产品的切分、洗净、分装等简单的加工；④其他流通加工设备，如分选加工设备、包装加工设备、组装加工设备等。

(6) 信息采集与处理装备。信息采集与处理装备是指用于物流信息的采集、传输、处理等的物流装备，主要包括电子计算机、网络通信设备、条形码设备、无线射频设备、销售终端(point of sale，POS)机及 POS 系统等。

(7) 集装单元化装备。集装单元化装备是指用集装单元化的形式进行储存和运输作业的物流装备，主要包括托盘、滑板、集装袋、集装箱等。

智能化是现代物流设施与装备的主要发展趋势之一。智能物流装备是指在物流装备信息化和自动化的基础上，集成利用自动识别技术、数据挖掘技术、人工智能技术、地理信息系统(geographic information systems，GIS)技术等新兴信息技术，能够模仿人的智能，对周围环境进行感知和分析，具有学习和推理判断以及自行解决物流活动过程中大量控制和决策问题能力的现代物流装备。

AGV 是具有自动导引装置，能够沿设定的路径行驶，在车体上具有编程和停车选择装置、安全保护装置以及各种物品移载功能的搬运车辆。AGV 除了底盘、车架、车轮等车体系统部件外，还装配有微处理器、传感器、动力驱动装置、导引装置、定位装置、通信装置等，是集成计算机、自动控制、信息通信、机械设计、电子技术等多个学科技术的物流装备，在自动化搬运系统、物流仓储系统、柔性制造系统和柔性装配系统中有着重要的应用。当前，AGV 一般通过以微处理器为核心的控制器来进行定位，以及与集中控制与管理计算机进行通信，反馈 AGV 状态，接收调度和工作指令，进而控制 AGV 沿指定路线运行和搬运物料。近年来，AGV 在智能化的方向上快速发展，许多研究者在这方面进行了大量研究，比如计算机视觉技术在 AGV 中的应用、多 AGV 的任务调度和路径规划等，同时也涌现出众多商用的智能化 AGV 产品，其中最为著名的就是 Amazon（亚马逊）于 2012 年以 7.75 亿美元收购的 Kiva 系统。Amazon 的 Kiva 仓库机器人对全球物流仓储行业的发展产生了重要影响，这些机器人不仅可以抬起 300 多千克的物品，还可以根据指令，扫描地上的条码前进，挑选产品货架，并将库存运送到仓库不同部分的不同包装站。机器人背后的智能运营系统可以通过数据分析和算法优化调配机器人有条不紊地协同工作，系统的调度算法还可以根据物品的受欢迎程度和最近的供应情况来动态调整拣货决策，在接收到订单指令后，机器人会自动执行动作，匹配最优路线，提高工作效率，在执行任务过程中自动避让障碍物。

2017 年 10 月，京东物流首个全流程"无人仓"在上海开放。京东"无人仓"采用大量智能物流机器人进行协同与配合，通过人工智能、深度学习、图像智能识别、大数据应用等诸多先进技术，使得工业机器人能够进行自主判断和行为，适应不同的应用场景、商品类型与形态，完成各种复杂的任务，在商品进货、存储、拣货、包装、分拣等环节实现无人化、自动化。京东在"无人仓"中部署了多款其自主研发的负责不同作业任务的智能机器人，极大地提升了"无人仓"的运转效率，其中包括：①SHUTTLE 货架穿梭机，主要负责在立体货架上移动货物，速度可达 6m/s，每小时可处理 1600 箱货物，并具有定位准确、性能稳定、可根据货物大小自动适配的特点；②DELTA 型分拣机器人，主要负责小件商品的自动分拣，其中应用了京东物流自主研发的三维动态拣选技术，分拣速度可达到每小时 3600 次，并能够根据产品的不同尺寸和种类更换拾取器；③智能搬运机器人 AGV，主要负责货物的运载，载货量可达 300kg 以上，通过调度系统与人工智能可灵活改变路径，实现自动避障与自主规划路径；④六轴机器人，主要负责在仓库内完成物料的搬运和拆垛码垛，京东自主研发的控制系统及码垛算法能够使得机器人将不同尺寸的货箱进行组合，以达到最高的装载率，相较于传统的人工码垛方式，其效率可提高 30%。支持智能机器人高效运作的是"无人仓"中无处不在的数据感知以及人工智能算法。大量的信息采集装备对物流作业中随时随地产生的大量数据进行实时、精准的采集，先进的图像处理和认知感知技术能够迅速将传感器获取的数据转化为有效信息，系统依据这些有效信息感知整个仓库各个环节的状态，并依据数据，通过人工智能算法针对物流活动的各个环节进行决策并下达控制指令，例如：在上架环节，算法将根据上架商品的销售情况和物理属性，自动推荐最合适的存储货位；在补货环节，补货算法的设置让商品在拣选区和仓储区的库存量分布达到平衡；在出库环节，定位算法将决定最适合被拣选的货位和库存数量，调度算法将驱动最合适的机器人进行货物的搬运，以及匹配最合适的工作站进行生产。

近年来，物流装备智能化的趋势还着重体现在货物的配送环节，国内外各大物流厂商相继发展无人配送模式以为"最后一公里"配送问题提出解决方案。2018 年

2 月,京东启用全球首个"无人配送站",作为连接末端无人机、无人配送车的中转站。"无人配送站"在接收到无人机运来的货物后,可在其内部实现中转分发,再由无人配送车自动装载货物完成配送。除了智能存储和分发货物外,"无人配送站"还可以与收件人进行联系,并依照售后服务指令提供智能退货服务。2018 年 6 月,京东无人配送车于中国人民大学完成首单配送,车上装配了激光雷达、摄像头、差分 GPS 等设备,最大的无人车可一次装载几十件快件。京东无人配送车在部署时,通常先用激光雷达扫描校园形成路网地图,再根据激光雷达、摄像头、GPS 实现导航定位和避障。通过转向灯和屏幕,无人配送车会在行驶和送货过程中给用户一些提示,用户则像过去一样收到京东的消息提醒,之后通过人脸识别或者短信验证码从无人配送车中取走快件。此外,无人配送车还具有自主学习能力,可根据配送过程中实际的环境、路面、行人以及交通环境对路径进行调整。无人配送车作为新兴的智能物流装备,综合应用了无人驾驶技术、高精度建图与定位技术、传感器技术、图像识别技术、数据挖掘和机器学习技术等多种新兴技术,需要具备智能感知和避让、智能路线规划、智能通信等能力。近年来,国内外各大物流厂商和无人车科技公司相继推出并试运行了自己的无人配送车,除了已经提到的京东之外,还包括苏宁物流的"卧龙一号"、菜鸟物流的"小 G"、中通物流的"蓝小胖"、智行者的"蜗必达"、Starship Technologies 的 Starship、Nuro 的 Level 4 全自动无人配送车等。

6.3　智能产品

智能技术的飞速发展催生了一批又一批的智能产品,这些智能产品已经渗透到人们日常生活的方方面面,为人们的生活和工作提供了前所未有的便利。本节将对一些典型的智能产品,如机器人、智能家居、智能汽车和无人机、智能可穿戴设备、虚拟现实和增强现实设备等进行介绍。

6.3.1　机器人

机器人是自动执行工作的机器装置。它既可以接受人类指挥,又可以运行预先编排的程序,也可以根据以人工智能技术制定的原则纲领行动。它的任务是协助或取代人类的工作,例如生产业、建筑业,或是危险的工作。

机器人一般由执行机构、驱动装置、检测装置和控制系统组成。

执行机构也被称为机器人本体,其臂部一般采用空间开链连杆机构,其中的运动副常称为关节,关节个数通常即为机器人的自由度数。根据关节配置形式和运动坐标形式的不同,机器人执行机构可分为直角坐标式、圆柱坐标式、极坐标式和关节坐标式等类型。

驱动装置是驱使执行机构运动的机构,按照控制系统发出的指令信号,借助于动力元件使机器人进行动作。它输入的是电信号,输出的是线、角位移量。机器人使用的驱动装置主要是电力驱动装置,如步进电机、伺服电机等,此外有的也采用液压、气动等驱动装置。

检测装置的作用是实时检测机器人的运动及工作情况,根据需要反馈给控制系统,与设定信息进行比较后,对执行机构进行调整,以保证机器人的动作符合预定的要求。作为检测装置的传感器大致可以分为两类:一类是内部信息传感器,用于检测机器人各部分的内部状况,如各关节的位置、速度、加速度等,并将所测得的信息作为反馈信号送至控制器,形成闭环控制;一类是外部信息传感器,用于获取有关机器人的作业对象及外界环境等方面的信息,以使机器人的动作能适应外界情况的变化,使之达到更高层次的自动化,甚至使机器人具有某种"感觉",向智能化发展,例如视觉、声觉等外部传感器给出工作对象、工作环境的有关信息,利用这些信息构成一个大的反馈回路,从而大大提高机器人的工作精度。

控制系统实时控制机器人的运行,分为集中式和分散式两种类型。前者是指机器人的全部控制由一台微型计算机完成。后者是指采用多台微型计算机来分担机器人的控制,当采用上、下两级微机共同完成机器人的控制时,主机常用于负责系统的管理、通信、运动学和动力学计算,并向下级微机发送指令信息;作为下级从机,各关节分别对应一个 CPU,进行插补运算和伺服控制处理,实现给定的运动,并向主机反馈信息。根据作业任务要求的不同,机器人的控制方式又可分为点位控制、连续轨迹控制和力控制。

从应用环境出发,可以将机器人分为工业机器人和特种机器人两大类。工业机器人就是面向工业领域的多关节机械手或多自由度机器人,它是集机械、电子、控制、计算机、传感器、人工智能等多学科先进技术于一体的现代制造业重要的自动化装备。自从 1962 年美国研制出世界上第一台工业机器人以来,机器人技术及其产品发展很快,已成为柔性制造系统、自动化工厂、计算机集成制造系统的自动化工具。而特种机器人则是除工业机器人之外的、用于非制造业并服务于人类的各种先进机器人,包括:服务机器人、水下机器人、娱乐机器人、军用机器人、农业机器人、机器人化机器等。在特种机器人中,有些分支发展很快,有独立成体系的趋势,如服务机器人、水下机器人、军用机器人、微操作机器人等。如今机器人的应用面越来越宽,由 95% 的工业应用扩展到更多领域的非工业应用,例如医疗手术、采摘水果、剪枝、巷道掘进、侦查、排雷、空间探测、潜海科考等。此外,机器人的种类也越来越多,例如,个体如一个米粒般大小、可以进入人体的微型机器人。

现代机器人的研究始于 20 世纪中期,其技术背景是计算机和自动化的发展,以及原子能的开发利用。自 1946 年第一台数字电子计算机问世以来,计算机取得了惊人的进步,向高速度、大容量、低价格的方向发展。大批量生产的迫切需求推动了自动化技术的进展,其结果之一便是 1952 年数控机床的诞生。与数控机床相关的控制、机械零件的研究又为机器人的开发奠定了基础。原子能实验室的恶劣环境要求某些操作机械代替人处理放射性物质。在这一需求背景下,美国原子能委员会的阿尔贡研究所于 1947 年开发了遥控机械手,1948 年又开发了机械式的主从机械手。1954 年美国发明家戴沃尔最早提出了工业机器人的概念,并申请了专利。该专利的要点是借助伺服技术控制机器人的关节,利用人手对机器人进行动作示教,机器人能实现动作的记录和再现。这就是所谓的示教再现机器人。现有的机器人差不多都采用了这种控制方式。

随着计算机技术和人工智能技术的飞速发展,机器人在功能和技术层次上有了很大的提高,移动机器人和机器人的视觉和触觉等技术就是典型的代表。这些技术的发展推动了机器人概念的延伸。20 世纪 80 年代,将具有感觉、思考、决策和动作能力的系统称为智能机器人,这是一个概括的、含义广泛的概念,这一概念不但指导了机器人技术的研究和应用,而且赋予了机器人技术向深广发展的巨大空间,水下机器人、空间机器人、空中机器人、地面机器人、微小型机器人等各种用途的机器人相继问世。

作为人工智能产业的一个重要分支,智能机器人的市场规模持续扩大,工业、特种机器人市场增速稳定,服务机器人增速突出。技术创新围绕仿生结构、人工智能和人机协作不断深入,产品在教育陪护、医疗康复、危险环境等领域的应用持续拓展,企业前瞻布局和投资并购异常活跃,智能机器人产业正迎来新一轮增长。

6.3.2　智能家居

智能家居是以住宅为平台,利用移动互联网以及相关的通信技术、系统集成技术、传感器技术、网络控制技术等,实现对家居生活相关设施的集成,构建智能化、网络化的住宅设施与家庭日常事务的综合控制系统和管理系统,在此基础上实现针对家居环境的远程控制和智能控制,提升家居安全性、便利性、舒适性、艺术性,并实现环保节能的居住环境。

智能家居的概念最早起源于美国,但一直未有具体的建筑案例出现。直到 1984 年美国联合技术建筑系统公司(United Technologies Building System Co., UTBS)将建筑设备信息化、整合化概念应用于美国康涅狄格州哈特福德市的城市广场大厦(City Place Building)时,才出现了首栋"智能型建筑"。该建筑以当时最先进的技术控制空调设备、照明设备、防灾和防盗设备、电梯设备、通信和办公自动化设备等,通过计算机网络、通信技术、计算机控制技术以及自动化的综合管理,实现了方便、舒适、安全的办公和居住环境,并具有了高效运转和经济节能的特点。随后,在短短的十几年内,智能建筑在美国、日本、欧洲等发达国家和地区蓬勃发展起来。

在实践应用过程中,智能家居系统能够利用相关的技术如移动互联网、传感器技术、通信技术等,实现对家居环境中关键家具如电器的控制,进而实现对家居环境的远程控制和智能控制。这种情况下，住户可以利用智能终端设备实现对家居环境的远程控制和智能控制，比如对室内温度、湿度、通风效果的控制，因此能够有效提高住户的居住水平和舒适度，达到优化住户体验的效果。在智能家居系统的建设过程中，移动互联网技术具有关键作用，是实现良好智能控制和远程控制的核心技术。具体来讲，将家电设备与互联网进行连接，就可以通过设备中的传感器以及互联网系统实现对家电的智能控制和远程控制，达到有效调整家电使用效果的目的，提升用户居住体验。

当前，随着人工智能与家居行业的融合，家居产品越来越智能化和人性化，为智能家居的发展提供了无限可能。例如，小米公司研发了一款能听会说的人工智能音箱，它不仅可以与人交互，还能操控家中其他电器，真正做到家居以"人"为中心。由于人类交流的方式是发出语音，音箱、机器人、电视等家居设备在配备语音识别技术以后，能够成为识别人类语音的智能家居产品入口。语音识别只是人类与机器交流的一种方式，具有语音识别、图像识别功能，配备各类传感器的人工智能系统才能最大程度上获取人类对家居所发出的相关指令。与此同时，人工智能系统就获取到的数据进行深度学习，不断地分析用户的习惯，最终能够提供满足用户的智能服务。拥有强大处理能力的人工智能家居系统是未来很长一段时间智能家居发展的方向。

此外，物联网在智能家居中的运用也相对较多。人与家居之间、家居与外部设备之间进行相互连接，就相关数据进行共同分享，使得大数据能够最大程度上在智能家居中得到运用。人工智能家居中充满了各式各样的传感器，这些传感器是实现家居智能的关键要素。但这些传感器所采集到的数据很大一部分都是无效信息，往往只有少数信息才有真正的价值。这就需要利用大数据技术，精确地采集家居中的有效信息，为智能家居自我深度学习提供依据。大数据的运用和深度学习系统是智能家居的关键点。

近些年出现的云端技术成为语音识别、自然语音处理、图像识别和智能算法的计算基础平台，终端硬件只需要不断地采集用户的相关数据，然后通过物联网技术将采集到的数据传递到云端，通过云计算处理方法对相关数据进行分析，为用户提供相应的服务。云端技术能够使家居之间的相互连接成本和时间明显降低，从而使智能家居产品的成本直线下降，令智能家居产品在未来一段时间呈现快速增长。智能家居连接云平台将是未来家居智能发展的一个重要方向。

由于智能家居发展时间不长，所以目前智能家居行业还没有一个统一的标准，各个企业都研发出相应的智能家居开发平台，致力于打造出以人工智能技术为核心的智能家居生活圈。苹果公司推出了 HomeKit 平台，阿里巴巴推出了 Alink 平台，华为公司推出了 HiLink 平台。其中华为的 Hilink 平台主要能够容纳大量的手机接入端口、家居智能路由端口、云端数据共享、终端软件开发工具包（software development kit，SDK）以及操作系统（operating system，OS）等。华为公司通过为合作公司开放 HiLink、SDK、物联网芯片和人工智能核心技术的方法,使相关终端产品能够快速实现智能化。

6.3.3　智能汽车和无人机

1. 智能汽车

智能汽车,也被称为智能车辆,是在普通汽车上增加了先进的传感器、控制器、执行器等装置,通过车载传感系统和信息终端实现人、车、路之间的智能信息交换,使车辆具备智能的环境感知能力,能够自动分析车辆行驶的安全及危险状态,并使车辆按照人的意愿到达目的地,最终实现替代人来操作的目的。

但是,智能汽车与一般意义上的自动驾驶有所不同,它指的是利用多种传感器和智能公路技术实现的汽车自动驾驶。智能汽车包含多套信息系统:①导航信息资料库,存有全国高速公路、普通公路、城市道路以及各种服务设施的信息资料;②GPS 定位系统,可以精确定位车辆所在的位置,并与道路资料库中的数据相比较,确定以后的行驶方向;③道路状况信息系统,由交通管理中心提供实时的前方道路状况信息,如堵车、事故等,必要时及时改变行驶路线;④车辆防碰系统,包括探测雷达、信息处理系统、驾驶控制系统,控制与其他车辆的距离,在探测到障碍物时及时减速或刹车,并把信息传给指挥中心和其他车辆;⑤紧急报警系统,如果出了事故,自动报告指挥中心进行救援;⑥无线通信系统,用于汽车与指挥中心的联络;⑦自动驾驶系统,用于控制汽车的点火、改变速度和转向等。

通过对车辆智能化技术的研究和开发,可以提高车辆的控制与驾驶水平,保障车辆行驶的安全、畅通、高效。对智能化的车辆控制系统的不断研究完善,相当于延伸扩展了驾驶员的控制、视觉和感官功能,能极大地促进道路交通的安全性。智能车辆的主要特点是以技术弥补人为因素的缺陷,使得即便在很复杂的道路情况下,也能自动地操纵和驾驶车辆绕开障碍物,沿着预定的道路轨迹行驶。

2016 年长安睿骋完成了重庆到北京 2000km 的无人驾驶测试,成为迄今为止中国唯一实现 2000km 智能驾驶的汽车品牌;2017 年长安 CS55 完成高度自动驾驶技术 APA 6.0 的首测,与此同时,长安汽车成为国内外唯一一家获得自动驾驶路测牌照的汽车企业;2019 年比亚迪第一台智能大巴在深圳面世。这些都是我国在智能汽车发展道路上取得的丰硕成果。

在不久的将来,随着高速无线局域网技术的日趋成熟,人们将迎来一个全新的智能汽车时代。这将是跨学科、跨领域的技术革新,在这场革新之后,全新的汽车市场将会向着可感知、可连接、标准化、个性化的方向蓬勃发展,智能化、网络化将会成为未来汽车行业的必然趋势。

2. 无人机

除了在道路运输方面外,相关技术在航空运输方面也得到了广泛应用,具体表现为无人机的发展。无人机是无人驾驶飞机的简称,是指利用无线电遥控设备和自备的程序控制装置操纵，或者由车载计算机完全地或间歇地自主操作的不载人飞机。

无人机按技术角度定义划分，可以分为无人固定翼飞机、无人垂直起降飞机、无人飞艇、无人直升机、无人多旋翼飞行器、无人伞翼机等。按外形结构划分，通常包括固定翼无人机和多旋翼无人机两种。固定翼无人机采用滑跑或弹射起飞，伞降或滑跑着陆，对场地有一定要求，巡航距离、载重等指标明显高于多旋翼无人机。多旋翼无人机根据螺旋桨数量，又可细分为四旋翼、六旋翼、八旋翼等。一般认为，螺旋桨数量越多，飞行越平稳，操作越容易。多旋翼无人机具有可折叠、垂直起降、可悬停、对场地要求低等优点，因此备受青睐。

与载人飞机相比，无人机具有灵活性高的特点，即无人机体积小、质量轻，拥有飞机、卫星无法具备的灵活性；成本低，组装后可直接使用，且起飞方式简单，对环境要求低；无人机机身成本低，运行时的能量耗费也低于其他飞行器；无须考虑停放场地建设以及飞行员培训带来的额外成本；安全性高，即无人机隐蔽性强，抗干扰性能较强；无须担心驾驶人员的安全，可在恶劣的环境下执行危险任务。

无人机最早在20世纪20年代出现。1914年第一次世界大战正进行得如火如荼时，英国的卡德尔和皮切尔两位将军向英国军事航空学会提出了一项建议：研制一种不用人驾驶，而用无线电操纵的小型飞机，使它能够飞到敌方某一目标区上空，将事先装在小飞机上的炸弹投下去。这种大胆的设想立即得到了当时英国军事航空学会理事长戴·亨德森爵士的赏识，他指定由 A. M. 洛教授率领一班人马进行研制。1927年，"喉"式单翼无人机试飞成功。

第二次世界大战中，无人机被用于训练防空炮手。随着电子技术的进步，无人机在担任侦查任务的角色上开始崭露它的弹性与重要性。1955年至1975年的越南战争，1990年至1991年的海湾战争乃至1999年北约空袭南斯拉夫的过程中，无人机都被频繁地用于执行军事任务。

20世纪90年代后，西方国家充分认识到无人机在战争中的作用，竞相把高新技术应用到无人机的研制与发展上：新翼型和轻型材料大大增加了无人机的续航时间；先进的信号处理与通信技术提高了无人机的图像传递速度和数字化传输速度；先进的自动驾驶仪使无人机不再需要陆基电视屏幕领航，而是按程序飞往盘旋点、改变高度和飞往下一个目标。由于无人机对未来空战有着重要的意义，因此世界上各主要军事国家都在加紧进行无人驾驶飞机的研制工作。

除了在军事中有极其重要的作用外，无人机在民用领域更有广阔的前景，如边境巡逻、核辐射探测、航空摄影、航空探矿、灾情监视、交通巡逻、治安监控等。

在电力巡检领域，装配有高清数码摄像机和照相机以及 GPS 定位系统的无人机，可沿电网进行定位自主巡航，实时传送拍摄影像，监控人员可在计算机上同步收看与操控。与传统的人工电力巡线方式相比，无人机实现了电子化、信息化、智能化巡检，提高了电力线路巡检的工作效率、应急抢险水平和供电可靠率。而在山洪暴发、地震灾害等紧急情况下，无人机可对线路的潜在危险，诸如塔基陷落等问题进行勘测与紧急排查,丝毫不受路面状况影响,既免去攀爬杆塔之苦,又能勘测到人眼的视觉死角,对于迅速恢复供电很有帮助。

在农业保险领域,利用集成了高清数码相机、光谱分析仪、热红外传感器等装置的无人机在农田上飞行,准确测算投保地块的种植面积,所采集数据可用来评估农作物风险情况、保险费率,并能为受灾农田定损。此外,无人机的巡查还实现了对农作物的监测。无人机在农业保险领域的应用,既可确保定损的准确性以及理赔的高效率,又能监测农作物的正常生长,帮助农户采取针对性的措施,以减少风险和损失。

在环保工作领域,无人机的应用大致可分为 3 种类型:①环境监测,既可以观测空气、土壤、植被和水质状况,也可以实时快速跟踪和监测突发环境污染事件的发展;②环境执法,即利用搭载了采集与分析设备的无人机在特定区域巡航,监测企业工厂的废气与废水排放,寻找污染源;③环境治理,即利用携带了催化剂和气象探测设备的柔翼无人机在空中进行喷洒,与无人机播撒农药的工作原理一样,在一定区域内消除雾霾。无人机开展航拍,持久性强,还可采用远红外夜拍等模式,实现全天候航监测。无人机执法也不受空间与地形限制,时效性强,机动性好,巡查范围广,使得执法人员可及时排查到污染源。

在影视剧拍摄领域,无人机搭载高清摄像机,在无线遥控的情况下,根据节目拍摄需求,在遥控操纵下从空中进行拍摄,实现了高清实时传输,其距离可长达 5km,而标清传输距离则长达 10km;无人机灵活机动,低至 1m,高至四五千米,可实现追车、升起和拉低、左右旋转,甚至贴着马肚子拍摄等,极大地降低了拍摄成本。

在物流快递领域,无人机可实现外包装尺寸不大于鞋盒包装大小的货物的配送,只需将收件人的 GPS 地址录入系统,无人机即可起飞前往。美国的亚马逊、中国的顺丰都在积极测试这项业务,亚马逊宣称无人机可在 30min 内将货物送达 1.6km 范围内的客户手中。而美国达美乐比萨店已在英国成功地空运了首个比萨外卖。

在灾后救援领域,可利用搭载了高清拍摄装置的无人机对受灾地区进行航拍,提供一手的最新影像。无人机动作迅速,对于争分夺秒的灾后救援工作而言意义非凡;同时,通过航拍的形式,避免了可能存在塌方的危险地带,保障了救援工作的安全,并为合理分配救援力量、确定救灾重点区域、选择安全救援路线以及灾后重建选址等提供很有价值的参考。

6.3.4　智能可穿戴设备

智能可穿戴设备是对穿戴设备进行智能化设计,开发出的可以穿戴设备的总称,如眼镜、手套、手表、服饰及鞋等。广义可穿戴设备是可直接穿在身上或整合到衣服或用品上甚至附着或植入人体,通过以硬件为基础的数据交互、以软件为支持的人工智能、以云端交互来实现强大功能的系统。包括功能全、尺寸大、可不依赖智能手机实现完整或部分功能的产品，例如智能手表或智能眼镜等，以及只专注于某一类应用功能，需要和其他设备如智能手机配合使用的产品，如各类进行体征监测的智能手环、智能首饰等。

智能可穿戴设备拥有多年的发展历史，其思想和雏形在 20 世纪 60 年代即已出现，而具备可穿戴形态的设备则于七八十年代出现，史蒂夫·曼基于 Apple-Ⅱ 6502 型计算机研制的可穿戴计算机原型即是其中的代表。随着计算机标准化软硬件以及互联网技术的高速发展，智能可穿戴设备的形态开始变得多样化，逐渐在工业、医疗、军事、教育、娱乐等诸多领域表现出重要的研究价值和应用潜力。

随着技术的进步以及用户需求的变迁，智能可穿戴设备的形态与应用热点也在不断地变化。智能可穿戴设备的应用领域可以分为两大类，即自我量化与体外进化。

在自我量化领域，又可分为两大应用细分领域：运动健身户外领域和医疗保健领域。前者主要的参与厂商是专业运动户外厂商及一些新创公司，以轻量化的手表、手环、配饰为主要形式，实现运动或户外数据如心率、步频、气压、潜水深度、海拔等指标的监测、分析与服务。而后者主要的参与厂商是医疗便携设备厂商，以专业化方案提供血压、心率等医疗体征的检测与处理，形式较为多样，包括医疗背心、腰带、植入式芯片等。

在体外进化领域，智能可穿戴设备能够协助用户实现信息感知与处理能力的提升，其应用领域极为广阔，从休闲娱乐、信息交流到行业应用，用户均能通过多样化的传感、处理、连接、显示功能的可穿戴设备实现自身技能的增强或创新。主要的参与者为高科技厂商中的创新者以及学术机构，产品形态以全功能的智能手表、眼镜等为主，不用依赖于智能手机或其他外部设备即可实现与用户的交互。

穿戴式技术在国际计算机学术界和工业界一直都备受关注。此前，由于造价成本高和技术复杂，很多相关设备仅仅停留在概念领域。随着移动互联网的发展、技术进步和高性能低功耗处理芯片的推出等，部分智能可穿戴设备已经从概念化走向商用化，新式智能可穿戴设备不断出现，诸多科技公司也开始在这个全新的领域深入探索。

法国健康科技公司 Chronolife 研发出一件可以预判心脏疾病的智能背心，该背心能够实时测量心电图、腹式呼吸、胸部呼吸、肺阻抗等生理数据，结合机器学习技术，可以推算出心脏病可能发作的时间。另一家法国公司 Withings 推出两款新型穿戴设备，分别是智能健康手表 Move ECG 和智能血压计 BPM Core。Move ECG 的特点在于能够让消费者即时按需地测量心电状况，搭配 App 软件 Health Mate 即可显示心电图信号，并将心电图数据实时发送给医生。作为一款智能血压计，BPM Core 能够准确测量血压和心率，其外形与传统血压袖带相似，消费者只需将其放在上臂，按下按钮后 90s 内即可完成包括血压、心房颤动在内的检查，可对心房颤动和心脏瓣膜病早期筛查和检测起到积极辅助作用。

根据 2019 年全球智能可穿戴设备出货量的统计数据,2019 年全年可穿戴设备出货量达到 3.365 亿部,相比 2018 年增长了 89%。在所有类别可穿戴设备中,耳戴式设备增幅最大,2019 年全年出货量为 1.705 亿部,相较 2018 年增长率超过250%,其中苹果 AirPods 系列产品独占 40% 以上的市场份额;智能手环的全年出货量为 6940 万部,较去年增长 37.4%;智能手表的全年出货量为 9240 万部,较去年增长 22.7%。

从 2021 年 1 月媒体公布数据来看,2020 年第三季度全球可穿戴设备出货量同比增长 35.1%,达到 1.253 亿台,依然保持了高速增长。其中,耳戴式设备出货量为 6975 万台,比 2019 年同期增长 47.7%,占整个市场的 55.8%,增长势头十分强劲,而且这一趋势有望在未来几年中继续保持。耳戴式设备的主要用途是通信和娱乐,轻便、续航佳、易充电等功能体验已成为耳戴式设备的基本特点,这类设备正变得越来越“聪明”,通过深度融合人工智能技术,可实现语音查询、语音控制等智能控制功能,只需按一下设备上的按钮或说出唤醒词,就可以激活智能助手功能,进一步解放使用者的双手。可以预计,耳戴式设备未来仍然会在智能可穿戴设备市场中扮演重要的角色,诸如苹果 AirPods 之类耳戴式设备将维持较快的市场增长势头。预计到 2024 年,耳戴式设备出货量将达到 3.96 亿台,占所有智能可穿戴设备出货量的 62.8%,独占智能可穿戴设备鳌头。

针对智能可穿戴设备的快速增长态势,国际数据公司(International Data Corporation,IDC)分析认为,两位数的增长不仅显示出强劲的需求,而且表明许多设备在新兴市场和先进市场都可用,这意味着可穿戴设备用户的安装基础将在未来扩展,并且在几年内将有更多的机会来升级该设备,因此可穿戴市场将继续享有巨大的需求。

展望未来,智能可穿戴设备将成为继电视、电脑、手机之后“第四屏”的有力竞争者,随着人工智能、大数据、传感器等技术不断成熟,面向垂直应用领域的新型智能可穿戴设备将不断涌现。智能可穿戴设备时代的来临意味着人的智能化延伸,通过这些设备,人可以更好地感知外部与自身的信息,能够在计算机、网络甚至其他人的辅助下更为高效率地处理信息,能够实现更为无缝的交流。

6.3.5 VR、AR 和 MR

1. VR

VR 是 virtual reality 的缩写,即虚拟现实。简单理解,VR 就是把虚拟的世界呈现在用户眼前。目前人们约定俗成的虚拟现实,是指通过各种各样的头戴显示器把无边框的虚拟世界呈现给用户,一般是全封闭的,给用户带来沉浸感。

VR 的产生最早可以追溯到 1957 年由 Morton Heilig 发明的仿真模拟器。20 世纪 80 年代,该名词由美国 VPL 公司创始人 Jaron Lanier 提出。VR 的演变发展大体上可以分为 4 个阶段：有声形动态的模拟是蕴涵虚拟现实思想的第一阶段（1963 年以前）；虚拟现实萌芽为第二阶段（1963—1972 年）；虚拟现实概念的产生和理论初步形成为第三阶段（1973—1989 年）；虚拟现实理论进一步的完善和应用为第四阶段（1990—2004 年）。

VR 实际上是通过电脑虚拟仿真系统创造三维虚拟空间使用户在视觉上产生一种临场感。VR 是一门综合技术，以计算机技术为主，综合利用计算机模拟技术、三维图形技术、传感技术、显示技术、人机界面技术、伺服技术等。它建立的虚拟世界具有多感知性、交互性、自主性、存在感 4 个特征。

从理念上看，VR 的核心特征可以归纳为"3I"，即沉浸（immersion）、互动（interaction）和想象（imagination），也就是通过对现实的捕捉和再现，将真实的世界和虚构的世界融为一体，从而将用户引入兼具沉浸、互动与想象的虚拟世界。因此，延伸人的想象力、满足人的好奇心和人类鲜少体验感知的奇观类和想象类题材更适合通过 VR 实现，例如目前十分热门的房地产领域和 VR＋旅游等。然而，这些只是 VR 改变人类生活的冰山一角，未来的众多行业都会与 VR 进行深度契合。

2. AR

AR 是 augmented reality 的缩写，即增强现实。字面解释就是，现实被增强了。但是被谁增强了？答案是虚拟信息。AR 是一种将真实世界信息和虚拟世界信息"无缝"集成的新技术，是把原本在现实世界的一定时间空间范围内很难体验到的实体信息（例如视觉信息、声音、味道、触觉等），通过计算机等科学技术模拟仿真后再叠加，将虚拟的信息应用到真实世界，被人类感官所感知，从而达到超越现实的感官体验。真实的环境和虚拟的物体被实时地叠加到了同一个画面或空间同时存在，并进行互动。

AR 技术于 1990 年被提出，包含了多媒体、三维建模、实时视频显示及控制、多传感器融合、实时跟踪及注册、场景融合等新技术与新手段。增强现实提供了在一般情况下不同于人类可以感知的信息。

AR 技术不仅在与 VR 技术相类似的应用领域，例如尖端武器/飞行器的研制与开发、数据模型的可视化、虚拟训练、娱乐与艺术等领域具有广泛的应用，而且由于其具有能够对真实环境进行增强显示输出的特性，因此在医疗研究与解剖训练、精密仪器制造和维修、军用飞机导航、工程设计和远程机器人控制等领域具有比 VR 技术更加明显的优势。随着随身电子产品 CPU 运算能力的提升，预期 AR 技术的用途将会越来越广。

移动式增强现实系统的早期原型增强现实的基本理念是将图像、声音和其他感官增强功能实时添加到真实世界的环境中，听起来十分简单。而且，电视网络通过使用图像实现上述目的不是已经有数十年的历史了吗？的确是这样，但是电视网络所做的只是显示不能随着摄像机移动而进行调整的静态图像。增强现实远比我们在电视广播中见到的任何技术都要先进，尽管增强现实的早期版本一开始是出现在通过电视播放的比赛和橄榄球比赛中,例如 Racef/x 和添加的第一次进攻线,它们都是由 sport vision 创造的。这些系统只能显示从一个视角看到的图像,下一代增强现实系统将能显示从所有观看者的视角看到的图像。

VR 和 AR 的区别体现在两点,即交互区别和技术区别。交互上因为 VR 是纯虚拟场景,所以 VR 装备更多的是用于用户与虚拟场景的互动交互,更多的使用包括位置跟踪器、数据手套、动捕系统、数据头盔等;而 AR 是现实场景和虚拟场景的结合,所以基本都需要摄像头,在摄像头拍摄的画面基础上,结合虚拟画面进行展示和互动。技术上 VR 类似于游戏制作,创作出一个虚拟场景供人体验,其核心是 Graphics 的各项技术的发挥,主要关注虚拟场景是否有良好的体验;AR 则应用了很多计算机视觉(computer vision)的技术,AR 设备强调复原人类的视觉功能,比如自动去识别跟踪物体,而不是用户手动去指出。

3. MR

MR 是 mixed reality 的缩写,即混合现实,是虚拟现实技术的进一步发展。该技术通过在虚拟环境中引入现实场景信息,在虚拟世界、现实世界和用户之间搭起一个交互反馈的信息回路,以增强用户体验的真实感。混合现实是一组技术组合,不仅提供新的观看方法,还提供新的输入方法,而且所有方法相互结合,从而推动创新。输入和输出的结合对中小型企业而言是关键的差异化优势。这样,混合现实就可以直接影响用户的工作流程,帮助领导者和员工提高工作效率和创新能力。

MR 是由"智能硬件之父"——多伦多大学教授 Steve Mann 提出的介导现实。在 20 世纪七八十年代,为了增强简单自身视觉效果,让眼睛在任何情境下都能够"看到"周围环境,Steve Mann 设计出可穿戴智能硬件,这被视为对 MR 技术的初步探索。VR 是纯虚拟数字画面,AR 是虚拟数字画面加上裸眼现实,而 MR 是数字化现实加上虚拟数字画面。从概念上来说,MR 与 AR 更为接近,都是一半现实一半虚拟影像,但传统 AR 技术运用棱镜光学原理折射现实影像,视角不如 VR 视角大,清晰度也会受到影响。MR 技术结合了 VR 与 AR 的优势,能够更好地将AR 技术体现出来。根据 Steve Mann 的理论,智能硬件最后都会从 AR 技术逐步向 MR 技术过渡。"MR 和 AR 的区别在于 MR 通过一个摄像头让人看到裸眼看不到的现实,AR 只管叠加虚拟环境而不管现实本身"。

AR 往往被视为 MR 的一种形式,因此在当今业界,很多时候为了描述方便,就把 AR 也当作了 MR 的代名词,用 AR 代替 MR。二者的区别是,虚拟物体的相对位置是否随设备的移动而移动。如果是,就是 AR 设备;如果不是,就是 MR 设备。举个例子:如果 AR 技术显示墙上有一个钟表,你肯定能分辨出那是设备投射出来的;而通过 MR 系统投射的虚拟钟表,无论你怎么动,它都会待在固定的位置,随着你的旋转可以看到它的不同角度,还会投射影子到墙上,就好像那里本来就有一个真正的钟表一样。

6.4 深度解析——数字化推动全球航天系统研制与生产变革

2019 年 7 月 5 日,经济合作与发展组织(OECD)发布了题为"数说航天经济:航天对全球经济的影响"的 2019 年航天经济报告。报告指出,各产业均受到数字技术和数据流技术的影响,积极开展大规模数字化项目推进产业发展。同时,OECD 基于最新的数据和相关指标,分析了全球航天产业的发展趋势。报告第四章专门论述了航天系统研制与生产中的数字化变革,并阐明数据分析、3D 打印、机器人等数字制造技术已逐渐改变航天产业的发展模式。

6.4.1 全球航天产业已进入数字化制造的第五阶段

航天产业发展可以划分为 5 个阶段,每个阶段持续 10～15 年。从表 6-1 可以看出航天技术与应用的演化过程及其影响。当前,航天产业发展正处于第五阶段。

表 6-1 航天产业发展的 5 个阶段

阶段	时间(年份)	阶 段 描 述
前太空时代 (阶段 0)	1943—1957	军事争霸,发展洲际弹道导弹,苏联 1957 年成功发射人类第一颗人造卫星(Sputnik)
阶段 1	1958—1970	太空竞赛(从人造卫星在轨运行到阿波罗登月计划),开始航天军事应用,之后开展载人航天、机器人太空探索
阶段 2	1971—1985	1971 年苏联成功发射人类首个空间站(礼炮 1 号);美国 1973 年发射"天空实验室"空间站(Skylab),以及后来的航天飞机;航天军事应用进一步发展(如 GPS 和 GLONASS 系统),民用和商用航天开始起步(对地观测、卫星通信),航天领域新力量形成(欧洲、中国、日本)
阶段 3	1986—2002	第二代空间站:1986 年苏联发射"和平号"空间站;1993 年开始实施多国合作的国际空间站(ISS)计划。太空在军事应用中扮演着更为重要的角色,同时民用和商用航天持续发展壮大
阶段 4	2003—2018	进入数字化时代,航天技术应用无处不在;新一代航天系统(例如小卫星)融合了微电子、计算机和材料等领域的技术突破;多渠道国际合作,航天活动全球化推进
阶段 5	2018—2033	研发第三代空间站,通过新一代太空望远镜和机器人更广泛深入地认知太阳系及深空;大众市场产品和全球监控系统对航天基础设施的需求日益增长;新型载人航天、在轨服务等新时代航天活动蓬勃发展

根据 OECD 的分析结果,数字技术主要从生产技术和供应链管理两方面推动航天系统制造的升级发展,显著提高了航天产品的生产速度,降低了生产成本。同

时,数字化驱动加速了航天产业研究和创新的周期,并促进创新更加具有开放性和
协作性,从根本上改变了竞争和商业模式。航天产业正在进入一种主要由数字化
驱动的创新发展新范式。虽然数字革命对航天系统研制和生产的影响难以量化,
但在未来将对航天产业的结构调整、研发经费、政策制定等产生重大影响。

6.4.2　数字化推进航天制造变革

数字技术显著缩短了生产时间并降低了生产成本。制造业的下一次革命是数
字技术的广泛应用。数字化技术对生产率、就业水平、所需技能等将产生深远影
响。数字制造技术已逐渐改变了航天产业的生产模式,数据分析、增材制造和机器
人等技术可大幅缩减多种不同类型项目的材料成本和生产时间。OECD 成员国的
航空航天和国防工业企业已通过参与各种航天计划受益良多,比如政府投资的科
研项目、商业观测或商业通信卫星的标准化卫星总线等项目。特别是数字技术带
来的渐进性技术创新,将为未来的大规模发射奠定技术基础(如英国一网公司正在
建设的低轨互联网卫星星座,将由 2000 多颗质量 100~400kg 的小卫星组成),因
为需要以前所未有的规模和速度生产卫星和运载火箭。

1. 新兴商业公司将批量制造经验引入航天产业

新兴商业航天公司带头将先进的生产制造流程引入航天领域。美国太空探索
技术公司(SpaceX)是最早将批量化生产制造行业(如汽车行业)的经验和数据应用
于航天制造产业的公司之一,其他公司纷纷跟进,大力投资发展新技术和先进生产
设施。泰雷兹阿莱尼亚宇航公司(Thales Alenia Space)采用机器人组装面板、数据
管理,以及在线测试和检查、增强现实技术等先进数字化技术,为比利时的光伏组
件建造一个价值 2000 万欧元的自动化生产设施。2016 年,一网公司和欧洲空客
公司合资成立一网卫星公司(OneWeb Satellites),并于 2017 年在法国图卢兹开设
一家工厂,建设了卫星批量组装生产线;还在美国肯尼迪航天中心的勘探园区内
建设了一个批量卫星制造厂,占地 10000m²,配备两条生产线,成本约 8500 万美
元,雇用约 250 人,每周可量产多达 15 颗卫星,已于 2019 年 7 月正式启用,由该工
厂生产的首批 34 颗卫星已在 2020 年 3 月发射,用于部署一网卫星群。受航空制
造实践应用的启发,欧洲阿里安航天公司 2017 年将移动装配线引入“阿里安-6”运
载火箭发动机的生产过程中,显著提高了生产速度。美国蓝源公司于 2019 年 3 月
宣布投资约 2 亿美元,同样在肯尼迪航天中心勘探园区,为“新格伦”运载火箭建造
一座占地 7 万 m² 的生产厂,雇用约 330 人,用于大规模生产运载火箭;2019 年 1
月在亚拉巴马州为 BE-4 发动机建设一个新的发动机生产厂,可年产 30 台发动机,
且 BE-4 发动机的壳体、涡轮、喷嘴、转子部件采用 3D 打印技术生产。

2. 增材制造技术大幅缩短组件生产时间

金属增材制造技术近几年在航天制造业中迅速发展应用。欧空局“哨兵”卫星

的天线支架重新设计调整后，采用 3D 打印的铝合金支架，在提高性能的同时使天线质量减轻了 25％，且生产时间压缩了 50％（从 10 周减少至 4～5 周）。对于某些卫星部件，质量减轻得更加明显，例如用于移动卫星通信的 3D 打印双天线阵列质量是传统产品的 1/5。

3D 打印技术也越来越多地应用于火箭发动机部件的研制生产中。SpaceX 公司于 2014 年首次推出 3D 打印发动机部件（主氧化器阀体）。目前，一些制造商也正在使用增材制造技术生产发动机主要部件，例如火箭实验室公司研制的火箭，其"卢瑟福"发动机上的所有核心部件均采用金属 3D 打印技术进行生产，主要包括燃烧室、喷射器、泵和推进剂阀门等。此外，增材制造技术也已广泛应用于微小卫星制造。

6.4.3　数字化改善航天生产供应链管理

OECD 指出，数字化技术为供应链管理带来了垂直组装、国际化供应以及更多采用成熟组件等变化。航天制造过程的变化以及低地球轨道微小卫星的发展影响着航天制造供应链的管理，并呈现出以下发展趋势：生产的纵向一体化和供应链的日益国际化；对成熟组件的依赖性越来越大；增材制造和自主系统的不断完善使在轨组装、维修和制造逐步变得可行。

1. 垂直组装模式可提高火箭生产组装速度

垂直生产和自动化装配可降低生产成本，减少外包需求。据统计，"猎鹰"系列火箭超过 70％的部件由 SpaceX 公司自己研制、生产和组装。该模式使得快速扩大生产和缩短研发时间成为可能。蓝源公司、火箭实验室等企业也非常重视发展垂直生产组装与测试模式，蓝源公司位于佛罗里达州的"新格伦"火箭制造工厂采用先进模式，可完成火箭研制、集成与测试等一系列过程。

2. 数字化生产显著降低生产成本

数字化生产将促进成熟技术和组件的使用，从而降低研制成本，并实现快速生产。目前，航天制造商正在开拓国际市场，扩充供应链，所需的成熟技术和组件可以通过国际市场采购快速获得，例如用于立方星储能的扁平锂聚合物电池以及用于星载计算机系统的成熟技术等。此外，欧洲阿里安集团也在整合其产品供应链，之前的供应链分布在欧洲 25 个不同的工业基地，整合后将形成几个主要的专业化大型生产基地和标准化零部件批量生产基地，通过缩短供应链，在降低成本的同时还显著提升了产品生产的速度。

随着数字化技术的不断提高，航天制造业将迎来新的生产革命。为满足未来卫星的大规模快速研制生产以及密集发射的产业化需求，主要航天国家的政府机构、主流航天企业以及新兴航天公司等均大量投资数字化生产设备并整合供应链，以降低生产成本和缩短生产时间。

第7章

数字化技术与制造执行系统

在当今的市场环境下,企业的规模越来越大,企业内外部环境的变化不断加快,企业之间的合作日益增多,产品的功能结构日益复杂,企业所面临的决策问题也变得越来越多、越来越复杂,这就要求企业必须对生产资源、业务过程、客户和供应商等方面面进行更为有效的管理。数字化技术的部署使得企业能够高效地整合各方面资源,提升生产运营效率,降低生产运营风险与成本,从而增加企业获利和持续经营的能力。本章将介绍一些典型的数字化管理技术,这些数字化管理技术涉及企业管理的不同方面,主要包括产品生命周期管理、供应链管理、客户关系管理、企业资源计划以及制造执行系统。

7.1 产品全生命周期管理的数字化技术

产品从设计到制造,再到销售以至售后,其中的每一个环节都需要进行信息化的管理,围绕产品全生命周期的管理不仅是对产品本身的管理,还包括对供应商和客户,以及对设计、开发、计划、采购、制造、销售等整个企业经营与运作过程的管理。本节主要介绍产品生命周期管理、供应链管理、客户关系管理、企业资源计划的相关概念、发展历程、主要管理功能和关键基础技术。

7.1.1 产品生命周期管理

1. 产品生命周期管理相关概念及发展历程

"产品生命周期"(product life cycle)一词最早由美国经济学家 Dean 于 1950 年提出,他研究了新产品在进入市场后的不同阶段中的定价策略,并提出新产品具有受保护的特殊性,而这种特殊性将随着市场竞争的加剧而逐渐衰退。在 20 世纪 60 至 70 年代间,产品生命周期理论受到了来自经济学界的大量关注并逐渐趋于成熟,当时,按照产品在市场中的演化过程,典型的产品生命周期被划分为导入期(introduction)、成长期(growth)、成熟期(maturity)和衰退期(decline),如图 7-1 所示。

产品生命周期的概念到 20 世纪 80 年代得到了新的发展,来自工业界的研究和实践将产品生命周期的概念从经济管理领域扩展到了工程领域,使得产品生命周期的范围从市场阶段扩展为从产品初始概念到产品最终报废的包含产品需求分

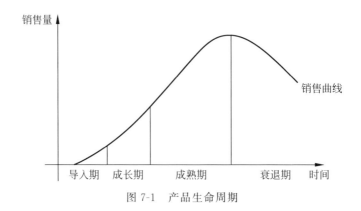

图 7-1　产品生命周期

析、产品设计、产品开发、产品制造、产品销售、产品售后服务等多个阶段的产品完整的生命周期。有的学者也将这一阶段的产品生命周期称为工程产品生命周期（engineering product life cycle，E-PLC），相应地，传统的产品生命周期被称为市场产品生命周期（marketing product life cycle，M-PLC）。

　　产品生命周期管理（product lifecycle management，PLM）的概念出现于 2000 年前后，而实际上，自 20 世纪 80 年代起，PLM 的相关概念和技术就得到了学界和业界的广泛关注，其中产出了众多的研究和实践成果，如面向专用的计算机辅助技术（CAx）、产品数据管理（product data management，PDM）技术和业务流程管理（business process management，BPM）技术等。一个典型的应用案例是在 1985 年，美国汽车公司（American Motors Corporation，AMC）在制定公司战略时决定通过加速产品开发进程的方法来与规模更大的竞争对手进行竞争，他们采用了现代 PLM 中的一些核心方法和技术，包括使用计算机辅助设计技术加快新产品的开发效率，以及将工程图纸与文件存储在中央数据库以支持新的通信系统快速解决设计冲突和减少工程更改。到了 20 世纪 90 年代，随着并行工程、计算机集成制造系统（computer integrated manufacturing systems）等制造模式的发展，以及 90 年代后期在互联网技术迅猛发展的背景下客户关系管理（customer relationship management，CRM）系统、供应链管理（supply chain management，SCM）系统等新系统的出现，PLM 的解决方案逐渐转向以产品为基础，利用互联网技术实现信息的阶段共享以及支持产品生命周期不同阶段的应用技术的集成与协同，但在该阶段中产生的工具、系统和平台只能覆盖现代 PLM 中的一部分内容，尚不能实现全系统内的信息集成与协同管理。到了 21 世纪，学界和业界的研究者与实践者开始探寻如何实现真正意义上的产品全生命周期管理，以期使得企业能够有效集成和协同管理产品需求分析、产品设计、产品开发、产品制造、产品销售、产品售后服务等多个阶段的信息、资源和业务过程。

　　PLM 发展至今已经受到了各行各业的广泛关注并得到广泛应用，但对于 PLM 的定义尚未完全统一，各行各业往往根据自身特点和需求而对 PLM 有着不

同的定义和解释,其中比较典型的有以下几种:

(1) 美国国家标准与技术研究院(National Institute of Standards and Technology,NIST)将 PLM 定义为一个有效管理和使用企业智力资产的战略性商业方法;

(2) 著名的市场研究公司 AMR Research 将 PLM 定义为一组用于工程、采购、市场、制造、研发和新产品开发与引入,并建立相应的实施应用软件系统的总称;

(3) 国际知名 PLM 研究机构 CIMdata 认为 PLM 是一种企业信息化的商业战略,它实施一整套的业务解决方法,把人、过程、商业系统和信息有效地集成在一起,作用于整个虚拟企业,遍历产品从概念到报废的全生命周期,支持与产品相关的协作研发、管理、分发和使用;

(4) IBM 公司认为 PLM 是一种商业哲理,产品数据应可以被管理、销售、市场、维护、装配、购买等不同领域的人员共同使用,而 PLM 系统是工作流和相关支撑软件的集合,其允许对产品生命周期进行管理,包括协调产品的计划、制造和发布过程;

(5) 产品生命周期管理联盟认为 PLM 是一个概念,用来描述一个支持用户管理、跟踪和控制产品全生命周期中所有的产品相关数据的协同环境。

此外,还有其他组织、企业以及研究者对 PLM 进行了定义,在此不逐一进行介绍。尽管这些对 PLM 的定义有不同的侧重点,但可以从中抽取出一些被广泛认同的 PLM 应该具有的特征:

(1) PLM 是一种现代商业战略或商业哲理,而不仅仅是一个软件系统,PLM 软件系统是实现 PLM 的工具和手段;

(2) PLM 的应用范围涵盖产品需求分析、产品设计、产品开发、产品制造、产品销售、产品售后服务等产品生命周期的所有阶段;

(3) PLM 的管理对象是与产品相关的数据、信息和知识,这包括产品生命周期各阶段内的产品定义、业务流程、与产品相关的设备,以及与人员和成本相关的资源等,这些数据、信息和知识共同描述了产品是如何被设计、制造、使用和服务的;

(4) PLM 通过对产品生命周期各阶段内与产品相关的数据、信息和知识进行集成和协同管理,实现加快新产品开发、提升产品质量、减少中间过程浪费等目标,以提高企业在市场中的竞争力;

(5) PLM 的实现需要考虑人、过程和技术三方面的要素。

2. PLM 软件系统

PLM 软件系统是实现 PLM 的工具和手段,在近 20 年间,国内外有众多厂商积极投入对 PLM 软件系统的开发,提出了不同的 PLM 解决方案。其中:国外典型的有 SAP 公司的 mySAP PLM、Siemens 公司的 Teamcenter、PTC 公司的 Windchill、Dassault Systèmes 公司的 ENOVIA 等;国内典型的有清软英泰 PLM、Extech PLM 等。CIMdata 通过广泛调研总结了典型的 PLM 软件系统的技术体系,主要包括基础技术层(foundation technologies)、核心功能层(core functions)、应用层(application)和解决方案层(business solutions)。

1) 基础技术层

基础技术层作为核心功能层的支持层，直接与运行环境交互，从而将用户与复杂的系统底层隔离开来。基础技术包括：

(1) 数据转换(data translation)，使用预定义的数据转换器在不同应用之间进行数据转换，或定义标准的数据格式以实现不同应用之间的数据交换；

(2) 数据传输(data transport)，实现数据在异地或在不同应用之间的传输，支持用户在不需要知道数据存储位置以及不知道如何使用目录命令访问数据的情况下也能够方便地获取数据；

(3) 系统管理(system administration)，实现系统可选参数的设定，包括数据库和网络的配置、用户访问和修改权限、数据备份和安全相关的参数的设定等；

(4) 通信与通知(communication and notification)，实现关键事件的在线及自动通知，使得使用者能够及时得知系统当前的状态，获取最新的数据，以及知晓下一步的工作任务；

(5) 可视化(visualization)，利用 2D、3D、动画等技术实现产品数据、模型、装配过程等的可视化，以支持协同作业；

(6) 协同技术(collaboration)，实现团队的跨地域、跨时区的协同工作，实现方法主要包括电子邮件、电话和视频会议等，同时也依赖于数据传输、系统管理、可视化等技术；

(7) 企业应用集成(enterprise application integration)，综合利用应用服务器、中间件技术、远程进程调用和分布式对象等技术实现企业层级的应用与数据集成。

2) 核心功能层

核心功能层为用户提供接口使用包括数据存储、获取和管理等的基础功能，核心功能包括：

(1) 数据仓库与文档管理(data vault and document management)，主要包括为分布式存储的产品数据提供统一的视图，实现文档、图纸等产品数据的存储与管理，通过 check-in 和 check-out 的方式提供安全的数据存储与访问，以及通过审批流程确保产品数据的一致性等；

(2) 工作流与过程管理(workflow and process management)，主要包括对业务流程进行电子化建模与管理，在业务流程执行的过程中在相应的用户和团队之间传递数据以支持业务流程的自动化，以及对业务流程的执行过程进行记录与监控等；

(3) 产品结构管理(product structure management)，主要包括创建和管理产品配置与物料清单(bill of material，BOM)，对产品配置与 BOM 的版本变更进行跟踪，自动生成设计、采购、制造等不同视角的 BOM 视图，将图纸、文件、加工计划等产品数据统一集成在产品结构中；

（4）分类管理（classification management），主要是对相似的或标准的零件、过程或其他设计信息进行分类和检索，以实现更大程度的产品标准化，减少再设计、非必要采购和库存所造成的浪费；

（5）计划管理（program management），为项目所包含的活动提供需要的数据和资源，以及对项目的进程进行跟踪。

3）应用层

应用层使用单个核心功能或集成多个核心功能来满足 PLM 各阶段的需求，典型的应用包括：

（1）变更控制（change control），主要用来跟踪和管理数据的修订过程，包括处理变更请求、发布变更通知、根据何时可以修改数据以及由谁修改数据的规则执行变更操作；

（2）配置管理（configuration management），基于产品结构管理的核心功能，主要用来创建、修改和记录产品的配置信息，同时在产品生命周期的不同阶段提供不同的产品配置控制方法以及不同的产品配置视图；

（3）工作台（work benches），主要用来将终端用户完成某一特定任务所需要的工具和功能集成到统一的工作环境中；

（4）产品配置器（product configurators），基于产品结构管理的核心功能，使用数据元素之间的关系对控制产品设计、组装或销售的各种约束和依赖关系进行维护和管理，同时对缺乏产品配置相关知识的用户进行引导，帮助其进行有效的产品配置；

（5）文档处理（document processing），基于数据仓库与文档管理的核心功能，主要用来对结构化文档进行管理，如对文档进行定位、搜索和筛选，对文档进行打印、格式转换和网络发布等；

（6）分类（classification），基于分类管理的核心功能，主要用来对零件、文档等进行分类，并根据组别对数据进行浏览，通过选取属性范围对数据进行筛选；

（7）项目管理（project management），基于计划管理的核心功能，主要用来支持项目管理活动，包括触发任务，访问执行任务所需的数据、执行任务所涉及的流程，以及为任务执行分配所需的资源；

（8）协同（collaboration），主要用来实现在线、实时、共享环境下的协同产品设计研发、产品管理及产品制造。

4）解决方案层

解决方案层通过集成各类应用、核心功能和基础技术来解决特定行业内的特定业务问题，如 PTC 公司的 Windchill 由多个模块构成，每一个模块为企业提供了一套面向特定业务问题的解决方案，其中，Windchill PDMLink 模块通过集成文档管理、产品结构和配置管理、工程变更管理、工作流程管理等功能实现新产品研发中的沟通与协作，Windchill PDMLink 模块通过集成工艺过程管理、制造资源和标准管理、设计和制造产品结构管理等功能实现产品设计与产品制造的无缝衔接。

7.1.2 供应链管理

1. 供应链管理相关概念及发展历程

供应链的概念早在"现代管理学之父"Peter Drucker 所提出的"经济链"理论，以及后来由哈佛商学院教授 Michael Porter 提出的"价值链"理论中就有所体现。早期供应链的研究者将供应链的范围限定在企业内部，将企业视为其产品在设计、生产、销售、交货和售后服务方面所进行的各项活动的聚合体，关注如何为经营活动创造价值以提升企业的自身利益。随着经济的不断发展，仅仅关注企业的内部过程已无法适应快速变化和竞争日趋激烈的市场环境，在此背景下，供应链的概念得到了进一步的扩展和延伸，不仅包含企业之间的联系，还关注供应链的外部环境。供应链的概念发展至今，其定义尚未完全统一，国内外专家学者从不同角度给出了供应链的定义，其中常见的有：

（1）美国供应链协会（Supply Chain Council，SCC）认为供应链涵盖了从供应商的供应商到消费者的消费者、自生产至产成品交付的一切努力，这些努力可以用计划、采购、制造、配送和退货 5 个基本流程来表述；

（2）我国国家标准《物流术语》（GB/T 18354—2006）将供应链定义为"生产及流通过程中，涉及将产品或服务提供给最终用户所形成的网链结构"；

（3）我国知名供应链学者马士华教授将供应链定义为"围绕核心企业，通过对信息流、物流、资金流的控制，从采购原材料开始，制成中间产品，最后由销售网络把产品送到消费者手中的将供应商、制造商、分销商、零售商直到最终用户连成一个整体的功能网链结构模式"。

从上述定义中可以看到：

（1）供应链存在的目的是将产品交付给顾客以满足顾客的需求，同时在这一过程中企业为自身创造利润；

（2）供应链包含供应商、制造商、分销商、零售商、顾客等众多参与者；

（3）供应链中的企业活动包括计划、采购、制造、配送、退货等；

（4）供应链并非单一链状结构，而是交错链状的网络结构；

（5）供应链中的各个环节通过单向或双向的产品流、信息流和资金流彼此相连。

供应链是一个复杂的系统，尽管在企业的不断实践中供应链的概念早已悄然形成，但如何处理供应链中众多参与者的利益关系，如何在供应链中采取有效的经营策略，如何在供应链中创造更大的利润，即如何进行有效的供应链管理（supply chain management，SCM），至今仍然是企业和相关研究者所面临的巨大挑战。"供应链管理"这一术语最早由 Booz Allen Hamilton 咨询公司的顾问 Keith Oliver 于 1982 年在接受《金融时报》（*Financial Times*）的采访时提出，此后，供应链管理便得到了大量从业者和研究者的关注，并在实践和理论上都得到了极大的发展，其内涵也在逐渐丰富。在这期间诞生了供应链管理的两大方法：快速响应（quick response，QR）和有效顾客响应（efficient customer response，ECR）。QR 起源于美国服装纺织及化纤行业，目的是为企业获得基于时间上的竞争优势，加速系统处理时间，降低库存，主要通过零售商和生产厂家建立良好的伙伴关系，利用电子数据交换等信息技术，进行销售时点以及订货补充等经营信息的交换，用多频度、小数量配送方式连续补充商品。ECR 起源于美国的超级市场，其理念是凡是对消费者没有附加价值的所有浪费必须从供应链上排除，以达到最佳效益，主要通过制造商、批发商和零售商各自经济活动的整合，以最低的成本，最快、最好地实现消费者需求。

我国《物流术语》（GB/T 18354—2006）中，供应链管理的定义是："对供应链涉及的全部活动进行计划、组织、协调与控制"。

2. 供应链管理的特点

参考不同组织和学者对于供应链管理的定义和解释可知，供应链管理是一种先进的管理理念，其目的是通过对从原材料采购，经产品制造和分销，最终到产品交付给顾客的供应链全过程中的物流、信息流、资金流等进行计划、组织、协调与控制，以满足顾客需求，降低供应链运作成本，最大化供应链的整体价值，提升供应链的整体竞争力。

供应链管理具有下述显著特点。

（1）以顾客为中心。供应链是由顾客需求驱动的，只有满足了顾客的需求，供应链才能创造价值，因而供应链管理须以顾客为中心，一切的管理活动都需要以能否满足顾客的需求为出发点。

（2）从整体和全局上进行管理活动。供应链管理应该将从供应商到最终顾客的供应链全过程作为一个整体进行管理，以期实现全局即整个供应链的最优化。

（3）建立协作伙伴关系。要在整体和全局上进行供应链管理活动，就需要在参与供应链的各个企业之间建立协作伙伴关系，供应链管理应该让企业认识到在新的市场环境下，企业间的竞争已逐步转变为供应链之间的竞争，企业需要打破原有壁垒，开展密切合作，共享利益，共担风险，才能提升整个供应链的竞争力，实现共赢。

（4）分离核心业务与非核心业务。在全球化快速发展的背景下，企业在制定经营策略时需要慎重考虑哪些业务属于企业的核心业务，哪些业务属于企业的非核心业务，并通过供应链管理加强企业的核心业务能力，同时通过协作的方式整合外部资源，外包非核心业务。

（5）立足于多个学科。供应链管理广泛应用经济学、金融学、管理学、运筹学、网络与信息技术等多门学科的知识与技术，同时，数据科学、人工智能等新兴技术也开始被应用于供应链管理之中。

3. 供应链管理的内容

供应链管理的内容非常丰富,不同学者从不同角度对其进行了归纳,其中比较典型的如美国供应链协会提出的供应链运作参考模型(supply chain operations reference model,SCOR 模型),如图 7-2 所示。

图 7-2　SCOR 模型

该模型从企业在供应链中所经历的活动入手,将供应链管理的内容分为 3 层。第一层包含 5 个管理过程,分别是:

(1) 计划(plan),描述了与供应链运作相关的计划活动,包括收集客户需求、收集可用资源的信息、平衡需求和资源以确定生产能力和资源缺口等;

(2) 采购(source),描述了产品与服务的订购与接收,包括发布采购订单、对产品与服务的交付和接收进行安排等;

(3) 生产(make),描述了与物料转换或服务创建相关的活动,包括装配、化学加工、维护、修理、大修、回收、翻新、再制造和其他物料转换过程;

(4) 配送(deliver),描述了与客户订单的创建、维护和交付相关的活动,包括接收、验证和创建客户订单,安排订单交付,拣选、包装和装运,开票等;

(5) 退货(return),描述了与产品的逆向物流相关的活动,包括确认退货需求、对退货进行安排、处理退货产品等。

SCOR 模型的第二层描述了第一层的过程可采取的不同策略,第三层则描述了实现第二层的策略所需要执行的具体步骤。

也有学者从供应链绩效的驱动因素入手对供应链管理的内容进行了归纳和总结,这些驱动因素主要包括:

(1) 设施,指供应链网络中产品存储、装配或加工的地方,主要的设施包括产品的生产场地和存储场地;

(2) 库存,指供应链在生产和物流渠道中各点堆积的原材料、零部件、在制品、半成品、成品等;

(3) 运输,指将库存从供应链网络上的一个节点转移至另一个节点;

(4) 信息,指供应链中与设施、库存、运输、成本、价格和顾客需求等相关的数据、信息与知识;

（5）采购，指选择由哪些外部企业来从事如生产、仓储、运输或信息管理等供应链活动，向它们购买产品或服务；

（6）定价，指供应链的上游企业根据自己的运作成本以及为产品和服务添加的附加价值向下游企业收取相应的费用。

上述驱动因素决定了供应链在响应能力和效率等方面的绩效，而如何在供应链运作时充分考虑这些驱动因素并对其进行优化就是供应链管理的主要内容。以下选取一些典型的供应链管理问题进行简要介绍。

1）设施选址

设施在供应链中有着重要的作用，一切产品的存储、装配、加工和配送以及服务的提供等过程都需要依靠设施进行，因而如何科学地决定设施的地理位置、数量、规模大小以及服务范围等是供应链管理所要解决的关键问题之一。

进行科学的设施选址必须首先充分收集企业内外部信息以及确定评价标准。企业内外部信息一般包括可供选择的地点，顾客需求的分布，基础设施的建设情况，与土地使用、设施运作、交通运输等相关的成本，当地的法律法规及政策，自然环境条件等。设施选址的评价标准一般包括是否取得更大的利润、是否节约更多的成本、是否满足了尽可能多的顾客需求等。

针对不同的设施选址问题，众多研究者提出了不同的设施选址模型，包括集合覆盖模型、最大覆盖模型、P-中心模型、P-分散模型、P-中位模型、固定费用模型、中心选址模型和最大和模型等。同时也提出了众多的定性和定量分析方法来解决设施选址问题，其中常用的定性分析方法包括头脑风暴法、德尔菲法等；常用的定量分析方法包括重心法、运输规划法、聚类分析法、Baumol-Wolfe 法、混合 0-1 整数规划法、元启发式算法等。

2）运输管理

运输是驱动供应链正常运转的关键因素，运输将原材料、在制品与产成品从供应链网络中的一个节点转移至另一个节点，最终将产品交付给顾客。运输决策是否合理将影响货物能否及时、准确、安全地交付给顾客，影响企业能否以一个较低的运输成本完成货物运输任务，因而运输决策是供应链管理的关键内容之一。

运输决策所涉及的问题一般包括运输方式的选择、运输路径的选择和车辆调度等。常见的运输方式有公路运输、铁路运输、水路运输、航空运输和管道运输，运输方式的选择受到多种因素的影响，包括基础设施的建设情况、运输时间、运输成本、运输距离、运输批量以及运输的安全性等。

在网络中找寻两节点之间的最短运输路径或者运输成本最小的路径是一个简单的运输路径选择问题，该问题可由 Dijkstra 算法等最短路径搜索算法解决。另一个运输路径选择问题是在网络中有多个需求节点的情况下，如何选择运输路径使得运输车辆能够到达所有节点最后返回初始节点并使得运输成本尽可能低，该问题也被称为旅行商问题（travelling salesman problem，TSP）。一个更复杂的运输路径选择问题是车辆路径问题（vehicle routing problem，VRP），该问题可表述为：网络中有一定数量的需求节点，各自有不同数量的货物需求，配送中心向顾客提供货物，由一个车队负责分送货物，组织适当的行车路径，目标是使客户的需求得到满足，并能在一定的约束下，达到诸如路程最短、成本最小、耗费时间最少等目的。

基本的车辆调度问题（vehicle scheduling problem，VSP）可表述为：网络中有若干行程任务，每一个行程任务有一个出发节点和到达节点，每一个行程任务都有对应的时间节点，这些行程任务由配送中心组织车辆完成，将行程任务合理地分配给车辆，目标是使所有行程任务都能够得到满足，并能在一定的约束下，达到诸如车辆使用成本最小等目的。

此外，根据实际情况的不同，如是否考虑时间窗、是否有多个配送中心、车辆是否需要返回出发节点等，运输决策问题在上述问题上还有众多的扩展和延伸。

3）库存管理

库存是指供应链在生产和物流渠道中各点堆积的原材料、零部件、在制品、半成品、成品等。库存按照其作用一般可分为4类，分别是：①周转库存，指为满足日常生产经营需要而保有的库存，通常来源于批量的采购、生产和运输；②安全库存，指为预防不确定因素发生而设置的库存；③调节库存，指用于调节需求或供应的不均衡、生产速度与供应速度不平衡、各个生产阶段的产出不均衡而设置的库存；④在途库存，指从供应链网络的一个节点到另一个节点处于运输过程中的库存。企业的库存可能来源于主动的储备，也可能来源于因上下游产能不匹配等各种原因导致的被动的积压。对于企业而言，保有一定量的库存可能是为了追求规模经济效益、平衡供给需求、预防市场需求的不确定性等，但同时，不合理的库存又将增加企业的运营成本，典型的包括采购成本、库存持有成本和因无法满足顾客需求而造成的缺货成本，因而在供应链管理中，必须实行库存管理。

库存管理的一个基本问题是何时订货以及订多少货，针对该问题，至今已有大量学者针对不同类型的问题进行了建模、分析与求解，并产出了大量的研究成果。经济订货批量（economic ordering quantity，EOQ）模型是一个经典的库存管理模型，用以解决在需求不变且确定已知、不允许缺货、货物交付提前期忽略不计等假设下的订货问题，在此基础上，还发展出了有允许延期交货的 EOQ 模型和有订货数量折扣的 EOQ 模型等扩展模型。报童模型（newsvendor model）同样是一个经典的库存管理模型，该模型描述了一个单期的顾客需求不确定情况下的订货问题，在该问题中，超出顾客需求的订货量将以比订购价低的价格回收，因为顾客的需求是不确定的，所以可能出现订货量少于需求量而导致失去部分潜在利润，或订货量大于需求量而导致亏损的情况。对于无限期限的顾客需求不确定情况下的订货问题，企业需要制定合理的订货策略以及确定合理的安全库存（safety stock），常见的订货策略有连续盘点的 (r,Q) 策略和周期盘点的 (s,S) 策略。(r,Q) 策略即不间断地盘点库存,一旦库存降低到再订货点 r 便发出订货批量为 Q 的订单;(s,S) 策略即周期性地盘点库存,若在盘点时发现库存降到阈值 s 以下便通过订货将库存提升至 S。此外,上述库存管理问题都只针对单个企业,而在供应链的场景下,更为复杂的情况是,库存管理问题往往涉及多级(multi-echelon)的供应链参与者。"牛鞭效应"(bullwhip effect)是多级库存管理问题的重要内容,其描述了供应链中需求变异向上游逐级放大的现象,如图 7-3 所示。造成"牛鞭效应"的原因有很多,包括需求预测的修正、批量订货决策、价格波动、短缺博弈等。

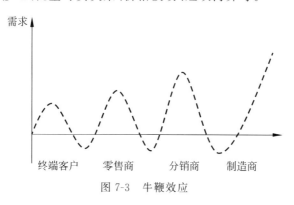

图 7-3 牛鞭效应

4)供应链协调

供应链由众多的参与者共同组成,不同的参与者往往考虑的是自身的利益目标,而不会考虑到整个供应链的绩效,这将导致供应链的各参与者之间由于利益目标的不一致而产生矛盾,严重影响到供应链中的合作关系。一个理想的情况是,供应链的参与者能够相互协作以实现供应链价值的最大化,再根据实际情况进行利润分配,形象地说就是做大"蛋糕"和切分"蛋糕"。要建立供应链参与者的协作关系,需要使得各个参与者的利益目标与整体供应链的优化目标保持一致,也就是要保证供应链的协调(coordination)。一些常见的协调供应链的方法包括供应链契约(supply chain contract)、信息共享(information sharing)和供应商管理库存(vendor managed inventory,VMI)等。供应链契约指通过提供合适的信息和激励措施,保证买卖双方协调、优化销售渠道绩效的有关条款。一个能够使供应链协调的供应链契约需要使得在该契约下,各个企业的最优决策能够达到均衡(equilibrium),即任一企业都无法从单边的偏移中获得好处。一个科学的供应链契约至少要保证首先能够使供应链协调,其次具有足够的灵活度来分配利益,最后是切实可行的。一些典型的供应链契约包括回购契约(buyback contract)、收入共享契约(revenue-sharing contract)、批量柔性契约(quantity-flexibility contract)和批量折扣契约(quantity-discount contract)等。

5)信息技术

信息技术同样是供应链的关键驱动因素之一,信息技术使得信息能够在供应链中流通,而信息为管理者的决策提供了基础。信息技术在供应链管理中的应用可以概括为两方面,一是信息采集、传输和存储等基础信息技术,二是起到供应链管理作用的管理信息系统。信息采集、传输和存储技术包括条码技术、无线射频技术、地理信息系统(geographic information system,GIS)技术、全球定位系统(global positioning system,GPS)技术、电子数据交换(electronic data interchange,EDI)技术、网络通信技术、多媒体技术和数据库技术等。管理信息系统根据其关注的范围不同可以分为客户关系管理系统、内部供应链管理(internal supply chain management,ISCM)系统和供应商关系管理(supplier relationship management,SRM)系统,分别用于管理企业与下游顾客的关系、企业内部运作以及企业与上游供应商的关系的流程。

7.1.3　客户关系管理

1. 客户关系管理相关概念及发展历程

"顾客就是上帝"(the customer is king)、"顾客总是对的"(the customer is always right)、"顾客优先"(customer first)等口号都体现了企业对客户的重视程度。客户是企业创造价值的基础,是企业的命脉,其决定了企业的生死存亡。客户的价值不仅体现在客户对企业产品和服务的购买是企业的直接收入来源,还体现在忠实的客户群体能使企业在市场中保持竞争力、良好的客户口碑能够吸引更多的客户、丰富的客户信息能够帮助企业改进产品和服务等。

重视与顾客的关系的理念由来已久,自从商业诞生以来,经商者就不得不重视其与顾客之间的关系,想方设法地招揽生意。比如在我国古代商人的经商秘诀中就有"雕红刻翠,留连顾客"一条,说的是商人通过装饰店铺来迎合顾客"以求高雅"的心理,使顾客流连忘返、百顾不厌。现代客户关系管理理论的发展最早可追溯到20世纪80年代在美国提出的接触管理(contact management)理论,该理论在当时的市场营销界受到了广泛关注。所谓接触管理是指企业决定在什么时间、什么地点以及如何与客户或潜在客户进行接触,并达成预期沟通目标,以及围绕客户接触过程与接触结果处理所展开的管理工作。1985年,美国营销学家Barbara Jackson提出了关系营销(relationship marketing)的概念。关系营销是一种旨在建立和管理企业与客户关系的营销理论,其与传统的交易营销的区别在于,交易营销的核心是商品交换,关注一次性的交易;而关系营销的核心是建立关系,关注客户服务、客户承诺、客户联系。到了20世纪90年代,客户关系管理得到了进一步的发展,这一方面得到了呼叫中心(call center)、数据分析等计算机技术发展的推动,另一方面也得到了包括客户满意度、客户价值等管理理论发展的推动。1999年,Gartner Group公司正式提出了客户关系管理(CRM)的概念,他们将客户关系管理视为一种覆盖全企业范围的商业战略,通过按照客户细分的情况有效组织企业资源,培养以客户为中心的经营行为以及以客户为中心的业务流程,以增进盈利和提升顾客满意度。

客户关系管理发展至今,其内涵已经变得相当丰富,不同学者、组织和企业对于客户关系管理的定义有着不同的侧重点。以下给出一些典型的对于客户关系管理的定义:

(1) Gartner Group 公司将客户关系管理定义为一种代表增进盈利、收入和客户满意度而设计的企业范围的商业战略;

(2) Carlson Marketing Group 公司将客户关系管理定义为通过培养公司的每一位员工、经销商和客户对该公司更积极的偏爱或偏好,留住他们并以此提升公司业绩的一种营销策略;

(3) IBM 公司认为客户关系管理是包括企业识别、挑选、获取、发展和保持客户的整个商业过程,其将客户关系管理分为关系管理、流程管理和接入管理 3 类;

(4) Hurwitz Group 公司认为客户关系管理既是一套原则制度,也是一套软件和技术,客户关系管理的最终目的是改善销售、市场营销、客户服务与支持等领域中与客户关系有关的商业流程并且实现自动化;

(5) SAP 公司认为客户关系管理的核心是对客户数据的管理,客户数据记录着企业在整个市场营销及销售的过程中和客户发生的各种交互行为,以及各类有关活动的状态,这些数据是后期分析和决策制定的基础。

2. 客户关系管理的内容

上述这些定义可理解为客户关系管理内涵的 3 个层面,即理念、技术和实施。客户关系管理的核心理念是以客户为中心,将客户视为重要的企业资产,注重客户服务的改善和客户需求的发掘,目标使得客户的需求得到充分满足,提升客户的满意度,维持企业与客户的长期关系。客户关系管理的核心技术包括利用数据仓库管理客户数据,利用数据挖掘发现与客户相关的知识,利用工作流、呼叫中心等技术实现与客户关系有关的业务流程的自动化,以及利用管理信息系统技术集成构建 CRM 系统等,这些技术的总和为客户关系管理的实现提供了解决方案。客户关系管理的实施一方面是全方位的,覆盖了市场营销、销售、客户服务与技术支持等多个领域,另一方面是需要结合企业自身实际情况的。综上,客户关系管理的理念是客户关系管理实施的基础和方向,客户关系管理的技术是客户关系管理实施的手段和方法,客户关系管理的实施直接决定了客户关系管理的成败。

客户关系管理的内容是紧密围绕客户生命周期(customer life cycle)开展的,客户生命周期是指从一个客户开始对企业进行了解或企业欲对某一客户进行开发开始,直到客户与企业的业务关系完全终止且与之相关的事宜完全处理完毕的这段时间。典型的客户生命周期模型是 4 个阶段的客户生命周期模型,如图 7-4 所示,该模型共包含考察期、形成期、稳定期和退化期 4 个阶段。考察期是客户关系的探索和试验阶段,在该阶段内,企业和客户会互相接触和了解,考察彼此的实力、诚意、信誉等,并往往会进行一些试验性质的交易,双方会根据探索和试验的结果决定是否建立关系。形成期是客户关系快速发展的阶段,在这一阶段中,企业和客户双方经过前期的接触和了解已经建立起了关系,随着双方交易的持续进行,这种关系变得更加紧密和牢固,双方加大对于彼此的信任和依赖,并相信能够从这种关系中获得价值且愿意为之承担风险,企业与客户之间的业务往来逐步扩大。稳定期是客户关系发展的最高阶段,在该阶段内,企业与客户之间的交易量达到最大,保持稳定,并处于较高的盈利水平。退化期是客户关系水平逆转的阶段,在该阶段内,客户关系可能因为需求变化、客户不满等原因发生退化,企业与客户的交易量下降,一方或双方考虑结束合作关系。值得说明的是,退化期并不总是发生在稳定期之后,一些特殊情况的发生可能导致退化期提前。围绕客户生命周期的各个阶段,客户关系管理的内容主要包括客户识别、客户关系的建立、客户保持和客户挽留。

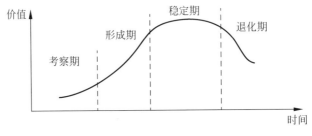

图 7-4　客户生命周期

1) 客户识别

客户识别是指企业识别出潜在的和有价值的客户以及客户的需求。传统观念认为在买方市场的条件下是客户选择企业,企业只能期盼和等待客户的选择;而客户关系管理理论认为,对客户的识别和选择是开展客户关系管理的首要环节,这是基于以下考虑。

(1) 不同的客户有不同的需求,企业应该选择那些需求与企业战略一致的客户。

(2) 企业的资源是有限的,这导致企业的产品和服务不可能满足所有的市场需求,企业的营销和推销也不可能面向所有的消费者。

(3) 在买方市场的条件下,市场竞争是激烈的,企业如果没有针对性的客户目标,将很难与其他企业竞争。

(4) 不同客户能够给企业带来的价值是不同的,对于企业而言,客户是有"优劣"之分的,识别并选择优质客户将增加企业的盈利能力。

客户识别的关键环节之一是识别客户的需求,只有把握了客户的需求,企业才能开展针对性的商业活动。一般常见的识别客户需求的方法包括通过邮件和电话对客户进行调查、开展或委托第三方开展市场调研、发放调查问卷、与客户代表举办沟通会议等。同时,随着近年来计算机技术和数据科学的迅猛发展,结合客户数据对客户需求进行分析和推测也成为一种重要的识别客户需求的方法。

客户识别的另一个关键环节是对客户价值进行判断和预测,优质客户往往具备购买力强、对价格敏感度低、服务成本低、信誉度高、具有一定的市场号召力、有意愿与企业建立长期合作关系等特点。有学者对客户价值进行了分析和建模,其中典型的如客户终身价值(customer lifetime value,CLV)模型,其衡量了客户能在其整个生命周期而不仅仅是在购买环节为企业带来的利润贡献。

2)客户关系的建立

客户关系的建立是指在企业识别潜在客户之后,通过营销、推销和其他一些技术手段开发客户,并根据实际情况与不同的客户建立不同类型的客户关系。客户关系的建立是客户关系管理的核心部分,只有进行了有效的客户开发,与客户建立了实际的合作关系,企业才能正式地对外销售自己的产品和服务,前期的投资才有可能得到回报。

客户开发的本质是让潜在的目标客户产生购买欲望并付诸实践。常见的客户开发策略有营销导向的开发策略和推销导向的开发策略,前者的核心思想是企业依靠打造自身的吸引力,如高质量的产品、妥善的售后服务、合适的价格、适当的分销渠道以及促销手段来吸引客户主动进行购买;后者的核心思想是企业主动接触客户,通过人员推销的形式引导或者劝说客户购买。

针对不同的客户应该建立不同的客户关系。"现代营销学之父"Philip Kotler将企业建立的客户关系分为 5 种不同类型:一是基本型,企业将产品售出后便不再与客户接触;二是被动型,企业在产品售出后,鼓励客户在遇到问题或有意见时及时向企业反馈;三是负责型,企业在产品售出后主动联系客户,询问客户产品是否有缺陷或不足、是否满足了客户的需求,以及客户是否有相应的意见和建议;四是能动型,企业在产品售出后不断联系客户,向客户提供有关产品改进和新产品的信息;五是伙伴型,企业与客户协同合作,努力帮助客户解决问题,帮助客户成功,实现共同发展。企业可根据其客户的数量和边际利润水平选择合适的客户关系。

3)客户保持

客户保持是指企业通过努力来维护及进一步发展与客户长期、稳定的关系。之前提到,关系营销与传统的交易营销的区别在于,交易营销的核心是商品交换,关注一次性的交易;而关系营销的核心是建立关系。客户保持的核心则是在建立客户关系之后进一步将这种关系发展成为长期、稳定的关系。长期、稳定的客户关系不仅能为企业带来源源不断的销售收入,还能帮助企业不断地对自身的产品和服务进行改进,以及帮助企业形成良好的口碑进而吸引更多的客户购买企业的产品和服务。常见的客户保持的方法有以下几种。

(1)注重质量。企业应主动地向客户调研其对产品的使用情况,并及时地针对客户的意见和建议对产品进行改进,保持产品对客户需求的满足程度。

（2）提升服务。企业应提升对客户服务的品质，这包括准时的物流、良好的销售人员态度、及时的错误补偿等。

（3）打造品牌。企业需要在营销方面突出产品特点和竞争优势，打造企业的品牌形象，良好的品牌形象能使客户对企业产生高度的认同感。

（4）价格优惠。指企业提出不同的价格优惠策略，包括折扣、附赠品等，尤其针对企业的老客户，长期的价格优惠将增加客户黏性。

（5）感情投资。指企业通过交易之外的与客户的互动来强化客户关系，常见的方法如在特定的节日和纪念日向客户赠送礼物。

客户保持的关键在于理解客户的满意度和忠诚度，客户的满意度是对客户对某种产品或服务可感知的实际体验与他们对产品或服务的期望值之间的差异的衡量；客户的忠诚度是对客户对某一特定产品或服务产生了好感而形成偏爱进而重复购买的行为趋向的衡量。在管理学领域已有大量的研究者对客户满意度和客户忠诚度进行建模，提出了不同的评价指标、影响因素以及测量方法。

4）客户挽留

客户挽留是指在客户流失的时候，争取挽留下有价值的客户。客户流失是指客户对企业不再忠诚而决定终止与企业的合作关系，甚至转而购买其他企业的产品或服务。客户流失的原因很多，按照主体的不同可分为主要由企业原因导致的客户流失和主要由客户原因导致的客户流失。前者主要是因为企业自身的经营不善导致客户不再满意企业的产品和服务，不再对企业忠诚；后者主要是因为客户的需求发生了较大变化而不再能够由当前的产品和服务满足。此外，竞争者的抢夺、企业人员的跳槽等也可能造成客户的流失。值得一提的是，上述原因造成的客户流失都是被动的客户流失，而企业有时也会主动放弃客户，这些主动的客户流失往往是由客户拖欠付款、诈欺等信誉问题造成的。

客户挽留主要有三方面的内容，包括调查客户流失的原因，及时以弥补等方式缓解客户的不满情绪；针对客户流失的原因制定相应的整改策略，尽力争取与客户沟通，表达整改意愿和提供补救措施来挽回客户；针对不同的客户采取不同的挽回策略，企业应考虑客户的价值以及挽回客户可能付出的成本，主动放弃信誉低的客户，对价值较小的客户可视情况付诸努力，对价值较大的客户应尝试尽力挽回。

3. 客户关系管理系统

客户关系管理系统是实施现代客户关系管理的重要工具。客户关系管理系统的主要过程是对营销、销售和客户服务这三部分业务流程的信息化和自动化，客户关系管理系统的一般模型将其分为互动管理、运营管理和决策支持3个部分，这3个部分的实现又以各种技术功能为基础。互动管理使得企业能够以各种方式与客户接触和互动，是企业与客户沟通交流的渠道，通常以呼叫中心、网络访问、电子邮件、电话、线下面对面等方式进行。运营管理支持市场营销、销售和客户服务等业务功能，市场营销主要负责发现市场机会、确定目标客户、制定市场和产品策略等；

销售主要负责支持销售人员使用各种销售工具进行销售,并获取有关生产、库存、定价和订单处理的信息;客户服务主要负责服务客户以及关注客户对产品的使用情况,以及时满足客户的需求。决策支持主要通过对客户数据、销售数据、服务数据等进行分析,为业务执行提供决策支持。

客户关系管理系统的使能技术包括网络通信技术、呼叫中心技术、多媒体技术、工作流技术、数据仓库技术和数据挖掘技术等。随着大数据时代的到来,数据仓库技术和数据挖掘技术在客户关系管理中的应用得到了迅猛的发展。利用数据科学的知识与技术,企业能够从大量的客户相关数据中挖掘出与客户相关的知识,包括客户的聚类、客户的需求和偏好、客户的购买模式、客户的异常行为等。结合这些知识,企业可以通过开发推荐系统、预测客户行为、预防客户欺诈、评估客户满意度等进行更为有效的客户关系管理。

7.1.4　企业资源计划

1. 企业资源计划的发展历程

制造业是人类社会赖以生存的基础产业,是将制造资源,如物料、能源、设备、工具、资金、技术、信息和人力等,按照市场要求,通过制造过程,转化为可供人们使用和利用的大型工具、工业品与生活消费产品的行业。自工业革命以来,大量涌现的先进制造技术使得制造业得到了迅猛的发展,同时,随着社会经济的快速发展,顾客对于产品的需求越来越高,产品的生命周期越来越短,市场变化越来越快,市场竞争越发激烈,全球化的合作越发频繁,这些因素都使得现代制造业不得不面临越来越多复杂的问题,包括如何准确及时地满足客户需求,如何应对市场需求的不确定性和变化,如何保持均衡的生产计划,如何增加生产的柔性,如何避免物料短缺,如何避免库存积压,如何提高产品质量,如何降低生产成本等。而这些问题又是彼此交织和耦合的,往往为了解决某个问题所提出的策略反而会加重其他的问题,典型的情况如企业为了应对客户需求和生产的不确定性而囤积库存,而库存积压又将导致企业管理成本的上升。为了应对上述各种问题和挑战,自 20 世纪 30 年代开始,就有大量的研究者和从业者开始从理论研究和管理实践上寻求解决方案,现在为人熟知的企业资源计划(enterprise resources planning,ERP)就是在该背景下诞生的集成了众多理论和实践成果的系统性的生产管理问题解决方案。ERP 的形成是一个长期的过程,大致可以分为 4 个基本阶段,分别是 20 世纪 60 年代的 MRP 阶段、70 年代的闭环 MRP 阶段、80 年代的 MRP Ⅱ 阶段和 90 年代至今的 ERP 阶段。

早期的生产管理者面临的主要问题是库存的积压或短缺。20 世纪初期,西方学者提出了经济订货批量模型,提出通过确定订货点和订货批量的方法来进行库存控制。经济订货批量模型是最早的"科学库存模型",时至今日在一些行业中也有广泛应用。但随着经济订货批量模型的提出和推广,人们开始逐渐意识到其存在的诸多问题,如物料需求连续稳定等基本假设的不合理,没有考虑物料之间的相关关系,没有按照物料真正需要的时间确定订货时间等。20 世纪 60 年代,IBM 的 Joseph Orlicky 博士提出了把企业产品中的各种所需物料分为独立需求 (independent demand)和相关需求(dependent demand)两种类型,并按照时间段确 定不同时期物料需求的新的解决库存物料订货的方法,即物料需求计划(material requirement planning,MRP)。独立需求的物料是那些需求量不依赖于企业内部 其他物料的需求量的物料,相关需求的物料则是那些需求量可由企业内部其他物 料的需求量确定的物料。一般而言,企业的最终产品是独立需求件,而生产最终产 品所需要的原材料、零部件、组件等是相关需求件。此外,MRP 用物料清单(bill of material,BOM)来描述产品与物料之间的层级结构和配比数量关系。制定 MRP 的过程主要分为如下步骤:①根据需求预测、销售合同、订单和其他需求制定主生 产计划(master production scheduling,MPS),MPS 确定了最终产品"需求什么" "需求多少"以及"什么时候需求";②获取 BOM 和生产提前期等产品和物料信息, 获取产品和物料库存信息,这两类信息确定了"需要什么物料"以及"现在有多少物 料";③将 MPS、产品和物料信息、库存信息作为输入,经过计算得出 MRP,MRP 则确定了"还需要什么物料""需要多少"以及"什么时候需要",企业将根据 MRP 制定采购和生产计划。MRP 的计算过程是以完工期限为时间基准倒排计划,某个 时段物料的可用量等于该时段该物料的库存量加上已订货量再减去需求量,如果 可用量为负数则意味着物料库存储备不足,需要组织额外的订货。

到了 20 世纪 70 年代,人们发现尽管 MRP 能够计算出物料需求,但仅有物料 需求对于真正执行生产和采购仍是不足够的,这体现在诸如生产活动需要设备、工 具、人力等资源的支持,而 MRP 在制定时没有考虑到资源可能存在的限制,以及 计划的执行往往会偏离计划,这就需要一定的反馈和调整手段,而 MRP 关注计划 但缺少反馈环节等方面。在此背景下,学者们提出了闭环 MRP 的概念,其逻辑流 程如图 7-5 所示。相较于 MRP,闭环 MRP 的扩展主要体现在两个方面:①在计算 物料需求的同时考虑生产能力对生产的约束,增加了对生产能力的需求计划,提出 了粗能力计划(rough-cut capacity planning,RCCP)和能力需求计划(capacity requirement planning)。闭环 MRP 在制定主生产计划的同时制定粗能力计划,通 过对关键资源进行分析来对计划进行调整,确保主生产计划基本可行,在制定物料 需求计划的同时制定能力需求计划,通过对物料需求计划、产品生产工艺路线和车 间各加工工序能力进行分析对计划进行调整,确保生产能力的平衡以及资源约束 不被违背,如果该阶段无法平衡生产能力则需要重新审视主生产计划。②闭环 MRP 形成了"计划—实施—评价—反馈—计划"的流程,增加了生产及采购计划执 行的反馈,即将生产及采购作业执行的信息反馈至计划部门,计划部门再动态地根 据计划执行与计划之间的偏差对主生产计划和物料需求计划进行调整和修订。

20 世纪 80 年代,随着闭环 MRP 的推行,企业又提出了新的需求。闭环 MRP 出色地解决了生产管理中的物料流问题,但生产管理还涉及众多其他的重要问题,

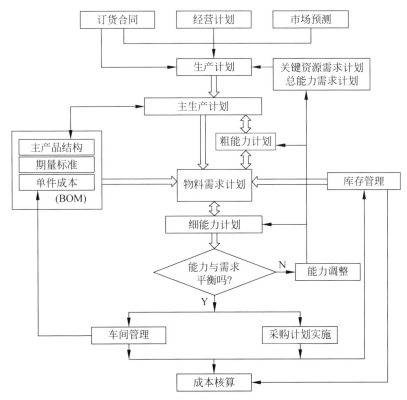

图 7-5　闭环 MRP 逻辑流程

其中最为关键的是企业资金流的问题。长久以来,企业同时运行着 MRP 和财务管理两套系统,这导致:一方面,系统之间可能存在重复和冲突;另一方面,系统之间的割裂导致在实施 MRP 时难以保证计划在资金层面的可执行性,而在实施财务管理时又可能因为无法将物料流实时地与资金流绑定而导致财务核算不准确、不及时。此外,站在企业经营者的角度来看,他们迫切地希望看到计划的制定和执行到底会给企业带来怎样的经济效益。在企业对生产与财务管理一体化的诉求之下,美国著名的生产管理学家 Oliver Wight 提出了集生产、财务、销售、采购、库存、产品数据、成本核算、车间管理为一体的制造资源计划(manufacturing resource planning,MRPⅡ),其逻辑流程如图 7-6 所示,而为了与物料需求计划进行区分,将制造资源计划缩写为 MRPⅡ。MRPⅡ对于 MRP 的最大扩展是其实现了物料信息与资金信息的集成,使得企业经营者能够直观地看到以货币形式表示的计划制定与执行所带来的经济效益。MRPⅡ主要通过两种方式建立物料与资金之间的联系,分别是静态关系和动态关系。静态关系是指为每个物料定义标准成本和会计科目;动态关系是指为"事务"(transaction)处理类型定义会计科目以及借贷关系,"事务"通俗来说是物料的移动或数量、价值的调整,如采购的物料入库就是一类"事务",其所对应的物料变化是在途物料的减少和库存物料的增加。

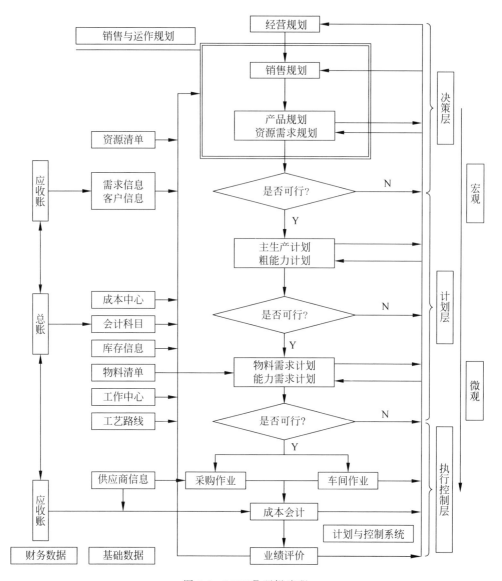

图 7-6　MRPⅡ逻辑流程

20 世纪 90 年代,随着企业外部市场经济环境的不断变化,以及企业自身对于生产运营管理要求的不断提升,MRPⅡ开始显露出一些不足。随着全球化的到来,企业的业务越来越核心化,大量的非核心业务需要通过购买其他企业的产品和服务完成,这使得企业之间形成了跨地域、跨时区的业务关系。更进一步,随着供应链管理思想的盛行,企业开始意识到企业之间并非只有简单的买卖关系,而是存在着更高层面的合作与竞争关系,而 MRPⅡ关注的仍然是企业内部的生产运营管理,因而无法满足企业在新时代的要求。此外,20 世纪 90 年代出现了以客户为中心的企业经营战略,与传统的以企业自身为中心的经营战略所不同的是,以客户为中心的企业经营战略强调企业的一切经营活动应该以满足客户的需求为目标,这对企业的生产运营管理提出了众多的新要求,其中最为关键的一点是要求企业能够快速准确地把握客户需求并作出响应,能够在最短时间内以较低的价格向客户交付高质量的产品,而 MRP Ⅱ 不具备应对市场需求变化的灵活性。在上述背景下,ERP 的概念孕育而生。Gartner Group 公司于 1990 年发表了题为 *ERP：A Vision of the Next-Generation MRP Ⅱ* 的研究报告,该报告第一次提出了 ERP 的概念。在随后的几年中,Gartner Group 公司又陆续发表了 *ERP Functionality*、*Making the Jump from MRP Ⅱ to ERP*、*ERP：Quantifying the Vision* 等多篇分析报告,系统性地阐明了什么是 ERP 以及 ERP 的使能技术与核心功能。ERP 的宗旨是将企业各个方面包括人、财、物、产、供、销等在内的资源充分调配和平衡,使企业在激烈的市场竞争中全方位地充分发挥能力,从而取得最好的经济效益。ERP 的管理思想包括：①对整个供应链而非仅企业内部的资源进行管理；②围绕主生产计划、物料需求计划、生产能力计划、采购计划、销售计划等形成的计划体系开展活动,并实行事前计划、事中控制和事后分析；③注重与业务流程重组(business process reengineering,BPR)的相互支持和相互驱动。

　　ERP 系统是实现 ERP 的工具和手段,Gartner Group 公司通过软件功能范围、软件应用环境、软件功能增强、软件支持技术的标准来界定 ERP 系统,包括：①超越 MRP Ⅱ 范围的集成功能,ERP 系统在管理功能上的扩展主要有质量管理、实验室管理、流程作业管理、配方管理、产品数据管理、维护管理、仓库管理、运输管理、人力资源管理等；②支持混合方式的制造环境,ERP 系统既可支持离散又可支持流程的制造环境,具备按照面向对象的业务模型重组业务过程的能力,以及支持国际范围内的应用；③支持能动的监控能力,为提高业务绩效,ERP 系统支持企业内使用计划和控制方法、模拟功能、决策支持能力和用于生产和分析的图形能力；④支持开放的客户机/服务器计算环境,ERP 系统支持应用图形化用户界面,集成计算机辅助软件工程,应用面向对象的技术、关系型数据库、第四代开发语言,支持数据采集和外部数据集成。

2. ERP 系统的主要功能

　　从上述 Gartner Group 公司的定义中可以看到,ERP 系统集成了众多管理功能,而当前市场上常见的 ERP 系统一般具有如下主要的功能模块。

　　1) 基础数据管理

　　ERP 系统的实施离不开数据的支持,William DeLone 和 Ephraim McLean 早在 1992 年就提出了著名的信息系统成功模型(information system success model),并在他们的模型中指出数据质量对于信息系统的成功实施起着重要的作用。企业的数据一般可分为基础数据和业务数据,其中,基础数据是重中之重,业务数据的产生高度依赖于基础数据。典型的企业基础数据包括：与物料相关的数据,如物料代码、BOM 和用以描述物料的数据;与生产能力相关的数据,如设备加工能力、人员技术能力等;与生产工艺相关的数据,如工艺路线等;与库存相关的数据,如货位代码等;与销售相关的数据,如客户编码、客户资料等;与采购相关的数据,如供应商资料等。ERP 系统的基础数据管理模块主要负责基础数据的录入、查询和修改,同时其需要通过一定的技术手段来规范这些过程,以及定期对数据进行清理工作,以保证基础数据的准确性、完整性、一致性和及时性。

2) 经营规划和销售与运作规划

之前已经提到,ERP 是围绕一个计划体系开展活动的,该计划体系从宏观到微观可分为经营规划、销售与运作规划、主生产计划、物料需求计划和车间作业及采购作业计划 5 层。经营规划是最高层次的规划,是企业的战略规划,主要确定企业经营的愿景(vision),如对于产品在市场中的定位,预期的销售收入、利润和资金利用率等,以及企业为实现愿景所应采取的行动,如产品开发、技术改造、厂房扩建、人力资源发展等。销售与运作规划是企业的经营规划与主生产计划之间的衔接,由销售规划和运作规划组成,前者主要确定企业产品未来的销售及收入计划,后者主要确定为保障销售规划的实施企业各部门应采取的措施和办法,一般围绕生产规划进行组织。销售与运作规划涉及企业的生产计划方式,基本的生产计划方式有面向库存生产(make to stock,MTS)和面向订单生产(make to order,MTO)两种。制定销售规划的核心是对产品需求的预测,对产品需求的预测可基于历史的销售数据、客户的订单和需求预测等,常用的方法包括简单或加权的移动平均法、指数平滑法、回归分析、时间序列分析等。制定运作规划的核心是制定生产规划,常见的生产规划策略有:追逐策略(chase strategy),即生产规划按照销售规划的需求量进行组织;均衡生产策略(production leveling strategy),即生产规划以相对平稳的生产率进行组织;上述两种策略的混合策略。此外,ERP 系统的销售管理模块除了销售计划管理之外,一般还具有销售订单管理、销售价格管理、销售服务管理、客户管理、销售统计与分析等功能。

3) 生产管理

生产制造是企业增加产品价值的过程,也是制造业企业经营活动的基础,生产管理的职能一般可分为生产计划的制定、生产过程的管理、生产统计和分析、设备管理、质量管理等。生产管理所涉及的生产计划包括主生产计划、物料需求计划和车间作业计划,其中,主生产计划确定最终产品"需求什么""需求多少"以及"什么时候需求",物料需求计划确定"还需要什么物料""需要多少"以及"什么时候需要",车间作业计划则确定每一个车间、每台设备、每位生产人员在"什么时段"加工或装配"多少数量"的"什么产品"。值得一提的是,在实际应用中,企业的生产计划可能具有相当多的层级,此外,车间层面的作业计划还与众多其他的计划相关联,如生产准备计划、设备使用计划、物料投放计划、质量检验计划、补料计划等,这些计划的制定、传达、确认等需要借助生产任务单、生产投料单、加工单、派工单、领料单、入库单等规范的单据。对于生产计划的制定,学术界有大量学者进行研究并产出了众多的研究成果,其中比较经典的问题包括生产批量问题(lot-sizing problem)和生产调度问题(production scheduling problem),这些问题又可以按照是否有产能约束、需求是否变化和是否确定、车间的生产方式、衡量计划好坏的标准等因素进一步划分为子类问题。

生产过程的管理对于生产管理起着同样重要的作用,其主要功能是对生产计划的执行进度和情况,包括投料量、产出量、入库量、加工和装配耗时、质检结果等进行跟踪和控制,并及时将其与生产计划之间的偏差进行反馈,再考虑采取相应的措施以实现产品保质、保量、按时交付。信息的流通是生产过程管理的关键,这要求生产过程的管理除了需要有经验丰富的车间管理人员和训练有素的工作人员之外,还需要车间配置有关键的信息化设备,包括网络、工业传感器、与信息系统相连的生产设备、工业平板、手持终端等。

4)采购管理

采购是企业经营活动中的重要一环,在市场全球化的大背景之下,企业更加关注自身的核心业务,同时从其他企业处购买服务和产品以支持自身核心业务的开展。低效的采购管理将严重影响企业的正常生产运作,如采购数量过多将导致库存积压,采购数量过少将导致生产无法正常进行,采购提前期过长将影响产品交期,采购件质量低下将导致产品质量低下等。此外,对于大部分制造业企业而言,采购成本在生产成本中占有很大的比例。通常,采购管理的职能主要包括以下几个方面。

(1)供应商管理。指对供应商的信息进行收集、整理和分析,支持采购部门对供应商的选择。

(2)采购计划管理。采购部门根据物料需求计划制定采购计划,明确"采购什么货物""什么时候采购""采购多少""什么时候需要"等内容。

(3)采购订单管理。采购部门按照采购计划向选择的供应商发出采购订单,并跟踪采购订单的执行情况,当因特殊情况供应商无法完成采购订单时,采购部门需要及时作出调整,如向备用供应商进行采购。此外,采购件的入库也需要进行管理,即在采购件入库时对货物进行数量、质量检验,对于不合格的货物要进行退货处理等。

(4)采购资金流管理。采购管理要实现与财务管理的对接,在采购计划制定后对采购资金作出预算,以便财务管理提前做好相关的财务计划,以及在采购过程中严格按照规范流程生成应付账款凭证,以便财务管理最后执行采购账款的结算。

5)库存管理

库存管理是企业物流管理的核心内容之一,其主要是对企业的库存作业进行管理。企业的库存作业主要包括物料的入库作业、物料的出库作业、物料的移库作业以及物料的盘点作业。一个良好的库存管理能让企业清楚地知道各物料的库存数量、库存位置、出入库时间等信息。这些信息是企业的关键信息，是企业能够正常开展采购、生产、销售、资产核算等业务活动的基础。库存管理的职能主要包括以下几种。

（1）各类物料的出入库管理。它包括按照规范流程检验接收入库物料并形成入库单据，依据领料单、转库单等的需求出库物料并形成出库单据。值得一提的是，企业往往制定有特殊的库存策略，典型的如对物料做 A、B、C 类区分，物料出入库严格按照先进先出的原则等。

（2）库存盘点管理。定期对库存进行盘点并及时、准确地将盘点结果录入系统中，该功能维护的库存数据是企业的关键数据。

（3）库存分析与报表。对库存的变化趋势进行统计与分析。

此外，同生产管理一样，库存管理也离不开信息化技术的支持，其中最为常用的是条形码技术，企业利用条形码技术可以实现高效的货位管理和物料出入库管理。

除了上述功能模块之外，ERP 系统一般还具有：财务管理模块，对企业的财务总账、应收账款、应付账款、固定资产、资金和工资进行管理并支持财务分析和决策；人力资源模块，对人事信息、人员招聘、人员技能培训、绩效和薪酬进行管理。此外，着重关注"质量"的企业会在实施 ERP 系统时特别构建质量管理模块来实施全面质量管理（total quality management，TQM）。随着数据科学的发展，目前，越来越多的 ERP 系统还集成了商务智能（business intelligence，BI）的部分功能，利用数据仓库、数据挖掘技术对企业持有的大量客户、产品以及生产、库存、销售等数据进行分析，将数据转换为知识，以支持决策者作出正确的决策。

7.2　制造执行系统

7.1 节中介绍了产品生命周期管理、供应链管理、客户关系管理和企业资源计划，本节将着重介绍一种主要面向产品生产制造过程的信息化管理技术——制造执行系统的概念、发展历程、主要功能，以及与之相关的重要的技术标准。此外，针对传统制造执行系统的不足，本节还将介绍制造执行系统的一个新的发展趋势——可重构的制造执行系统。

7.2.1　制造执行系统及其功能模型与标准

1. 制造执行系统的概念及发展历程

在早期的制造业信息化过程中，企业层级的经营管理的信息化与生产设备层级的控制自动化是作为两个几乎独立的过程开展的，企业内不同的部门可能依据不同的管理目标使用着不同的信息系统，这些系统之间往往相互独立，缺乏数据交流和功能对接，这导致制造业的信息化过程长期面临着信息孤岛和信息断层的问题。信息孤岛是指企业内用于生产调度、工艺管理、质量管理、设备维护、过程控制等的系统彼此之间相互独立,企业在实施各个系统时没有形成统一的数据模型和数据标准,没有合理设计数据分享机制,导致系统功能重叠、系统数据冗余和不一致等问题,严重影响企业内系统间的协调运作,使得企业施行信息化的效果大打折扣。信息断层是指企业层级的经营管理系统与车间层级的生产控制系统之间相互分离,这会导致:一方面,企业层级的经营管理系统无法及时、准确地掌握车间的实际生产情况;另一方面,车间的工作人员和设备也无法及时、准确地获知生产计划,使得企业的生产计划得不到有效实施,生产信息得不到及时反馈,严重影响企业的经营效率。信息孤岛和信息断层造成了企业内部信息在横向和纵向上的断裂,制约了制造业信息化的发展。针对这些问题,大量研究者和制造业从业者开始寻找有效的解决方案,制造执行系统(manufacturing execution system,MES)的概念正是在这个阶段被提出的。

　　MES 的概念由 AMR Research 公司于 1990 年 11 月首次提出,旨在加强 MRP 计划的执行功能,把 MRP 计划通过执行系统同车间作业现场控制系统联系起来。AMR Research 公司将 MES 定义为一个面向车间层级的管理信息系统,其位于企业层级的计划管理系统与底层的工业控制系统之间,为操作人员/管理人员提供计划的执行、跟踪以及人、设备、物料、工具、客户需求等所有资源的数据和信息。1997 年,美国制造执行系统协会(Manufacturing Execution System Association,MESA)在其发布的 MES 白皮书中对 MES 进行了更详细的定义:"MES 提供信息,优化从订单发布到成品完成的一系列生产活动。使用准时和准确的数据,MES 对工厂活动进行引导、启动、响应和汇报。由此实现的对变化条件的快速响应以及对非增值活动的减少,推动了工厂的有效运作。MES 提高了运营资产的回报率以及准时交货率、库存周转率、毛利率和现金流绩效。MES 通过双向通信提供企业和供应链上生产活动的关键任务信息。"

　　参考不同组织和学者对 MES 的定义和解释,可以总结出 MES 具有下述特征:①MES 对整个车间制造过程进行管理和优化;②MES 不只面向车间,更是作为企业层级管理和底层工业控制之间的衔接,起到双向信息传递的作用;③MES 对生产管理数据及时准确的传达、收集、反馈和分析是 MES 功能实现的基础。

2. 制造执行系统的功能模型

　　MES 的概念吸引了大量研究者的关注,他们从 MES 的体系结构、系统功能、软件技术等各个方面开展研究,同时,也有大量的研究机构和政府组织开始进行 MES 的标准化工作,希望能通过建立模型标准、技术标准等为研究者和开发者提供统一的视角。AMR Research 公司首先提出了 MES 的集成系统模型,该模型将 MES 的系统功能划分为围绕关系数据库和实时数据库的 4 组功能,分别是:

　　(1) 工厂管理(plant management),主要包括生产资源管理、计划管理和维护管理等,是生产管理的核心部分;

（2）工艺管理（plant engineering），主要包括文档管理、标准管理和过程优化等，是指工厂级的生产工艺管理；

（3）质量管理（quality management），主要包括统计质量控制、实验室信息管理等；

（4）过程管理（process management），主要包括设备的监测与控制、数据采集等。

MESA 于 1997 年提出，为应对多变的制造环境，MES 应该具备如下 11 个主要功能：

（1）作业调度（operations/detail scheduling），在有限资源的情况下安排活动的顺序和时间以最优化工厂绩效；

（2）资源分配和状态管理（resource allocation and status management），指导员工、机器、工具和物料等资源的使用，并追踪资源的当前状态和记录资源的历史使用情况；

（3）生产单元派遣（dispatching production units），下达生产指令，将物料或订单传递给生产单元开始生产过程或步骤；

（4）文档控制（document control），管理和分发有关产品、过程、设计和订单等相关的信息，收集工作和条件的认证声明；

（5）产品跟踪与谱系（product tracking and genealogy），通过监控产品在生产过程中的状态和位置信息形成产品生产完整的历史记录；

（6）绩效分析（performance analysis），将工厂的绩效测量结果与企业的目标、用户的期望以及有关规范进行比较；

（7）人力资源管理（labor management），根据人员资质、工作模式和业务需求对人力资源的使用进行指导和跟踪；

（8）维护管理（maintenance management），通过计划和执行维护保证设备或其他企业资产正常运作；

（9）过程管理（process management），根据计划和实际的生产活动引导工作流；

（10）质量管理（quality management），记录、跟踪以及分析产品和过程的特征，并与工程要求相比较；

（11）数据采集（data collection/acquisition），监控、采集和管理与物料、生产过程相关的数据，这些数据可以从员工、设备和控制系统处获取。

AMR Research 公司于 1998 年发表了 REPAC 模型（ready，execute，process，analyze，coordinate），该模型将关注点放在了 MES 所支持的业务过程之上，其基于供应链管理中的 SCOR 模型并关联 SCOR 模型中的 Make 过程。模型中有 5 个基础业务过程，如图 7-7 所示，分别是：

（1）准备（ready），要求 MES 支持自动化的新产品引入和工程变更，以在产品生命周期缩短的情况下使得新产品一经投入生产便能迅速达到目标的生产速度；

（2）执行（execute），关注订单和过程的执行，要求 MES 支持对人员和设备的调度，并对实际生产过程进行记录；

（3）处理（process），与底层控制系统，如 PLC（programmable logic controllers）、DCS（distributed control systems）等相关，要求 MES 支持对工厂系统的自动化控制；

（4）分析（analyze），要求 MES 支持通过分析关键的绩效信息来进行质量和生产改进，计算关键绩效指标，为决策者总结并提供数据，以及为下游环节提供产品信息等；

（5）协调（coordinate），支持 MES 根据实际情况不断更新作业计划，基于执行过程的状态信息和分析过程的绩效信息优化车间的一切活动。

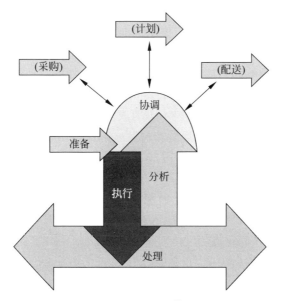

图 7-7　REPAC 模型

3. 制造执行系统的技术标准

1997 年，仪器、系统与自动化学会（Instrumentation，Systems，and Automation Society，ISA）启动编制 ISA-95 企业控制系统集成标准（Enterprise-Control System，Integration），该标准的主要目的是建立企业级和制造级信息系统之间的集成规范。ISA-95 标准在工业界得到了广泛认可，是各公司开发和实施 MES 产品所参考的主要标准。该标准目前已经正式发布了前 7 个部分，分别是：

（1）第 1 部分：模型和术语（Part 1：Models and Terminology），该部分定义了一套标准的术语和一致的概念和模型；

（2）Objects and Attributes for Enterprise-Control System Integration，该部

分定义了第4层企业系统和第3层控制系统之间交换数据的对象模型和属性；

（3）Activity Models of Manufacturing Operations Management，该部分定义了制造运营管理的通用活动模型；

（4）Objects and Attributes for Manufacturing Operations Management Integration，该部分定义了制造运营管理内部活动交换数据的对象模型和属性；

（5）Business-to-Manufacturing Transactions，该部分定义了在第3层和第4层之间执行业务和制造活动的应用程序之间信息交换的事务；

（6）Messaging Service Model，该部分定义了一组消息传递服务的模型，用于在第3层和第4层以及第3层内部进行信息交换；

（7）Alias Service Model，该部分定义了与技术无关的服务和消息，用于关联和映射制造运营领域应用程序和其他领域中的应用程序之间交换的等效标识和相关的上下文环境。

ISA-95标准在其第1部分中提供了标准的模型和术语，以定义企业的经营系统和制造控制系统之间的接口。该部分首先定义了一个层次模型用来描述制造企业内部不同层级的领域和功能，该模型共分为5层，如图7-8所示。第0层表示过程，一般指制造或生产过程；第1层表示用来监控和处理这些过程的人工或传感器，以及相应的执行机构；第2层表示手动或自动的控制动作，使过程保持稳定或处于控制之下；第3层表示制造运营和控制（manufacturing operations & control）领域，该层级的典型活动与上文提到的MESA提出的MES应支持的11个主要功能一致；第4层表示企业计划和物流（business planning & logistics）领域，该层级的典型活动包括工厂生产计划调度，收集和维护库存、能源、产品、质量、设备、人力等信息并支持采购、客服、维修等相应的运营管理。第3层与第4层之间的接口就是ISA-95标准所关注的重点。

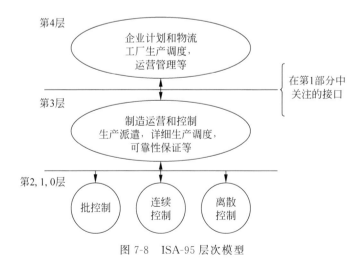

图 7-8   ISA-95 层次模型

层次模型中的不同层级有着不同的功能,层级内和跨层级的功能之间存在着大量的信息交流,ISA-95 标准定义了一个功能数据流模型用来描述这些内容。该功能数据流模型包含订单处理(order processing)、生产调度(production scheduling)、生产控制(production control)、物料和能源控制(material and energy control)、采购(procurement)、质量保证(quality assurance)、库存控制(inventory control)、产品成本核算(product cost accounting)、产品运输管理(product shipping administration)、维修管理(maintenance management)等主要功能。各个功能之间存在着大量的信息交流,ISA-95 标准主要关注那些对生产控制有着重要作用的信息流,这些信息包括调度信息、生产反馈信息、生产能力信息、物料和能源需求信息等。

上述这些信息大致可以分为如下 4 类:与产品生产计划相关的信息(生产计划信息,production schedule),与产品实际生产相关的信息(生产绩效信息,production performance),与生产产品的能力相关的信息(生产能力信息,production capability),生产产品所要求的信息(产品定义信息,product definition)。ISA-95 标准在第 1 部分中使用统一建模语言(unified modeling language,UML)对这些信息建立对象模型(object model),并在第 2 部分中详细定义了这些对象模型的属性。ISA-95 归纳了 9 类对象模型,分别是:

(1) 生产能力模型(production capability model),描述了生产能力、人员能力、设备能力、物料能力的当前状态、生命周期等信息;

(2) 过程段能力模型(process segment capability model),描述了在特定时间内,在所定义的过程段中可用或不可用的人员资源、设备资源和物料;

(3) 人力资源模型(personnel model),描述了人员和人员的等级、个人或成员组的技能和培训、个人的资质测试等信息;

(4) 设备模型(equipment model),描述了设备和设备等级、设备的能力、设备能力测试及测试结果和结果的有效时间段等信息;

(5) 物料模型(material model),描述了物料等级属性、物料批量和位置等信息;

(6) 过程段模型(process segment model),描述了过程段需要的员工、设备、物料等资源,以及过程段的执行顺序等信息;

(7) 产品定义信息模型(product definition information model),描述了产品的生产规则等信息;

(8) 生产计划模型(production scheduling model),描述了特定产品的生产计划以及其他相关信息;

(9) 生产绩效模型(production performance model),描述了生产计划的执行结果以及其他相关信息。

ISA-95 标准的第 3 部分定义了制造运营管理(manufacturing operations

management)的活动模型,这些活动与层次模型第 3 层的功能相关,在层次模型的第 4 层与第 2 层之间执行。制造运营管理活动是指在将原材料和零部件转化为产品过程中协调人员、设备、物料和能源的活动,这些活动可由物理设备、人力和信息系统执行。制造运营管理对制造设施内与之相关的所有资源(人员、设备和材料)的计划、使用、能力、定义、历史和状态的信息进行管理。制造运营管理一般可分为生产运营管理(production operations management)、维修运营管理(maintenance operations management)、质量运营管理(quality operations management)、库存运营管理(inventory operations management)4 类。ISA-95 标准定义了制造运营管理的通用模型,如图 7-9 所示,该通用模型定义了运营管理的主要活动以及活动之间的信息流,将该通用模型应用在生产运营管理、维修运营管理、质量运营管理和库存运营管理上可得到特定的运营管理模型。运营管理的通用模型包含详细调度(detailed scheduling)、资源管理(resource management)、跟踪(tracking)、派遣(dispatching)、定义管理(definition management)、执行管理(execution management)、数据收集(data collection)和分析(analysis)等 8 个主要活动。活动之间存在着信息交换,同时可以看到,制造运营管理的通用模型展示了 ISA-95 标准第 1 部分定义的功能数据流模型中跨功能模块的 4 类信息流是如何在底层的活动上流转的。计划信息输入制造运营管理模块并被分解为详细调度,资源管理将能力信息传递给企业层级的经营管理以支持其制定运营计划,定义信息输入到制造运营管理由定义管理进行统一管理和调用,跟踪将从执行管理收集到的数据反馈给企业层级的经营管理以支持对生产的实时控制。

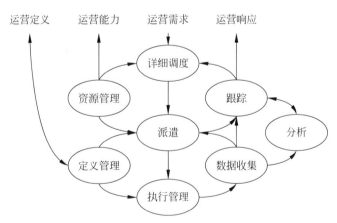

图 7-9　ISA-95 制造运营管理的通用模型

7.2.2　可重构的制造执行系统

自 20 世纪 80 年代以来,全球化的出现以及迅速蔓延使得市场对产品的需求的变化变得越来越快,越来越难以预测,这体现在产品生命周期缩短,市场对新产品的需求日益频繁,对产品种类丰富程度的要求越来越高,对产品的需求量的变化越来越大。从制造企业的角度出发,全球化所带来的激烈竞争和快速变化的市场环境使得企业不得不加速新产品的研发,针对不同的客户需求进行定制化的生产,并能够应对产品需求种类和需求量的快速变化。传统的面向相对稳定市场的大规模生产的制造系统难以应对由快速变化和难以预测的市场环境所带来的诸多挑战,这体现在传统的制造系统难以灵活调节生产能力以应对多变的市场需求,以及难以执行多品种产品的生产任务等方面。20 世纪 90 年代中期,Yoram Koren 等学者提出了可重构制造系统(reconfigurable manufacturing system,RMS)的概念,这一概念提供了一种通过调整制造系统构形来快速响应外部市场变化和适应生产任务动态变化的思路。Yoram Koren 教授将可重构制造系统定义为"一个从一开始就为快速改变其结构以及硬件和软件组件而设计的系统,目的是在一个零件族(part family)内快速调整其生产能力和功能,以应对市场变化"。

可重构制造系统具有 3 个运行特征(operational characteristics)以支持其达到理想的生产能力和功能,以及 3 个结构特征(structural characteristics)以快速、经济地支持运行特征。可重构制造系统的 3 个运行特征分别为:可扩展性(scalability),即能够通过增减设备或调节设备能力以快速更新生产能力;可转变性(convertibility),即能够通过简易地转变系统、设备或控制器的功能以适应新的生产需求;可诊断性(diagnosibility),即能够通过自动监控系统的当前状态以检测和诊断产品缺陷的根本原因并快速修正相应的运行错误。可重构制造系统的 3 个结构特征分别为:模块化(modularity),即将操作功能和需求划分为可量化的单元,这些单元可以在不同的生产方案之间进行转移,以实现满足给定需求的最佳安排;可集成性(integrability),即能够通过一组支持集成和通信的接口实现快速而精确的模块集成;定制化(customization),即能够适应生产系统和设备的定制化柔性以满足产品族内的新需求。

制造系统的可重构性是多方面的,其应该涵盖全部的制造活动与过程。我国的王成恩教授从 5 个方面描述了制造系统的可重构性,分别为:①组织可重构性,按照范围可分为企业内部的可重构性,表现为企业内部组织单元内结构的变化、组织单元间的协同合作等,以及企业间的可重构性,表现为企业的重组和合并、企业动态联盟等;②业务过程可重构性,表现为为适应变化的环境而进行的业务活动的变更、增添、重排列等;③产品可重构性,表现为在产品设计中通过重构少量基本零部件可以实现新零部件的设计,在产品生产中通过重构现有产品来满足用户的特定需求等方面;④车间加工系统可重构性,主要涉及设施和设备的功能和结构改变的能力,加工系统增添和重新组织设施及设备的能力,以及车间控制系统控制结构改变的能力;⑤信息平台可重构性,强调僵化的信息平台结构是无法支持实现制造系统的可重构性的。

MES 作为企业经营管理层与车间底层工业控制系统的衔接层，对整个车间制造过程进行管理和优化，制造系统的高效运转离不开 MES 的成功实施，可重构的制造系统则对 MES 提出了更多新的要求。传统的 MES 由于往往针对特定行业或特定企业的固定业务流程开发，因而尽管具备丰富的应用功能，但对应用环境有较强的依赖性，系统难以根据企业内外部变化进行快速有效的扩充、裁剪和重组。传统 MES 的这一不足导致企业难以实现可重构的制造系统。进入 21 世纪之后，针对传统 MES 可重构性差的问题，大量学者开展了对可重构的制造执行系统（reconfigurable manufacturing execution system，RMES）的研究。RMES 的本质是通过重构系统来适应企业内外部的变化。系统重构是指在原有系统的基础上对系统结构进行重新构造，对系统功能进行变更、增删和重新组织等一系列活动，而具体如何对系统进行重构以及重构将涉及系统的哪些部分取决于为适应企业内外部的变化而产生的重构需求。重构需求可能来源于生产方式的变更、业务流程的变更、生产资源的变更和生产目标的变更等，并往往涉及系统的多个方面，如增加新的生产绩效指标不仅要求在绩效指标计算这一功能中添加新的计算公式，还可能要求在数据采集这一业务流程中添加新的数据采集点，这将进一步要求数据的逻辑结构作出相应变更以支持新数据的存储和访问。

RMES 的实现需要先进的软件技术和软件体系的支持，现有的 RMES 研究中的一些典型的应用技术包括面向对象（object-oriented）技术、组件技术、工作流技术、多代理（multi-agent）技术、Holon 技术、面向服务体系结构（service oriented architecture，SOA）、通用对象请求代理体系结构（common object request broker architecture，CORBA）、业务流程管理等。部分研究者主要从软件技术的角度研究 MES 的重构能力，他们利用组件技术对软件系统进行模块化设计和开发，通过对模块进行重组来实现系统用户所要求的功能。在这类研究中，首先需要获取、设计和开发系统组件，系统组件必须具有一定的面向特定领域的通用性。获取系统组件的一般方法是从系统所要实现的功能模块中抽取出具有共性的子模块，再通过合并形成系统组件。在 MES 的应用场景下，系统所要实现的功能模块一般包括之前提到的 MESA 所定义的 11 个主要功能，从这 11 个主要功能中抽取的系统组件可能包含计划组件、调度组件、设备管理组件、人员管理组件、物料管理组件、质量管理组件等。值得一提的是，不同研究中划分的系统组件可能具有不同的"粒度"，但都需要具有较低的耦合度、较高的通用性以及功能参数灵活可配置等特点。开发好的系统组件在应用层上进行集成，应用层按照业务规则将系统组件进行配置和组装而形成子系统，子系统可用来实现具体的业务过程。系统组件管理模块在这其中起到重要作用，该模块提供对组件的存储、描述、检索、配置和组装，最终目的是实现随时按照系统用户的需求动态地配置和组装组件，实现一种"即插即用"的软件系统重构方式。

部分研究者主要从制造系统智能化的角度研究 MES 的重构能力,他们利用多代理技术实现系统内部各代理之间的动态协商,以此提升系统的可重构性。在 MES 中,代理主要是指能完成某种功能的分布式计算机程序,它具备通信、自主、适应、进化、推理和规划等能力,人们从各种角度出发,在 MES 系统中引入了多种代理类型,如加工任务代理、资源代理、监视代理等。这些代理能够相互通信,理解交互信息和感知环境,可通过推理自动和自发地进行重构,来满足系统用户动态变化的需求。清华大学的周华等学者提出了一种基于代理的可重构制造执行系统,在该系统中有基本代理和代理之间的关系这两个关键的要素,系统重构通过这两个要素的重构实现。代理重构可分为:代理委托型重构,即代理将功能和任务委托给其他代理或代理群实现;代理替代型重构,即代理在系统的位置和作用完全由另一个代理代替实现;代理实现型重构,即重新构造代理内部结构和实现流程。代理间关系的重构可分为:结构型关系重构,即代理之间关系的增删;替代型关系重构,即用一种新的关系类型取代原有的代理之间的关系类型。该系统引入了角色(role)的概念来表示特定环境下代理的服务功能和外部行为,每一个代理即是系统的一个功能模块(如计划与调度、资源管理、工艺规程管理等),系统的功能逻辑则是由代理承担相应的角色(如车店调度员、资源管理员等)协同实现的,整个功能的集成过程是松耦合的,意味着功能的集成方式可以动态调整来满足不同的业务需求,这实现了系统的可重构性。

基于组件技术的 RMES 虽然能够实现应用与数据的集成,但缺乏面向业务逻辑的整体分析和系统解构,因而在业务流程的控制和调整方面存在不足。基于多代理的 RMES 虽然具有较强的动态选择能力和良好的可扩展性,但代理自身的自主性、适应性、进化性、推理和规划能力等难以实现,并且维护所有可能与重构需求相关的代理及代理之间的业务逻辑关联是一项复杂度难以想象的工程。清华大学的黄毅博士针对上述问题,提出了一套可重构制造执行系统体系结构(reconfigurable manufacturing execution system architecture,RMESA),该体系结构将系统按模块粒度从大到小逐级解构,形成"模块粒度维",同时将采集的数据按信息粒度从小到大逐级聚合,形成"信息粒度维",这两个维度分别定义了系统的纵向耦合结构和横向的信息处理过程。RMESA 的总体框架如图 7-10 所示,其在"模块粒度维"上从大到小依次包含:领域模块,代表由 MESA 定义的 MES 主要功能;业务流程模块,代表 MES 生产和管理业务流程,将数据、业务逻辑和人机交互等因素有序组织并基于规则有序执行;人机交互模块,代表 MES 的人机交互界面,主要提供数据展现、数据录入、任务触发等功能;服务模块,代表 MES 中对数据的操作;实体模块,代表 MES 中的数据,与底层数据库交互。大粒度的模块包含或依赖小粒度的模块,大粒度模块的构建可通过聚合或复用小粒度模块完成。RMESA 重构的实现依赖于两个关键环节,分别是基本重构操作和重构需求分解。RMESA 面向对

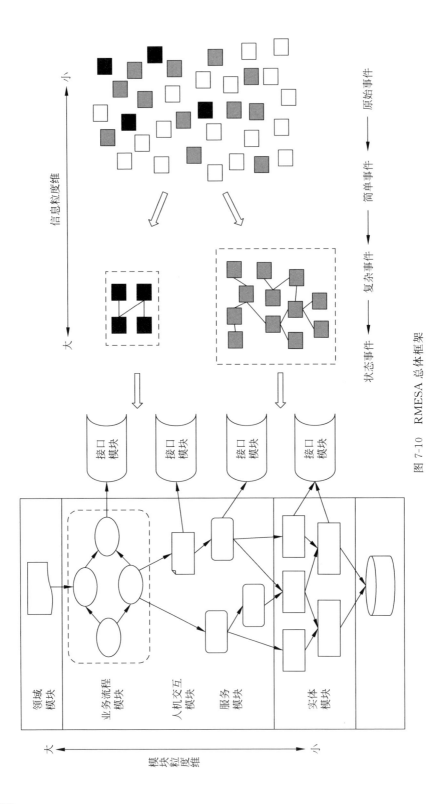

图 7-10 RMESA 总体框架

象设计,核心模块由接口及其实现逻辑组成,前者定义对外的功能描述,后者为接口实现功能。模块的基本重构操作包括新增模块、删除模块、缩小接口、修改实现、替换实现、扩展接口、向下重构、向上重构和修改接口等9类。使用哪些重构操作以及在哪些模块上进行重构来完成系统重构取决于重构需求,在 RMESA 的总体框架下,重构需求可能始于特定模块,而后发散到一系列必要的关联模块上,在这种情况下就需要在所有涉及的模块上都执行基本重构操作来完成系统的重构。一个典型的例子是在更新生产工单状态时要求多记录一项生产数据,则重构开始于服务模块"自动更新工单状态",在该模块上需要执行"修改实现"对更新工单状态的代码进行修改,随后需要执行"向下重构",对"自动更新工单状态"所依赖的实体模块"生产任务"执行"扩展接口"以新增生产数据对应的属性项,后续可能还需要修改数据库表等操作。

第 8 章

工业互联网与大数据

智能制造的发展离不开网络与数据,随着"工业 4.0"的到来,"全面互联""大数据"等概念逐渐为人们所熟知。"全面互联"将工业系统的人、设备等要素进行全面的连接,使得要素之间可以随时随地互相通信。"全面互联"不仅产生了大量的数据,还使数据能够在系统中快速流动,在此基础上对数据充分地进行建模与分析,从中获取有价值的信息与知识,为制造赋予智能。本章将从物联网、工业互联网和信息物理系统,工业网络设备与系统,大数据与云计算三个方面对智能制造的关键基础——网络和数据进行简要介绍。

8.1 物联网、信息物理系统和工业互联网

在"工业 4.0"时代,当提到工业与网络的结合时,人们普遍会联想到"物联网""工业互联网""信息物理系统"等概念,这些概念的提出有其特定的背景,其含义和内容有互通之处,同时也有各自的侧重点。本节将分别对上述概念的背景、含义、主要内容和发展现状进行介绍。

8.1.1 物联网

物联网被称为继计算机、互联网之后,信息世界的"第三次浪潮",已成为当前世界新一轮经济和科技发展的战略制高点之一。近年来,物联网已经引起了产业界和学术界的广泛关注,层出不穷的物联网应用已经融入了人们的日常生活当中,以中国、美国、欧盟、日本、韩国等为代表的国家和地区也陆续将物联网列为国家科技和产业发展的重要领域之一。

物联网的概念最早在 20 世纪 90 年代被提出。1991 年,美国麻省理工学院(Massachusetts Institute of Technology,MIT)的 Kevin Ashton 教授首次提出了物联网的概念,他当时在宝洁公司(Procter & Gamble)做品牌管理,为了解决库存问题,他设想利用芯片和无线网络使得零售商能够实时获知货架上还有哪些商品,及时知道哪些商品需要补货。1995 年,比尔·盖茨(Bill Gates)在他的《未来之路》(*The Road Ahead*)一书中描绘了一个物联网的世界,举例而言,他设想在将来人

们驾车驶过机场大门,电子钱包将会自动与机场购票系统连接购买机票,而机场检票系统将会自动检测电子机票。1999 年,MIT 建立自动识别中心(MIT Auto-ID),最早提出为全球每个物品提供一个电子标签,以实现对所有实体对象的唯一有效标识,结合物品编码、无线射频技术(radio frequency identification,RFID)和互联网等技术构建了物联网的雏形。2005 年,在突尼斯举行的信息社会世界峰会(World Summit on the Information Society,WSIS)上,国际电信联盟(International Telecommunication Union,ITU)发布《ITU 互联网报告 2005:物联网》,正式提出了物联网概念,全面而透彻地分析了物联网的可用技术、市场机会、潜在挑战和美好前景等内容。

从物联网获得全世界的广泛认可起,就得到了各个国家或地区的广泛重视。

(1)美国"智慧地球"

2009 年,IBM 在美国工商界领袖"圆桌会议"上提出了"智慧地球"(smart planet)的概念,建议广泛部署感应器,将感应器嵌入和装备到电网、铁路、桥梁、隧道、供水系统、油气管道等各种设施中,将其普遍连接形成物联网,并通过超级计算机和云计算进行整合,转变个人、企业、组织、政府、自然系统和人造系统交互的方式,使之更加智慧。美国奥巴马政府对此给予了积极的回应。

(2)欧盟"欧洲物联网行动计划"

2009 年,欧盟执委会发表题为《欧洲物联网行动计划》(*Internet of Things—An Action Plan for Europe*)的物联网行动方案,提出加强对物联网的管理、完善隐私和个人数据保护、提高物联网的可信度、推广标准化、建立开放式的创新环境、促进物联网的发展等建议,旨在确保欧洲在构建新型互联网的过程中起到主导作用。

(3)日本"i-Japan 战略 2015"

2004 年,日本总务省提出"u-Japan 计划",力求实现人与人、物与物、人与物之间的连接,希望将日本建设成一个泛在网络社会。2009 年,日本继"u-Japan"后提出"i-Japan 战略 2015",将物联网平台列为国家发展重点战略,大力发展电子政府和电子地方自治体,推动医疗、健康和教育的电子化。

(4)韩国"物联网基础设施基本规划"

韩国政府于 2006 年确立"u-Korea 计划",旨在建立无所不在的信息化社会(ubiquitous society)。在此基础上,2009 年,韩国通信委员会出台《物联网基础设施构建基本规划》,将物联网确定为新增长动力,并提出到 2012 年实现"通过构建世界最先进的物联网基础设施,打造未来广播通信融合领域超一流信息通信技术强国"的目标,确定了构建物联网基础设施、发展物联网服务、研发物联网技术、营造物联网扩散环境 4 大领域。

（5）中国加快物联网应用步伐

2009年8月，国务院总理温家宝视察中国科学院无锡微纳传感网工程技术研发中心，指示要在无锡建立"感知中国"中心，3个月后，温家宝总理在讲话中再次明确指出物联网是五大重点扶持的新型科技领域之一，将我国物联网发展推向高潮。2011年，工业和信息化部印发《物联网"十二五"发展规划》，明确"十二五"期间物联网产业的发展目标、主要任务和重点工程，重点领域涉及智能工业、智能农业、智能物流、智能交通、智能电网、智能环保、智能安防、智能医疗和智能家居等。2016年，工业和信息化部印发《信息通信行业发展规划（2016—2020年）》，明确要夯实物联网应用基础设施，推动物联网应用纵深发展，支持各类物联网运营服务平台建设，强化物联网技术在工业、农业、交通、能源等行业领域的广泛覆盖和深度应用。

物联网蓬勃发展至今还没有形成一个完全统一的定义。ITU互联网报告对物联网给出了以下定义："是通过二维码识读设备、射频识别装置、红外感应器、全球定位系统和激光扫描器等信息传感设备，按约定的协议，把任何物品与互联网相连接，进行信息交换和通信，以实现智能化识别、定位、跟踪、监控和管理的一种网络。"该定义是目前比较广为接受的一种定义，也是我国2010年政府工作报告中所附的注释中对物联网的定义。从对物联网的众多定义中我们可以看到，狭义上的物联网指连接物品到物品的网络，以实现物品的智能化识别和管理；广义上的物联网则可以看作信息空间与物理空间的融合，它将一切事物数字化、网络化，在物品之间、物品与人之间、人与现实环境之间实现高效信息交互，并通过新的服务模式使各种信息技术融入社会行为，是信息化在人类社会综合应用达到的更高境界。目前，人们所普遍接受的物联网应该具备3个特征，包括：全面感知，即利用条形码、射频识别、摄像头、传感器、卫星、微波等各种感知、捕获和测量的技术手段，实时地对物体进行信息的采集和获取；互通互联，即通过网络的可靠传递实现物体信息的传输和共享；智慧运行，即利用云计算、模糊识别等各种智能计算技术，对海量感知数据和信息进行分析和处理，对物体实施智能化的决策和控制。

目前，物联网的体系结构尚没有完全统一的标准，普遍为人们所接受的体系结构是物联网的三层体系结构，其将物联网分为3个层次，分别为感知层、网络层和应用层，如图8-1所示。

（1）感知层。物联网感知层要解决的是人类世界和物理世界如何获取数据的问题，包括各类物理量、标识、音频、视频数据等。感知层主要包含数据采集和传感网两个部分。其中，数据采集利用传感器、RFID、多媒体设备、二维码和实时定位等技术，感知和采集物体和外界环境的信息，包括温度、湿度、光照、位置等。传感网部分实现所获取数据的短距离传输、自组织组网以及多个传感器对

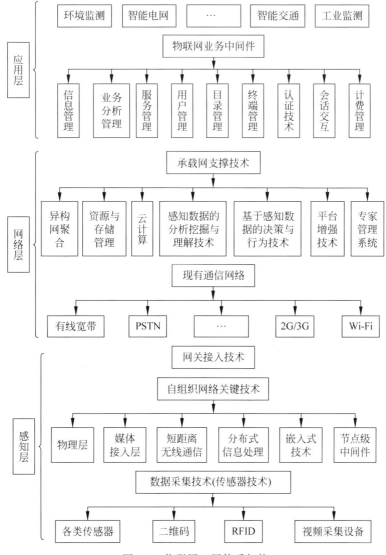

图 8-1　物联网三层体系架构

数据的协同信息处理过程。感知层的关键技术包括传感器技术、射频识别技术、GPS 技术、自动识别技术、嵌入式计算技术、短距离通信技术、分布式信息处理技术等。

（2）网络层。物联网网络层的主要功能是利用现有的网络通信技术，实现感知数据和控制信息的快速、可靠、安全的双向传递，使得用户能够随时随地获取高质量的服务。网络层建立在 Internet 和移动通信网等现有网络基础上，关键技术包括以蓝牙（Bluetooth）、红外、ZigBee、超宽带（ultra wideband，UWB）、Wi-Fi 等为代表的无线网络技术和 3G/4G/5G 移动通信技术等。

（3）应用层。物联网应用层包括了各种不同业务或者服务所需要的应用处理系统,这些系统对数据进行处理、分析,执行不同业务,并将处理和分析后所得的结果进行反馈,对终端用户提供不同服务。应用层主要包含应用支撑子层和物联网应用两部分。其中,应用支撑子层对数据进行集成、存储、处理、分析和挖掘,从数据中获取信息和知识,为物联网应用提供决策支持。物联网应用部分实现物联网的各种具体的应用并提供服务,常见的物联网应用包括工业监控、环境检测、智能交通、智能电网、卫生医疗等。物联网应用具有广泛的行业结合的特点,需要根据具体行业的特点和需求,统筹设计感知层和网络层以共同完成应用层所需要的具体服务。

8.1.2 信息物理系统

信息物理系统(CPS)是当今最前沿的交叉研究领域之一,自提出以来已得到了国内外学术界及工业界的广泛关注和高度重视,被普遍认为是计算机信息处理技术史上的一次信息浪潮,将会改变人与现实物理世界之间的交互方式,具有广泛的应用前景。CPS 的概念最早由美国科学家 Helen Gill 于 2006 年在美国国家科学基金会(National Science Foundation, United States, NSF)的研讨会上提出,旨在构建通过计算核心(嵌入式系统)实现感知、控制、集成的物理、生物和工程系统。在技术方面,CPS 是控制系统、嵌入式系统的扩展和延伸,传统的嵌入式系统已不能适应新一代生产装备信息化和网络化的需求,需要对计算、感知、通信、控制等技术进行更为深度的融合。在需求方面,21 世纪以来,全球制造业面临着多重挑战,产品变得更加复杂,交货期越来越短,小批量、多批次的定制化或半定制化生产需求增多等,而传统的研发设计、生产制造、应用服务、经营管理等方式已无法满足广大用户新的消费需求,制造业企业需要使得自身生产系统向柔性化、个性化、定制化方向发展,CPS 正是实现个性化定制、极少量生产、服务型制造和云制造等新的生产模式的关键技术。

CPS 的概念自提出以来迅速引起了各国政府的高度重视,以中国、美国、德国为代表的国家纷纷投入了大量的人力、物力和财力开展 CPS 领域的理论和应用研究。2006 年,美国科学院就明确将 CPS 列为重要的研究项目,2007 年,美国总统科学技术顾问委员会(President's Council of Advisors on Science and Technology, PCAST)在题为《挑战下的领先——全球竞争世界中的信息技术研发》的报告中将 CPS 列为 8 大关键信息技术的首位。2014 年,美国国家标准与技术研究院(U. S. National Institute of Standards and Technology, NIST)汇集相关领域专家,组建成立 CPS 公共工作组(CPS Public Working Group, CPS PWG)联合企业共同开展 CPS 关键问题的研究,推动 CPS 在跨多个"智能"应用领域的应用,包括智能制造、智能交通和智能能源等。CPS PWG 对 CPS 的通用模型、基础概念、标准架构和商业应用等方面进行了研究,2016 年正式发布《信息物理系统框架》(*Cyber-Physical Systems Framework*),在业界引起了极大关注。

德国作为传统的制造强国,也一直在关注 CPS 的发展。2013 年 4 月,在德国工程院、弗劳恩霍夫协会、西门子公司等德国学术界和产业界的建议和推动下,德国联邦教研部与联邦经济技术部在德国汉诺威工业博览会上联手推出了《高技术战略 2020》确定的十大未来项目之一——"工业 4.0"项目。德国学术界和产业界认为,"工业 4.0"概念即是以智能制造为主导的第四次工业革命,或革命性的生产方法。该战略旨在通过充分利用信息通信技术和信息物理系统等手段,将制造业向智能化转型。"工业 4.0"的框架主要包括一个网络、三项集成、八项计划、大数据分析、两大主题,如图 8-2 所示,其中 CPS 是基础。在"工业 4.0"框架下,CPS 是虚拟世界和现实世界在工业领域应用中的高度融合,是工厂、机器、生产资料、信息系统和人通过网络技术的高度联结,是生产设备之间的互联、设备和产品的互联、虚拟和现实的互联和万物互联,并在实现互联感知的基础上,融合了具有计算、通信和控制能力的可控、可信、可扩展的网络化物理设备系统,并通过计算进程和物理进程相互影响的反馈循环,实现深度融合和实时交互来增加或扩展新的功能,以安全、可靠、高效和实时的方式监测或控制一个物理实体。

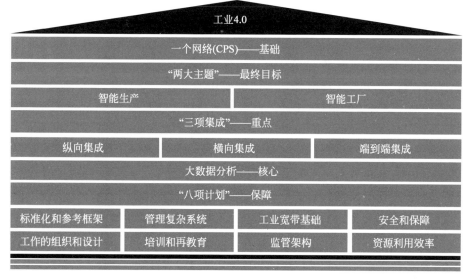

图 8-2　工业 4.0 框架

面对复杂的全球产业竞争格局,我国积极开展 CPS 相关领域探索,国务院于 2015 年和 2016 年先后出台了《中国制造 2025》和《国务院关于深化制造业与互联网融合发展的指导意见》,全面部署推进制造强国战略实施,将发展 CPS 作为强化融合发展基础支撑的重要组成部分，明确了现阶段我国CPS发展的主要任务和方向，对推动我国CPS发展具有重要意义。2017年3月，中国信息物理系统发展论坛在工信部信息化和软件服务业司的指导下，将近期关于CPS的主要研究成果进行了整编归纳，编写了《信息物理系统白皮书（2017）》（以下简称《白皮书》），重点围绕"为什么""是什么""怎么干""怎么建""怎么用""怎么发展"等方面面向制造业的信息物理系统展开论述。

CPS发展时间相对较短，目前学术界和产业界对CPS尚未形成完全统一的定义，《白皮书》综合了各国研究机构和学者的观点，对CPS进行如下定义："CPS通过集成先进的感知、计算、通信、控制等信息技术和自动控制技术，构建了物理空间与信息空间中人、机、物、环境、信息等要素相互映射、适时交互、高效协同的复杂系统，实现系统内资源配置和运行的按需响应、快速迭代、动态优化。"从上述定义中可以看到，CPS的最终目的是实现资源的优化配置，实现这一目标的关键要素是数据的自动流动，因而《白皮书》也将CPS的本质总结为"一套信息空间与物理空间之间基于数据自动流动的状态感知、实时分析、科学决策、精准执行的闭环赋能体系"，用以"解决生产制造、应用服务过程中的复杂性和不确定性问题，提高资源配置效率，实现资源优化"。与物联网的定义相对比，我们可以看到，物联网强调的是"万物互联"，CPS更强调反馈与控制过程，通过计算进程和物理进程相互影响的反馈循环，实现过程的控制和优化。

CPS具有层次性和系统性，《白皮书》将CPS划分为单元级、系统级和系统之系统级（system of system，SoS）3个层次，如图8-3所示。单元级CPS具有不可分割性，一台设备如关节机器人、AGV小车都可以构成一个单元。单元级CPS能够通过物理硬件、嵌入式软件系统及通信模块构成含有"感知—分析—决策—执行"的数据自动流动基本的闭环，实现一定范围内的资源优化配置。系统级CPS通过网络将单元级CPS进行汇聚和集成，进行统一调配和管理，实现设备间的交互协作，在产线范围内实现资源优化配置。SoS级CPS通过构建CPS智能服务平台实现系统级CPS之间的协同优化，CPS智能服务平台将多个系统级CPS工作状态进行统一监测、实时分析和集中管控，解决如多条产线或多个工厂之间的协同工作问题，从而实现更大范围内的资源优化配置。可以看到，不同层级需要满足的技术需求不同：单元级CPS强调设备的自动感知、自动分析、自动控制和对外通信；系统级CPS强调组件之间的互通互联，对组件的统一管理和协同控制；SoS级CPS强调对数据进行融合分析提取潜在价值，以提供更强的决策力、洞察力和流程优化能力。由此，可以梳理出CPS的关键使能技术，包括感知和自动控制技术、工业软件技术（嵌入式软件技术、计算机辅助技术等）、工业网络技术（现场总线技术、无线通信技术等）和工业云及智能服务平台技术（边缘计算、雾计算、大数据分析等）等。

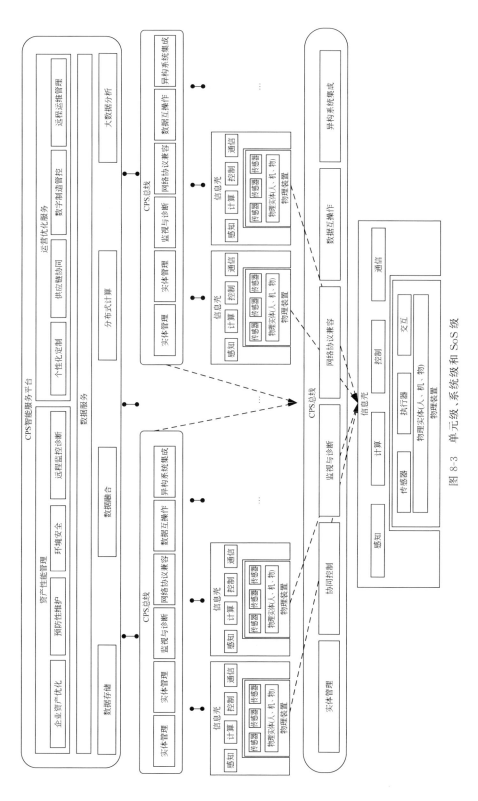

图 8-3　单元级、系统级和 SoS 级

8.1.3　工业互联网

近年来，为了重塑美国制造业的全球竞争优势，美国启动了制造业振兴战略，加快发展技术密集型先进制造业，实现再工业化。作为先进制造业的重要组成部分，智能制造得到了美国政府、企业各层面的高度重视。美国政府启动了一系列计划和项目，作为世界最大的多元工业集团，为了在开创和全面推进高技术战略智能化工业的时代进程中发挥主导力量，美国通用电气公司依托庞大的产业链、产品体系和技术实力，提出了自己的"工业互联网"概念，与美国政府的战略举措相呼应。在 GE 公司的未来构想中，工业互联网将通过智能机床、先进分析方法以及人的连接，深度融合数字世界与机器世界，深刻改变全球工业。2011 年，GE 在硅谷建立了全球软件研发中心，启动了工业互联网的开发，包括平台、应用以及数据分析。2012 年 11 月，GE 发布《工业互联网——冲破思维与机器的边界》报告，将工业互联网称为 200 年来的"第三波"创新与变革。2013 年，GE 宣布将在未来 3 年投入 15 亿美元开发工业互联网，并于同年发布《工业互联网＠工作》(*The Industrial Internet@Work*)报告，对工业互联网项目要开展的工作进行了细化。2014 年 3 月，GE 与 AT&T、思科、IBM 和英特尔共同发起成立了工业互联网联盟。2014 年末，GE 发布了《2015 工业互联网观察报告》，强调了大数据分析在工业互联网中的作用，并且针对赛博安全、数据孤岛和系统集成等挑战提出了解决思路和行动指南。

GE 公司认为，"工业互联网"是两大革命中先进技术、产品与平台的结合，即工业革命中的机器、设施与网络和互联网革命中的计算、信息与通信。"工业互联网"是数字世界与机器世界的深度融合，其实质也是工业和信息化的融合。与"工业 4.0"的基本理念相似，它同样倡导将人、数据和机器连接起来，形成开放而全球化的工业网络，其内涵已经超越制造过程以及制造业本身，跨越产品生命周期的整个价值链，涵盖航空、能源、交通、医疗等更多工业领域。GE 正在飞机发动机上诠释"智能"的概念。飞机发动机上的各种传感器会收集发动机在空中飞行时的各种数据，这些数据传输到地面，经过智能软件系统分析，可以精确地检测发动机运行状况，甚至预测故障，提示进行预先维修等，以提升飞行安全性以及发动机使用寿命。

工业互联网具备的 3 个核心元素是智能机器、高级分析和工作人员，其中智能机器是指将机器、设备、团队和网络通过先进的传感器、控制器和软件应用程序连接起来；高级分析是指使用基于物理的分析方法、预测算法、自动化和材料科学、电气工程及其他关键学科的深厚专业知识来理解机器与大型系统的运作方式；工作人员是指建立员工之间的实时连接，连接各种工作场所的人员，以支持更为智能的设计、操作、维护以及高质量的服务与安全保障。

GE 公司认为，"工业互联网"是 200 年来继工业革命和互联网革命之后的第三波创新与变革。第一波工业革命中，机器和工厂占据主角；第二波互联网革命中，计算能力和分布式信息网络占据主角；第三波工业互联网革命中，基于机器的分析方法所体现的智能占据主角,以智能设备、智能系统、智能决策这三大数字元素为显著特征。智能设备产生并交互智能信息,智能系统通过智能信息实现系统间智能设备的协同,具备知识学习功能的智能决策处理智能信息并实现整个智能系统的全方位优化。

　　智能设备产生的大量数据是工业互联网实施的关键之一,工业互联网是数据流、软件流、硬件流和信息流及其交互。数据从智能设备和网络获取,使用大数据工具与分析工具存储、分析和可视化,由此产生的"智能信息"可以由决策者必要时进行实时判断处理,或者成为大范围工业系统中工业资产优化战略决策过程的一部分。智能信息还可以在机床、网络、个人或集体之间共享,方便进行智能协同并做出更好的决策。智能信息还可以反馈回原始机床,其中包括加强机床、机队和大型系统运行或维修的扩展数据,这个信息反馈回路可以使机床"学习"经验,通过机上控制系统表现得更加智能。

　　智能系统包括各种传统的网络系统,但广义的定义包括了部署在机组和网络中并广泛结合的机器仪表和软件。随着越来越多的机器和设备加入工业互联网,可以实现跨越整个机组和网络的机器仪表的协同效应。智能系统有几种不同的形式:网络优化是指在一个系统内实现互联的机器,可以在网络上相互协作提高运营效率;维护优化是指通过智能系统可以实现最优化、低成本,并有利于整个机组的维护;系统恢复是指建立广泛的系统范围内的情报,可以帮助系统在经历大冲击之后更加快速、有效地恢复。学习是指每台机器的操作经验可以聚合为一个信息系统,以使得整个机器组合加速学习,而这种加速学习的方式不可能在单个机器上来实现。

8.2　工业网络设备与系统

8.2.1　计算机网络概述

　　自 20 世纪 60 年代以来,计算机网络技术一直在持续不断地发展,深刻地改变着人与社会的方方面面,时至今日,网络已经被广泛地应用于人们的日常生活、科学、经济、军事、教育和工业等各种领域之中。在正式介绍本章后续内容之前,我们有必要对计算机网络进行一些简单的概述。

1. 计算机网络的定义及分类

　　计算机网络是指将地理位置不同的具有独立功能的多台计算机及其外部设备通过通信线路连接起来,在网络操作系统、网络管理软件及网络通信协议的管理和协调下,实现资源共享和信息传递的计算机系统。计算机网络依据其覆盖的范围,可以分为个域网(personal area network,PAN)、局域网(local area network,LAN)、城域网(metropolitan area network,MAN)和广域网(wide area network,WAN)。

个域网是实现设备在个人之间进行通信，在个人工作区域内把距离相当近的个人数字设备（如笔记本电脑、便携式打印机等）用无线技术连接起来的网络。个域网的传输距离通常在 10m 以内，典型技术包括红外、蓝牙、RFID、超宽带等。

局域网是在一个局部的地理范围内，将各种计算机、外部设备和数据库等互相连接起来的计算机通信网。局域网的传输距离通常在 1km 左右，其具有传输速率高、误码率低、传输延时短等优势，一个学校或企业往往拥有一个或多个互联的局域网（即校园网或企业网）。局域网依据其连接方式可分为无线局域网和有线局域网。Wi-Fi 技术是无线局域网的主要技术之一，它是一组由 IEEE 802.11 标准定义的无线网络技术，除此之外还有基于 IEEE 802.15.4 标准的 ZigBee 技术。有线局域网使用了各种不同的传输技术，它们大多使用铜线或者光纤作为传输介质，符合 IEEE 802.3 标准的以太网（Ethernet）是迄今为止最为常见的一种有线局域网。

城域网是介于局域网和广域网之间的一种进行声音和数据传输的高速网络，传输距离通常在几十千米，覆盖范围往往是一个城市或者地区，如许多城市都有的有线电视网就是一种常见的城域网。全球微波互联接入（worldwide interoperability for microwave access，WiMAX）是城域网的典型技术之一，它是 IEEE 802.16 技术在市场上的推广，也是 IEEE 802.16d/e 技术的别称。WiMAX 技术是一项新兴的宽带无线接入技术，旨在为广阔区域的无线网络用户提供高速的无线数据传输服务，其传输距离可以达到 50km。

广域网的传输距离通常为几百到几千千米，覆盖范围为数个城市、国家，乃至全球的区域，因而有时也称为远程网（longhaul network）。广域网中的关键部分是通信子网（communication subnet），其负责把信息从一个主机携带到另一个主机。在大多数广域网中，通信子网由两个不同部分组成：传输线路（transmission line）和交换元素（switching element），或简称为交换机（switch）。传输线路在机器之间传输数据，可以是铜线、光纤，甚至是无线链路。交换机是专用的计算机，负责连接两条或以上的传输线路，将到达入境线路的数据选择一条出境线路转发出去。我们熟知的因特网（Internet）就是一种广域网。

2. 计算机网络的体系结构

计算机网络有两种重要的网络体系结构，分别是 OSI 参考模型和 TCP/IP 参考模型。尽管与 OSI 参考模型联系在一起的协议很少被人使用，但该模型本身具有相当的普遍意义，并仍然有效；TCP/IP 参考模型则与之相反，它的模型被使用得很少，但它的协议却被广泛应用。

1）OSI 参考模型

OSI 参考模型如图 8-4 所示。该模型基于国际标准化组织（International Standards Organization，ISO）的提案建立，被称为 ISO 的开放互联系统（Open Systems Interconnection，OSI）。OSI 参考模型共有 7 层，从下至上分别是物理层（physics layer）、数据链路层（data link layer）、网络层（network layer）、传输层

（transport layer）、会话层（session layer）、表示层（presentation layer）和应用层（application layer）。各层之间通过接口联系，上层通过接口向下层提出服务请求，下层通过接口向上层提供服务。两台计算机通过网络进行通信时，只有物理层通过介质直接进行数据传输，其他层则通过通信协议传输。

图 8-4　OSI 参考模型

物理层关注的问题是如何在不同的介质上以电气（或其他模拟）信号传输原始比特，确保当发送方发送比特 1 时，接收方接收到的也是比特 1。

数据链路层负责将一个原始的传输设施转变为一条没有漏检传输错误的线路，该层中的数据交换单元为数据帧（data frame）。

网络层的主要功能是控制通信子网的运行，解决定址和寻址的问题，即如何将数据包从源端路由（route）到接收方。

传输层的基本功能是接收来自会话层的数据，在必要的时候将数据分割成较小的单元，再将这些数据单元传递给网络层，并确保这些数据单元能够正确到达另一端。

会话层允许不同机器上的用户建立对话，常见的服务包括对话控制（dialog control）、令牌管理（token management）和同步功能（synchronization）。

表示层关注的是传递信息的语法和语义，用于解决不同计算机可能有不同的内部数据表示法的问题。

应用层包含了用户常用的各种协议，比如被广泛应用的超文本传输协议（HyperText Transfer Protocol，HTTP）。

2）TCP/IP 参考模型

TCP/IP 参考模型最早起源于美国国防部资助的一个研究性网络 ARPANET，该体系结构以其中两个最主要的协议——传输控制协议（Transmission Control Protocol，TCP）和因特网协议（Internet Protocol，IP）命名。TCP/IP 参考模型缩减 OSI 参考模型的 7 层为 4 层模型，从下至上分别是链路层（link layer）、互联网层（Internet layer）、传输层（transport layer）和应用层（application layer）。OSI 参考模型和 TCP/IP 参考模型之间的比较如图 8-5 所示。

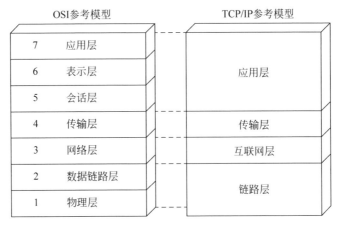

图 8-5　OSI 参考模型和 TCP/IP 参考模型

链路层(网络接口层)对应于 OSI 参考模型中的物理层和数据链路层,描述了链路必须完成的功能。链路层并不是一个真正意义上的层,而是主机与传输线路之间的一个接口,参与互联的各网络使用自己的物理层和数据链路层协议,然后与 TCP/IP 的链路层进行连接。

互联网层(网际层)是将整个网络体系结构贯穿在一起的关键层,其大致对应于 OSI 参考模型中的网络层。该层的主要任务是允许主机将数据包注入任何网络,并且让这些数据包独立地到达接收方。互联网层定义了官方的数据包格式和协议,该协议就是因特网协议,与之相伴的还有一个辅助协议,称为因特网控制报文协议(Internet Control Message Protocol,ICMP)。

传输层对应于 OSI 参考模型中的传输层,其设计目标是为应用层实体提供端到端的通信功能,保证数据包的顺序传送及数据的完整性。传输层定义了两个端到端的传输协议:传输控制协议和用户数据报协议(User Datagram Protocol,UDP)。传输控制协议是一个可靠的、面向连接的协议,规定在正式收发数据前发送方和接收方必须先建立可靠的连接,它允许源机器发出的字节流正确无误地交付到网络上的另一台机器;用户数据报协议是一个不可靠的、无连接的协议,被广泛应用于客户机-服务器类型的查询应用,以及那些及时交付比精确交付更加重要的应用。

应用层包含了传输层以上所有的高层协议,包括虚拟终端协议(TELNET)、文件传输协议(File Transfer Protocol,FTP)、简单电子邮件协议(Simple Mail Transfer Protocol,SMTP)和域名系统(Domain Name System,DNS)等。

8.2.2　IPv6

因特网协议是 TCP/IP 参考模型中互联网层的核心协议,它的主要任务是将数据包(datapacket)从源主机传送到目的主机,为此,其定义了数据包的结构并将需要传送的数据进行封装,同时定义了用于标记数据源和目的地信息的寻址方法。IPv4(Internet Protocol version 4)是因特网协议的第四版,也是目前被广泛使用的因特网协议,它的下一个版本就是 IPv6。

在因特网协议中,每个 IP 数据报(datagram)包含头部和正文两个部分。IPv4 的数据报头如图 8-6 所示,它由一个 20b 的定长部分和一个可选的变长部分组成,其中,源地址(source address)字段和目标地址(destination address)字段表示源网络接口和目标网络接口的 IP 地址(IP address)。IP 地址是因特网协议提供的一种统一的地址格式,它为互联网上每一个网络和主机分配了一个逻辑地址,以屏蔽物理地址的差异,实现网络寻址的功能。

IPv4报头格式				
版本号 (4b)	首部长度 (4b)	服务类型(8b)	数据包长度(16b)	
标识(16b)			标志(3b)	片偏移量(13b)
生存时间(8b)		传输协议(8b)	头标校验和(16b)	
源地址(32b)				
目标地址(32b)				
选项(可变)				
填充(可变)				

图 8-6　IPv4 数据报头

在物联网中,一种被广泛应用的物联网节点寻址方式是采用 IPv4 地址的寻址体系来进行节点的寻址,但随着物联网的快速发展,IPv4 在物联网中的诸多应用问题逐渐显露出来。

(1)地址空间和地址分配方式。IPv4 的一个明确特征是它的 32b 地址,这意味着 IPv4 总共拥有近 43 亿个地址。时至今日,IPv4 的地址空间已经日渐匮乏,很难满足物联网庞大的节点数量对海量地址的需求。同时,物联网中海量地址的需求对网络地址的分配方式也提出了更高的要求,在这种环境下,使用传统的动态主机配置协议(Dynamic Host Configuration Protocol,DHCP)进行地址分配对网络中 DHCP 服务器的性能和可靠性要求极高,可能会造成服务器性能不足。

(2)网络移动性。IPv4 在设计之初没有充分考虑到节点移动性带来的路由问题,即当一个节点离开其原有网络接入另一个网络时,如何再保证这个节点访问可达性的问题。为解决该问题,互联网工程任务组(Internet Engineering Task Force,IETF)推出了移动 IPv4(mobile IPv4)的机制来支持节点的移动。在该机制中,移动节点在接入外地网络后向家乡代理(home agent)注册一个转交地址(care-of address),家乡代理将收到的数据包通过一条"隧道"传送至转交地址,外地代理(foreign agent)在转交地址处提取原始数据包递送给移动节点。由于通信对端并不知道移动节点的当前位置,因此发送的报文不能使用路由协议提供的最佳路由,这会导致著名的三角路由问题,在物联网大量节点的移动中,该问题会引起网络资源的迅速耗尽。

(3) 网络服务质量(quality of service,QoS)。IPv4 网络中主要通过集成服务(intserv)和区分服务(diffserv)两种方式来提供 QoS。集成服务通常使用的是资源预留协议(Resource reSerVation Protocol,RSVP),在发送数据前,支持 RSVP 的应用要向支持 RSVP 的网络请求特定类型的服务,只有确定网络设备能够提供所要求的服务时应用才会发送数据。集成服务能够提供绝对保证的 QoS,但其可扩展性差,对路由器的要求较高,在不支持集成服务的节点或网络上无法实现真正意义上的资源预留。区分服务使用差分服务代码点(differentiated service code point,DSCP),在每个 IP 数据报头部的区分服务(differentiated services)字段中写入编码值来区分优先级,应用直接发送数据,路由器会根据接收到的数据的区分服务字段执行相应的转发行为。区分服务实现简单,可扩展性好,但很难提供基于流的端到端的质量保证,仅考虑业务网络侧的质量需求(如视频业务因有低丢包、时延等要求而相对数据业务被分配较高的服务质量等级),而缺乏对业务在应用上的质量需求的考虑。

(4) 物联网节点的安全性和可靠性。物联网节点的安全性和可靠性很难依靠传统的应用层加密技术和网络冗余技术来实现,因为受成本约束,物联网节点往往是基于简单硬件的设备,无法处理复杂的算法。

IPv6 协议标准 RFC2460 由 IETF 于 1998 年 12 月正式发布,IPv6 的协议数据单元头部如图 8-7 所示。为了解决上述 IPv4 在物联网应用中面临的问题,采用基于 IPv6 的物联网技术解决方案逐渐成为学术界、电信界和工业界的共识。

1. 地址空间和地址分配方式

IPv6 的一个显著变化是其网络地址的长度有 128b,其中前 64b 表示网络地址,后 64b 表示子网中的接口地址,这意味着 IPv6 的网络地址数量大约有 3.4×10^{38} 个,几乎永远也用不完。同时,IPv6 支持地址自动配置,这是一种即插即用的机制,当一个节点插入 IPv6 网络中启动时,网络会自动为其配置地址。IPv6 提供有状态自动配置(stateful auto-configuration)和无状态自动配置(stateless auto-configuration)两种服务。有状态自动配置使用两种不同的机制来支持即插即用的网络连接,分别是 BOOTP(Bootstrap Protocol)和 DHCP,但无论哪一种都需要网络节点从特殊的协议服务器获取配置信息。使用无状态自动配置,当节点设备接入到网络中后,其将首先通过算法基于网卡 MAC(media access control,媒体访问控制)地址生成一个链路本地地址(link-local address),随后检测该接口地址在链

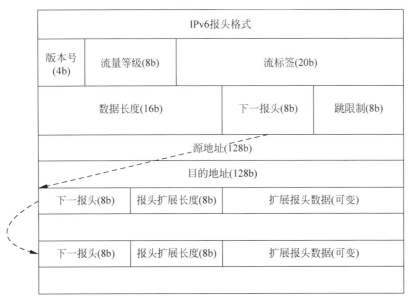

图 8-7　IPv6 数据报头

路上是否唯一的,当发现无地址冲突后,节点将发送路由器前缀通告请求,寻找网络中的路由设备,路由设备接收到请求后以一个包含一个可聚集全球单播地址(aggregatable global unicast address)前缀和其他配置信息的公告响应该请求,最后节点将收到的地址前缀和接口地址组合得到自身的全球 IPv6 地址。采用无状态自动配置,网络侧不需要保存节点的地址状态和维护地址的更新周期,极大地简化了地址分配过程,网络可以以很低的资源消耗实现物联网中海量地址的分配。

2. 网络移动性

IPv6 在设计之初就充分考虑了对移动性的支持,移动 IPv6 吸取了移动 IPv4 设计的成功经验,同时在协议的基本部分增添了路由优化的相关内容。移动 IPv6 在通信终端提出了 IP 地址绑定缓冲的概念,在通信过程中,移动节点会将家乡地址(home address)和转交地址的映射关系通知通信对端,通信节点会将该信息存入绑定缓冲中,并在每次转发数据包前查询包目的地址的绑定地址,如果查到绑定缓冲中存在对应的转交地址,则直接使用转交地址作为目的地址,从而使数据包不再经过家乡代理,而是直接转发到移动节点。移动 IPv6 解决了三角路由问题,使得网络资源消耗的压力大大下降,为大规模部署移动物联网提供了强有力的支持。

3. 网络服务质量

IPv6 相较 IPv4 在提供 QoS 上的主要改进在于其在数据报结构中定义了流标签(flow label)字段。在 IPv6 规范中,流(flow)是指从特定源节点发往特定目的节点的包序列,并且源节点希望中间路由器能够对该包序列进行特殊的处理。流标签用来标识属于同一业务流的包,通信路径上的节点能够识别流的标签并根据流标签调度流的转发优先级算法。20b 长度的流标签能够保证大量数据流的标识,允许节点根据业务需求选择符合应用需要的服务质量等级，使得网络能够提供快速、精细和动态的服务质量。

4. 物联网节点的安全性和可靠性

IPv6 明确要求实现 IP 安全(IP Security，IPSec)协议，而不像 IPv4 将其作为可选扩展协议。在 IPv6 网络中，通信两端可以启用 IPSec 加密通信的信息和通信的过程。此外，受成本约束，物联网节点往往很难做到很高的可靠性，并且也无法运行复杂算法，因此网络的可靠性常常依靠节点的冗余来实现。IPv6 支持的泛播(anycast)技术能够实现将送往泛播地址的包传送至地址所标识的接口中"最近"的一个，当"最近"的节点出现故障时自动转送至其他节点。运用该技术，就可以较为简单地实现物联网节点的冗余保护功能，而不需要在设备上嵌入额外的算法。

8.2.3　蓝牙、ZigBee、超宽带技术

随着通信技术和微计算机技术的快速发展，无线网络(wireless network)技术得到了爆炸式的发展与应用。无线网络可以不通过电缆或电线，而是以无线电波作为载体，利用无线电技术、红外线技术及射频技术等传输技术进行数据传输。无线网络的显著优点在于其不受网络电缆的约束，可以避免布线成本，具有很高的可移动性。无线网络可以根据其规模大小划分为无线个域网(wireless personal area networks，WPAN)、无线局域网(wireless local area networks，WLAN)、无线城域网(wireless metropolitan area networks，WMAN)和无线广域网(wireless wide area networks，WWAN)。

无线个域网是在 10m 距离范围内将属于个人使用的设备，如个人计算机、手机、便携式打印机、智能家电产品等用无线技术连接起来，自组成网络，不需要使用无线接入点(access point，AP)。WPAN 的 IEEE 标准由 802.15 工作组制定，IEEE 802.15 主要规范了 WPAN 的物理层和介质访问控制层(media access control layer)标准。用于 WPAN 的网络通信技术很多，其中最具代表性的是满足低功耗、低成本、易操作等优点的蓝牙传输技术、ZigBee 以及超宽带技术。

1. 蓝牙技术

蓝牙是爱立信(Ericsson)公司于 1994 年推出的支持短距离通信的无线电技术，工作在全球通用的 2.4GHz ISM(工业、科学、医疗)频段，如今这项技术由蓝牙技术联盟(Bluetooth Special Interest Group，Bluetooth SIG)管理和制定规范。使用蓝牙技术可以将计算机与通信设备、附加部件和外部设备进行无线连接，有效简化移动通信终端之间以及设备与互联网之间的通信。

蓝牙技术规定每一对设备之间在进行通信时必须有一方是主设备(master)，另一方是从设备(slave)，通信时，由主设备依靠专用的蓝牙芯片使设备在短距离范围内发送无线信号寻找可被查找的蓝牙设备，当主设备找到从设备后便可与从设

备进行配对,此时需要输入从设备的个人识别码(personal identification number,PIN),配对完成后设备之间便可开始通信和传输数据。主设备与从设备可以形成一点对多点的连接,即在主设备周围组成一个微微网(piconet),一个主设备最多可与网内的 7 个从设备相连接,一个有效区域内的多个微微网可以通过节点桥接组成散射网(scatternet)。

蓝牙技术的通信协议采用分层体系结构,从底层往上依次是底层协议、中间协议和高端应用协议。蓝牙底层模块是蓝牙技术的核心模块,主要由天线收发器(radio frequency,RF)、基带(base band,BB)、链路管理协议(Link Manager Protocol,LMP)和主机控制器接口(host controller interface,HCI)组成。底层协议包括无线层协议、基带协议和链路管理层协议,分别由相应的蓝牙模块实现。中间协议层建立在 HCI 之上,为高层应用协议在蓝牙逻辑链路上工作提供服务,为应用层提供各种不同的标准接口,主要协议包括逻辑链路控制和适应协议(Logical Link Control and Adaptation Protocol,L2CAP)、服务发现协议(Service Discovery Protocol,SDP)、串口仿真协议(Radio Frequency COMMunications,RFCOMM)和二进制电话控制协议(Binary Telephony Control Protocol,TCS-BIN)。高端应用协议由选用协议层组成,选用协议包括点对点协议(Point to Point Protocol,PPP)、因特网协议、传输控制协议、用户数据报协议等。

蓝牙技术因具有全球可用、应用范围广、易于使用、规格通用等优点,被广泛应用于智能家居、智能办公、智能交通、智能医疗、娱乐消遣等方面。2016 年 6 月,蓝牙技术联盟发布蓝牙 5.0 标准,在原 4.2 标准上作了进一步改善,不仅使得其传输速度提升 1 倍至 2Mb/s,传输距离增加到 300m,而且针对物联网应用进行了优化,优化了底层设备的功耗和性能,并增加了室内定位的辅助功能。

2. ZigBee 技术

长期以来,在工业控制和自动化领域中一直存在对低价格、低传输率、短距离、低功耗无线通信组网的需求,蓝牙技术是一种解决方案。但对于大规模工业自动化应用而言,蓝牙的成本较高,且建立连接的时间较长,功耗较大,并且组网规模太小,另外,工业自动化要求无线数据的传输必须是可靠的,能够在工业现场各种电磁信号的干扰下保真。基于此需求,2001 年,IEEE 802.15.4 工作组开始制定IEEE 802.15.4 标准,同年 ZigBee 联盟(ZigBee Alliance)成立。2004 年,ZigBee V1.0 协议正式问世并在随后的几年中得到了完善,2015 年,ZigBee 3.0 标准正式发布。

ZigBee 的命名来源于蜜蜂的"8"字舞,蜜蜂在发现花丛后会通过一种肢体语言来告知同伴食物源的位置信息,而这种肢体语言就是 ZigZag 型舞蹈。ZigBee 是基于 IEEE 802.15.4 标准的无线网络技术,主要面向工业自动控制,可工作在2.4GHz(全球流行)、868MHz(欧洲流行)和 915MHz(美国流行)3 个频段上,其最大的特点是低功耗、低成本、低速率(20~150kb/s)、短时延、高可靠、高安全,传输

距离在 $10\sim180\mathrm{m}$,并且 ZigBee 网络可支持的节点数量(256 个或更多)和覆盖规模比蓝牙网络要大得多。ZigBee 的技术特点使其适用于数据采集与控制的节点较多、数据传输量不大、覆盖面要求较广、造价要求较低的应用领域,在家庭应用、工业监控、医疗保健和智能交通等领域都有着很大的应用空间。

ZigBee 协议栈参照 OSI 参考模型建立,采用分层结构,从底层往上依次是物理层、介质访问控制层、网络层和应用层,其中物理层和介质访问控制层由 IEEE 802.15.4 标准定义,网络层和应用层由 ZigBee 联盟定义。物理层主要定义了无线信道和介质访问控制层之间的接口,负责电磁波收发器的管理、频道选择、能量和信号侦听及利用,规定可以使用的频道范围。介质访问控制层负责控制和协调节点使用物理层的信道,提供接口来访问物理层信道,定义了什么时候节点应该怎么样来使用物理层的信道资源,以及如何分配使用信道资源和什么时候释放资源等。介质访问控制层的核心是信道接入技术,包括时分复用保证时隙(guaranteed time slot,GTS)技术和带冲突避免的载波监听多路访问(carrier sense multiple access with collision avoidance,CSMA/CA)技术。网络层在介质访问控制层和应用层之间起着重要的作用,主要实现新建网络、加入网络、退出网络、路由传输等功能,它使得应用层的数据能够利用介质访问控制层到达最终的目的地。网络层以上的部分是应用层,主要向终端用户提供接口。网络层主要包含 3 个互相协作的组件,包括：ZigBee 设备对象(ZigBee device object,ZDO),负责定义每一个设备的功能和角色(协调者或普通终端设备)；应用框架(application framework,AF),包含应用对象(application object),用于定义应用层服务；应用支持子层(application support sub-layer,APS),负责把底层的服务和控制接口提供给整个应用层,把应用层以下的部分和应用层连接起来。

3. 超宽带技术

超宽带(ultra wide band,UWB)是一种不用载波,而采用时间间隔极短(小于 $1\mathrm{ns}$)的脉冲进行通信的方式,也称作脉冲无线电(impulse radio,IR),这种通信方式占用带宽非常宽,且由于频谱功率密度很小,因此具有通常扩频通信的特点。通过在较宽的频谱上传送极低功率的信号,UWB 能在 10m 左右的范围内达到数百 Mb/s 至数 Gb/s 的数据传输速率。

UWB 技术出现于 20 世纪 60 年代,最初主要应用在军方雷达系统中,1989 年,美国国防部首次使用"超宽带"这一术语。2002 年,美国联邦通信委员会(Federal Communications Commission,FCC)发布关于 UWB 无线设备的初步规定,正式将 $3.1\sim10.6\mathrm{GHz}$ 频带作为室内通信用途的 UWB 开放,这标志着 UWB 开始用于民用无线通信,自此之后,许多国家通信机构陆续颁布了类似规定,UWB 技术的发展步伐逐步加快,越来越多地被应用于精确地理定位、地质勘探、汽车安全、智能家电、家庭数字娱乐等方面。

UWB 的基本工作原理是：用户要传输的信息和表示该用户地址的伪随机码

分别或合成后对在发送端产生的具有一定重复周期的脉冲序列进行一定方式的调制,调制后的脉冲序列驱动脉冲产生电路,形成具有一定脉冲形状和规律的脉冲序列,再放大到所需功率,耦合到 UWB 天线发射出去;接收端的天线接收到的信号经过放大器放大后送到相关器(correlator)的一个输入端,相关器的另一个输入端加入一个本地产生的与发送端同步的经用户伪随机码调制的脉冲序列,信号和脉冲序列经过相关器处理后产生一个仅包含用户传输信息以及其他干扰的信号,信号再经解调运算后即可得到原始信息。其间的关键技术包括脉冲信号的产生、信号的调制和信号的接收等。UWB 的优势集中体现在其拥有较强的抗干扰性、较高的传输速率、较低的功耗、较好的保密性和较高的穿透力,也正是由于这些技术特点,有人在 UWB 刚出现时将其视为"蓝牙杀手"。

8.2.4　Wi-Fi 技术

无线通信技术与计算机网络结合产生了无线局域网技术,其中,遵从 IEEE 802.11 标准的 Wi-Fi 便是 WLAN 的主要技术之一。尽管现在人们常把 Wi-Fi 和 IEEE 802.11 混为一谈,甚至将 Wi-Fi 等同于无线局域网,但确切地说,Wi-Fi 是一个无线网络通信技术的品牌,它的持有者为国际 Wi-Fi 联盟(Wi-Fi Alliance)。20 世纪 90 年代末,IEEE 802.11 陆续定义了一系列无线局域网标准,为了改善基于 802.11 标准的无线网络产品之间的互通性,工业界成立了 Wi-Fi 联盟,该组织通过在无线局域网范畴内进行无线相容性认证(wireless fidelity)来解决产品的兼容性问题,基于此发展了一种新的短距离无线传输技术,也就是我们现在常用的 Wi-Fi。

IEEE 802.11 有多种版本,不同版本以 a、b、g、n、ac 等标识,如 2009 年 9 月成为无线局域网正式标准的 IEEE 802.11n,以及它的继任者 IEEE 802.11ac。不同标准的差异主要体现在使用频段、调制模式、信道差分等物理层技术方面,如 IEEE 802.11n 可以在 2.4GHz 和 5GHz 两个频段工作。架设使用 Wi-Fi 的无线局域网的基本配置是无线网卡以及无线接入点。在无线局域网中,无线网络用户需要配备无线网卡并与一个无线接入点相关联才能获取上层网络的数据,无线接入点通过信号台将服务集标识(service set identifier,SSID)封装成信标帧广播出去,在广播范围内的 Wi-Fi 客户端都可以接收到信标帧并决定是否与相应的接入点建立连接。由于每个无线接入点可能关联多个无线网络用户,并且一个区域内可能存在多个无线接入点,因此往往会有多个用户同时使用相同的信道传输数据。为了避免无线连接的相互干扰,IEEE 802.11 采用了带冲突避免的载波监听多路访问的介质访问控制协议,其工作原理是当设备侦听到信道空闲时,需要先维持一段时间,并再等待一段随机的时间,若信道依然空闲才能发送数据包。

使用 Wi-Fi 技术,用户可以在有无线信号覆盖区域的任何位置接入网络,与有线接入技术相比,这打破了对终端用户活动范围的限制,大大增加了用户移动性。

此外，Wi-Fi 还具有传输速度快（IEEE 802.11ac 的理论最高速率为 866Mb/s）、功耗低、建设方便、投资经济等优势。但同时 Wi-Fi 技术也存在一些不足，主要体现在传输质量的不稳定性和安全性。

8.2.5　移动通信技术

第一代（1st generation，1G）移动通信系统诞生于 20 世纪 80 年代，典型的代表有由美国 AT&T 开发的高级移动电话系统（advanced mobile phone system，AMPS）、曾在北欧国家使用的北欧移动电话系统（Nordic mobile telephone，NMT），以及英国的总访问通信系统（total access communications system，TACS）等。1G 基于蜂窝结构组网直接使用模拟语音调制技术，只能用于一般语音的传输，其特点是业务量小、质量和安全性差、没有加密并且传输速度低。

第二代（2nd generation，2G）移动通信系统是引入数字无线电技术组成的数字蜂窝移动通信系统，不同于 1G 直接以模拟信号的方式进行语音传输，其采用数字调制技术，除具有通话功能外，也可以支持部分低速（几 kb/s）数据业务，如短信和传输量低的电子邮件。2G 根据所采用的多路复用（multiplexing）技术分为两类，一类是基于码分多址（code division multiple access，CDMA）技术发展而来的系统，如美国高通公司（Qualcomm）与美国电信工业协会（Telecommunication Industry Association，TIA）制定的 IS-95CDMA；另一类是基于时分多址（time division multiple access，TDMA）技术发展而来的系统，如源于欧洲的全球移动通信系统（global system for mobile communication，GSM）。

在 2G 到 3G 的过渡时期，有一种常被人们称为 2.5G 的移动通信系统，它是 2G 的扩展和加强，能够提供一些 3G 具有的特别功能。2.5G 的技术进步主要在于通用分组无线服务（general packet radio service，GPRS）的应用，它是 GSM 移动电话用户可以使用的一种移动数据业务，能够使移动设备发送和接收电子邮件和图片信息。

第三代（3rd generation，3G）移动通信系统采用了支持高速（几百 kb/s 以上）数据传输的蜂窝网络移动电话技术，是结合无线通信与国际互联网等多媒体通信的新一代移动通信技术，它能够处理图像、音乐、视讯形式，提供网页浏览、电话会议、电子商务信息服务。3G 的几个主流标准制式包括 WCDMA（wideband CDMA）、CDMA 2000、TD-SCDMA（time division-synchronous CDMA）和 WiMAX，我国于 2009 年由工业和信息化部颁发了 3 张 3G 牌照，分别是中国联通的 WCDMA、中国电信的 CDMA2000 和中国移动的 TD-SCDMA。

第四代（4th generation，4G）移动通信系统是 3G 之后的延伸，是超过 3G 能力的新一代移动通信系统。早在 1999 年，国际电信联盟就将"第三代之后"移动通信系统的标准化问题提上了日程，当时的提法是"Beyond IMT-2000"（International Mobile Telecom System-2000，也就是我们常说的 4G），2005 年正式更名为 IMT-

Advanced。ITU 无线电通信部门(ITU Radio Communication Sector,ITU-R)于 2008 年指定了一组用于 4G 标准的要求,命名为 IMT-Advanced 规范,设置 4G 服务的峰值速度要求在高速移动的通信达到 100Mb/s,固定或低速移动的通信达到 1Gb/s。2009 年初,ITU 在全世界范围内征集 IMT-Advanced 候选技术,所征集的技术主要有两类,一类是由 3GPG(3rd generation partnership generation,第三代合作伙伴计划)组织制定的通用移动通信系统(universal mobile telecommunication system,UMTS)技术标准的长期演进(long term evolution,LTE),其中包括我国提交的 TD-LTE-Advanced(LTE-Advanced TDD 制式,TDD 是时分双工即 time division duplexing 的缩写);另一类是基于 IEEE 802.16m 的技术。我国于 2013 年由工业和信息化部颁发 4G 牌照,中国移动、中国电信和中国联通获得 TD-LTE 牌照,2015 年中国电信和中国联通获得 FDD-LTE(frequency division duplexing,频分双工)牌照。

4G 的关键技术主要有以下几种。

(1) 正交频分复用技术。正交频分复用(orthogonal frequency division multiplexing,OFDM)是多载波调制(multicarrier modulation)的一种,用于实现高速的数据传输。它的基本原理是将信道分成若干正交子信道,将高速的数据流转换成并行的相对低速的子数据流,调制在每个子信道上进行传输,用于调制子数据流的子载波之间相互正交,正交信号可以通过在接收端采用相关技术来分开。OFDM 技术使得同样的频宽能传输更多的信息,提供了更高的移动上网速度,并能够有效控制信号之间的干扰,是 4G 技术的核心单元。

(2) 智能天线技术。智能天线(smart antennas)是一种安装在基站现场的双向天线,通过一组带有可编程电子相位关系的固定天线单元获取方向性,同时获取基站和移动台之间各个链路的方向特性,并通过算法调节各阵元信号的相位和幅度,即通过调节天线阵列的方向来实现对信号控制的目的,基本方法是利用波的干涉。智能天线对信号的控制包括增强传输信号和抑制干扰信号,对抗信号在传输过程中的衰减和干扰,提高通信传输性能。

(3) 多输入多输出技术。多输入多输出(multi-input multi-output,MIMO)技术指在发射端和接收端分别使用多个发射天线和接收天线,使信号通过发射端与接收端的多个天线传送和接收,从而改善通信质量。MIMO 的核心技术是对空时信号的处理,也就是利用多个时间域和空间域的结合进行信号处理。发射端通过空时映射将要发送的数据信号映射到多根天线上发送出去,接收端将各根天线接收到的信号进行空时译码从而恢复出发射端发送的数据信号。MIMO 技术能充分利用空间资源,通过多个天线实现多发多收,在不增加频谱资源和天线发射功率的情况下成倍地提高系统信道容量和传输速率。

(4) 软件无线电技术。软件无线电(software defined radio,SDR)技术是指采用数字信号处理技术,在可编程控制的通用硬件平台上,利用软件来定义实现无线电台的各部分功能,包括工作频段、调制解调类型、数据格式、加密模式、通信协议等,它打破了长期以来通信功能的实现仅仅依赖硬件发展的格局。软件无线电技术是实现移动终端设备在各类网络环境间无缝漫游、在不同类型业务之间进行转换的关键技术之一。

(5)基于 IP 的核心网。4G 移动通信系统的核心网是一个基于全 IP 的网络,可以实现不同网络间的无缝互联。核心网独立于各种具体的无线接入方案,具有很大的灵活性,在设计时不需要考虑无线接入的方式和协议,其能提供端到端的 IP 业务,能同已有的核心网和公共交换电话网络(public switched telephone network,PSTN)兼容。4G 移动通信系统采用基于 IP 的全分组方式传送数据流,不再采用电路交换的方式,因此 IPv6 技术已成为下一代网络的核心协议,这在于 IPv6 技术能够提供巨大的地址空间,支持地址自动配置,保证网络服务质量和移动性。2014 年,我国工业和信息化部办公厅和发展改革委办公厅发布《关于全面推进 IPv6 在 LTE 网络中部署应用的实施意见》,提出新建 4G 网络要全面支持并开启 IPv6。

与前几代移动通信相比,第五代(5th generation,5G)移动通信系统的业务提供能力将更加丰富,面对多样化场景的差异化性能需求,5G 需要整合多种技术,无法像以往一样以某种主要技术为基础形成针对所有场景的解决方案。近年来,中国、韩国、日本、欧盟和美国都在投入相当的资源研发 5G 网络。2015 年 6 月,ITU 将 5G 正式命名为 IMT-2020,将移动宽带、大规模机器通信和高可靠低时延通信定义为 5G 主要应用场景。5G 网络综合考虑 8 大技术指标,包括峰值速率达到 20Gb/s,用户体验数据率达到 100Mb/s,频谱效率比 IMT-Advanced 提升 3 倍,移动性达到 500km/h,时延达到 1ms,连接密度每平方千米达到 10^6 个,能效比 IMT-Advanced 提升 100 倍,流量密度每平方米达到 10Mb/s。在 2016 年 11 月举办的第三届世界互联网大会上,美国高通公司展示了他们研发的可以实现“万物互联”的 5G 技术原型。2017 年 12 月,3GPP(国际电信标准组织)宣布冻结并发布 5G NR(new radio)的首发版本,5G 首个标准落地。在该标准的制定过程中,中国作为全球 5G 标准总设计师的一员作出了卓越贡献。2018 年 2 月,沃达丰(Vodafone)和中国华为公司宣布完成了首次 5G 通话测试。

我国 IMT-2020(5G)推进组发布的《5G 概念白皮书》将 5G 的关键技术分为无线技术和网络技术两方面。在无线技术领域,大规模天线阵列、超密集组网、新型多址技术和全频谱接入等技术已经成为业界关注的焦点;在网络技术领域,基于软件定义网络(software defined network,SDN)和网络功能虚拟化(network function virtualization,NFV)的新型网络架构已取得广泛共识。此外,基于滤波的正交频分复用(filtered OFDM,F-OFDM)、滤波器组多载波(filter bank multi-carrier,FBMC)、全双工、灵活双工、终端直通(device-to-device,D2D)、多元低密度奇偶检验(Q-ary low density parity check code,Q-ary LDPC)码、网络编码、极化码等也被认为是 5G 重要的潜在无线关键技术。

全世界范围的 5G 标准在 2019 年发布,中国三大运营商也相继确定了自己的 5G 时间表。将来,5G 将满足人们在居住、工作、休闲和交通等各种领域的多样化业务需求,即便在密集住宅区、办公室、体育场、露天集会、地铁、快速路、高铁和广域覆盖等具有超高流量密度、超高连接数密度、超高移动性特征的场景,也可以为用户提供超高清视频、虚拟现实、增强现实、云桌面、在线游戏等极致业务体验。与此同时,5G 还将渗透到物联网及各种行业领域,与工业设施、医疗仪器、交通工具等深度融合,有效满足工业、医疗、交通等垂直行业的多样化业务需求,实现真正的"万物互联"。

8.3 大数据与云计算

大数据与云计算是智能制造的关键使能技术,随着信息技术飞速发展和工业系统规模变得越来越大,越来越复杂,系统内产生的数据的体量也变得越来越大,种类也变得越来越繁多,而数据本身不具备价值,从数据中获取的信息与知识才是制造智能化的关键,这就要求系统具备对大数据的存储、传输和分析等能力。此外,云计算的提出使得企业能够更为灵活地管理和使用计算、网络、存储等资源,这为企业所面临的大数据所带来的种种问题提供了解决思路。本节将首先介绍大数据的基本概念、背景、挑战以及大数据处理的关键技术,随后介绍云计算的基本概念、背景、主要功能和关键技术。

8.3.1 大数据

1. 大数据的发展背景及基本概念

早在 1980 年,世界著名未来学家 Alvin Toffler 就在他的著作《第三次浪潮》(*The Third Wave*)中提出了他对大数据(big data)的畅想,"计算机能够加深我们对因果关系的认识,提高我们对事物相互关系的了解,以及帮助我们把周围相互没有关系的数据综合成有意义的'整体'"。而在 40 年后的今天,大数据已经迅速发展成为学术界和产业界各个领域,甚至是世界各国政府所关注的热点。就学术界而言,*Nature* 和 *Science* 等国际顶级学术期刊相继出版专刊专门探讨大数据问题,而在 2012 年 5 月,MIT 计算机科学与人工智能实验室(Computer Science and Artificial Intelligence Laboratory,CSAIL)建立大数据科学技术中心(Intel Science & Technology Center for Big Data,ISTC),致力于推动科学与医药发明、企业与行业计算快速发展。在产业界,国内外诸多著名企业,如 IBM、微软、Amazon、百度、京东、阿里巴巴等都纷纷将大数据作为主要业务,提出了各自的大数据解决方案或应用。2012 年,美国奥巴马政府宣布"大数据研究和发展计划",6 个联邦政府的部门和机构共计投资 2 亿美元,以提高从大量数字数据中访问、组织、收集、发现信息的工具和技术水平,覆盖科学、工程、国家安全和教学研究等多个方面。同年 3 月,我国科技部发布《"十二五"国家科技计划信息技术领域 2013 年度备选项目征集指南》,其中明确提出"面向大数据的先进存储结构及关键技术",国家"973 计划"、"863 计划"、国家自然科学基金等也分别设立了针对大数据的研究计划和专项。2015 年 9 月,国务院印发《促进大数据发展行动纲要》,明确指出大数据将成为推动经济转型发展的新动力、重塑国家竞争优势的新机遇、提升政府治理能力的新途径,该文件对我国大数据发展工作进行了系统性的部署,包括开展政府数据资源共享开放、国家大数据资源统筹发展、政府治理大数据、公共服务大数据、工业和新兴产业大数据、现代农业大数据等工程项目。

迄今为止,大数据还没有公认的定义,各个领域的专家学者从不同角度出发对大数据进行了多样化的定义,其中有强调大数据的典型特征的,有强调大数据的处理和分析方式的,也有强调大数据能够带来的作用和价值的。研究机构 Gartner 给出这样的定义:"'大数据'是需要新处理模式才能具有更强的决策力、洞察发现力和流程优化能力的海量、高增长率和多样化的信息资产。"2012 年,麦肯锡全球研究所在他们的报告中将大数据定义为"一种规模大到在获取、存储、管理、分析方面极大地超出了传统数据库软件工具能力范围的数据集合","具有海量的数据规模、快速的数据流转、多样的数据类型和价值密度低的特征"。该定义刻画了大数据的 4 大典型特征(4V):数据体量巨大(volume),大公司存储和分析的数据从 Petabyte 级别到 Exabyte 级别乃至 Zettabyte 级别;数据的增长速度和流转速度(velocity)加快;数据类型多样化(variety),非结构化数据规模远大于结构化数据,数据类型涵盖数字、文本、音频、图像、视频等;价值(value)大,数据只有当其规模大到一定程度时才具有潜在的分析价值,对于企业的生产运营而言,随着数据量的增大和数据分析的深入,大数据在研发、生产、营销等诸多方面所能体现的价值也会越来越大。如今,4V 已经扩展为了 5V,数据真实性(veracity)意味着大数据中的内容是与真实世界中的发生息息相关的,研究大数据就是从庞大的网络数据中提取出能够解释和预测现实事件的过程,但这个过程的有效性和可信度取决于数据本身、数据来源以及数据处理方式等因素的质量。

获取、处理和分析大数据将成为提高核心竞争力的关键因素。大数据的意义在于海量的数据中包含着事物与事物之间的相关性,并可由此推演出行为方式的可能性,各行各业的决策正在从"业务驱动"转变为"数据驱动"。例如,对于零售商而言,对大数据的利用可以帮助其实时掌握市场动态并迅速作出应对,快速占领先机;对于商家而言,可以利用大数据挖掘用户信息,刻画用户需求,从而开发和改进产品,制定精准有效的营销策略;对于企业而言,分析利用企业内部生产运营产生的大数据,能够帮助企业进行生产维护、资源调度、故障诊断,实现企业生产运营的智能化;对于公共服务领域而言,大数据也在医疗卫生健康、教育、能源、信息审查、城市交通规划等各个方面发挥巨大的作用。

大数据是高度发展的信息时代的产物,移动互联网、物联网、社交网络、数字家庭、电子商务等新一代信息技术的应用形态正不断地产生海量的数据。以物联网为例,物联网感知层包括二维码标签和识读器、RFID 标签和读写器、各种功能的传感器、GPS 定位设备、摄像头等终端设备,这些终端设备无时无刻地在企业生产运营过程中采集种类繁多、体量巨大的数据,如在农业物联网中,各类传感器对温度、相对湿度、pH 值、光照强度、土壤养分、二氧化碳浓度等环境参数进行着实时的采集和监控。大数据促进着信息产业的快速发展,一方面,通过对大数据的获取、处理和分析,反馈所得结果,对应用和服务进行优化,依靠数据分析结果进行决策,将创造出巨大的经济和社会价值;另一方面,对基于大数据的新技术、新产品、新服务的需求的爆炸性增长,极大地促进着计算机与网络硬件设备(如计算机芯片、数据存储服务器等)和软件服务(如面向大数据的数据处理和分析软件)的持续高速发展。此外,大数据也为科学研究提供了新的技术方案,利用数据挖掘技术在海量数据中抓取并揭示出有相关性和规律性的信息,总结成知识,以此进行决策和优化,能够解决传统的抽样方法和基于数学模型的方法所无法解决的现实复杂问题。

2. 大数据处理面临的挑战

在大数据的时代背景下,传统的数据分析技术和软件已经不再适用,针对大数据的管理和分析研究面临着前所未有的巨大挑战。

(1) 大数据的体量巨大,从 TB 级别跃升至 PB 级别、EB 级别乃至 ZB 级别。对如此海量的数据进行存储、传输、查询、计算以及分析将对计算机处理能力提出极高的要求。

(2) 大数据来源广,种类众多,具有明显的多源异构特征。大量的非结构化或半结构化数据无法用简单的数据结构进行描述,无法用传统的关系型数据库进行高效存储和检索。

(3) 大数据具有较高的可靠性问题。由于互联网的开放性、设备和人员的不可靠性,大数据管理系统在数据输入时的质量确保面临极大的考验。数据不正确、不精确、不完备、过时陈旧、重复冗余等都是企业需要面对的大数据可靠性问题,如何进行有效的数据录入和数据清洗,关系到大数据的可利用价值。

(4) 大数据的增长速度极为迅速,而随着时间的流逝,数据与现实环境的相关性将越来越低,其中所蕴含的知识价值也随之衰减,因此大数据的处理速度非常重要,需要保证分析结果的时效性。传统的在线下将存储在各地的数据整合后进行处理的方式周期太长,已不再适用于动态大数据的分析,分布式计算、并行计算、在线计算等新型技术将成为热点。

(5) 大数据体量庞大,但价值密度低。以视频数据为例,在对设备运行连续不断地监控过程中,可能仅有一小段时间的数据是分析人员真正关心的,因而如何快速准确地定位关键数据,尤其是异常数据,将关系到大数据的利用效率。

(6) 大数据往往具有时空属性。以交通大数据为例,车辆 GPS 数据包含车辆在某一时刻在某一个地理位置的信息，如何根据这些数据刻画并分析交通网络中车辆的动态移动过程，对优化城市交通规划起着至关重要的作用。

（7）大数据时代更要关注数据安全与隐私保护问题。互联网技术的发展使得数据的采集、传输和共享更加便利，人们在互联网上的一言一行都掌握在互联网企业的手中，一旦发生数据泄露，人们的隐私，小至个人爱好、家庭住址、电话号码，大至银行账户、公司机密等都将面临严重的安全问题。

3. 大数据处理的关键技术

为解决上述管理和分析研究大数据所面临的多重挑战，大数据研究者和研究机构纷纷提出了大数据处理的生命周期和技术体系，主要涉及大数据的采集与预处理、大数据存储与管理、大数据计算处理模式、大数据分析与挖掘等。

1）大数据的采集与预处理

大数据的体量巨大、种类繁多、来源广泛，常见的数据采集方法包括使用传感器、射频识别、条形码、二维码、摄像头、数据检索分类工具（如搜索引擎）、数据源系统产生的日志文件等，尤其现今智能手机和平板电脑的迅速普及，使得大量移动软件被开发和应用，极大地扩展了数据来源和数据流通范围。多样化的数据有表格、文本、图片、视频、网页等各类结构化、半结构化和非结构化的表现形式，同时，所采集的数据集往往会因为环境干扰、人员和设备不可靠等因素而存在错误、删失、冗余、不一致等各类数据质量问题，需要对数据进行预处理，以集成多样化数据，提升数据质量，为后续流程奠定基础。

数据预处理的主要技术包括：数据集成，即在逻辑和物理上把来自不同数据源的数据进行集中，解决数据同名异义、异名同义、属性冗余、单位不统一等问题，为用户提供一个统一的视图；数据清洗，即在数据集中发现不准确、不完整和不合理的数据，并通过插值和回归等技术手段对这些数据进行修补或移除以提高数据质量；数据变换，即对数据进行规范化处理，例如零均值规范化以消除量纲影响，连续属性离散化以将数据分区，小波变换以平稳化序列等；数据规约，即在尽可能保持数据原貌的前提下，最大限度地精简数据量，少量而具有代表性的数据将大幅缩减数据挖掘所需的时间，典型的方法包括主成分分析、聚类分析、决策树归纳等。

2）大数据存储与管理

大数据存储与管理系统需要具有足够的能力存储海量规模的数据，能兼顾结构化、半结构化和非结构化数据，并能提供种类多、速度快、质量高的数据服务。在大数据环境下，分布式的数据存储与管理系统成为学术界和产业界的研究重点。文件系统是大数据存储与管理的基础，其为整个大数据提供了底层的支撑架构。Google 为大型分布式数据密集型应用设计了一个可扩展的分布式文件系统（google file system，GFS），该系统采用廉价的商用计算机集群构建分布式文件系统，在降低成本的同时为用户提供高性能且具有容错的服务。由 Apache 基金会开发的大数据框架 Hadoop 根据 GFS 实现了分布式文件系统（hadoop distributed file system，HDFS)，该文件系统具有高容错性、低成本、高吞吐量等特点。基于分布式文件系统建立分布式数据库，能够大程度地提高数据访问速度，为用户提供便利。

传统的关系型数据库系统难以适应大数据的多样性和巨大规模，而非关系型数据库解决方案(not only SQL，NoSQL)以其模式自由、易扩展、易复制、储存量大、可高并发读写等特点逐渐成为处理大数据的标准。NoSQL 数据库有 4 种主流类型，分别是键值(key-value)存储数据库、列式存储数据库、文档型数据库和图形数据库。Google 设计的 Bigtable 是一种列式存储数据库，适用于批量数据处理和实时查询，其本质上是一个稀疏的、分布式的、持久化的、多维的排序映射(map)，通过行键(row key)、列键(column key)和时间戳(timestamp)表示键值对记录。Bigtable 将行划分为片(tablet)作为基本负载单元，其底层架构沿用 GFS，由于具有分布式特点，因而系统可以将经常响应的数据移动到空闲机器上以实现良好的均衡负载。Hadoop 框架的数据库系统 HBase(hadoop database)来源于 Bigtable 的理论和技术，在 Hadoop 框架下提供海量数据的存储和读写，并且兼容各种结构化或非结构化数据。

3) 大数据计算处理模式

根据大数据的不同数据特征和计算特征，多种适用于不同大数据应用场景的大数据计算处理模式被相继提出，为各种大数据挖掘和分析算法的实现提供了模型和框架。

批量数据具有规模大、精确度高、价值密度低的特点，往往需要数据系统先进行存储再进行计算。批量数据对计算的实时性要求不高，但对计算的准确性和全面性要求较高。典型的批量数据包括电子商务产生的大量交易记录，社交网络产生的大量文本、图片、音频、视频等数据，企业运营产生的历史采购、生产、销售记录等。Google 研发的 MapReduce 是典型的批量数据计算处理模式，能将大规模的计算任务分配到商用机器集群中并行运行，模型简单，易于理解和使用，同时具有强大的大数据处理性能。MapReduce 的核心思想是"分而治之"，将对大规模数据集的操作分发给一个主节点管理下的各个分节点并行完成，再通过整合各个节点的中间结果得到最终结果，用户只需根据所要实现的算法定义 Map 和 Reduce 两个部分。

流式数据是一种大量、快速、连续到达的数据序列，序列中的每一个元素来源各异，格式复杂。流式数据最大的特点是序列往往包含时序特性，或其他的表示顺序的标签。流式数据的产生是实时并且不可预知的，数据流速和数据范围波动大，并且数据流中往往含有错误信息、垃圾信息，这要求系统具有很强的在线实时计算能力、动态匹配能力、容错能力、异构数据分析能力等。传感器网络是流式数据的主要数据源，传感器采集系统对环境进行实时监控和数据采集，数据处理系统对数据流进行实时分析，提取和展示过程的动态信息，用于环境监控、故障预警、交通管理等场景。与批量数据计算处理模式不同,流式数据计算处理模式直接在清洗和集成后的数据流上进行分析,而不采用存储再查询和分析的模式。加州大学伯克利分校研发的 Spark Streaming、Twitter 的 Storm、Yahoo 的 S4、Facebook 的 Scribe、Linkedin 的 Smaza 等都是典型的流式数据计算处理框架和系统。

此外,除了批量数据和流式数据,学术界和产业界还相继开展了针对交互式数据、图数据的计算处理模式的研究。

4) 大数据分析与挖掘

大数据分析与挖掘的目标是从海量的数据中通过算法搜索和提取隐藏的信息,继而将其总结成为知识,以为过程优化和决策制定提供有意义的建议,其中包括寻找、推测和解释数据相关性,发现和诊断故障原因,预测未来变化趋势等。数据挖掘通常与计算机科学有关,通过情报检索、数理统计、机器学习、模式识别、专家系统等诸多方法来实现数据分析与挖掘的目标。

根据所实现的主要功能,可以将数据分析与挖掘方法分为:①描述性分析,如使用描述性统计量对数据的平均水平、变化范围进行描述,使用回归技术从数据集中发现简单趋势,使用直方图、饼状图等图形方式可视化地表现数据等。②分类(classification),即构建分类器将数据集中的数据映射为既定类别中的某一个,常见的应用如银行部门根据客户的交易记录将客户分为不同的类别。③聚类(clustering),即将数据集中的数据分成不同的群组,使得群组内的数据差异小,群组间的数据差异大。聚类与分类的区别在于分类是在已有分类标准下对数据进行划分,构建分类器需要一个已经有标记的训练样本作为输入;而聚类没有事先定义好的标签,完全依据数据间的相似程度对数据进行聚集。④关联分析,即寻找数据库中数据的相关性,常用的技术有关联规则,著名的沃尔玛(Walmart)"啤酒＋尿布"就是使用这项技术的典型商业案例。⑤预测,即通过回归、分类、聚类等方法从数据中获取事物发展的规律,从而对未来的变化趋势进行预测,常见的应用如政府根据历史的经济数据对未来国家的经济发展进行判断。⑥异常检测,即从数据集中发现异常数据,通过对少数极端特例的分析揭示其内在原因,从而在生产运营活动中减小风险,广泛应用于故障检测、欺诈检测、入侵检测等领域。

数据科学(data science)发展至今,已经涌现出了众多先进有效的数据分析与挖掘方法。数据挖掘国际会议(International Conference on Data Mining,ICDM)在 2006 年总结了影响力最高的 10 种数据挖掘算法,包括 C4.5、k-means、SVM、Apriori、EM(expectation-maximization)、PageRank、AdaBoost、kNN(k-nearest neighbor)、朴素贝叶斯(naive Bayes)和 CART(classification and regression trees),覆盖了分类、聚类、回归和统计学习等方向。近年来,随着深度学习(deep learning)的迅猛发展,该技术也被应用于大数据领域,例如使用深度学习在大规模数据集中构建针对文本、图像、音频、视频等类型数据的高效搜索引擎,利用深度学习可以提取复杂非线性特征的能力提升大数据分析算法执行判别任务的性能,这种结合已经被应用在了医学影像分析和计算机辅助诊断等领域中。将数据挖掘算法作并行化处理是满足大数据时代数据分析需求的重要举措之一,近年来不断有研究者利用开源的计算处理框架对传统的数据挖掘算法进行发展,例如基于 MapReduce 并行架构的大数据社会网络挖掘、并行化 Apriori 算法在海量医疗文档数据挖掘中的应用、基于 Spark 的大规模文本 k-means 并行聚类算法等。

8.3.2　云计算

1. 云计算的发展背景及基本概念

在传统模式下,一个企业想要建立和开发一套系统,往往要花费较高的成本,不仅需要购买服务器、网络设备、存储设备等硬件设施,还需要购买商业软件,自行进行软件开发,并雇用专门人员对系统进行维护和更新。那么是否存在这样一种模式:企业不需要购买硬件或软件,而是向服务供应商以租赁的方式获取所需要的服务,这些服务供应商拥有大量的计算、存储、网络和软件等资源,他们将这些资源打包成服务出租给个人或企业使用? 在这种模式下,用户不再是"购买产品"而是"购买服务",他们不需要再面对复杂的软硬件,不需要时刻对系统进行维护,即使本地设备性能不高,由于存储和计算都可以由服务供应商提供,用户也可以实现复杂的系统功能,这就是云计算思想的产生。而早在 20 世纪 60 年代,斯坦福大学的 John McCarthy 教授就指出"计算机可能变成一种公共资源",加拿大科学家 Douglas Parkhill 在其著作 *The Challenge of the Computer Utility* 中将计算资源类比为电力资源(用户所使用的电由电厂集中提供,而用户不需要在自家配备发电机),并提出了私有资源、公有资源、社区资源等概念。

2001 年,Salesforce 发布在线客户关系管理(customer relationship management, CRM)系统,用户只需每月支付租金就可以使用网站上的各种服务,包括联系人管理、订单管理等,这成为云计算 SaaS 模式第一个成功案例。2006 年,Amazon 推出弹性计算云(elastic compute cloud,EC2)服务,用户可以租用云端电脑运行所需要的系统,同年,Google 在搜索引擎大会上首次提出"云计算"(cloud computing)的概念。随后,云计算迅速成为学术界、IT 业界,乃至国家政府部门的研究和发展重点。在近十年间,国内外众多 IT 企业,如 Amazon、微软、Google、IBM、阿里巴巴、京东、百度、腾讯、华为、移动、联通、电信等纷纷成立云计算研究开发小组,与高校研究机构合作推出自己的云计算解决方案。我国也积极投入力量支持推进云计算产业的发展,2010 年,国务院发布《国务院关于加快培育和发展战略性新兴产业的决定》,将云计算的研发和示范应用列为发展战略性新兴产业工作的重点之一;2012 年科技部印发《中国云科技发展"十二五"专项规划》,提出要在"十二五"末期突破一批云计算关键技术,包括重大设备、核心软件、支撑平台等方面;2017 年,结合《中国制造 2025》和"十三五"系列规划部署,工业和信息化部编制印发了《云计算发展三年行动计划(2017—2019 年)》,目标是到 2019 年我国云计算产业规模达到4300亿元，云计算服务能力达到国际先进水平。

自云计算的概念被提出以来，许多研究组织和IT企业对云计算从不同视角给出了自己的定义。美国国家标准与技术学院对云计算的定义是目前得到较为广泛认同和支持的："云计算是一种能够通过网络以便利的、按需付费的方式获取计算资源（包括网络、服务器、存储、应用和服务）并提高其可用性的模式，这些资源来自一个共享的、可配置的资源池，并能以最省力和无人干预的方式获取和释放。这种模式具有5个关键功能、3种服务模式和4种部署方式。"从上述定义中可以看到，云计算不仅仅是一种IT技术，更是一种以大规模资源共享为基础的服务提供模式，它使得用户可以通过互联网按需访问资源池，有助于提高系统开发和部署速度，减少管理工作。

云计算的5个关键功能包括：按需自助式服务（on-demand self-service），即用户可以根据自身实际需求扩展和使用云计算资源；广泛的网络访问（broad network access），即通过网络分发服务，打破地理位置的限制和硬件部署环境的限制；资源池（resource pooling），即对CPU、存储、网络等进行组织，将所有设备的计算能力放在一个池内，再统一进行分配；快速弹性使用（rapid elasticity），即服务商的计算能力根据用户需求变化能够快速而弹性地实现资源供应；可度量的服务（measured service），即一个完整的云平台能够对资源的使用情况进行监测、控制和管理，并将这些信息以可量化的指标反映出来。

云计算的3种服务模式包括IaaS（infrastructure as a service，基础设施即服务）、PaaS（platform as a service，平台即服务）、SaaS（software as a service，软件即服务）。在IaaS模式下，服务供应商将由多台服务器组成的"云端"基础设施作为计量服务提供给用户，用户按需获取实体或虚拟的计算、存储和网络等资源，在服务过程中，用户需要向IaaS服务供应商提供基础设施的配置信息、运行于基础设施的操作系统和应用程序，以及相关的用户数据。之前所提到的Amazon EC2就是典型的IaaS服务。在PaaS模式下，服务供应商将软件研发的平台作为服务提供给用户，包括开发环境、服务器平台、硬件资源等，用户在平台上使用软件工具和开发语言根据基础框架开发应用程序，而无须关注底层的网络、存储、操作系统的管理问题。Google App Engine是Google PaaS服务的代表产品，用户可以在Google的基础架构上开发和运行网络应用程序。SaaS是云计算应用最为广泛的服务模式，在SaaS模式下，服务供应商将应用软件统一部署在自己的服务器上，软件的维护、管理和软件运行所需的硬件支持都由服务供应商完成，用户只需向供应商租赁或订购应用软件服务就可以随时随地在接入网络的终端设备上使用应用软件。之前所提到的Salesforce的在线CRM就是典型的SaaS服务，企业只需要上传客户和订单数据就可以得到相应的分析结果。

云计算的4种常见部署方式包括公有云（public cloud）、社区云（community cloud）、私有云（private cloud）和混合云（hybrid cloud）。公有云是由第三方云提供者拥有可公共访问的云环境,个人或企业用户付费获取公有云中的计算资源。社区云类似于公有云,只是它的访问被限制为特定的云用户社区,社区的云用户成员通常会共同承担定义和发展社区云的责任。私有云是由一家组织单独拥有的,可以使用户(组织中的各个部门)本地或远程访问不同部分、位置或部门的 IT 资源。混合云是由两个或更多不同云部署模式组成的云环境,例如,云用户可能会选择把处理敏感数据的云服务部署在私有云上,而将其他不那么敏感的云服务部署在公有云上。

在 8.3.1 节中,我们对大数据及其相关技术进行了介绍。大数据的核心是"数据",是如何基于数据对服务过程进行优化和改善;而云计算的核心是"计算",是如何实现计算资源的共享。大数据关注业务流程,即从数据采集、预处理、传输、存储到分析和挖掘;而云计算关注解决方案,即搭建 IT 架构对计算资源进行整合和分配。大数据与云计算的关系是相辅相成的,从技术上来看,云计算中的关键技术,包括分布式存储技术、并行处理技术等都是大数据技术的基础,云计算能够将计算任务分布在大量计算机构成的资源池上并行进行,显著提升了数据处理速度,很好地支持了大数据的处理需求。从商业上来看,一方面,云计算使得用户能够根据需求向云服务供应商获取计算处理服务,这大大降低了大数据处理的成本和难度,使得任何企业都可以以一种经济、便捷的方式从大数据中挖掘有价值的信息;另一方面,企业大数据的业务需求也为云计算的落地提供了丰富的应用场景,促进了云计算的快速发展。

2．云计算的关键技术

云计算由许多主要的技术组件支撑,这些使能技术互相配合实现了云计算的关键功能。

1)宽带网络和 Internet 架构

云用户和云服务供应商通常利用 Internet 进行通信,因而云服务的质量受到云用户和云服务供应商之间的 Internet 连接服务水平的影响,其中网络带宽和延迟又是影响服务水平的主要因素。在实际场景中,云用户和云服务供应商之间的网络路径上可能包含多个不同的网络服务供应商(internet service provider,ISP),多个 ISP 之间服务水平的管理是有难度的,这需要双方的云运营商进行协调,以保证其端到端服务水平能够满足云服务的业务需求。

2)数据中心技术

数据中心是一种特殊的 IT 基础设施,用于集中放置 IT 资源,包括服务器、数据库、网络与通信设备以及软件系统,它有利于提高共享 IT 资源使用率,有利于提高 IT 人员的工作效率,有利于提高能源共享水平,方便云服务供应商对资源进行维护和管理。数据中心常见的组成技术与部件包括虚拟化,硬件和架构的标准化与模块化,配置、更新和监控等任务的自动化,远程操作与管理,确保高可靠性的冗余设计等。

3）虚拟化技术

虚拟化技术是一种计算机体系结构技术,通常指计算机相关模块在虚拟的基础上而不是真实独立的物理硬件基础上运行,比如多个虚拟机共享一个实际物理PC,通过虚拟机软件在物理 PC 上抽象虚拟出多个可以独立运行各自操作系统的实例。大多数 IT 资源都能够被虚拟化,包括服务器、桌面、存储设备、网络、电源等。虚拟化技术有助于资源分享,实现多用户对数据中心资源的共享;有助于资源定制,用户可以根据需求配置服务器,指定所需要的 CPU 数目、内存容量、磁盘空间等;有助于细粒度资源管理,将物理服务器拆分成多个虚拟机,从而提高服务器的资源利用率,有助于服务器的负载均衡和节能。

4）分布式技术

分布式系统架构具有传统信息处理架构不可比拟的优势,在分布式系统中,系统拥有多种通用的物理和逻辑资源,可以动态地分配任务,这些分散在各处的物理和逻辑资源可以通过计算机网络实现信息交换,而对于用户而言,并不会意识到多个处理器或存储设备的存在,其所感受到的是一个系统的服务过程。分布式系统架构的构建技术包括以 GFS、HDFS 为代表的分布式文件系统,以 Bigtable、Hbase为代表的分布式数据库系统,以 MapReduce 为代表的分布式计算技术等。

此外,还包括常用作云服务的实现介质和管理接口的 Web 技术,使得多个云用户能够在逻辑上同时访问同一应用的多租户技术,以 Web 服务等为基础的实现和建立云环境的服务技术,以及确保云服务保密性、完整性、真实性、可用性,能够抵御网络威胁、漏洞和风险的云安全技术。

第 9 章

制造智能

将人工智能引入传统制造过程,形成了制造智能的概念。通过在制造过程中进行智能活动,诸如分析、推理、判断、构思和决策等,使得人与智能机器合作共事,去扩大、延伸和部分地取代人类专家在制造过程中的脑力劳动。制造智能把制造自动化的概念进行了更新,扩展到柔性化、智能化和高度集成化。

本章通过制造智能的应用领域以及模型与方法两节内容,简要介绍制造智能的概念、定义、方法和应用情况。

9.1 应用领域

本节主要介绍制造智能的应用领域,聚焦于基于数据分析的智能应用,从识别分析、诊断分析、预测分析及筹划分析 4 个方面简要介绍。

9.1.1 识别分析

对模式进行智能识别,开展识别分析,也就是我们通常所知的模式识别过程,通常是应用计算机通过数学技术方法来研究模式的自动处理和判读。随着计算机技术的发展,人类有可能研究复杂的信息处理过程,其过程的一个重要形式是生命体对环境及客体的识别。模式识别以图像处理与计算机视觉、语音语言信息处理、脑网络组、类脑智能等为主要研究方向,研究人类模式识别的机理以及有效的计算方法。

1. 模式识别的定义

人们在观察事物或现象的时候,常常要寻找它与其他事物或现象的不同之处,并根据一定的目的把各个相似的但又不完全相同的事物或现象组成一类。字符识别就是一个典型的例子。例如数字"4"可以有各种写法,但都属于同一类别。更为重要的是,即使对于某种写法的"4",以前虽未见过,也能把它分到"4"所属的这一类别。人脑的这种思维能力就构成了"模式"的概念。在上述例子中,模式和集合的概念是分开来的,只要认识这个集合中的有限数量的事物或现象,就可以识别属于这个集合的任意多的事物或现象。为了强调从一些个别的事物或现象推断出事物或现象的总体，我们把这样一些个别的事物或现象叫作各个模式。也有的学者认为应该把整个的类别叫作模式，这样的"模式"是一种抽象化的概念，如"房屋"等都是"模式"，而把具体的对象（如人民大会堂）叫作"房屋"这类模式中的一个样本。这种名词的不同含义是容易从上下文中弄清楚的。

模式识别是指对表征事物或现象的各种形式的（数值的、文字的和逻辑关系的）信息进行处理和分析，以对事物或现象进行描述、辨认、分类和解释的过程，它是信息科学和人工智能的重要组成部分。模式识别是人类的一项基本智能，在日常生活中，人们经常在进行"识别"。随着 20 世纪 40 年代计算机的出现以及 50 年代人工智能的兴起，人们当然也希望能用计算机来代替或扩展人类的部分脑力劳动。（计算机）模式识别在 20 世纪 60 年代初迅速发展并成为一门新学科。

2. 模式识别的发展历程

早期的模式识别研究着重在数学方法上。20 世纪 50 年代末 F. Rosenblatt 提出了一种简化的模拟人脑进行识别的数学模型——感知器，初步实现了通过给定类别的各个样本对识别系统进行训练，使系统在学习完毕后具有对其他未知类别的模式进行正确分类的能力。1957 年，周绍康提出用统计决策理论方法求解模式识别问题，促进了从 50 年代末开始的模式识别研究工作的迅速发展。1962 年，R. Narasimhan 提出了一种基于基元关系的句法识别方法。付京孙在识别的理论及应用两方面进行了系统的卓有成效的研究，并于 1974 年出版了一本专著《句法模式识别及其应用》。1982 年和 1984 年，J. J. Hopfield 发表了两篇重要论文，深刻揭示出人工神经元网络所具有的联想存储和计算能力，进一步推动了模式识别的研究工作，短短几年在很多应用方面就取得了显著成果，从而形成了模式识别的人工神经元网络方法的新的学科方向。

3. 模式识别的分类

模式识别又常称作模式分类，从处理问题的性质和解决问题的方法等角度，模式识别分为有监督的分类（supervised classification）和无监督的分类（unsupervised classification）两种。二者的主要区别在于，各实验样本所属的类别是否预先已知。一般说来，有监督的分类往往需要提供大量已知类别的样本，但在实际问题中这是存在一定困难的，因此研究无监督的分类就变得十分有必要了。

模式还可分成抽象的和具体的两种形式。前者如意识、思想、议论等，属于概念识别研究的范畴，是人工智能的另一研究分支。我们所指的模式识别主要是对语音波形、地震波、心电图、脑电图、图片、照片、文字、符号、生物传感器等对象的具体模式进行辨识和分类。

模式识别研究主要集中在两方面，一是研究生物体（包括人）是如何感知对象的，属于认识科学的范畴；二是在给定的任务下，如何用计算机实现模式识别的理论和方法。前者是生理学家、心理学家、生物学家和神经生理学家的研究内容，后者通过数学家、信息学专家和计算机科学工作者近几十年来的努力，已经取得了系统的研究成果。

应用计算机对一组事件或过程进行辨识和分类,所识别的事件或过程可以是文字、声音、图像等具体对象,也可以是状态、程度等抽象对象。这些对象与数字形式的信息不同,称为模式信息。

模式识别所分类的类别数目由特定的识别问题决定。有时,开始时无法得知实际的类别数,需要识别系统反复观测被识别对象以后确定。

模式识别与统计学、心理学、语言学、计算机科学、生物学、控制论等都有关系。它与人工智能、图像处理的研究有交叉关系。例如自适应或自组织的模式识别系统包含了人工智能的学习机制,人工智能研究的景物理解、自然语言理解也包含模式识别问题;又如模式识别中的预处理和特征抽取环节应用图像处理的技术,图像处理中的图像分析也应用模式识别的技术。

4. 模式识别的研究方法

一是决策理论方法,又称统计方法,是发展较早也比较成熟的一种方法。该方法的具体过程为:首先将被识别对象数字化,变换为适于计算机处理的数字信息。一个模式常常要用大量的信息来表示。许多模式识别系统在数字化环节之后还进行预处理,用于除去混入的干扰信息并减少某些变形和失真。随后是进行特征抽取,即从数字化后或预处理后的输入模式中抽取一组特征。所谓特征是选定的一种度量,它对于一般的变形和失真保持不变或几乎不变,并且只含尽可能少的冗余信息。特征抽取过程将输入模式从对象空间映射到特征空间。这时,模式可用特征空间中的一个点或一个特征矢量表示。这种映射不仅压缩了信息量,而且易于分类。在决策理论方法中,特征抽取占有重要的地位,但尚无通用的理论指导,只能通过分析具体识别对象决定选取何种特征。特征抽取后可进行分类,即从特征空间再映射到决策空间。为此引入了鉴别函数,由特征矢量计算出相应于各类别的鉴别函数值,通过鉴别函数值的比较进行分类。

二是句法方法,又称结构方法或语言学方法。其基本思想是把一个模式描述为较简单的子模式的组合,子模式又可描述为更简单的子模式的组合,最终得到一个树形的结构描述,在底层的最简单的子模式称为模式基元。在句法方法中选取基元的问题相当于在决策理论方法中选取特征的问题。通常要求所选的基元能对模式提供一个紧凑的反映其结构关系的描述,又要易于用非句法方法加以抽取。显然,基元本身不应该含有重要的结构信息。模式以一组基元和它们的组合关系来描述,称为模式描述语句,这相当于在语言中句子和短语用词组合,词用字符组合一样。基元组合成模式的规则由所谓语法来指定。一旦基元被鉴别,识别过程就可通过句法分析进行,即分析给定的模式语句是否符合指定的语法,满足某类语法的语句即被分入该类。

模式识别方法的选择取决于问题的性质。如果被识别的对象极为复杂,而且包含丰富的结构信息,一般采用句法方法;而如果被识别对象不很复杂或不含明显的结构信息,则一般采用决策理论方法。这两种方法不能截然分开,在句法方法中,基元本身就是用决策理论方法抽取的。在应用中,将这两种方法结合起来分别施加于不同的层次,常能收到较好的效果。

三是统计模式识别。统计模式识别(statistic pattern recognition)的基本原理是：有相似性的样本在模式空间中互相接近,并形成“集团”,即“物以类聚”。该方法是根据模式所测得的特征向量,用一个给定的模式归类,然后根据模式之间的距离函数来判别分类。

统计模式识别的主要方法有判别函数法、近邻分类法、非线性映射法、特征分析法、主因子分析法等。

在统计模式识别中,贝叶斯决策规则从理论上解决了最优分类器的设计问题,但实施该规则时却必须首先解决更困难的概率密度估计问题。BP 神经网络直接从观测数据(训练样本)学习,是更简便有效的方法,因而获得了广泛的应用,但它是一种启发式技术,缺乏指导工程实践的坚实理论基础。统计推断理论研究所取得的突破性成果导致现代统计学习理论——VC 理论的建立,该理论不仅在严格的数学基础上圆满地回答了人工神经网络中出现的理论问题,而且导出了一种新的学习方法——支持向量机(SVM)。

9.1.2　诊断分析

诊断分析常见于故障诊断。一般而言,利用各种检查和测试方法,发现系统和设备是否存在故障的过程是故障检测;而进一步确定故障所在大致部位的过程是故障定位。要求把故障定位到实施修理时可更换的产品层次(可更换单位)的过程称为故障隔离。故障诊断就是指故障检测和故障隔离的过程。

故障诊断技术最早起源于 20 世纪 70 年代,由于其在工业过程、发电机组、控制系统等其他领域的重要性,故障诊断的理论与应用越来越受到人们的关注。故障诊断技术至今已经历了三个阶段。第一阶段：基于人工经验阶段。此阶段由于机器设备比较简单,因此主要依靠专家或维修人员的感觉器官、个人经验及简单仪表就能胜任故障的诊断与排除工作。第二阶段：基于信号处理阶段。传感器技术、动态测试技术及信号分析技术的发展使得诊断技术在维修工程和可靠性工程中得到了广泛的应用。第三阶段：智能化阶段。80 年代以来,由于机器设备日趋复杂化、智能化及光机电一体化,传统的诊断技术已不能适应生产及工程要求,随着计算机技术、人工智能技术的发展,诊断技术进入了日新月异的智能化发展阶段。

基于智能的故障诊断方法不需要知道被控对象的精确模型,能很好地应对不确定性和模糊性的随机故障。目前基于人工智能的故障诊断方法主要有以下几个方向。

1. 基于模糊的故障诊断方法

在模糊诊断中,各种故障征兆和故障成因之间都存在不同程度的因果关系,但其表现在故障与征兆之间并不存在一一对应的关系,故障征兆信息的随机性、模糊性加上某些信息的不确定性,造成了故障形式的复杂多样性。这种模糊性和随机性往往不能用精确的数学公式来描述,然而用模糊逻辑、模糊诊断矩阵等模糊理论来分析其故障与现象之间的不确定性关系是可行的。从模糊数学的角度看,故障诊断是一个模糊推理问题。因而基于模糊的诊断方法得到了长足的发展。

故障诊断通常是基于一定的征兆,做出可能引起这些征兆的故障判别,而模糊逻辑系统是应用模糊理论解决问题的重要形式。研究表明,通过建立模糊逻辑系统,采用模糊推理的方法能够实现故障诊断。不过,要想成功地应用基于模糊逻辑系统的故障诊断方法,需要解决好如何建立模糊诊断规则库等关键问题。

常用的模糊逻辑诊断方法的一般步骤是检测信号经过模糊化单元处理后,输入到模糊推理规则库中进行分析,其输出即为故障信息的模糊输出,经过解模糊单元处理后即可得出故障原因。

基于模糊的故障诊断方法的优点在于:可将人类的语言化的知识嵌入系统;可模拟人类的近似推理能力,且通用性好,只要针对不同的故障类型对推理规则进行修改就可以作为不同的故障诊断方法。但该方法与传统的故障诊断理论和方法相比,仍有不成熟之处:基于模糊逻辑的故障诊断方法缺少在线学习能力,不适应被控对象变化的需要;模糊隶属函数和模糊推理规则无法保证任何情况下都为最优;尚未建立起有效的方法来分析和设计模糊系统,主要还是依赖专家经验试凑。

2. 基于人工神经网络的故障诊断方法

从故障诊断的过程来讲,故障诊断实质上也是一类模式分类问题,而人工神经网络(ANN)作为一种自适应的模式识别技术,非常适合用于建立大型复杂系统的智能化故障诊断系统。神经网络通过输入层、隐含层和输出层来建立故障类型和故障原因之间复杂的映射关系。基于神经网络的故障诊断方法具有强大的自学习和数据处理能力,它通过网络学习来确定系统参数和结构来完成训练过程。将样本库的知识以网络的形式存储在神经网络的连接权中是神经网络的独特之处。待检测故障信息经已训练好的网络处理后可自动对被识别对象进行分类。故障诊断中神经网络所采用的模型大多为 BP 网络,这主要由于对 BP 模型的研究比较成熟。神经网络故障诊断技术被广泛应用于电力系统及发电机组的故障诊断中,都是利用神经网络强大的自学习功能、并行处理能力和良好的容错能力,避免冗余实时建模的需求。

如上所述,神经网络模拟人脑,采用并行存储和处理结构,具有很强的非线性映射能力、良好的学习能力和适应能力、独特的联想记忆能力等优点,与基于数学模型的故障诊断方法相比,基于神经网络的故障诊断方法无须精确的数学模型,无须相关诊断对象的故障诊断知识,仅需提前得到网络训练的数据,就可实现理想的效果。这也是故障诊断智能手段的优势所在。然而,基于神经网络的故障诊断方法也存在内在不足：学习样本容量大时，收敛速度慢，易陷入局部极小值；问题的解决依赖于神经网络结构的选择、训练过度或不足、较慢的收敛速度等都可能影响故障诊断的效果；定性的或语言化的信息无法在神经网络中直接使用或嵌入，而且较难用训练好的神经网络的输入/输出映射关系来解释实际意义的故障诊断。关于人工神经网络，将在9.2.2节中进一步讨论。

3. 基于模糊神经网络的故障诊断方法

模糊和神经网络的有效结合成为智能化故障诊断的主要方法之一。20世纪80年代末开始出现了两者相融合的趋势。该方法将神经网络的自学习优点与模糊数学的模糊推理方法有效结合，解决了故障诊断中模糊规则难以确定的问题；利用模糊理论模拟人的控制能力和神经网络的自学习功能，确定了模糊规则和模糊隶属度，来建立故障诊断的模型。

在故障诊断领域中，模糊神经网络一般有两种构造方法。一种是直接根据模糊规则或模糊分类算法构造相应功能的网络模型，将较成熟的模糊系统转化为相应功能的模糊神经网络系统，以利用神经网络的自适应和自学习能力提高诊断精度。另一种是将模糊分类方法与神经网络模型相结合组成复合诊断模型，有两种复合方式：一是将模糊概念融合到神经网络的输入层与输出层中，即将神经网络模型直接作为诊断模型；二是根据故障诊断任务将模糊分类方法和神经网络相结合，利用各自的优势分担诊断中的部分功能，以构造通用的模糊神经网络诊断模型。

将模糊逻辑与神经网络相结合，既兼顾故障诊断知识的模糊性，又可利用神经网络强大自学习能力的特点，共同作用，使得系统故障诊断效果更佳。当然两者结合也有缺点：在许多情况下仍不能直接处理模糊输入/输出信息。

4. 专家系统故障诊断方法

专家系统作为人工智能中最活跃的一个分支为故障诊断注入了新的活力。专家系统应用于故障诊断技术是指人们根据长期的实践经验和大量的故障信息知识，设计出的一种智能化的计算机程序系统，它通过模拟人类专家解决问题的思维方式进行智能诊断。专家系统可以解决一类难以用数学模型来精确描述的系统故障诊断问题。传统的专家系统的核心主要包括以下几部分：全局数据库、知识库、推理机、解释部分、人机接口等。全局数据库用以存放当前故障信息，即专家系统当前要处理的对象信息；知识库用以存放故障诊断用的专门知识，在知识表达方面，大多数诊断型专家系统都是以产生式规则或框架式进行知识表达；推理机是根据当前的输入信息结合知识库规则进行推理以达到诊断目的，推理机中的推理方式是故障分类是否合理的关键。现阶段，专家系统在诊断推理方面着重于对推理逻辑和推理模型的研究。模糊逻辑作为一种降低系统复杂性的方法，近期在专家系统的推理逻辑中得到了广泛的应用。最近有学者提出了基于模型的知识库理论，如神经网络模型、定性物理模型等，这无疑给人工智能领域注入了新的活力。

专家系统不受时间、空间和环境影响,从整个诊断过程来看理论较成熟,且随着计算机技术的飞速提高,其诊断速度和准确性也在不断提高。但由于建立完善的故障诊断专家系统在很大程度上依赖于故障原因和故障征兆之间的逻辑关系,所以推理机制的选择是专家系统设计中的关键问题。

5. 基于遗传算法的故障诊断方法

遗传算法是一种基于自然选择和自然遗传学机理的迭代自适应概率性方法。通过繁殖、交叉、变异等操作逐代进化,最终搜索并获得问题的满意解。它的推算过程是通过并行计算来不断接近最优解以达到全局最优。遗传算法应用于故障诊断,一种是直接应用于故障诊断之中,主要用于提取特征向量,为诊断的后续处理准备;另外,研究得较多的方向就是将其与其他的诊断方法相结合应用。

遗传算法通常是针对不同问题定义一个适应度函数来模拟生物界中的环境,而适应度函数值就代表该个体对环境的适应程度,适应度值越高,表明该个体适应环境的能力越强。适应度函数的构造方法对于该算法的有效性很关键。

遗传算法与传统算法相比有很多独特之处:它能同时搜索解空间的多个点,从而使之收敛于全局最优或近似全局最优解;遗传算法中交叉、变异和繁殖等算子不受确定性规则的控制,适应性强,其使用的算子是随机的。另外它还具有智能性和并行性,适合用于解决结构复杂的问题。遗传算法目前面临的问题在于:在选择适应度函数时需要根据不同的情况选择不同的方法,建立适当的适应度函数可以提高分类能力;由于遗传算法是并行全局寻优过程,因此当问题的规模扩大时,其计算量也较大。

6. 基于支持向量机的故障诊断方法

支持向量机(support vector machine,SVM)是一种基丁统计学习理论的机器学习算法,根据统计学习和结构最小化原则,通过对训练样本的学习,掌握样本的特征,来对未知样本进行预测。从这个角度讲,支持向量机可看作类似于人工神经网络的学习机器。近年来,将 SVM 用于故障诊断方法得到了广泛应用。Vapnik 等人提出了标准 SVM 方法,它已在许多领域取得了成功的应用,显示出巨大的优越性。采用支持向量机进行故障诊断具有以下几个优势:一是较强的泛化能力,支持向量机由有限的训练样本得到小的误差,其本质是在有限样本中最大限度地挖掘隐含在数据中的分类信息;二是该算法将分类问题转化为一个凸规划问题,因此局部最优解一定是全局最优解,它从理论上保证全局最优;三是在非线性情况下,SVM 通过核函数将原空间中的非线性问题转化为高维空间中线性问题,巧妙地解决了维数灾难问题,并且能以任意精度逼近任意函数。这种算法的不足之处是:当样本数据的个数增加时,相应的凸规划问题越复杂,计算速度也越慢。

7. 基于粗糙集的故障诊断方法

粗糙集理论是波兰学者 Z.Pawlak 在 1982 年提出的一种刻画不完整性和不确

定性的数学工具。这种方法可以把已有知识直接与不同模式联系在一起，能有效地分析处理不确定、不完整等各种不完备信息，并能从中发现隐含的知识，揭示知识间的潜在规律。其主要思想是在保持分类能力不变的前提下，利用已知的知识库，通过对知识的约简，导出概念的分类规则。从本质上讲，它是一种基于最小误诊率的诊断方法。粗糙集用于故障诊断领域可以处理其中普遍存在的故障描述信息不完备、不一致的问题，主要用于分类规则学习和输入信息的规则约简，例如将粗糙集理论用于故障诊断规则提取、故障诊断专家系统知识库的建立以及与其他智能诊断方法结合等，在应用中，粗糙集表现出了强大的不一致信息处理能力。

基于粗糙集的方法能很好地处理冗余信息和不一致信息。但目前也存在一定的问题：应用粗糙集对海量数据信息寻找最优约简时，由于要考虑知识属性，所以计算规模的大小很大程度取决于对象属性；粗糙集理论基于在线发现的知识，缺少对先验知识的学习能力。

8. 基于模糊聚类的故障诊断方法

模糊聚类就是根据分类对象的特性形成一个特征空间，依据对象样本的相似性程度用模糊数学的方法对事物进行分类。这样整个特征空间就被不同的特性分成不同的区域，而每个区域又有一个聚合中心，该中心是本区域特性的代表。在聚类的过程中，只要聚类半径选择得当，相似类型的对象即可归为一类，在故障诊断中不同的聚类中心可以基本代替所有故障征兆变量，经过模糊聚类之后输出即可表征所对应的故障类型。

该算法目前也面临以下问题：求聚类中心目标函数的极值时应选择适当的算法，以避免陷入局部极小而得不到最优分类；当不同的故障同时发生时需要分类样本能同时诊断出多种故障；当数据规模扩大时，需要一定的先验知识，即需要人工来确定聚类数；不同的故障征兆对分类有不同的影响，有的征兆对分类结果起主导作用，有的征兆对分类结果影响较小，甚至还有些征兆是冗余的，这就需要在模糊聚类之前首先进行粗略处理。

9. 基于数据挖掘的故障诊断方法

数据挖掘方法是近年发展起来的，它可以直接从大量的历史数据库中挖掘深层次的知识和信息，提取出状态数据库中相应的故障诊断知识。利用数据挖掘方法进行故障诊断一般需要 4 个步骤：数据挖掘目标描述与数据准备、数据预处理、数据挖掘过程和目标评估。数据挖掘目标描述主要指故障点集合、故障诊断数据源集合以及选择合适的数据挖掘算法，数据准备主要是根据数据挖掘的目标收集、整理与所诊断的故障相关的所有数据。数据预处理就是根据一定的规则有选择性地剔除初始的集合中不相关的数据点，以降低数据规模。数据挖掘过程就是在预处理之后的数据中依据一定的算法再除去冗余的数据点。数据评估就是将统计分析结果与专家经验结合进行比较评估。

基于数据挖掘的故障诊断方法将每一个故障看成一组特征集储存在历史故障数据库中,然后经过数据预处理后建立故障诊断决策表形成知识库,针对故障类型从知识库中提取出诊断规则,得出故障原因。随着数据挖掘技术的快速发展,基于数据挖掘的诊断方法将日益完善。

9.1.3　预测分析

预测是对研究对象未来的状态或未知状态进行预计和推测。它根据历史资料和现状,通过分析,对一些不确定的或未知的事物作出定性或定量的描述,寻求事物发展的规律,为今后制定规划、决策和管理服务。

一般的预测分析方法包括 Deiphi 方法(专家调查法)、回归分析法、实践序列法等。随着智能技术引入预测分析领域,诞生了一批新的应用和典型案例。下面以故障预测为例,介绍该技术的现状和发展。

故障预测是指基于存储在大数据存储与分析平台中的数据,通过设备使用数据、工况数据、主机及配件性能数据、配件更换数据等设备与服务数据,进行设备故障、服务、配件需求的预测,为主动服务提供技术支持,延长设备使用寿命,降低故障率。随着智能技术的引入,故障预测与健康管理(prognostics health management,PHM)的概念应运而生。PHM 是为了满足自主保障、自主诊断的要求提出来的,是基于状态的维修,即视情维修(condition based maintenance,CBM)的升级发展。它强调资产设备管理中的状态感知,监控设备健康状况、故障频发区域与周期,通过数据监控与分析,预测故障的发生,从而大幅提高运维效率。

智能的故障预测方法包括基于异常现象信息的故障预测、基于使用环境信息的故障预测、数据融合及综合预测三类。

1. 基于异常现象信息的故障诊断与故障预测

这种方法通过被观测对象在非正常工作状态下所表现出来或可侦测到的异常现象(振动、噪声、污染、温度、电磁场等)进行故障诊断,并基于趋势分析进行故障预测。大多数机械产品由于存在明显的退化过程,多采用这种故障诊断与预测方式。

基于异常现象信息进行故障诊断与故障预测的任务是:基于历史统计数据、故障注入获得的数据等各类已知信息,针对当前产品异常现象特征,进行故障损伤程度的判断及故障预测。概率分析方法、人工神经网络、专家系统、模糊集、被观测对象物理模型等都可以用于建立异常现象与故障损伤关系模型。

一是概率趋势分析模型。此类方法通过异常现象对应的关键参数集,依据历史数据建立各参数变化与故障损伤的概率模型(退化概率轨迹),与当前多参数概率状态空间进行比较,进行当前健康状态判断与趋势分析。通过当前参数概率空间与已知损伤状态概率空间的干涉来进行定量的损伤判定,基于既往历史信息来进行趋势分析与故障预测。

概率趋势分析模型已用于涡轮压缩机气道等的故障预测，主要监控效率、压缩比、排气温度、燃油流量等4个参数。

二是人工神经网络(ANN)趋势分析模型。此类方法利用ANN的非线性转化特征，及其智能学习机制，来建立监测到的故障现象与产品故障损伤状态之间的联系。利用已知的"异常特征-故障损伤"退化轨迹，或通过故障注入(seeded fault)建立与特征分析结果关联的退化轨迹，对ANN模型进行"训练/学习"；然后，利用"训练/学习"后的ANN，依据当前产品特征对产品的故障损伤状态进行判断。由于ANN具有自适应特征，因此可以利用非显式特征信息来进行"训练/学习"与故障损伤状态判断。

三是基于系统模型进行趋势分析。此类方法利用建立被观测对象的动态响应模型(包括退化过程中的动态响应)，针对当前系统的响应输出进行参数辨识，对照正常状态下的参数统计特性，进行故障模式确认、故障诊断和故障预测。这种方法提供了一种不同于概率趋势分析、ANN的途径，具有更高的置信度和故障早期预报能力。

例如，针对机电式作动器(EMA)进行故障预测时，基于MATLAB建立EMA动态仿真模型，采用干摩擦系数(FDC)、局部齿轮硬度(LGS)、扭矩常数(TC)、电机温度(MT)作为关键参数进行故障预测。

2. 基于使用环境信息的故障预测

由于电子产品尚无合适的可监测的耗损参数和性能退化参数、故障发生进程极短(毫秒级)等原因，电子产品的寿命预测一直是一个难点。由美国马里兰大学Calce Espc提出的电子产品"寿命消耗监控"(life consumption monitoring, LCM)方法论是目前的主要发展方向。LCM方法论采信的是环境信息，基于电子产品的失效物理模型，通过环境应力和工作应力监测进行累计损伤计算，进而推断产品的剩余寿命。

LCM方法论的基础是对产品对象失效模式、失效机理的透彻了解，并建立量化的失效物理模型。电子产品(特别是电子元器件)的失效物理研究已有40年的历史，积累了丰富的模型，典型的模型包括焊点疲劳、电迁移、热载流子退化、时间相关介电质击穿(TDDB)、锡须、导电细丝形成(CFF)等。

LCM方法论已用于航天飞机火箭助推器电子组件、航天飞机远距离操作系统(SRMS)电子组件、JSF飞机电源开关模块和DC/DC转换器、航空电源等的寿命预测，取得了良好的效果。LCM方法论事实上也适用于机械产品，目前已尝试在美军轮式地面车辆、直升机齿轮箱中的正齿轮和蜗杆等机械产品中应用。

3. 数据融合及综合诊断与预测

综合利用来自多种信息源的、多参数、多传感器信息，以及历史与经验信息，以减小故障诊断与预测的差错，提高置信度，是数据融合的根本任务。

故障诊断与预测中的数据融合可以在3个层次进行：一是传感器层融合，没有信息丢失,但传输与计算量大;二是特征层融合,特征提取时有信息丢失;三是推理层融合。典型的数据融合过程包括在特征层融合时采信传感器层的关键原始数据,在推理层融合时采信相似产品可靠性统计数据或专家经验知识。

数据融合时要考虑的主要问题是各种来源的信息的可信程度/精确度是不一样的,不恰当的数据融合也会导致故障诊断与预测的置信度降低。常用的数据融合方法有权重/表决、贝叶斯推理、Dempster-Shafer(证据理论)、卡尔曼滤波、神经网络、专家系统、模糊逻辑等方法。

当前大量的应用案例都采用了数据融合的综合诊断与预测方法。例如,采用卡尔曼滤波方法对机械传动的振动数据进行融合,采用自动推理对齿轮箱的振动数据与油液污染数据进行融合,采用权重方法和贝叶斯推理方法对监控直升机传动系的多加速度传感器数据进行融合等。

9.1.4　筹划分析

筹划分析,也称为智能决策,其理论和方法建立在信息科学、管理科学、系统科学、行为科学、数学、人工智能以及社会学、心理学、经济学等领域科学的基础上,在政治、经济、军事、科技、文化等方面具有广泛的指导意义和应用价值。

1. 筹划分析的定义

随着决策问题所涉及的变量规模越来越大,同时由于决策所依赖的信息具有不完备性、模糊性、不确定性等特点,决策问题难以全部定量化地表示出来;再加上某些决策问题及其目标可能是模糊的、不确定的,决策者对自己的偏好难以明确,需要随着决策分析的深入,不断修正决策者原有的偏好,使得决策过程出现不断调整的情况,传统的决策数学模型已经难以胜任求解复杂度过高的决策问题、含有不确定性的决策问题以及半结构化、非结构化的决策问题,因而产生了智能决策理论、方法及技术。

智能决策方法是应用人工智能相关理论方法,融合传统的决策数学模型和方法而产生的具有智能化推理和求解的决策方法,其典型特征是能够在不确定、不完备、模糊的信息环境下,通过应用符号推理、定性推理等方法,对复杂决策问题进行建模、推理和求解。

人工智能应用于决策科学主要有两种模式:一是针对可建立精确数学模型的决策问题,由于问题的复杂性,如组合爆炸、参数过多等而无法获得问题的解析解,需要借助人工智能中的智能搜索算法获得问题的数值解;二是针对无法建立精确数学模型的不确定性决策问题、半结构化或非结构化决策问题,需要借助人工智能的方法建立相应的决策模型并获得问题的近似解。

近年来,随着决策问题进一步复杂化,智能决策理论和方法也在不断发展。从单人决策到群体决策、从单目标决策到多目标决策、从静态决策到动态决策,随着决策者获取的决策信息的特征不断变化,决策环境已经由确定型向不确定型转变,决策过程正在由结构化向非结构化过渡，而相应的决策支持系统也从集中式向分布式发展。

智能决策一般依托智能决策系统实现。智能决策支持系统是人工智能和决策支持系统（decision support system，DSS）相结合，应用专家系统（expert system，ES）技术，使 DSS 能够更充分地应用人类的知识，如关于决策问题的描述性知识、决策过程中的过程性知识、求解问题的推理性知识等，通过逻辑推理来帮助解决复杂的决策问题的辅助决策系统。

2. 筹划分析的应用领域

常见的筹划分析的应用领域包括智能调度、高级计划与排程等。

一是智能调度。智能调度（intelligent scheduling）就是充分应用有关问题域的知识，尽可能减少组合爆炸，使得最佳调度或组合满足要求并获得有效解决的调度方法。

智能调度又称基于知识的调度（knowledge-based scheduling），是人工智能和智能控制感兴趣的研究领域之一。现实中的许多组合问题比较复杂，要从可能的组合或序列中寻求出最佳调度方案需要很大的搜索空间，可能产生组合爆炸问题。典型的案例包括滴滴车辆调度、美团调度等。

二是高级计划与排程。高级计划与排程（advanced planning and scheduling，APS）解决生产排程和生产调度问题，常被称为排序问题或资源分配问题。

在离散行业，APS 用于解决多工序、多资源的优化调度问题；而在流程行业，APS 则用于解决顺序优化问题。它通过为流程和离散的混合模型同时解决顺序和调度的优化问题，从而对项目管理与项目制造解决关键链和成本时间最小化具有重要意义。

从 20 世纪 40 年代以来，用数学方法进行精确计算来安排生产计划就一直是一个传统的研究课题。高级计划排程的一些主要思想早在计算机发明以前就已经出现。对 APS 贡献最大的有两个方面：一是早在 20 世纪初出现的甘特图（Gantt chart）；二是运用数学规划模型解决计划问题。美国和苏联都曾应用新的最优化线性规划技术解决与战争相关的物流管理问题。这些思想和方法对于 APS 的萌芽起到了奠基性的作用。

60 年代中期，IBM 开发了基于产品结构分解的 MRP 系统，并在 70 年代发展为闭环 MRP 系统，除了物料需求计划外，还将生产能力需求计划、车间作业计划和采购作业计划也全部纳入 MRP，形成一个封闭的系统。这为 80 年代 MRP Ⅱ 的出现奠定了基础，但实际上 MRP Ⅱ 的这种闭环因是预设提前期、无限制的产能计划排产与无约束的物料计划，故只能是手工闭环，难以匹配实际复杂动态的制造环境。这段时间，模拟技术开始进入计划领域，基于模拟的计划工具开始出现；而到了 80 年代初，轮胎制造商 Kelly Springfield 和烟草公司 Philip Morris 开始应用计划和排程系统。随后出现的快速 MRP 的模拟技术能将复杂的生产作业模拟在独立计算机上,部分采用以常驻内存方式进行批处理运算,脱离了当时占业务计算支配地位的主机,使制造企业完成生产计划排程只用几小时而不是当时所公认的20多个小时,大大缩短了计划运行时间。

1984 年 AT&T 推出的 Karmarkar's 算法成为线性规划的突破性进展,这个新技术解决了线性规划的问题。于是 APS 成为新兴企业管理者的宠儿。许多大型化工公司如巴斯夫等都开始积极使用计划和排程的工具,甚至连许多大的航空公司如美航也实施了复杂的计划和排程系统。而数据库技术 SQL 的引进,允许 APS 工具和关系型数据库更动态地互动。1990 年初,消费品公司(CPG)开始引入 APS 系统,它们需要更复杂的系统;电子装配、金属品制造等离散制造领域被 I2、Fastman 打开洞门,蜂拥而入;半导体领域如 IBM、Intel、TI、Harris 公司等成为 APS 发展的重要推手。其中 I2 公司以彪悍的市场导向和销售战略,戏剧性地提高了 APS 的发展空间。

9.2　模型与方法

本节主要针对特定的制造智能方法,进行详细展开。这些方法的诞生一方面是由于随着工业数据的不断积累,产生了大量的数据;另一方面也是由于人工智能与工业领域进一步深度融合,产生了新的学科和新的理论体系。本节重点介绍机器学习、人工神经网络和深度学习 3 种方法。

9.2.1　机器学习

机器学习是研究怎样使用计算机模拟或实现人类学习活动的科学,是人工智能中最具智能特征、最前沿的研究领域之一。自 20 世纪 80 年代以来,机器学习作为实现人工智能的途径,在人工智能界引起了广泛的兴趣,特别是近十几年来,机器学习领域的研究工作发展很快,它已成为人工智能的重要课题之一。目前被广泛采用的机器学习的定义是"利用经验来改善计算机系统自身的性能"。事实上,由于"经验"在计算机系统中主要是以数据的形式存在的,因此机器学习需要设法对数据进行分析,这就使得它逐渐成为智能数据分析技术的创新源之一,并且为此而受到越来越多的关注。

1. 机器学习的发展历程

机器学习是人工智能研究发展到一定阶段的必然产物。从 20 世纪 50 年代到70 年代初,人工智能研究处于"推理期",人们认为只要给机器赋予逻辑推理能力,机器就能具有智能。这一阶段的代表性工作主要有 A. Newell 和 H. Simon 的"逻辑理论家"程序以及此后的"通用问题求解"程序等,这些工作在当时取得了令人振奋的成果。例如,"逻辑理论家"程序在 1952 年证明了著名数学家罗素和怀特海的名著《数学原理》中的 38 条定理，在 1963 年证明了全部的 52 条定理，而且定理 2.85 甚至比罗素和怀特海证明得更巧妙。A. Newell 和 H. Simon 因此获得了 1975 年图灵奖。然而，随着研究向前发展，人们逐渐认识到，仅具有逻辑推理能力是远远实现不了人工智能的。E. A. Feigenbaum 等人认为，要使机器具有智能，就必须设法使机器拥有知识。在他们的倡导下，20 世纪 70 年代中期开始，人工智能进入了"知识期"。在这一时期，大量专家系统问世，在很多领域作出了巨大贡献。E. A. Feigenbaum 作为"知识工程"之父在 1994 年获得了图灵奖。但是，专家系统面临"知识工程瓶颈"，简单地说，就是由人来把知识总结出来再教给计算机是相当困难的。

实际上，图灵在 1950 年提出图灵测试的文章中就已经提到了机器学习的可能，而 20 世纪 50 年代其实已经开始有机器学习相关的研究工作，主要集中在基于神经网络的连接主义学习方面，代表性工作主要有 F. Rosenblatt 的感知机、B. Widrow 的 Adaline 等。20 世纪六七十年代，多种学习技术得到了初步发展，例如以决策理论为基础的统计学习技术以及强化学习技术等，代表性工作主要有 A. L. Samuel 的跳棋程序以及 N. J. Nilson 的"学习机器"等，20 多年后红极一时的统计学习理论的一些重要结果也是在这个时期取得的。在这一时期，基于逻辑或图结构表示的符号学习技术也开始出现，代表性工作有 P. Winston 的"结构学习系统"，R. S. Michalski 等人的"基于逻辑的归纳学习系统"，E. B. Hunt 等人的"概念学习系统"等。1980 年夏天，在美国卡内基梅隆大学举行了第一届机器学习研讨会；同年，《策略分析与信息系统》连出三期机器学习专辑；1983 年，Tioga 出版社出版了 R. S. Michalski、J. G. Carbonell 和 T. M. Mitchell 主编的《机器学习：一种人工智能途径》，书中汇集了 20 位学者撰写的 16 篇文章，对当时的机器学习研究工作进行了总结，产生了很大反响；1986 年，*Machine Learning* 创刊；1989 年，*Artificial Intelligence* 出版了机器学习专辑，刊发了一些当时比较活跃的研究工作，其内容后来出现在 J. G. Carbonell 主编、MIT 出版社 1990 年出版的《机器学习：风范与方法》一书中。总的来看，20 世纪 80 年代是机器学习成为一个独立的学科领域并开始快速发展、各种机器学习技术百花齐放的时期。

R. S. Michalski 等人把机器学习研究划分成"从例子中学习""在问题求解和规划中学习""通过观察和发现学习""从指令中学习"等范畴；而 E. A. Feigenbaum 在著名的《人工智能手册》中，则把机器学习技术划分为 4 大类，即"机械学习""示教学习""类比学习""归纳学习"。机械学习也称为"死记硬背式学习"，就是把外界输入的信息全部记下来，在需要的时候原封不动地取出来使用，这实际上没有进行真正的学习；示教学习和类比学习实际上类似于 R. S. Michalski 等人所说的"从指令中学习"和"通过观察和发现学习"；归纳学习类似于"从例子中学习"，即从训练例子中归纳出学习结果。20 世纪 80 年代以来，被研究得最多、应用最广的是"从例子中学习"（也就是广义的归纳学习），它涵盖了监督学习（例如分类、回归）、非监督学习(例如聚类)等众多内容。下面我们对这方面主流技术的演进做一个简单的回顾。

在 20 世纪 90 年代中期之前,"从例子中学习"的一大主流技术是归纳逻辑程序设计(inductive logic programming),这实际上是机器学习和逻辑程序设计的交叉。它使用 1 阶逻辑来进行知识表示,通过修改和扩充逻辑表达式(例如 Prolog 表达式)来完成对数据的归纳。这一技术占据主流地位与整个人工智能领域的发展历程是分不开的。如前所述,人工智能在 20 世纪 50 年代到 80 年代经历了"推理期"和"知识期",在"推理期"中人们基于逻辑知识表示、通过演绎技术获得了很多成果,而在"知识期"中人们基于逻辑知识表示、通过领域知识获取来实现专家系统,因此,逻辑知识表示很自然地受到青睐,而归纳逻辑程序设计技术也自然成为机器学习的一大主流。归纳逻辑程序设计技术的一大优点是它具有很强的知识表示能力,可以较容易地表示出复杂数据和复杂的数据关系。尤为重要的是,领域知识通常可以方便地写成逻辑表达式,因此,归纳逻辑程序设计技术不仅可以方便地利用领域知识指导学习,还可以通过学习对领域知识进行精化和增强,甚至可以从数据中学习出领域知识。事实上,机器学习在 20 世纪 80 年代正是被视为"解决知识工程瓶颈问题的关键"而走到人工智能主舞台的聚光灯下的,归纳逻辑程序设计的一些良好特性对此无疑居功至伟。S. H. Muggleton 主编的书对 90 年代中期之前归纳逻辑程序设计方面的研究工作做了总结。然而,归纳逻辑程序设计技术也有其局限,最严重的问题是由于其表示能力很强,学习过程所面临的假设空间太大,对规模稍大的问题就很难进行有效的学习,只能解决一些"玩具问题"。因此,90 年代中期后,归纳程序设计技术方面的研究相对陷入了低谷。

20 世纪 90 年代中期之前,"从例子中学习"的另一大主流技术是基于神经网络的连接主义学习。连接主义学习技术在 20 世纪 50 年代曾经历了一个大发展时期,但因为早期的很多人工智能研究者对符号表示有特别的偏爱,例如 H. Simon 曾说人工智能就是研究"对智能行为的符号化建模",因此当时连接主义的研究并没有被纳入主流人工智能的范畴。同时,连接主义学习自身也遇到了极大的问题,M. Minsky 和 S. Papert 在 1969 年指出,(当时的)神经网络只能用于线性分类,对哪怕"异或"这么简单的问题都解决不了。于是,连接主义学习在此后近 15 年的时间内陷入了停滞期。直到 1983 年,J. J. Hopfield 利用神经网络求解 TSP 问题获得了成功,才使得连接主义重新受到人们的关注。1986 年,D. E. Rumelhart 和 J. L. McClelland 主编了著名的《并行分布处理——认知微结构的探索》一书,对 PDP 小组的研究工作进行了总结,轰动一时。特别是 D. E. Rumelhart、G. E. Hinton 和 R. J. Williams 重新发明了著名的 BP 算法,产生了非常大的影响。该算法可以说是最成功的神经网络学习算法,在当时迅速成为最流行的算法,并在很多应用中都取得了极大的成功。与归纳逻辑程序设计技术相比,连接主义学习技术基于"属性-值"的表示形式(也就是用一个特征向量来表示一个事物;这实际上是命题逻辑表示形式），学习过程所面临的假设空间远小于归纳逻辑程序设计所面临的空间，而且由于有 BP 这样有效的学习算法，使得它可以解决很多实际问题。事实上，即使在今天，BP 仍然是在实际工程应用中被用得最多、最成功的算法之一。然而，连接主义学习技术也有其局限，一个常被人诟病的问题是其"试错性"。简单地说，在此类技术中有大量的经验参数需要设置，例如神经网络的隐层节点数、学习率等，夸张一点说，参数设置上差之毫厘，学习结果可能谬以千里。在实际工程应用中，人们可以通过调试来确定较好的参数设置，但对机器学习研究者来说，对此显然是难以满意的。

20 世纪 90 年代中期，统计学习粉墨登场并迅速独占鳌头。其实早在 20 世纪六七十年代就已经有统计学习方面的研究工作，统计学习理论在那个时期也已经打下了基础，例如 V. N. Vapnik 早在 1963 年就提出了"支持向量"的概念，他和 A. J. Chervonenkis 在 1968 年提出了 VC 维，在 1974 年提出了结构风险最小化原则等，但直到 90 年代中期统计学习才开始成为机器学习的主流技术。这一方面是由于有效的支持向量机算法在 90 年代才由 B. E. Boser、I. Guyon 和 V. N. Vapnik 提出，而其优越的性能也是到 90 年代中期才在 T. Joachims 等人对文本分类的研究中显现出来；另一方面，正是在连接主义学习技术的局限性凸显出来之后，人们才把目光转向了统计学习。事实上，统计学习与连接主义学习有着密切的联系，例如 RBF 神经网络其实就是一种很常用的支持向量机。

在支持向量机被普遍接受后，支持向量机中用到的核（kernel）技巧被人们用到了机器学习的几乎每一个角落中，"核方法"也逐渐成为机器学习的一种基本技巧。但其实这并不是一种新技术，例如 Mercer 定理是在 1909 年发表的，核技巧也早已被很多人使用过，即使只考虑机器学习领域，至少 T. Poggio 在 1975 年就使用过多项式核。如果仔细审视统计学习理论，就可以发现其中的绝大多数想法在以往机器学习的研究中都出现过，例如结构风险最小化原则实际上就是对以往机器学习研究中经常用到的最小描述长度原则的另一个说法。但是，统计学习理论把这些有用的片段整合在同一个理论框架之下，从而为人们研制出泛化能力有理论保证的算法奠定了基础，与连接主义学习的"试错法"相比，这是一个极大的进步。然而，统计学习也有其局限，例如，虽然理论上来说，通过把原始空间利用核技巧转化到一个新的特征空间，再困难的问题也可以容易地得到解决，但如何选择合适的核映射却仍然有浓重的经验色彩。另一方面，统计学习技术与连接主义学习技术一样是基于"属性-值"表示形式，难以有效地表示出复杂数据和复杂的数据关系，不仅难以利用领域知识，而且学习结果还具有"黑箱性"。此外，传统的统计学习技术往往因为要确保统计性质或简化问题而做出一些假设，但很多假设在真实世界其实是难以成立的。如何克服上述缺陷，正是很多学者正在关注的问题。

2. 机器学习的应用领域

机器学习不仅在基于知识的系统中得到应用，而且在多媒体、计算机图形学、计算机网络乃至操作系统、软件工程等计算机科学的众多领域中发挥作用,特别是在计算机视觉和自然语言处理领域,机器学习已经成为最流行、最热门的技术。总的来看,引入机器学习在计算机科学的众多分支领域中都是一个重要趋势。

机器学习还是很多交叉学科的重要支撑技术。例如,生物信息学是一个新兴的交叉学科,它试图利用信息科学技术来研究从 DNA 到基因、基因表达、蛋白质、基因电路、细胞、生理表现等一系列环节上的现象和规律。随着人类基因组计划的实施,以及由于基因药物的美好前景,生物信息学得到了蓬勃发展。实际上,从信息科学技术的角度来看,生物信息学的研究是一个从"数据"到"发现"的过程,中间包括数据获取、数据管理、数据分析、仿真实验等环节,而"数据分析"这个环节正是机器学习的舞台。

正因为机器学习的进展对计算机科学乃至整个科学技术领域都有重要意义,因此美国 NASA-JPL 实验室的科学家 2001 年 9 月在 *Science* 上专门撰文指出,机器学习对科学研究的整个过程正起到越来越大的支持作用,并认为该领域将稳定而快速地发展,并将对科学技术的发展发挥更大的促进作用。NASA-JPL 实验室的全名是美国航空航天局喷气推进实验室,位于加州理工学院,是美国尖端技术的一个重要基地,著名的"勇气"号和"机遇"号火星机器人正是在这个实验室完成的。从目前公开的信息来看,机器学习在这两个火星机器人上有大量的应用。

除了在科学研究和智能制造中发挥重要作用外,机器学习和普通人的生活也息息相关。例如,在天气预报、地震预警、环境污染检测等方面,有效地利用机器学习和数据挖掘技术对卫星传递回来的大量数据进行分析,是提高预报、预警、检测准确性的重要途径;在商业营销中,对利用条形码技术获得的销售数据进行分析,不仅可以帮助商家优化进货、库存,还可以对用户行为进行分析以设计有针对性的营销策略;通过分析互联网上的数据来找到用户所需要的信息,搜索引擎也可以更加智能的进行消息推送,准确找到用户所感兴趣的领域和内容。

需要说明的是,机器学习目前已经是一个很大的学科领域,而本节只是管中窥豹,很多重要的内容都没有谈及。T. G. Dietterich 曾发表过一篇题为《机器学习研究:当前的四个方向》的很有影响的文章,在文章中他讨论了集成学习、可扩展机器学习(例如对大数据集、高维数据的学习等)、强化学习、概率网络等 4 个方面的研究进展,有兴趣的读者不妨一读。

如前所述,机器学习之所以备受瞩目,主要是因为它已成为智能数据分析技术的创新源之一。但是机器学习还有一个不可忽视的功能,就是通过建立一些关于学习的计算模型来帮助人们了解"人类如何学习"。例如,P. Kanerva 在 20 世纪 80 年代中期提出,稀疏分布式存储(sparse distributed memory,SDM)模型时并没有刻意模仿人脑生理结构,但后来的研究发现,SDM 的工作机制非常接近于人类小脑,这为理解小脑的某些功能提供了帮助。自然科学研究的驱动力归结起来无非是人类对宇宙本源、物质本性、生命本质、自我认识的好奇,而"人类如何学习"无疑是一个有关自我认识的重大问题。从这个意义上说，机器学习不仅在信息科学中占有重要地位，还有一定的自然科学色彩。

9.2.2　人工神经网络

在介绍机器学习的过程中提到，"从例子中学习"中一大主流技术的连接主义学习在 20 世纪 50 年代迎来了一次大发展，并由此诞生了人工神经网络的学科。随着 GPU/CPU 和数据采集技术的不断发展，近年来人工神经网络领域取得了极大的进展，已经成为新的学科研究热点。

1．人工神经网络的定义

人工神经网络（artificial neural networks，ANNs）也简称为神经网络（NNs）或称作连接模型（connection model），它是一种模仿动物神经网络行为特征，进行分布式并行信息处理的算法数学模型。这种网络依靠系统的复杂程度，通过调整内部大量节点之间相互连接的关系，从而达到处理信息的目的。

人工神经网络按其模型结构大体可以分为前馈型网络（也称为多层感知机网络）和反馈型网络（也称为 Hopfield 网络）两大类，前者在数学上可以看作一类大规模的非线性映射系统，后者则是一类大规模的非线性动力学系统。按照学习方式，人工神经网络又可分为有监督学习、非监督和半监督学习三类；按工作方式则可分为确定性和随机性两类；按时间特性还可分为连续型或离散型两类，等等。

2．人工神经网络的发展历程

人工神经网络的研究始于 20 世纪 40 年代。半个多世纪以来，它经历了一个由兴起到衰退，又由衰退到兴盛的曲折发展过程，这一发展过程大致可以分为以下 4 个阶段。

一是初始发展阶段。人工神经系统的研究可以追溯到 1800 年 Frued 的前精神分析学时期，他已做了些初步工作。1913 年人工神经系统的第一个实践是 Russell 描述的水力装置。1943 年美国心理学家 Warren S. McCulloch 与数学家 Water H. Pitts 合作，用逻辑的数学工具研究客观事件在形式神经网络中的描述，从此开创了对神经网络的理论研究。他们在分析、总结神经元基本特性的基础上，首先提出了神经元的数学模型，即 MP 模型。从脑科学研究来看，MP 模型不愧为第一个用数理语言描述脑的信息处理过程的模型。后来 MP 模型经过数学家的精心整理和抽象，最终发展成一种有限自动机理论，再一次展现了 MP 模型的价值。此模型沿用至今，直接影响着这一领域研究的进展。通常认为他们的工作是神经网络领域研究工作的开始。

在 McCulloch 和 Pitts 之后，1949 年心理学家 D. O. Hebb 发表了论著《行为自组织》，首先提出了一种调整神经网络连接权值的规则。他认为，学习过程是在突触上发生的，连接权值的调整正比于两相连神经元活动状态的乘积，这就是著名的

Hebb 学习律。直到现在,Hebb 学习律仍然是神经网络中的一个极为重要的学习规则。

人工神经网络第一个实际应用出现在 1957 年,F. Rosenblatt 提出了著名的感知器(perceptron)模型和联想学习规则。这是第一个真正的人工神经网络。这个模型由简单的阈值神经元构成,初步具备了诸如并行处理、分布存储和学习等神经网络的一些基本特性,从而确立了从系统角度研究神经网络的基础。同时,1960 年 B. Widrow 和 M. E. Hoff 提出了自适应线性元件网络,简称为 Adaline(adaptive linear element),不仅在计算机上对该网络进行了模拟,而且还做成了硬件。同时他们还提出了 Widrow-Hoff 学习算法,改进了网络权值的学习速度和精度,后来这个算法被称为 LMS 算法,即数学上的最速下降法,这种算法在以后的 BP 网络及其他信号处理系统中得到了广泛的应用。

二是低潮时期。然而,Rosenblatt 和 Widrow 的网络都有同样的固有局限性。这些局限性在 1969 年美国麻省理工学院著名的人工智能专家 M. Minsky 和 S. Papert 共同出版的名为《感知器》的专著中有广泛的论述。他们指出单层的感知器只能用于线性问题的求解,而对于像 XOR(异或)这样简单的非线性问题却无法求解。他们还指出,能够求解非线性问题的网络,应该是具有隐层的多层神经网络,而将感知器模型扩展到多层网络是否有意义,还不能从理论上得到有力的证明。Minsky 的悲观结论对当时神经网络的研究是一个沉重的打击。由于当时计算机技术还不够发达,超大规模集成电路(very large scale integration,VLSI)尚未出现,神经网络的应用还没有展开,而人工智能和专家系统正处于发展的高潮,从而导致很多研究者放弃了对神经网络的研究,一些研究人员离开了该领域,致使在这以后的 10 年中,神经网络的研究进入了一个缓慢发展的低潮期。

虽然在整个 20 世纪 70 年代对神经网络理论的研究进展缓慢,但并没有完全停止下来。世界上一些对神经网络抱有坚定信心和持有严肃科学态度的学者一直没有放弃他们的努力,仍然在该领域做了许多重要的工作。如 1972 年 Teuvo Kohonen 和 Jallles Anderson 分别独立提出了能够完成记忆的新型神经网络,Stephen Grossberg 在自组织识别神经网络方面也进行了大量研究。同时也出现了一些新的神经网络模型,如线性神经网络模型、自组织识别神经网络模型以及将神经元的输出函数与统计力学中的玻尔兹曼分布联系的 Boltzmann 机模等,都是在这个时期出现的。

三是复兴时期。20 世纪 60 年代,由于缺乏新思想和用于实验的高性能计算机,曾一度动摇了人们对神经网络的研究兴趣。到了 80 年代,随着个人计算机和工作站计算机能力的急剧增强和广泛应用,以及不断引入新的概念,克服了摆在神经网络研究面前的障碍,人们对神经网络的研究热情空前高涨。其中有两个事件对神经网络的复兴具有极大的意义。其一是用统计机理解释某些类型的递归网络的操作,这类网络可作为联想存储器。美国加州理工学院生物物理学家 John J.

Hopfield 博士在 1982 年的研究论文就论述了这些思想。在他所提出的 Hopfield 网络模型中首次引入网络能量的概念，并给出了网络稳定性判据。Hopfield 网络不仅在理论分析与综合上均达到了相当的深度，而且，最有意义的是该网络很容易用集成电路实现。Hopfield 网络引起了许多科学家的关注，也引起了半导体工业界的重视。1984 年，AT&T Bell 实验室宣布利用 Hopfield 理论研制成功了第一个硬件神经网络芯片。尽管早期的 Hopfield 网络还存在一些问题，但不可否认，正是由于 Hopfield 的研究才点亮了神经网络复兴的火把，从而掀起神经网络研究的热潮。其二是在 1986 年 D. E. Rumelhart 和 J. L. Mcglelland 及其研究小组提出并行分布式处理（parallel distributed processing，PDP）网络思想，为神经网络研究新高潮的到来起到了推波助澜的作用。其中最具影响力的反传算法是 David Rumelhart 和 James McClelland 提出的。该算法有力地回答了 60 年代 Minsky 和 Papert 对神经网络的责难，已成为至今影响最大、应用最广的一种网络学习算法。

四是 20 世纪 80 年代后期以来的热潮。20 世纪 80 年代中期以来，神经网络的应用研究取得很大的成绩，涉及面非常广泛。为了适应人工神经网络的发展，1987 年成立了国际神经网络学会，并于同年在美国圣迭戈召开了第一届国际神经网络会议。此后，神经网络技术的研究始终呈现出蓬勃活跃的局面，理论研究不断深入，应用范围不断扩大。尤其是进入 90 年代，随着 IEEE 神经网络会刊的问世，各种论文及专著逐年增加，在全世界范围内逐步形成了研究神经网络前所未有的新高潮。

从众多神经网络的研究和应用成果不难看出，神经网络的发展具有强大的生命力。尽管当前神经网络的智能水平不高，许多理论和应用性问题还未得到很好的解决，但是，随着人们对大脑信息处理机制认识的日益深化，以及不同智能学科领域之间的交叉与渗透，人工神经网络必将对智能科学的发展发挥更大的作用。

9.2.3　深度学习

深度学习是人工神经网络的一种，而机器学习是实现人工智能的必经路径。深度学习是一类模式分析方法的统称，其概念源于人工神经网络的研究，含多个隐藏层的多层感知器就是一种深度学习结构。深度学习通过组合低层特征形成更加抽象的高层表示属性类别或特征，以发现数据的分布式特征表示。

1. 深度学习与浅层学习

从一个输入中产生一个输出所涉及的计算可以通过一个流向图（flow graph）来表示。流向图是一种能够表示计算的图，在这种图中每一个节点表示一个基本的计算以及一个计算的值，计算的结果被应用到这个节点的子节点的值。考虑这样一个计算集合，它可以被允许在每一个节点和可能的图结构中，并定义了一个函数族。输入节点没有父节点，输出节点没有子节点。

这种流向图的一个特别属性是深度（depth），即从一个输入到一个输出的最长路径的长度。传统的前馈神经网络能够被看作拥有等于层数的深度(比如对于输出层为隐层数加 1)。SVMs 有深度 2(一个对应于核输出或者特征空间,另一个对应于所产生输出的线性混合)。而深度学习一般深度大于 5,其复杂程度也就远超一般的人工神经网络。

深度学习与传统的浅层学习比较,其不同之处在于:一是强调了模型结构的深度,通常有 5 层、6 层,甚至 10 多层的隐层节点;二是明确了特征学习的重要性,也就是说,通过逐层特征变换,将样本在原空间的特征表示变换到一个新特征空间,从而使分类或预测更容易。与人工规则构造特征的方法相比,利用大数据来学习特征,更能够刻画数据丰富的内在信息。

2. 深度学习模型

典型的深度学习模型有卷积神经网络(convolutional neural network)模型、深度信任网络(DBN)模型和堆栈自编码网络(stacked auto-encoder network)模型等。

(1)卷积神经网络模型。在无监督预训练出现之前,训练深度神经网络通常非常困难,而其中一个特例是卷积神经网络。卷积神经网络受视觉系统的结构启发而产生。第一个卷积神经网络计算模型是在 Fukushima 的神经认知机中提出的,他基于神经元之间的局部连接和分层组织图像转换,将有相同参数的神经元应用于前一层神经网络的不同位置,得到一种平移不变神经网络结构形式。后来,Le Cun 等人在该思想的基础上,用误差梯度设计并训练卷积神经网络,在一些模式识别任务上得到优越的性能。至今,基于卷积神经网络的模式识别系统是最好的实现系统之一,尤其在手写体字符识别任务上表现出非凡的性能。

(2)深度信任网络模型。DBN 可以解释为贝叶斯概率生成模型,由多层随机隐变量组成,上面的两层具有无向对称连接,下面的层得到来自上一层的自顶向下的有向连接,最底层单元的状态为可见输入数据向量。DBN 由若干结构单元堆栈组成,结构单元通常为受限玻尔兹曼机(restricted Boltzmann machine,RBM)。堆栈中每个 RBM 单元的可视层神经元数量等于前一 RBM 单元的隐层神经元数量。根据深度学习机制,采用输入样例训练第一层 RBM 单元,并利用其输出训练第二层 RBM 模型,将 RBM 模型进行堆栈通过增加层来改善模型性能。在无监督预训练过程中,DBN 编码输入到顶层 RBM 后,解码顶层的状态到最底层的单元,实现输入的重构。RBM 作为 DBN 的结构单元,与每一层 DBN 共享参数。

(3)堆栈自编码网络模型。堆栈自编码网络的结构与 DBN 类似,也由若干结构单元堆栈组成,不同之处在于其结构单元为自编码模型(auto-encoder)而不是 RBM。自编码模型是一个两层的神经网络,第一层称为编码层,第二层称为解码层。

3. 深度学习的发展历程

目前,学术界对于深度学习的发展,一个公认的重要年份是 2006 年,也称为深度学习元年。

一是快速发展期。2006年，Hinton提出了深层网络训练中梯度消失问题的解决方案：无监督预训练对权值进行初始化＋有监督训练微调。其主要思想是先通过自学习的方法学习到训练数据的结构（自动编码器），然后在该结构上进行有监督训练微调。但是由于没有特别有效的实验验证，该论文并没有引起重视。

2011年，ReLU激活函数被提出，该激活函数能够有效地抑制梯度消失问题。同年，微软首次将深度学习（deep learning，DL）应用在语音识别上，取得了重大突破。

至此，深度学习概念完全被学术界和工业界接受，并越来越多地投入到实际使用当中。

二是爆发期。2012年，Hinton课题组为了证明深度学习的潜力，首次参加ImageNet图像识别比赛，其通过构建的CNN网络AlexNet一举夺得冠军，且碾压第二名（SVM方法）的分类性能。也正是由于该比赛，CNN引起了众多研究者的注意。

AlexNet的创新点包括：一是首次采用ReLU激活函数，极大增大收敛速度且从根本上解决了梯度消失问题；二是由于ReLU方法可以很好地抑制梯度消失问题，AlexNet抛弃了"预训练＋微调"的方法，完全采用有监督训练，也正因为如此，DL的主流学习方法也因此变为了纯粹的有监督学习；三是扩展了LeNet5结构，添加Dropout层减小过拟合，LRN层增强泛化能力/减小过拟合；四是首次采用GPU对计算进行加速。

2013—2015年，通过ImageNet图像识别比赛，DL的网络结构、训练方法、GPU硬件的不断进步，促使其在其他领域也在不断地取得新进步。

2015年，Hinton、LeCun、Bengio论证了局部极值问题对于DL的影响，结果是Loss的局部极值问题对于深层网络来说影响可以忽略。该论断也消除了笼罩在神经网络上的局部极值问题的阴霾。具体原因是深层网络虽然局部极值非常多，但是通过DL的BatchGradientDescent（批劣梯度下降法）优化方法很难陷进去，而且就算陷进去，其局部极小值点与全局极小值点也非常接近；但是浅层网络却不然，其拥有较少的局部极小值点，但是却很容易陷进去，且这些局部极小值点与全局极小值点相差较大。

2015年，Deep Residual Net（深度残差网络）在ImageNet比赛中第一次被运用。分层预训练，ReLU和Batch Normalization都是为了解决深度神经网络优化时的梯度消失或者爆炸问题。但是在对更深层的神经网络进行优化时，又出现了新的Degradation（恶化）问题，即通常来说，如果在VGG16（卷积神经网络）后面加上若干个单位映射，网络的输出特性将和VGG16一样，这说明更深层的网络其潜在的分类性能只可能好于或等于VGG16的性能，不可能变坏，然而实际效果却是只是简单地加深VGG16的话，分类性能会下降（不考虑模型过拟合问题）。这说明 DL 网络在学习单位映射方面有困难,因此设计了一个对于单位映射(或接近单位映射)有较强学习能力的 DL 网络,极大地增强了 DL 网络的表达能力。此方法能够轻松地训练高达 150 层的网络。

4. 深度学习的应用领域

一是语音处理。语音处理领域主要有两大任务:语音识别和语音合成。深度学习最先在语音处理领域取得突破性进展,一是深度学习广泛应用于语音识别中,Google 推出端到端的语音识别系统,百度推出语音识别系统 Deep Speech 2,2016 年,微软在日常对话数据上的语音识别准确率达到 5.9%,首次达到人类水平。二是各大公司也都用深度学习来实现语音合成,包括 Google、Apple、科大讯飞等。Google DeepMind 提出并行化 WaveNet 模型来进行语音合成,百度推出产品级别的实时语音合成系统 Deep Voice 3。

二是计算机视觉。近年来深度学习在计算机视觉领域已经占据主导地位,广泛应用于交通标志检测和分类、人脸识别、人脸检测、图像分类、多尺度变换融合图像、物体检测、图像语义分割、实时多人姿态估计、行人检测、场景识别、物体跟踪、端到端的视频分类、视频里的人体动作识别等。另外,还有一些很有意思的应用,如给黑白照片自动着彩色、将涂鸦变成艺术画、艺术风格转移、去掉图片里的马赛克等。牛津大学和 Google DeepMind 还共同发布了 LipNet 程序来读唇语,准确率达到 93%,远超人类 52% 的平均水平。

三是自然语言处理。NEC Labs America 最早将深度学习应用于自然语言处理领域。目前处理自然语言时通常先用词向量模型(word to vector,word2vec)将单词转化成词向量,其可以作为单词的特征。自然语言处理领域各种任务广泛用到了深度学习技术,包括词性标注、依存关系语法分析、命名体识别、语义角色标注、只用字母的分布式表示来学习语言模型、用字母级别的输入来预测单词级别的输出、Twitter 情感分析、中文微博情感分析、文章分类、机器翻译、阅读理解、自动问答、对话系统等。

四是工业领域。在生物信息学方面,深度学习能够被用来预测药物分子的活动,预测人眼停留部位,预测非编码 DNA 基因突变对基因表达与疾病的影响等。基于深度学习的实时发电调度算法能在满足实时发电任务的前提下,使机组总污染物排放量降低,达到节能减排的目的。深度学习还可以诊断电动潜油柱塞泵的故障,避免故障的发生,有效延长检泵周期。深度学习还可以应用于强非线性、复杂的化工过程软测量建模中,也能获得很好的精度。

应用篇

路径、模式与经验

第10章

汽车行业的智能制造

当前,全球汽车制造业正在经历以自动化、数字化、智能化为核心的新一轮产业升级,瞬息万变的市场需求和激烈竞争的复杂环境,要求汽车的制造系统表现出更高的灵活性、敏捷性和智能性,同时随着汽车产品性能的完善、功能的多样化和新技术的不断出现,产品所包含的设计和工艺信息量会大量增加,随之生产线和生产设备内部的信息流量增加,制造过程和管理工作的信息量也会剧增。具体来讲,全球汽车制造业面临的主要课题包括:开发轻量化、智能化的产品;由封闭的大规模流水线生产向开放的规模化定制生产转变;汽车产业与信息通信、互联网等产业融合,衍生更多的商业模式等。在这场新的变革中,汽车制造商、零部件供应商、软件提供商等站在各自需求角度对智能工厂都有着各自的解读,也因此带来了不同层面的实践,以及不同形态的智能制造解决方案。

10.1 概述

从全球的实践来看,汽车智能制造具有以智能工厂为载体,以关键制造环节智能化为核心,以端到端数据流为基础,以网络互联为支撑等特征,可有效缩短产品研制周期,降低运营成本,提高生产效率,提升产品质量,降低资源能源消耗。从整车厂来看,冲压、焊装、涂装、总装四大工艺中,机器人的大量应用已屡见不鲜;而在汽车零部件企业中,智能机床,自动化、柔性化生产线,数字化设备等正在逐渐大量应用。

10.1.1 智能制造在汽车制造业中的应用和特点

智能制造在汽车制造业中的应用体现在 5 个方面:生产设备网络化,实现车间"物联网";生产数据可视化,利用大数据分析进行生产决策;生产文档无纸化,实现高效、绿色制造;生产过程透明化,实现对作业流程精准和高效的管控;生产现场无人化,机器人广泛使用。

1. 生产设备网络化

物联网是指通过各种信息传感设备,实时采集任何需要监控、连接、互动的物体或过程等各种需要的信息,其目的是实现物与物、物与人,以及所有物品与网络的连接,方便识别、管理和控制。在汽车制造业中的应用体现在以车间为对象,研究网络覆盖制造过程全要素的实时感知与传输的关键共性技术,实现车间运行实际过程数字化,支撑车间实际运行过程的仿真、优化及实时控制,为车间综合智能管控提供支撑平台。

2. 生产数据可视化

汽车生产企业通过生产数据可视化,实现了生产计划及时发布、生产信息实时显示、异常信息快捷传递、全厂车体实时跟踪、产品质量可追溯、设备状态可监控、物流依指示配送,提高了汽车工厂生产信息化与电气控制系统集成度,解决了系统间的"信息孤岛"问题,为汽车生产企业由粗放型生产向精益化管理转变提供了良好的技术基础。在汽车大数据产业时代,以数据驱动的智能制造体系将覆盖汽车生产制造全领域,厂商将从集中式生产转变为分散式生产,从只有产品转变为"产品＋数据",从生产驱动价值转变为数据驱动价值,产业结构发生重大转移。数据和智能决策是智能制造生产数据可视化的核心,研究汽车产业链上大数据技术及其应用成为汽车企业核心竞争力的关键。

3. 生产文档无纸化

目前,传统制造企业中会产生繁多的纸质文件,如工艺过程卡片、零件蓝图、三维数模、模具清单、质量文件及数控程序等。这些纸质文件大多分散管理,不便于快速查找、集中共享和实时追踪,而且易产生大量的纸张浪费和丢失等。生产文档进行无纸化管理后,工作人员在生产现场即可快速查询、浏览及下载所需要的生产信息,生产过程中产生的资料能够即时进行归档保存,大幅降低了基于纸质文档的人工传递及流转,从而杜绝了文件及数据丢失,进一步提高了生产准备效率和生产作业效率,实现了绿色、无纸化生产。

4. 生产过程透明化

随着汽车制造企业之间竞争的日趋激烈,新产品推出的快速化和高品质化、交货的准时化以及成本的最低化日益成为企业成长的关键因素,而这些因素直接表现在企业的管理水平上,就是生产过程透明化。生产过程透明化主要是通过对生产过程信息的实时收集和存储,再以表格数据、图形及图像等形式进行展示,最终在授权规定的范围内实现各项数据的透明化。主要体现在:一是从使用者角度,透明化为企业的管理者、决策者甚至操作人员提供全员的透明;二是从时间维度,透明表现在历史情况、现在情况和未来发展趋势的全过程透明;三是从业务维度,透明表现在生产进度、交货时间、产品质量情况、设备利用情况等,即生产经营的全景透明。管理者、决策者甚至操作人员通过全面、及时、准确地了解生产经营的真实情况,分析未来可能的发展变化,变经验管理为科学管理,提高管理水平,为企业在激烈竞争中处于不败之地提供管理上的保障。

5．生产现场无人化

工业机器人和机械手臂等智能设备的广泛应用,使工厂无人化制造成为可能。随着汽车行业的迅猛发展,预计工业机器人的装配量将稳固上升,特别是在汽车制造中的重要性也将越加凸显。在汽车业中采用工业机器人,不仅可以提高产品的质量和产量,而且使人身安全得以保障,在改善劳动环境和减轻劳动强度中起到重要作用。

10.1.2　戴姆勒-奔驰公司的智能化探索

对戴姆勒-奔驰公司而言,智能化是其非常关键的价值策略,它们的目标是成为世界领先且具有革新的汽车生产商,在智能化方面处于领先的地位,将智能化全方位地运用在不同的部门。如研发、采购、生产、市场销售和售后服务部门都在推进智能化的应用。本节重点探讨智能化在戴姆勒-奔驰公司的运用。

智能化操作对于戴姆勒-奔驰来说意味着 5 大方面的运用和实践,主要集中在研发、流程采购、生产供应链、销售、服务及业务等环节。共有 5 方面的目标:第一是 360°全部的互联,第二是如何实现电子化流程的价值链管理,第三是在智能工厂中如何处理大数据,第四是在生产系统中如何实现最大优化,第五是如何实现智能价值链的发展。

在戴姆勒-奔驰的智能工厂里,以上 5 个目标都已经实现了。具体做法是,首先是在电池的安装上实现机器与人的系统操作,第二是在整个变速箱的安装上实现机器与人的协调,第三是车内机器人的工作,包括虚拟现实、质量监控、远程操作等。

戴姆勒-奔驰的智能工厂已经基本实现了人和机器的互相协调。举个例子,比如当一个工作人员靠近机器的时候,机器会自动感受到人在旁边,它会自动停下来,等人把所有要处理的事情完成后再自动去工作。并且,过去在车间的整个流水线之中,很多机器人只是在外部做一些安装车门等简单的操作,而现在奔驰工厂中的机器人可以进入到车的内部从事一些细节工作。

虚拟现实在戴姆勒-奔驰公司也得到了充分的运用,在整个操作空间、流水线得以运用,帮助管理层通过云端设备了解整个工厂的状态,更好、更快地去做决策。虚拟现实在车辆生产制造过程中也有运用,例如,汽车尾管的布线非常精密,戴姆勒-奔驰工厂通过运用虚拟现实,将汽车尾管的设置在制造过程中前提,进行虚拟设计。

此外,戴姆勒-奔驰公司的质量监控也是借助物联网数据进行的。

总的来说,戴姆勒-奔驰公司的智能化是整个产业链的智能信息化过程,是从设计到发展、生产、销售和服务的全运用。其优点主要集中在以下 4 个方面，一是效率的提升；二是更大的可流动性、可塑性、可变性；三是进行质量的管理；四是缩短产品送达市场的时间。

10.1.3　大数据在德国汽车制造商宝马集团中的应用

大数据的分析和应用，无疑会为各行各业创造新机遇和无限的可能性。交通领域的汽车工业也不例外。大数据为汽车制造商提供了从产品端转到用户端的全新视角。新的方法、新的技术、新的工具、新的 IT 基础设施都亟待开发。

宝马集团导入
无人化智能物
流.pdf

德国的宝马集团以其聚焦创新和未来的企业经营理念，在大数据物联网时代又一次走在汽车工业领域的开拓前沿。生产方式上，宝马集团将大数据分析检测技术植入产品的设计、生产以及维护环节中，汽车的个性化生产得以实现；利用全球范围、历时多年收集统计的错误报告信息，大数据系统帮助宝马集团在研发和制造环节改善了车辆的品质，在维修环节压缩了时间和成本。服务模式上，宝马将自己研发的 Pivotal（关键技术）大数据分析平台系统置于硬件后端，在保证客户隐私的前提下，可实现故障的提前预测功能，全面提升行车安全。同时，在服务模式创新中，宝马与 SAP 软件公司联合开发的"互联驾驶系统"大数据平台，利用远程车辆信息交互科技，将互联网与车辆的软件、驾驶辅助系统硬件联为一体，为驾驶者提供即时的行车资讯，为用户提供个性化的信息增值服务和车内电子商务平台。两大数据信息系统的搭建大大提升了车辆出行的安全性、用户使用的便捷性，并丰富了用户的驾驶体验。

1. 大数据预测提供预防性维修服务

在宝马集团，大数据分析提供了自动预测汽车维修保养服务的关键技术。这也是宝马集团最初计划引入大数据技术的初衷。这些服务无疑会在未来大大提升客户的满意度。宝马公司运用大数据的初衷是提供预测维修保养，以便早期甚至提前检测到汽车的缺陷。从所获取的大数据中发现并建立起正确的关联模型，可以提前发现故障和评估其后果，从而避免交通事故，提升安全性。利用前瞻性数据分析技术，宝马 i8（电动）系列产品的缺陷在进入批量生产前就被发现和修正。

传统汽车行业的研发周期以年为单位，而新科技 IT 行业的研发速度却以月日计算，除了二者同步对接过程中的技术挑战以外，如何保障客户隐私也是企业考虑的重点。为了解决这些问题，宝马研发了自己的 Pivotal（关键技术）大数据分析平台。宝马汽车中，IT 的 Pivotal 组件被放入后端系统中，通过特定的分析算法来丰富数据。

大数据技术和硬件的结合，也使提前预测故障成为可能。宝马公司准备在每辆车上都装入芯片,将他们的车接入互联网中。汽车行驶时,数据会不断地实时被收集发送到数据系统中,进行分析检测。根据不同的汽车状态和周边环境,提前发出故障预警。相比大数据运用之前,人们会在车坏了之后寻找维修店。尤其是在旅行过程中,会遭遇延误行程、安排拖车、到维修店远途取车等麻烦,更为尴尬无奈的场景是,在前不着村后不着店的荒山野岭中无法找到维修店。而大数据分析系统会在汽车发生故障前就发出提醒,警示提前进行修复。

除与硬件系统结合外,宝马公司也开发了移动应用系统,例如宝马的现实增强指南应用,这款应用可以通过用户智能手机后置摄像头的拍摄,个性化收集所需汽车特定的功能和部件。

此外,宝马公司可以通过软件将分析自动化。宝马公司已经可以提供针对数百项分析应用的解决方案,慕尼黑的汽车用户可以运用此解决方案独立对汽车进行分析检测。大数据分析技术的应用使得“自助服务”越来越便捷,维修时间越来越短,车辆可以快速重新被使用,而社会成本得以降低。

2. 产品设计、生产和维护大数据

正是通过运用前瞻性的大数据分析技术,宝马公司得以在测试阶段对产品进行改善。据报道,在宝马车辆批量生产前的预生产测试中,每款车会根据所使用的数据库检索平均大约 15000 个错误目录并进行分析,由此快速确认并消除漏洞。这些数据来源于此前大量的生产和开发数据,以及从世界各地收录入库的漏洞、问题和维修信息。

宝马集团的此项开拓性研发是和 IBM 一起运用 SPSS 数据库软件合作进行的,前后共有 500 名人员参与其中。运用此开发应用,大数据海洋中的重要信息会实时地、直接地流入产品的设计和生产环节。根据宝马公司的报告,这种在车间里针对漏洞和错误进行的信息分析在引入大数据分析预判技术之前需要几个月或更长时间才能完成,而大数据系统使得此项工作的时间缩短至几天,并且大大降低了出错率和相关联成本。这种时效上的大幅提升,使得生产流程中的设计和生产环节能够更加紧密地结合,避免出现重复性的错误。使用大数据预判分析技术以及快速提供个性化的维修方案,能够降低相关花费,并有针对性地提高客户的满意度。此外,提前消除错误还能有效地减少不必要的拜访维修工厂次数,节约社会成本。

更进一步,宝马集团已将其大数据分析软件拓展至新车和新的原型设计流程中。通过测试原型机上安装的众多传感器收集的数据,可以避免错误的设计流入下一步预生产环节。现在宝马的一级方程式赛车中已为每个可测试的组件安装了传感器。在原型机测试中,从引擎到刹车的各传感器会发送超过 15000 个数据点,用来分析仅在测试条件下可以探测到的错误和错误模式。大数据分析可以提供比人工更为准确的判断。软件系统的专家报道称:“放在车里的上千个元件可以比驾驶员更准确地探测到怎样才能改善驾驶体验,这就是为什么大数据分析如此重

要的原因。"

通过此项大数据技术的应用，汽车的产品质量得以大幅提高，用户满意度得以增加，因车辆质量而引起的交通事故率得以降低，而人们的交通出行安全可以得到进一步的保障。

3．大数据应用提供用户服务

宝马公司和德国著名的 SAP 软件公司共同合作，开发了植入式内存-数据银行平台 HANA 系统，以深化大数据时代车载应用服务，为汽车驾驶者在驾驶过程中提供个性化服务。这套平台系统可以提供多元的信息，比如：哪里会有最近的加油站，哪里有停车位，以及各种当地信息等。这些信息来源于一个虚拟的 SAP 市场，而与之相连的宝马公司"互联驾驶系统"(connected drive)会根据驾驶者的偏好做出比较。这套互联驾驶系统已于 2012 年 8 月被引入中国市场，其所涉及的基础服务包括：紧急救援协助热线服务，道路救援热线服务，远程售后服务，宝马客户关爱中心，宝马互联驾驶商店。宝马制定了互联驾驶基础服务的 10 年免费策略，此策略自 2015 年 5 月起适用于配置有宝马互联驾驶服务的新签约销售的车辆。而针对装备高级别配置的互联驾驶系统，则整合了更多如旅程咨询、实时路况等信息数据系统。宝马集团的汽车业务也因此从汽车销售及相关服务拓展至信息增值服务领域。

服务案例一：紧急救援服务。当用户驾驶宝马汽车在半路抛锚时，大数据系统可以提供及时的救援服务。宝马公司的"互联驾驶系统"可以自动传输车辆位置信息，呼叫远程协助。针对不同的状况，会自动发送申请，安排救援和拖车服务。

服务案例二：接送机专车服务。2015 年春节，2 月 5 日至 3 月 8 日期间，在中国，宝马公司联合墨迹天气(即时了解天气情况)、飞常准(即时播报航班起飞和降落信息)和易到用车(一键预定)，在北上广地区为春节回家团圆的乘客提供宝马接送机转车服务体验。参与者只需网上注册参与，系统会根据航班信息调配专车按时在相应地址等待接送。

服务案例三：车内电子商务。宝马集团正在不断深化大数据时代的车载应用软件。通过创新的互联驾驶商店，宝马公司已在中国第一个实现了车内订购服务型商品的车内电子商务平台。

10.2 中国汽车产业智能制造路线图

2016 年 10 月 26 日，集合了 500 多位中国汽车行业的专家，历时一年时间编制的《节能与新能源汽车技术路线图》正式发布(见图 10-1)，中国汽车产业智能制造路线图也得以明确。

解读《新能源汽车产业发展规划(2021—2035 年)》.pdf

图 10-1　节能与新能源汽车技术路线图

10.2.1　目标

此次路线图的发布,明确了以下 3 个阶段的目标。

(1)到 2020 年,全面夯实汽车制造工业自动化、数字化、网络化、信息化基础,构建示范性智能单元、智能生产线,突破智能车间、智能工厂关键技术;显著提升设计、制造、管理一体化信息集成，制造过程自动化，实时管控；骨干汽车企业厂域感知设备和网络空间覆盖率达 80％以上，单位工业增加值能耗下降 20％，管理信息化普及率达到 85％，数字化设计工具普及率达到 90％。以工业机器人为代表的智能装备完成从计算智能向感知智能发展，实现冲压、焊装、涂装工位无人化生产。

（2）到 2025 年，智能决策软件和智能装备在骨干汽车企业大量使用，实现物联网、大数据与智能化技术的全面深化应用，构建示范性智能车间，实现企业纵向、横向以及端对端的全面集成。以机器人为代表的智能装备完成从感知智能向认知智能发展，具有良好的语音识别等多模式人机交互功能，协作智能机器人实现广泛应用，机器人集群作业具备机器人补位功能。

（3）到 2030 年，在全面数字化、网络化的基础上，汽车制造实现从设计、生产、物流到服务的全过程智能化，构建一批智能制造企业，使汽车制造过程能动态适应环境的变化，从而实现精准管控和环境友好制造及大规模定制生产。以机器人为代表的智能装备实现认知智能，具备自我学习功能，机器人代替体力劳动向机器人局部代替脑力劳动转变。

10.2.2　重点任务

智能制造通过制造自动化的概念更新，扩展到柔性化、智能化和高度集成化，是打造汽车企业未来核心竞争力的关键环节。在新的产业竞争环境下，决定竞争成败的关键不再是设施规模、低劳动力成本等因素，技术、管理等软实力和科技创新能力对竞争力的贡献更为突出。竞争要素的变化直接导致我国汽车工业原有比较优势在削弱，对于总体处于“工业 2.0”补课、“工业 3.0”局部应用的国内骨干汽车企业提出了严峻挑战，实施智能制造已是我国汽车工业建设世界强国、实现由大到强的重要途径。智能制造最显著的特点体现在生产纵向整合及网络化、价值链横向整合、全生命周期数字化、技术应用指数式增长等 4 个方面。我国发展汽车智能制造的重点研究任务如下。

1. 汽车智能制造标准与技术体系

面向智能汽车和智能制造过程，从顶层规划角度出发，研究构建汽车智能制造技术体系，为我国汽车工业推进智能制造提供框架体系支撑。

主要研究内容包括：①汽车智能制造标准体系研究；②汽车智能制造工艺及装备技术体系研究；③汽车智能制造 CPS 技术体系研究；④汽车智能制造管控体系研究；⑤智能汽车标准与安全体系。

2. 汽车智能制造车间传感物联网络与大数据平台技术

以汽车制造车间为对象，研究网络覆盖制造过程全要素的实时感知与传输的关键共性技术，实现车间运行实际过程数字化，支撑车间实际运行过程的仿真、优化、实时控制，为车间综合智能管控提供支撑平台。

主要研究内容包括：①汽车制造车间感知网构建技术；②汽车制造车间网络信息安全控制技术；③面向产品生命周期的数字量流转与接口设计技术；④三维模型的海量工艺数据传输技术；⑤汽车制造过程的海量异构大数据组织技术。

3. 面向个性化定制的柔性制造系统规划与集成技术

智能制造的一个重要目标是能够根据用户需求实现产品的个性化定制生产，这在未来的汽车生产中体现尤为突出。研究面向汽车个性化定制的柔性制造系统规划、设计与集成技术，为汽车生产模式的变革提供技术支撑。

主要研究内容包括：①柔性制造系统单元的模块化设计技术；②物料储存与搬运技术及装备；③柔性制造系统重构与任务切换技术；④柔性生产线的构型与设计技术；⑤可重构柔性制造系统的集成控制技术。

4. 虚拟现实与增强现实及其混合现实技术（VR/AR/MR）

重点研究虚拟现实、增强现实及其混合现实技术在汽车智能制造工厂过程与操作仿真、运行监控中的应用。支撑汽车制造车间/工厂虚拟与物理系统的融合。

主要研究内容包括：①智能工厂的布局优化仿真；②智能工厂人体工程学仿真；③智能工厂的排序与平衡问题仿真；④智能工厂的自动物流仿真；⑤增强现实技术在汽车装配操作中的应用；⑥混合现实技术在汽车制造中的应用。

5. 汽车制造过程与工艺大数据技术及其应用

大数据在未来汽车设计、制造、服务和回收等全生命周期过程中将发挥愈来愈重要的作用。数据和智能决策是智能制造透明化生产的核心，研究汽车产业链上大数据技术及其应用成为汽车企业核心竞争力的关键。

主要研究内容包括：①汽车制造过程和工艺大数据分析技术；②大数据可视化技术；③基于大数据的企业知识工程与创新技术；④基于大数据的制造过程与工艺优化技术；⑤大数据驱动的质量分析与控制技术。

6. 汽车制造智能综合管控技术

以汽车零部件制造和总装为对象，研究突破车间计划、质量、物流、安全等业务领域智能化管控的关键共性技术，支撑制造过程数据实时采集、分析、决策及反馈执行的闭环管理机制，实现由数据驱动的制造过程智能化管控，解决车间管控精细化程度低、数字化智能化水平弱、效率低等行业共性难题。

主要研究内容包括：①车间自适应调度与排产技术；②大数据驱动的质量管控技术；③时空感知的车间物流实时管控技术；④安全生产智能监控技术；⑤生产资源的平衡与再平衡技术；⑥ PLM/ERP/CRM/SCM/MES 无缝集成技术；⑦车间智能综合管控平台（iMES）系统开发。

7. 工业机器人技术及其在汽车智能制造中的应用

智能装备技术的发展将由部件发展模式向系统发展模式转变，机器人的设计和开发必须考虑与其他设备互联和协调工作的能力。汽车行业中机器人的设计和应用集中在方法、工具和步骤上,机器人技术的不断发展与应用可以使工厂降低成本,同时加强了质量管控以及提高了生产效率。

未来工业机器人将发展以下关键技术:①轻量化、低能耗技术。随着碳纤维等新材料的出现以及关于弹性臂的研究,机器人臂轻量化将不断突破,有可能实现长期以来人们所追求的负载/自重比为1:2的轻型机器人。②精密驱动技术。开发耐高温及具有高效矫顽力的磁性材料,把力及力矩传感器、加速度传感器等和电机及驱动单元组合成新传感驱动单元,使机器人更加灵活、精确地完成各种复杂的工作。③移动性能技术。目前的汽车行业机器人多为固定式六轴机械手,对机器人的应用局限于它本身的位置定位和工作半径,开发基于AGV与机器人结合等机器人移动技术,未来移动式机器人将使机器人具有"补位"意识,真正实现高效多能。④嵌入式立体感知与安全技术。机器人在很长一段时间内存在着人机交互操作的危险性,所以在一定范围内布局和路径都受到一定约束。随着立体视觉传感感知技术的逐步成熟,将视觉传感系统嵌入机器人手臂中,通过对光源、相机、微处理器的整合,对图像进行滤波降噪处理、特征提取并将处理结果实时反馈至机器人抓手,可以实现机器人的3D自动抓取作业。⑤通用标准研究。未来机器人发展可以做到同等负载水平机器人在不同应用硬件配置和软件应用具备很强通用性。软件上实现数据导入后即可实现机器人的更换应用,完成设备快速对接。编程语言和通信接口在内的各项技术都将在行业中得到统一标准。⑥基于深度学习的双臂协作机器人技术。机器人通过头部摄像头、手部摄像头、力传感器等传感器获取工况信息,对数据进行预处理并进行融合后输入神经网络,通过不断尝试最终获取模型参数,完成复杂作业。此项技术在汽车制造装配工位具有很好的应用前景。⑦基于人工智能的智能管理机器人。随着虚拟现实技术、室内地图自动重构技术、导航技术以及移动机器人技术的发展,智能服务机器人将走进工厂,替代人类从事部分脑力活动,包括生产车间巡检、机器人工作班组管理、产品品质管理等。⑧机器人仿生控制技术。在机器人技术和仿生学技术发展到一定程度后,人工肌肉驱动技术,新仿生材料、智能驱动材料,复杂物体抓持的仿生灵巧手的构型设计与操作技术将在机器人的汽车生产工艺中出现。

面向汽车零部件制造、装配、质量控制等环节,还需研发基于工业机器人的智能制造应用系统,包括:①机器人搬运与上下料系统。围绕汽车车身冲压、总装以及汽车发动机加工的制造过程,研制机器人末端柔性抓取、位置及操作列感知单元,组建机器人搬运与上下料系统。②机器人焊接与连接系统。重点突破机器人焊接力/位/电等参数综合检测、机器人涂胶路径和质量跟踪检测等关键技术,集成开发机器人焊接与连接应用系统。③多机器人协同的在线检测系统。集成视觉传感检测、协同控制技术,开发多机器人协同的汽车零部件制造和总装质量的在线检测系统。④编程技术,离线编程和拖拽编程。目前的编程语言仍然是供应商独立开发,各式各样。在今后的发展中,随着机器人控制器采用通用计算机已成为一个主流,机器人语言完全可以像计算机语言一样规范化,这将大大有利于系统集成,便于系统的编程、仿真及监控。

8. 传感器技术

要实现汽车生产过程的自动化、定制化作业,需要各种高精度数据传感器智能感知传感技术。在未来的发展方向中,需赋予传感器"智慧"职能,传感器不仅能完成识别、检测功能,还能对品质、安全、自动化等信息进行采集分析,这样需要开发具有数据存储和处理、自动补偿、通信功能的低功耗、高精度、高可靠性的智能型光电传感器、智能型接近传感器、高分辨率视觉传感器、高精度流量传感器等。

主要研究以下技术:①视觉检测技术。智能相机、三维激光等技术已经开始在汽车生产制造过程中逐步应用,将通过 3D 激光技术对车身三坐标检测、自动焊装孔位检测等实现在线检测。②物联网 RFID 识别及可追溯技术。将汽车产品赋予"身份",可实现全柔性生产及全生命周期的可追溯。③安全传感技术。人机协作存在人机安全问题,可以采用光电传感器等在工作区域内划定安全范围,检测人机干涉的问题,确保人和设备的安全。④传感器柔性自动化技术。汽车生产逐步走向多品种、小批量、定制化制造,利用传感器的识别功能能够很好地实现柔性化生产,对工件进行识别,对生产系统的数据进行感知,从而控制整个生产过程。⑤自动导航传感技术。采用该技术可以对移动机器人的工作提供路径规划和引导作用。⑥下一代仿生传感技术。传感器的未来技术突破,将是模拟人类视觉、听觉、触觉、味觉等传感技术,包括人工皮肤传感技术,肌电/脑电人体意图传感技术等。

10.3　智能制造在中国汽车工业中的实践

从 2015 年开始,中国工业和信息化部就在汽车行业开展智能制造试点示范项目,持续加大对汽车工业探索智能制造的支持力度。截至目前,涉及的汽车制造企业有中国兵器装备集团所属重庆长安汽车、中国一汽、北京北汽、吉利汽车、奇瑞汽车、宇通客车、汉腾汽车等整车企业。经过大量的实地调研和案例研究可知,中国主流的汽车制造企业均以智能制造的发展战略为牵引,在智能化工厂、智能化产品、智能新模式、智能化管理、智能化服务五大领域推进智能制造工作。产品设计采用平台化开发的新模式,以市场需求为导向,采用智能化柔性生产线实现多款车型的柔性智能生产。

10.3.1　概况

2000 年前后,中国一汽、上汽集团、长安汽车等车企就开始搭建制造全过程信息化体系,逐渐完成基于 PDM 在线研发,共享单一数据源,提供实时准确的数据,支撑异地研发体系在线协同研发;打造基于 PDM 的设计制造协同平台,利用数字化协同手段，支撑内部高效精准的协同研发。同时产品开发采用平台化设计、制造，建立制造平台化的产品开发、工艺开发、生产线建设设计标准，构建产品开发流程，牵引平台规划和布局、产品开发、工艺设计、制造平台建设的工作开展，形成系统的制造平台化体系。

近几年，通过数字化工厂设计，主流车企基本都实现了基于虚拟平台的数字化设计和基于生产线的现实平台之间的贯通。通过 TC(team center)脚本开发工具平台连接上层的物料清单(bill of materials，BOM)和产品数据管理(product date management，PDM)，实现主数据(BOP)在工艺开发(SE、CAE 等)、数字化工厂设计、生产制造各阶段的同源共享。在生产线设计初期已全面引入数字化技术，同时建立虚拟集成平台，打通虚拟和现实的路径，采用"虚实双胞胎"的技术路线，推进"数字化工厂与实物工厂的交互控制、等效验证"，通过数字化仿真对车间产能验证、瓶颈分析、线平衡等问题进行分析，已基本实现在冲压、焊接、涂装、整车总装四大制造流程中应用，大大提升了工艺设计的精准度和可靠性，实现了对汽车工艺规划、人机工程、生产效率进行优化。

在制造端部署应用 MES(制造执行管理系统)、LES(物流管理系统)、MQS(质量管理系统)等信息系统平台，贯通了系统间、底层执行到高层管理的数据链路，打通设备、系统、人之间的信息孤岛。通过构建 IT 网络集群、工业控制、物联网集群，实现底层工艺设备到企业上层管理系统之间的贯通；同时将生产、质量、工艺、设备、能源等管理逻辑融入系统，对生产线底层数据(生产、工艺质量、设备)进行采集、分析，驱动业务自动运行、精准管理。

用人工智能技术、大数据技术、云计算、物联网技术、智能检测技术、智能传感达成设计端数字化、制造端信息化的基础上，致力于实现全流程制造数据智能采集、智能绑定、智能分析、智能反馈控制，以提高制造系统生产效率，降低产品不良率和生产成本，提高车间的智能化水平，推动制造 2025 落地。

10.3.2　实施协同化产品设计和研发

下面以重庆长安汽车为例进行说明。

基于长安汽车的全球协同研发模式，会出现不同的地域间的协同组合(如重庆—英国—北京、重庆—美国—上海等)，采用以重庆 PDM 站点为中心，异地分支机构 PDM 分站点与该中心直接相连的星形架构，各分站点提供的服务以 Contract(服务契约)的形式描述服务接口，使用 Schema 设定的规则定义可扩展标记语言(extensible markup language，XML)数据格式与主站点进行通信，并利用缓存同步(cache vault synchronizer)技术实现基于请求的实时数据同步及固定频率数据同步，比传统的手工同步提高效率约 20 倍，可以快速、即时地实现不同站点之间的信息交换与传递。

随着长安汽车的高速发展，将会不断在全球进行研发或生产基地的布局，利用主站点提供的"分站点服务管理器"以及 PSI(PTC solution installer)软件进行交付式部署模式,可快速在全球各地构建基于唯一数据源的协同分站点,实现数据的快速共享及高效协同。同时在服务端采用负载均衡(独立 Master、多 Slave 的负载架构)加双机热备(Mater 和 DB——Data Base 分别配置了 Active-Standby 模式)的组合,在保证系统高可用性的同时(任意服务器意外故障将不影响系统正常使用),随着协同能力的提升及范围的扩展,Slave 服务器可方便、灵活的扩展,保证系统的性能。长安汽车可扩展的主从式分布式架构如图 10-2 所示。

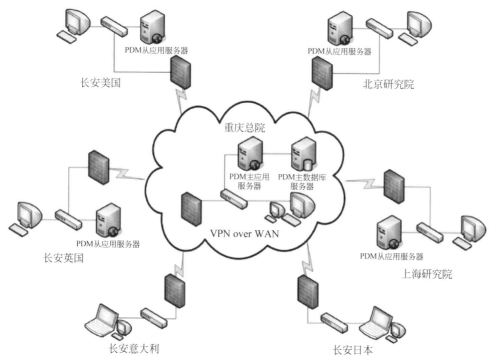

图 10-2　长安汽车可扩展的主从式分布式架构

通过建立基于在线协同研发平台的工作机制,实现了数据源唯一及实时协同。研究先进的协同模式,制定适应长安全球研发格局的在线研发工作机制,有效利用了自动标识数据状态、自动通知、自动同步等协同技术提高协同效率。

同时,采用多站点独立应用加单一数据库的先进架构,以及多电子仓库集群技术,在数据检入时剥离二进制大对象(BLOB)数据,将对象元数据存储于数据库中,使得在任意地点都能第一时间查看唯一的、最新的数据信息,并将剥离的大对象数据(如 CAD 模型等)存储在就近的电子仓库中,分散存储压力,并可通过唯一URL(uniform resource locator,统一资源定位符)的多电子仓库集群及实时数据同步技术实现数据的快速下载,解决了长安文件服务器时代多组织架构、多地域的数据混乱和冗余的问题。某车企基于唯一数据源的在线协同研发如图 10-3 所示。

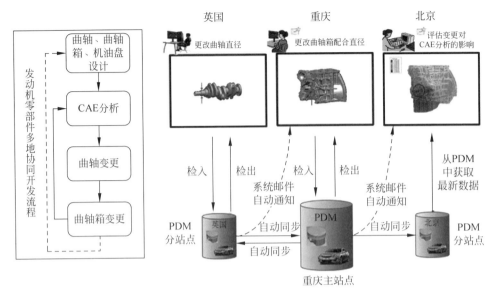

图 10-3　某车企基于唯一数据源的在线协同研发示意图

10.3.3　建设数字化工厂

国内主流整车制造企业都加大了数字化工厂的建设力度,均有自身的数字化规划,数字化战略在稳步实施中。

比如吉利汽车,主要通过生产物流数字化、生产技术数字化、数据平台数字化以及数字化智能制造来推进数字化工厂建设。2016 年开始,吉利汽车加大了仿真(数字化双胞胎场景应用)、人机工程实验室、VR 实验室建设的投入和应用力度,吉利"智慧工厂"已越来越近。

1. 在数字化工具应用方面

比如应用 Tecno 系列数字化工具,主要开展生产线 3D 布局、物流仿真分析、生产线运行仿真、设备干涉检查、通过性分析、线平衡分析、人机工程分析、装配仿真分析、虚拟调试等仿真工作。从应用效果来看,仿真结果用于优化生产线设计参数,提升设计效率,减少安装调试时间,如优化工位数,提升机器人利用率,提升人机工程符合度,优化线平衡率,减少单车制造工时,提高顺序率等。

PD(process designer,工艺设计软件)可以使制造企业在一个交互的 3D 环境中设计制造工艺,便于创建和确认制造工艺,贯穿从概念设计到详细工程整个过程。它能够改进、获取和重复利用工艺规划。主要用于生产线 3D 布局,如焊接夹具、工艺设备、传输设备、安全围栏、工位器具、钢结构等;验证空间位置关系、机器人可达性,为工艺设计提供可视化参考。

PS(process simulate,工艺仿真软件)能够规划和设计复杂的装配设备、生产线和工位。产品支持层次结构,从工厂布局、仿真到生产线布局、到单个工位的详细设计和优化。在粗规划阶段根据标准工时进行工艺内容分配,验证单工位、整线节拍达成情况,同时进行运动干涉检查,规避空间干涉问题。在详细规划阶段进行虚拟调试、机器人喷涂仿真、人机操作仿真等。

Plant(plant simulation professional,工厂仿真专业软件)以离散性仿真为基础,能够进行复杂逻辑仿真。通过对每个单元的设置,进行总体系统的运行仿真。如焊接车间滑橇投入数量分析、EMS 吊具数量分析、输送线对整体产出的影响、AGV 投入数量分析、各区域效率分析、各区域缓存数量分析、整线 JPH 达成分析、生产线瓶颈分析、主辅线产能匹配分析、局部物流分析等。

Flow(factory flow,工厂物流软件)是物流分析软件,用于工厂及车间的宏观物流分析。通过运用 Flow,优化了车间内物流路径、储存区域布置、物流门规划,改善了物流交汇口拥堵情况,提高了生产配送效率。

2. 在数字化工艺设计与管理平台方面

通过数字化工艺设计与管理平台,实现了覆盖产品项目、生产线建设项目全生命周期的数字化工艺在线设计,连接产品-工艺-制造数据的一体化管理上尚存在的信息孤岛,贯通 BOM(物料清单)、PDM(产品数据管理)、DCS(分散控制系统)、ERP(企业资源计划)、MES(生产制造执行系统)、LES(物流执行系统)等系统,实现供应商数据交互,实现工艺设计与产品设计的高度协同,并服务于生产制造,最终形成产品、工艺、制造各环节的全数据贯通。平台建设将为个性化定制配置车型提供实时订单的 BOM 数据、单车/单零件的工艺文件,支撑个性化定制模式。同时可以实现三维的、全配置的工艺文件设计、工艺仿真与工具集成,大幅提高工作效率。

10.3.4　实施工厂级制造执行系统

1. MES 系统

MES 系统的业务范围覆盖整车制造焊接、涂装、总装、检验环节,可以从生产计划排产开始,实现汽车生产全过程的执行和管理。主要包括以下方面。

生产计划:获取 ERP 发布的总装下线日次计划,以日次生产计划中的量产车为计算对象,根据工作日历,按照总装(平准化条件)→涂装(颜色顺序、颜色批量化)→焊装(批量化)的顺序分别计算总装、涂装、焊装的生产顺序,并下达各制造车间,各制造车间按生产计划及顺序组织生产;结合销售需求及各制造车间实际生产情况,将未参与生产顺序计算的特殊车辆投入到指定的焊装开工队列,并组织生产。

焊装:各生产线开工顺序由 MES 系统根据总装下线计划按照拉式生产模式自动计算生成,扫描吊牌号生成 VIN、(车辆识别代码)刻录底盘 VIN,打印主线和辅线生产指示,操作工人按照生产指示进行生产。三坐标检测车、质量问题车按照跳出/再投入流程规范操作,跟踪监视方便。

WBS(工作分解结构)/PBS(产品分解结构)：MES系统将全面监管WBS/PBS平台,基本实现WBS/PBS平台管理的自动化。按照涂装的颜色顺序来实现WBS平台的自动放车。按照总装生产的平准化来实现PBS平台的自动放车。根据生产的实际情况,可以通过系统设置将不能流入后工程的车保留在WBS/PBS平台。

涂装：涂装排空区技术改造后按照小号先出、先进先出出车。修正发现问题,跳出点补后根据维修状况可到面涂或点补再投入,可进行跟踪监视。

总装：MES系统在PBS精编平台出口处,自动打印总装检验卡、总装装配指示卡、车门指示卡、VIN标签、VIN条码。总装入口点、高工位入口扫描通过后,发送到各分装线打印车辆排序指示单,操作工人就近取得生产指示单,方便快捷。

检测线：所有车辆都进入工艺停车。

CCR(中央控制室)：实时监视各T/P点位的车辆数、车辆通过信息、各区域生产状态以及老龄车的详细信息;集中管理并处理各车间异常业务(保留、报废等),减少处理流程及时间;实时并准确地提供报表所需的基础数据。

2. QMS系统(质量管理系统)

通过开源软件平台搭建过程质量管理系统,主要实现对质量数据定义、质量问题采集,对质量问题进行关闭处理,具备在质量问题超出警戒线时预警,在车辆离开生产线、工厂等关键环节设立质量门,对存在未关闭问题的车辆不允许放行,从而自动控制质量问题流出;通过大量质量信息的采集,进行质量数据分析与统计,实现一次检验合格率、C/1000(千车故障率)等指标趋势应用,发现质量改善重点,提升质量水平。

其主要功能如下。

业务数据维护：采集点维护、KPI(关键绩效指标)类型设置、过程KPI设置、区域设置、区域采集点设计、采集点与人员关联、QMS机(车)型维护、班次设置、通过点设置、车辆信息管理等。

质量数据采集：车辆VIN码扫描、车辆问题录入、离线车辆问题关闭、在线车辆问题关闭、车辆问题查看、Audit(国际通用汽车质量评定方法)车辆问题录入、Audit车辆问题关闭、Audit分值查看等。

管理与分析：ITGW/1000趋势(年/月/周/日)、C/1000趋势(年/月/周/日)、FTT%(年/月/周/日)、单车质量履历、单车问题清单表、当日超过警戒线和锁定问题警示清单、单一问题查询、AUDIT报告、车辆履历报表、问题列表查询、First Run%报表、First RunX%报表、ITGW/1000报表、C/1000报表、FTT%趋势(年/季/月)、First Run%趋势(年/季/月)、ITGW/1000趋势(年/季/月)、FTTX%(年/季/月)、First RunX%趋势(年/季/月)、问题柏拉图。

3. LMS 系统

LMS 系统以建立统一的、高效的、涵盖所有工厂/基地的物流整合管理平台为目标,统筹协调企业物流管理,提升物流战略整合能力,通过不断提升的精细化管理,提高实时物流数据的准确与透明,确保物流、采购及财务数据的一致性。

其主要功能如下。

物流计划:指导供应商按指定品种、数量在指定时间送达 RDC 库房,时间可精确至时、分;设计、生成、维护物料卡信息,作为日次交付指示的载体;具备交付过程跟踪与管理可视化功能;向供应商发布年、月、周次的物料滚动计划需求量。

基本库存管理:具备库位分配、归位、上架等管理功能;工厂及 RDC 各库房的基本收发存管理;具备关重(关键重要)零件管理功能;领用、销售、账户接收、发放等账务处理功能;实现库存实时扣减。

进度物流指示管理。①普通物料拣料指示:指导 RDC 将指定的物料品种、数量,按指定时间送达冲压、焊接、总装等车间。②排序零件指示:按顺序展示排序零件的状态,指定作业人员排序,实现按排序单接收。③打包零件指示:指导打包作业人员需打包的零件品种、数量。④供应商批量直送零件指示:指导直送零件供应商按指定的物料品种、数量,按指定时间送达相应车间;能满足同种车型双线生产模式下,指导第三方物流向不同车间进行物资配送。

信息交互平台:滚动物料需求查询;物料交付指示查询与打印;供应链零件各环节库存查询与缺口预警;零部件在线报缺管理;交付指示延迟动态预警。

物流可视化:进度物流指示动态监控;紧急物资动态监控;系统运行监控;交付指示动态监控;车间缺口物资及 RDC 缺口物资动态预警。

10.3.5　推进智能制造系统和自动化

1. 车间智能制造系统

车间智能制造系统覆盖整车冲压、焊接、涂装、总装车间,有的整车企业还覆盖了发动机机加、总装车间。它包括整线控制系统、设备监控系统、质量管理系统、物流监控及生产智能排程系统、生产防错系统、工艺参数监控系统及 SCADA 数据采集集成平台。通过车间智能制造系统的建设,解决底层自动化设备间、上层各系统间(如 MES、EAM 等)的互联互通,以及进行设备参数、工艺参数、质量信息、生产过程数据全面采集。开发工艺参数、设备运行状态、生产计划状态、质量大数据分析优化模型,以支持工艺、质量、生产管理的持续优化,形成产品内部执行代码解析、工装字段定义、车间设备数据采集及管理等内容的创新应用。结合现场总线技术、工业以太网、RFID 电子标签、自动传感器、PLC、电控元器件、人机交互界面,搭建"物联网"车间。消除车间设备相互独立的信息孤岛,实现车间底层数据(生产、工艺质量、设备、人工)全采集。建设车间智能制造系统,将生产、质量、工艺、设备的管理逻辑融入系统,实现车间核心业务自动运行,提升生产效率和设备利用率。

车间智能制造系统功能结构如图 10-4 所示。

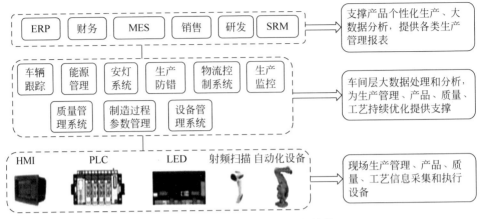

图 10-4　车间智能制造系统功能结构

通过建立数据采集管理控制系统,统一生产数据模型,将工厂、设备和其他信息资源与智能管理应用共享,按照多种逻辑方式处理实时数据、历史数据和关系型数据。所有数据源都整合到标准化的数据平台中,为物流、质量、生产、设备维护管理需求(如库存管理系统、设备管理系统、能源管理系统、制造执行系统)等多个应用提供统一的数据来源。

搭建车间"物联网"数据集成平台。数据集成平台介于车间智能制造系统与底层PLC、数控系统、离散式智能传感器及其他数字化设备之间,承载着承上启下的重要功能。数据集成平台用于从多个数据源接收数据,可以扩展接收任何可获取的数据源,并提供一个完整的独立数据层。数据平台中的数据对网络中的所有其他功能模块可用。

车间数据采集以 PLC 控制器为核心,通过网关或耦合器将现场使用不同协议、不同品牌的终端设备和 PLC 连接到数据采集平台的核心 PLC 控制器。作为核心的 PLC 控制器支持本地数据存储,提供实时数据断点续存功能。核心 PLC 与车间智能制造系统服务器直接进行数据交互。

2. 设备管理系统

用信息化的模式来管理自动化的设备,提高设备运行效率、减少停机时间,集中统一管理设备信息,是当前行之有效的可行方案。国内车企均通过以下做法来实现有效的设备管理:建设设备运行管理系统,实时采集各环节设备运行数据,实时呈现设备运行状态;建立设备运行监控和预警体系,及时发现问题并提前预警;建立设备运行大数据平台并综合分析,为设备管理提供数据支撑和决策支持;建立设备基础数据库,完善设备信息,以提升管理水平。

其中,设备运行监控和预警体系包括 6 个功能节点:机器人数据采集程序、电机振动诊断主控系统、机器人数据抽取程序、电机数据抽取程序、设备运行数据分析及预警程序、报表展现。

　　数据采集及预测诊断通过以下流程实现：采用 FTP(标准文件传输协议)的方式进行数据采集,当监听到机器人设备的到位信号,记录开始采集时间和吊牌号到内存变量中;当监听到完成状态时,开始通过 FTP 下载 CSV 文件,并以设备编号＋吊牌号＋开始时间命名 CSV 文件;当文件下载完成时,把文件名加入文件队列,并启动文件解析数据筛选存储线程,对队列中的文件逐个读取,把从文件中读取到的数据进行筛选处理并存储到数据采集数据库(MySQL 数据库)中。数据筛选所需的数据标准值及公差可直接在内存变量中取得,数据筛选后以吊牌号＋设备＋筛选后的设备采集数据＋采集时间格式存储。

　　各车企对工厂的设备资产、备件以及设备维护等进行统一的系统化的管理。建立各部件的维护维修标准,规范设备的维护保养和紧急维修的操作步骤,形成企业的设备维护库、故障库。基本实现设备维护与维修管理智能化管理,工单任务自动下发与接收,通过无线端,查询设备维护维修信息和备件库存等信息。

3. 能源管理系统

　　能源管理系统通过集成现场总线、智能仪表、传感器等设备,对能耗和排放进行监控、数据采集及统计分析。系统对工厂及各区域、各能源介质进行能源消耗、能源成本、单车能耗(同比、环比)分析及折算分析(折算吨标煤、单能源介质、热量等),系统为各能耗 KPI 指标制定科学合理的计算模型。

　　系统将工厂能耗数据按照不同的数据类型提供表格、图形等显示方式,分析厂区、车间、能源分区、生产线或动力系统的能耗情况。

　　根据工厂及车间的单车能耗预算值和具体生产计划(日产量和工作日情况)等信息,针对工厂/每个车间/部门计算各个工作日的各种能源消耗量预测,生成能耗计划(各介质能耗计划、各介质能源成本计划、单车能耗计划、吨标煤/热量消耗计划、碳排放计划)和能源使用采购预测图表。

　　系统对关重的工厂公用能源设备、车间内的特殊工艺段或车间关重生产设备进行在线能效评估与用能分析诊断,建立设备能效模型,结合设备运行的状况(温度、压力、电流、转速等)计算分析与评价耗能单元运行过程的用能状况,对比行业耗能产出比进而对耗能状况进行分析诊断,为优化生产负荷、工艺与设备节能改造提供决策依据。

　　采集供能质量数据(电能:电压、频率;水:压力、温度等),搭建供能质量与产品质量分析模型(焊接网压对焊接电流的影响、涂装冷冻水温度对漆面质量的影响等),自动对相关工序发出预警提示或停产申请,自动与产品 VIN 绑定实现与质量关系可追溯,改变目前供能质量与产品质量管理分离的现状。建立供能质量与公用供能设备运行状态的分析模型,通过大数据趋势分析,提前判断设备运行风险及故障点,规避或减少设备故障导致的全厂停产时间(设备管理系统中实施)。采集生产线各分区或关重设备的能耗数据,结合产量计算单件能耗,进行同、环比分析(同类设备比较:机器人、压机、烘炉等),发现差异,锁定异常耗能点;结合有效生产时间,识别无效用能区间;系统自动派发异常分析工单,有针对性地制定节能优化方案(优化设备启停时间、动作轨迹、运行节拍等),改变有节能需求但无从下手的窘境。

能源管理包括四个智能化的核心功能：供能质量管理、异常耗能管理、无效用能管理、智能化管理。图 10-5 为某车企能源管理系统分析流程实例。

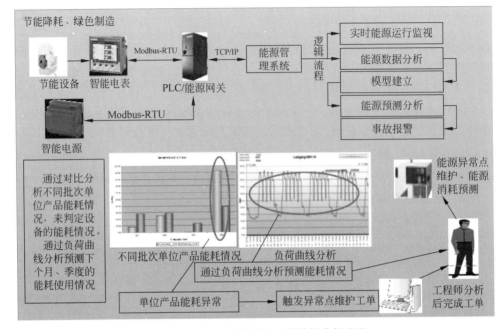

图 10-5　某车企能源管理系统数据分析流程

4．工厂自动化部署

随着人工成本逐年增加,自动化设备及机器人价格逐年降低,"机器换人"已成为行业发展方向和降本、增效的重要手段；基于人力成本及机器人采购价格趋势,整车制造企业基本都是从"提升自动化率＋全生命周期管理＋品牌统一"三个方面实现降成本、增效率、提质量。下文以焊接车间为例进行说明。

1) 自动化设备

在焊接车间,以机器人点焊、涂胶、弧焊技术和压机、AGV 等自动设备为基础,依托焊接智能控制系统,达到焊接生产线自动运行,减少一线操作工人。通过应用伺服点焊机器人、弧焊机器人、搬运机器人、机器人智能视觉识别系统、机器人智能协同系统、基于工业总线技术的可编程控制系统、智能切换定位装置、闭环伺服位置传感装置、数字智能装配设备、智能生产信息管理系统、数据管理系统、在线产业质量检查系统、智能自动化物流传输系统等安全可控手段,建立柔性化生产体系,打造高效协同的汽车制造供应体系,大幅提升汽车节能与新能源汽车智能制造水平。

2) AVI 系统

焊接车间采用 AVI 系统实现车身跟踪识别和生产指导功能。AVI 车身识别系统采用单独的光纤环网,服务器采用双机热备,即如果一台服务器发生故障,另一台可以马上代替工作并报警。系统可与数据库服务器进行交互,反馈生产情况。

车体自动识别系统(automatic vehicle identification system,AVI)将与工厂内的 MES 进行数据交互,工厂级数据采用数据库映射的方式与车间 CCR 进行数据交互,执行终端将设备状态信息、执行结果等数据保存至车间 CCR 中央控制室数据库中,MES 将生产计划和车体信息下发给 AVI 进行解析后下发给相应工位的 PLC。

3) 上件防错指示

车间采用上件指示看板,展示当前工作上件零件车辆、状态、吊牌号、图片,标示各个零件之前的差异,防止上件出错;展示当前车型状态和连续生产件数及下一组车型,提前准备下一组车辆物料,实现上件高效。

10.3.6　制造大数据的开发与运用

国家智能制造 2025 致力于实现制造业的转型升级,工业大数据及人工智能技术及应用成为提升制造业生产力、竞争力、创新能力的关键要素,是实现智能制造中的"智能"的核心技术。大数据与智能制造之间的关系可以总结为:制造系统中问题发生和解决的过程中会产生大量数据,通过对这些数据的分析和挖掘可以了解问题产生的过程、造成的影响和解决的方式,这些信息被抽象化建模后转化成知识,再利用知识去认识、解决和避免问题,核心是从以往依靠人的经验转向依靠挖掘数据中隐性的线索,使得制造知识能够被更加高效和自发地产生、利用和传承。因此,问题和知识是目的,而数据则是一种手段。而在制造系统和商业环境变得日益复杂的今天,利用大数据实现智能制造,利用大数据去解决问题和积累知识是更加高效和便捷的方式。

整车制造企业搭建大数据分析平台,用以实现生产线底层"物联网"与上层管理系统(MES、ERP 等)的互联互通,并利用 RFID 和智能传感器技术,实现对质量信息与生产过程信息的绑定,从而提高工业数据的质量,减少数据孤岛现象。并正在建立以时间维、质量维、产品维为纵轴,以人、机、料、法、环、测为横轴的三纵六横的标准数据仓库,以数据分析为导向实现各信息系统的数据整合、标准化,重构数据链路。利用机器学习、深度学习、数理统计等算法对完成绑定的数据进行分析,依此实现智能设备预警、智能质量监控与预警、智能物流等。图 10-6 为典型的整车企业数字化工艺设计与管理平台。

一些企业也在基于大数据平台,开展机器学习的算法应用与开发。下面以冲压零件质量大数据分析的冲压侧围开裂预测为例进行说明。见图 10-7,从冲压车间各生产执行及管理系统中采集案例分析所需数据,对采集到的数据首先进行异常值处理、缺失值处理、数据平衡等基础预处理,然后结合具体冲压业务特点及相关物理机理进行特征工程构建。至此,所有数据的前期处理结束。之后通过对数据进行分析、建模、训练、评估等循环,根据训练集和测试集的具体表现确定最优模型。最后,用生产数据进行模型验证,并对建模分析主要过程节点和模型运算结果利用网页等形式进行可视化展示。

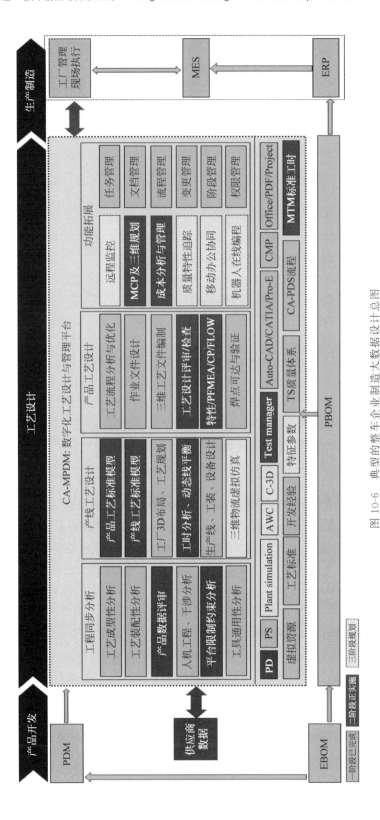

图 10-6　典型的整车企业制造大数据设计总图

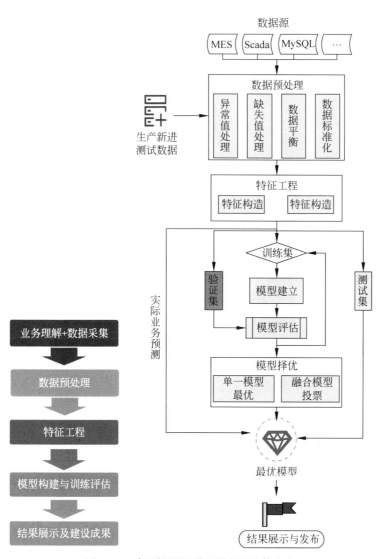

图 10-7　冲压侧围开裂预测实施总体方案

10.3.7　电商平台与个性化定制销售

1. C2M 模式

国内整车制造企业都在探索或积极推进个性化定制项目,个性化定制业务的开展与实施建立了客户对个性化定制车需求直达工厂,供应链快速、敏捷响应的新商业模式。互联网技术的快速发展以及用户个性化需求的日益增长,使得个性化定制成为制造模式变革的趋势。

1）电商业务

由用户发起车辆的选配信息,形成价格,且选择提车经销商(离自己最近的)确认后支付定金,并对用户订单进行全程跟踪,到 4S 店后,用户提车。

2）销售业务

用户订单传到营销系统,进行确认后,传到 VEC 进行整车编码,编码后传到 BOM 系统和 ERP 系统,然后传到营销系统形成销售需求订单,工厂按照销售需求订单便可以进行生产计划排产。

3）计划生产业务

用户的订单传到 ERP 后,进行 ERP 计划排产,工厂按照用户订单需求进行生产。

4）整车物流发运业务

用户订单生产完成后入库,营销系统自动生成发运单,传到整车物流发运系统,进行及时的发运,并对在途进行跟踪。到达 4S 店后,验证收车。

5）提车业务

用户订单到达 4S 店后,经销商通知用户提车,并付余款。完成整个个性化定制业务流程。

2. 个性化定制全业务链的系统功能简介

1）电商系统

电商系统直接面对的是用户,其主要功能有以下几种。

基础数据功能:选配信息和基础车型信息、选配价格信息;经销商地址信息;用户信息。

订单系统功能:用户个性化订单生成(包含选配组合)、用户定金支付;订单状态跟踪;用户提车确认。

2）经销商系统

经销商系统功能面对的是经销商和销售公司,其主要功能有:用户个性化订单生成、个性化订单审批、发运订单生成、与 ERP/电商/VEC 等系统接口、经销商信息管理。

3）VEC 系统

VEC 系统是整车编码管理中心,主要功能有以下几种。

基础数据管理:基础选配类型及内容;基础车型、颜色。

整车编码管理:生成选配包顺序号、生成整车编码、与生产组织的关系维护。

接口管理:整车编码与 ERP、BOM、DCS 等系统的接口。

4）BOM 系统

BOM 系统的主要功能有:主数据、件号中心、EBOM、PBOM,与 ERP、MES、VEC 等系统链接并信息互通共享。

5）ERP 系统

ERP 系统的主要功能是：订单计划管理、订单价格管理、整车入库管理、发运管理。

订单计划管理：订单计划功能主要包含 DCS（营销）系统把订单需求传入到 ERP 系统中生成用户订单需求（包含预测需求），计划管理员根据产能、关重件、资源等情况安排周计划并下达任务。确认完成后生成工单，运行 MRP 生成物料需求，并把工单计划传到 MES 系统中。

订单价格管理：订单价格主要包含用户价格和经销商价格，用户选配的车型和配置等数据来源于 BOM 系统，在 ERP 中进行零售价格和批售价格维护；通过规则推算整车编码的价格，再根据现有流程进行经销商价格生成。

订单入库管理：工厂完成生产后入库，并在系统入库建议中把用户订单车进行集中货位停放。

发运管理：由经销商进行发运的提报，形成发运申请单，传到 ERP 形成销售订单，分配物流商后进行出库建议。

6）MES 系统

MES 系统是工厂生产的核心系统，主要功能有生产过程管理、生产作业指示、设备接口、基础数据及法规。图 10-8 为某车企 MES 系统框架图。

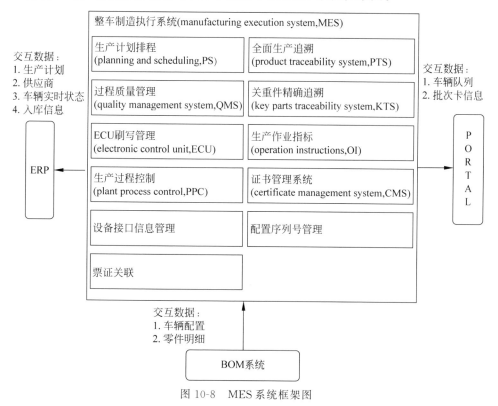

图 10-8　MES 系统框架图

7）ESB 企业服务总线

为了满足个性化定制业务快速响应的需求，个性化定制业务的各个系统均采用 ESB 的数据信息交互方式，核心的实现方式有 2 个：WEB SERVICE 和 MQ。图 10-9 为某车企正在建设中的 ESB 企业服务总线方案。

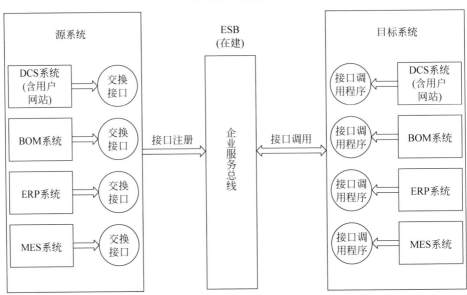

图 10-9　ESB 企业服务总线

10.4　深度解析——中国一汽积极探索智能制造

中国第一汽车集团有限公司（以下简称中国一汽）在 60 多年的发展历程中，一直坚持创新驱动战略，为我国汽车工业发展做出了突出贡献。党的十八大以来，中国一汽在新时期积极寻求新突破，把智能制造作为技术创新的重点攻关项目，为未来转型发展提供了强有力的支撑。

10.4.1　中国一汽智能制造的现状及实施方案

目前，中国一汽已策划完成工艺设计、生产制造、物流管理、营销售后管理平台并形成初步方案，部分平台已进入实施阶段（图 10-10）。

同时，围绕专业领域、覆盖层级、建设内容 3 个维度构建框架。一是在专业领域方面，围绕大制造领域工艺、计划、生产、物流、采购、质量六大核心专业，打通产品开发、订单交付两大核心业务过程。二是在覆盖层级方面，覆盖并贯穿现场层、控制层、操作层、工厂管理层、企业管理层、生态协同层。三是在建设内容方面，以

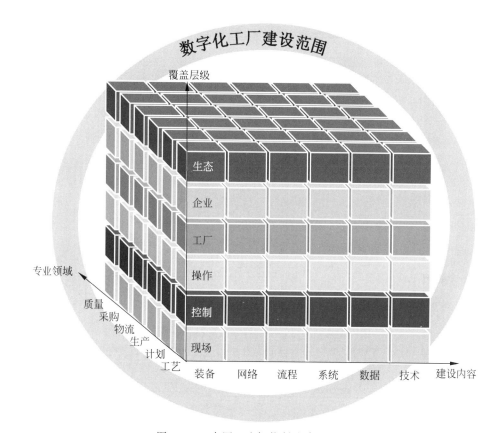

图 10-10　中国一汽智能制造建设框架

装备、网络、流程、系统、数据、技术为核心进行数字化能力构建,实现从自动化、信息化向数字化、智能化迈进。

中国一汽将智能制造框架概括为 6 个方面 20 项核心过程,即工艺、采购、质量、计划、生产、物流 6 个方面;工艺协同、工艺能力提升、工艺变更管理、外协件采购、供应商协同、外协件质量闭环管理、供应商质量提升、整车质量闭环管理、检测资源管理、生产计划、物料计划、生产过程、现场管理、人员管理、设备管理、安全管理、能源管理、物流策划、现场物流、入场物流等 20 项核心过程,具体如图 10-11 所示。

在此基础上,将在 21 个大项目上开展创新技术应用及建设工作。分别是数字化工艺平台建设、工艺虚拟仿真建设、工厂建筑工程三维仿真建设、采购管理平台优化、质量管理平台建设、数字化在线监测技术应用、柔性供应链计划系统建设、节能减排技术应用、生产制造平台建设、设备预测性维护技术应用、信息追溯技术应用、数字化生产操作技术应用、零部件物流系统优化、智能物流技术应用、工厂数字化中控平台建设、工厂数字化/智能化装备建设、数字化工厂网络及 IT 基础设施建设、安全防护与体系建设、数字化工厂数据资产构建及治理、智能化应用(工业互联网平台)建设、协同领域应用建设及改造,如图 10-12 所示。

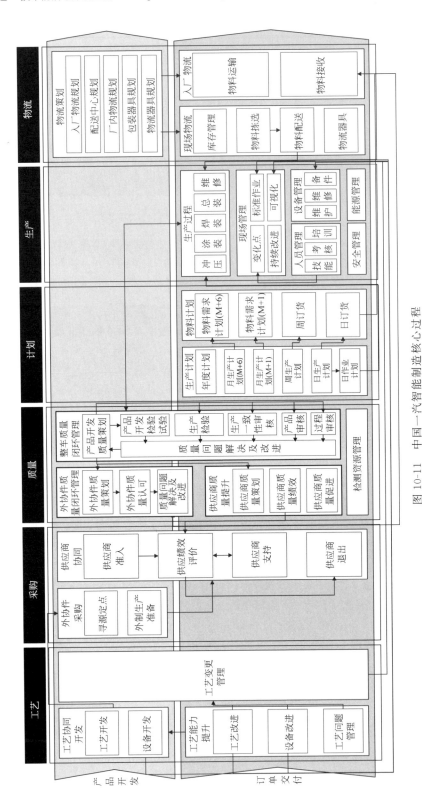

图 10-11　中国一汽智能制造核心过程

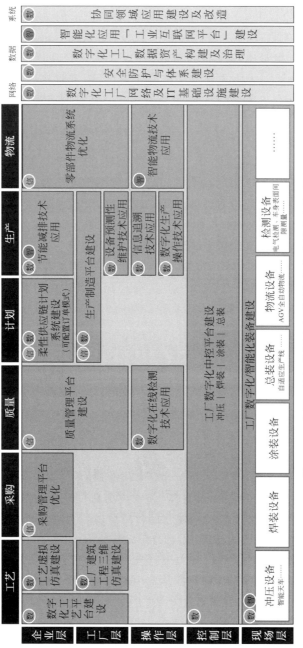

图 10-12　中国一汽智能制造主要创新技术应用及建设项目

除此之外，对智能制造建设实施顺序的决策，关键原则是速赢度、紧迫度、成熟度、重要度与基础度 5 个方面。速赢度是指在项目实施后，对价值程度和见效速度的综合评定，分数越高，则表示价值越高、见效越快；紧迫度是指业务对项目建设需求的紧迫程度，分数越高，表示项目建设需求的紧迫程度越高；成熟度是指对于某些业务管理已经相对成熟的领域，变革管理成本较小，可以优先建设，对于内部管理相对比较薄弱的领域，可以先优化管理流程，减少后续实施阻力；重要度是指项目对于相关业务领域的重要性，越重要表示项目建设的必要性越高；项目的基础度越高，表示此项目是其他项目实施的前提，应该先于其他项目实施。

中国一汽通过对智能制造的大力发展建设，正在努力实现数字化工厂的关键场景效果，包括：供应商在线协同、智能生产排程、智能化物流、智慧质量检测、数字化工艺设计/仿真、数字化过程采集和追溯、数字化生产作业指导、设备/能源智慧管理、数字化监控中心、透明订单，如图 10-13 所示。

2018 年，中国一汽对现有红旗工厂 H 平台、L 平台两个总装车间进行智能化改造，并于 2019 年初投入使用。该项目的整体思路是以打造红旗品牌极致品质为设计目标，应用大量先进技术及装备，构建集柔性化、智能化、自动化、信息化于一体的现代化总装车间。整个车间由一座具有近 40 年历史的厂房改建而成，通过多项创新性先进技术应用，降低建设投资达 5000 余万元，施工周期缩短 6 个月，整车装配质量达到国内一流水平。

工艺装备方面，该项目应用了机器人自动转运、机器人自动装配、光学拍照定位技术、自动拧紧等先进技术，实现多个大型零件的自动化装配，提升整车装配质量，拧紧精度偏差从±20％降低到±5％以内，单班节省作业人员 7 人。另外，通过应用 AGV 输送技术，实现生产线的自适应变化，无须特构基础，生产线可在短时间内根据车型大小、产能需求适时调整工位间距与工位数量，使产品换型改造周期从原先的 15 天缩减到 5 天，并且减少停产损失与改造投资。

信息系统方面，工厂设有全新开发的 MES 系统，可实时采集、监控制造过程的车序车型、工艺参数、产品质量、过程数据、能源消耗等信息，并将信息数据进行存储、分析，实现整个生产环节的全信息化闭环管理。信息系统还配有移动端 APP，便于日常沟通管理，提升了信息传递速度与工作效率。

缺陷管理方面，MES 系统设有力矩管理系统、物流管理系统、安东系统（可视化的信号系统）等多个子系统，相互间信息互联互通，配合 RFID 技术与大数据管理，实现问题可追溯、缺陷"零流出"。

个性化定制方面，系统预留了与销售订单系统、工艺设计系统等的扩展接口，可实现满足客户任意选配需求的定制化生产，大幅缩短交付周期，提升用户体验。

物流方面，开发应用 LES 物流执行系统，实现全供应链的数字化管理。LES系统共有 3 个模块。一是看板管理。计划编制、发送订单、在途运输、厂内存储、按

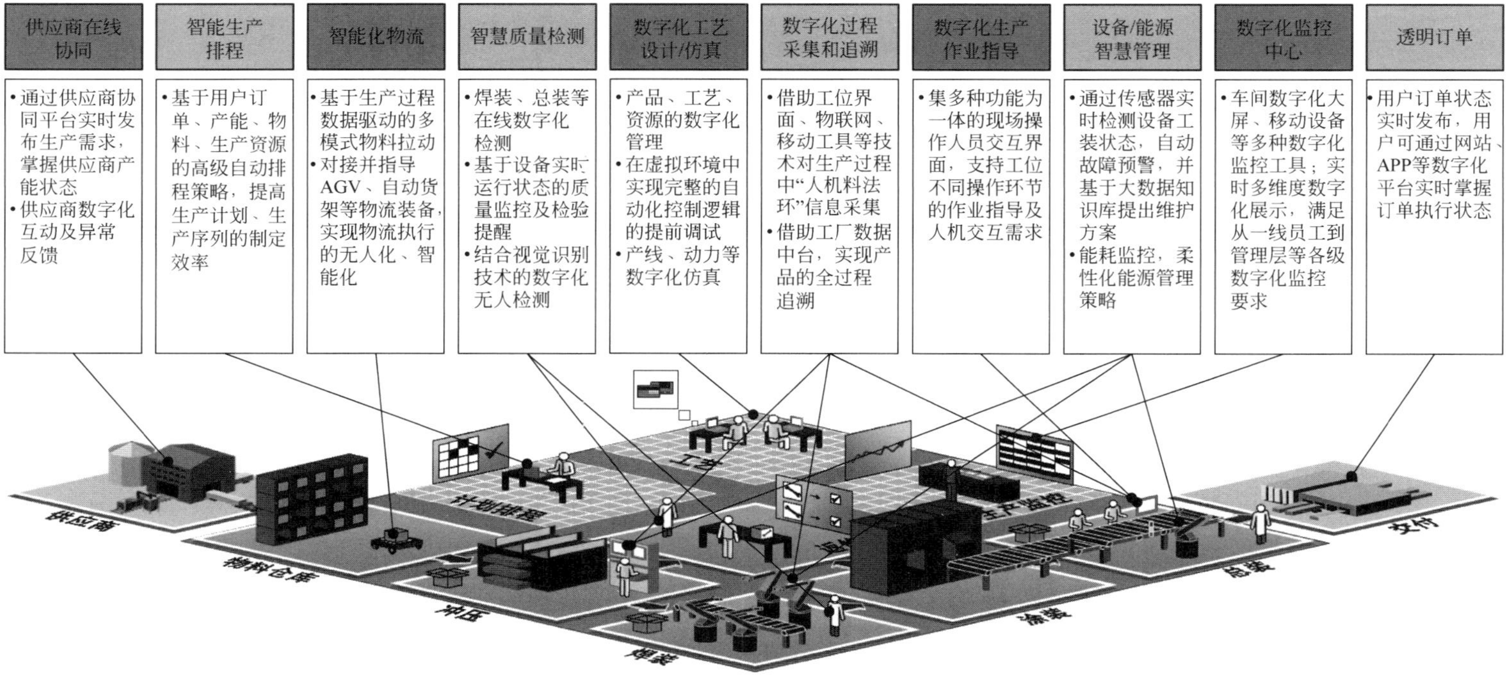

图 10-13　中国一汽数字化工厂关键场景

需上线，全程由系统自动计算周期及到货时刻并写入看板，真正做到物流与信息流的结合，实现零件的 100％"可追溯"。二是订单分割。红旗 LES 物流执行系统创新性地通过日订单货量自动计算、分配，实现订单的智能分割，使批次能够随工厂及生产线实际情况随时调整，达到减少在库、多频次小批量供货目的。同时，施行"堆垛号""批次号"等精益物流管理方式，能够精确指导物流过程中的每个操作，减少搬运及等待环节，提升物流效率，与原有 H 车型平台总装车间相比，物流环节节省人工 7 人。三是运输监控。零部件实现在途运输监控，有效监控车辆到货，将准时率、错误率等信息自动上传系统，实现零件的数字化管理。

内物流配送方面，红旗新 H 平台总装车间采用无人化、无棚化的全线 SPS 自动配货模式，通过厂内近 160 台 AGV 完成全部 33 条运输路线的上线运输。应用 LES 系统读取物料配送提前期，指导物流配送节奏，AGV 根据系统指示将零件准时输送到生产线侧。同时，引入 RFID 自动识别技术，自动识别场内 38 种物料器具配送位置，真正做到智能物流，是国内首个实现全无人配送的总装车间，能有效避免错漏装，减少物流配送人员。2018 年，红旗工厂获得"2018 年度中国最佳工厂制造质量卓越奖"。

10.4.2　推行智能制造的成效

中国一汽自改革以来，在制造领域的重大变革就是完成传统生产方式的转型，建设了数字化工厂。建设范围围绕大制造领域工艺、计划、生产、物流、采购、质量 6 个方面 20 项核心过程；打通产品开发、订单交付两大核心业务；覆盖现场、控制、操作、工厂管理、企业管理、生态协同 6 个系统层级。旨在打造具备高效智能特征、质量卓越、柔性定制、透明可视、绿色环保、人机协同的数字化工厂，制造出用户定义、用户满意的高质量产品。

通过推行智能制造建设，将整车生产周期压缩 7 个月，订单交付周期缩短了 26％，千车索赔频次降低 15.8％，整车产品审核等级将从 1.5 提升至 1.4，单车制造成本降低 10％，材料库存周转率提升 50％。整个大制造领域实现系统性效率提升。

10.4.3　智能制造未来的发展规划与愿景

中国一汽智能制造的建设愿景是高效制造出用户定义、用户满意的高质量产品。主要围绕高效智能、柔性定制、绿色环保、质量卓越、透明可视、人机协同 6 个主要方向，如图 10-14 所示。

结合中国一汽未来发展战略规划，红旗品牌智能制造领域制定了 4 个发展阶段。第一阶段，信息化及自动化建设，建立生产管理系统，搭建工艺数据平台，提升生产线自动化水平。第二阶段，系统集成与设备集成，将 IT 层信息系统与 OT 层设备互联互通，实现自动采集与分析。第三阶段，数字化向智能化过渡，建立协同

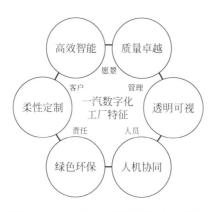

图 10-14　中国一汽智能制造建设愿景

云平台,通过产品设计、工艺规划、供应商协同实现价值最大化。第四阶段,智能化建设,打通端到端的业务流程,利用大数据分析,实现大规模个性化定制。

红旗品牌智能制造发展规划将从系统建设、设备自动化升级两方面着手。一是系统建设,以打通集团生产经营全流程为着眼点,搭建业务系统平台,充分利用自动化信息技术解决方案,探索从产品到销售、从设备控制到企业资源所有环节的信息快速交换,实现数据驱动下的产品价值链协同;二是设备自动化升级,通过设备、生产线的自动化升级,使车间充分具备柔性生产能力,对关键设备使用传感器、RFID 等技术实现设备可感知,实现工厂内部的系统信息互联互通。

10.4.4　智能制造领域的经验分享

红旗 H 平台、L 平台数字化工厂的顺利建成凝结了新时期一汽人的智慧与汗水,在此过程中总结提炼了一些在智能制造方面的经验。一是在工厂规划建设领域,要将智能制造的目标需求结合工艺布局、产品结构、厂房条件等情况统筹考虑,确保方案的整体性。二是对于总装领域的智能制造,主要目标锁定在提升整车质量、减少错漏装、提高管理水平、降低运营成本 4 个领域,针对目标进行详细分解,便于后续跟踪实施。三是智能元件的选型应用要有系统性,达到相互之间接口形式统一、数据流畅通、无迟滞等要求,实现信息无孤岛,便于后续数字化集成管理。四是智能化、自动化带来的是对产品结构、零件精度、供货状态的反要求,这些要求要提前考虑,并在项目前期就输入给接口部门。五是智能制造要有创新性,突破原有思维限制,通过应用新技术、新工艺,创造本领域专属的制造模式。六是在关键工艺环节,设备要采用冗余设计、闭环控制才能降低设备停台故障,实现质量问题"零流出"。七是设备参数、精度等要具备可还原性,故障及检修后能够快速还原到原有正常工作状态,减少调试时间。

中国一汽虽然在探索智能制造和建设数字化工厂方面积累了一定的成功经

验,但是在求索过程中同样经历了很多经验教训。一是智能制造要有可靠的网络系统支持,现阶段蓝牙、红外等短距离通信在工业领域应用的可靠性还是不够。二是各种控制软件要有版本管理体系,对应各个版本要进行集中管理,记录更新内容,避免版本更替导致设备故障。三是中控系统与下属各子系统要有明确的信息流存储、传递规则,既不能遗漏信息,也不能过量采集无用信息。四是现场管理的声、光等报警、提示要统一规划,避免现场环境嘈杂,影响管理效果。五是网络布局,如交换机、机房等要有集中规划,规避加油机等有特殊要求的区域。六是设备采用的智能元件要尽量统一品牌、型号,便于后续管理、维护。

10.4.5　挑战与展望

从中国一汽的智能制造实践来看,国内汽车企业只有真正掌握和应用先进技术、具备自主决策开发的能力,才能实现行业内的技术创新引领。以往,国内汽车行业以国外先进企业技术应用为模板进行学习复制,在汽车行业发展新形势下,车企应加快与有实力的企业联合开发、引进先进技术,迈出从模仿到创造的关键一步。快速应用移动化、大数据、物联网、区块链、AR/VR/MR、3D打印等数字化、智能化手段,打造先进技术货架,为制造转型奠定基础。

希望国家有关主管部门能够继续在鼓励企业实施智能制造方面,提供国家级的政策、项目平台支持。除此之外,针对目前新型技术领域,如区块链、云平台等,建议成立针对汽车行业的技术联盟,定期专题研讨、分享先进应用经验,同时提供联合开发的平台,打破国内企业的单一发展方式,形成发展生态圈,汽车产业才能高效、高质量地发展。

10.5　最佳实践——"智造"新红旗

红旗工厂新H平台总装车间,总建筑面积1.9万 m^2 ,设计极限产能10万辆/年,并预留未来发展空间,主要生产红旗H7高级轿车、HS7高端SUV车型。车间采用L形生产线布局,实现了工位作业空间的最大化,是集"柔性化""智能化""共享化""信息化"于一体的现代化车间。其中,智能工位占全部工位80%以上,更有几项为国内首创。通过实施智能制造,新红旗实现了单车制造的碳排放达到国际先进水平,红旗工厂在第三届"2018中国最佳工厂/运营卓越奖颁奖典礼"上赢得"中国最佳工厂制造质量卓越奖"。

1. 实时数据中控系统

新H平台总装车间设有MES(见图10-15),通过可视化中控大屏与手机APP相结合,可实时采集、监控制造过程中车序车型、工艺参数、产品质量、能源消耗情况等信息,并将信息进行存储、分析,实现整个生产环节的全信息化闭环管理。

图 10-15　红旗总装车间可视化 MES

MES 系统下设多个子系统,相互间信息互联互通,配合大数据管理,可实现问题可追溯,缺陷"0 流出"。系统还预留了未来与销售订单系统、工艺设计系统等的扩展接口,可实现满足客户任意选配需求的定制化生产要求,大幅缩短交付周期,提升用户体验。

2.自适应生产线

新 H 平台总装车间的自适应生产线,由车身输送 AGV、转挂装置、控制系统组成。

自适应生产线 AGV(automated guided vehicle,自动导引搬运车)(见图 10-16)作为输送线搬送车身,可根据车型调整工位间距,根据产量需求扩展生产线调整布局,成功解决了现场空间干涉问题。未来扩展产能,只要增加 AGV 数量,改变地面行走路线即可,改造不受特构基础、停产周期影响,可大幅降低投资与改造周期,属国内首创。

同时,利用可升降吊具、可升降滑板,在一定范围内根据工艺操作需要,可任意调整车身高度,降低员工操作难度,节省工时。

新 H 总装车间可兼容生产从 A 到 C 级、从轿车到 SUV、从传统车到新能源汽车的多品种混线生产,为产能扩展打下了坚实基础。

3.自动化机器人搬送车身

搬送车身的自动化机器人由六轴载重机器人、视觉定位系统和转运叉臂构成。

该六轴重载机器人臂展 4.2m、负载可达 1.7t,是国内最大型工业机器人,如图 10-17 所示。由于机身涂装是明黄色,因此被工人们亲切地叫作"大黄鸭"。

图 10-16　自适应生产线

图 10-17　六轴载重机器人"大黄鸭"

　　"大黄鸭"的出现,成功解决了厂房立柱干涉、空间狭小等问题。"大黄鸭"具有精度高、免维护、高适应性、可重复利用等诸多优点,是传统的作业方式所无法比拟的。

4．全覆盖电动拧紧系统

新 H 平台总装车间内共有近 100 把电动拧紧机,应用密度远高于行业标准,且全部为全球顶级的瑞典阿特拉斯品牌。通过使用电动拧紧机,充分保证了整车全部重点力矩的拧紧精度,如图 10-18 所示。

图 10-18　全覆盖电动拧紧系统

每台电动拧紧机都配有 MasterPC 系统,可实时显示拧紧工艺要求与结果,并将数据结果上传至拧紧联网系统。数据可存储 15 年,用于后续信息追溯。

5．全自动风挡涂胶装配系统

该系统由伺服定量供胶系统、视觉引导及装配机器人、自动玻璃输送台组成(见图 10-19)。

图 10-19　全自动风挡涂胶装配系统

通过使用该系统,可实现自动供胶、涂胶、定位和装配。其自带扫描系统,便于及时发现并解决短胶等不良现象。机器人自动装配,具有质量稳定、可靠性高等特点。由于采用视觉引导系统,因此提高了装配速度和装配精度。

6．底盘模块化自动合装

该系统由输送系统、定位托盘、机器人拧紧系统、视觉定位系统、电气控制系统组成(见图 10-20)。

图 10-20　底盘模块化自动合装系统

底盘模块与车身采用整体自动合装工艺,最大程度保证了车身、底盘的装配质量。地面全部拧紧点均采用机器人自动追踪拧紧。具有两个机器人工作站,不但可以满足当前车型的工艺需求,对于后续电动车等不同平台的拧紧工艺也能充分适应。视觉拍照定位引导系统的使用,进一步保证了拧紧质量。整个定位托盘采用双层结构,通过支点切换,在国内首次实现一个托盘兼容两种不同平台底盘,可大幅降低设备投资与占地面积。

7．国内首创的高精度轮胎装配系统

新 H 平台总装车间的车轮装配系统,采用全自动设备,由五轴电动拧紧机、物料输送系统、视觉定位系统组成(见图 10-21)。

通过自动送钉机构,可实现两种螺栓的自动输送、上料;通过安装在夹具上的气动机构,可实现两种车型不同直径分度圆的切换,属国内首创;通过视觉拍照定位装置,能够精确识别拧紧点位置状态,引导机器人对准、拧紧,精度达 0.05mm;拧紧结果即时上传拧紧系统,从而可以实现信息可控、问题可溯。

轮胎装配采用供货厂家收取生产计划、同步配送的顺引方式,使轮胎从进厂到输送、抓取、定位、拧紧实现全自动化,节约了时间、空间成本。

图 10-21　高精度轮胎装配系统

8. 国内首创的高精度车身表面间隙测量系统

该系统由 UR 协作机器人、光学测量系统、车身定位系统组成(见图 10-22)。通过 UR 协作机器人与 ISRA(德国伊斯拉)光学检测系统的配合,可实现整车主要外观表面间隙、段差自动测量,并将测量结果存储、分析、上传。该组合系统为国内首创。

图 10-22　高精度车身表面间隙测量系统

UR 协作机器人相比传统工业机器人,能够与检查员协同工作,自带力学传感器,无须安全围栏;ISRA 的光学检测系统使用的是 LED 光源,相比传统的激光光源，精度更高、稳定性更好，且对人眼无伤害。

未来，该系统将与新涂装、焊装等检查设备数据联通，实现车身质量的自动化闭环管理。

9. 国内首创的全线 AGV 自动物流系统

该系统由物料输送 AGV、自动转接机构、LES 系统、RFID 信息识别系统组成（见图 10-23）。

图 10-23　全线 AGV 自动物流系统

通过厂内近 160 台 AGV，可完成全部 33 条运输路线的上线运输；应用 LES 系统，读取物料配送提前期，指导物流配送节奏；AGV 根据系统指示，将零件准时输送到线侧。同时，采用引入的 RFID 自动识别技术，可自动识别物料配送位置，真正做到智能物流，是国内首个实现全无人配送的总装车间。

10. 一体化电气检测系统

新 H 平台总装车间的整车电气程序激活写入、功能检测，使用了先进的电检平台系统，可将全部电气功能检测结果进行实时共享、存储，用于后续质量追溯与问题分析解决。

电检系统还具有很高的柔性，程序软件的升级、新增车型的检测等工作，只需要修改车型参数等信息即可完成，无须资金投入和场地改造，大幅缩减了后续的改造周期与成本。

第11章

国防工业的智能制造

随着新一轮科技和产业革命的兴起,智能制造成为 21 世纪先进制造业的重要发展方向,世界工业强国均将智能制造纳入国家制造业发展战略,在全球范围内掀起智能制造发展浪潮。以大型军工企业为龙头,全球国防工业在此次浪潮中扮演重要角色,积极布局以数字化为基础的增材制造、工业机器人、增强现实、基础保障等技术的研发应用,带动智能制造技术逐步向贯穿制造企业设计、生产、管理、服务各个环节的全价值链扩展。智能制造在各国国防工业的应用不断深入,提升了武器装备研制生产的快速响应能力,促进了各国国防工业的提质增效和转型升级,推动了军民融合发展和区域经济发展,引领了智能制造创新发展。

11.1 概况

武器装备系统复杂、性能要求苛刻,对制造质量要求极高,同时承研单位众多、地域分布广泛,且具有多品种、变批量、个性化的生产特征。智能制造高度契合国防工业需求,是军工企业实现跨厂所、跨地域协同合作,提高武器装备研制生产质量和快速柔性研制能力的有效途径。因此在全球智能制造发展浪潮下,国外大型军工企业积极响应,在关键领域不断取得突破,智能工厂建设成效显著。

1. 以数字化技术深入应用引领智能制造的实施

数字化的深入应用是智能制造的基本条件。随着制造企业研发生产过程数字化、自动化、智能化水平逐步提高,及大数据、物联网、云计算等新一代信息技术的快速普及和应用,制造数据来源和数量剧增,数字孪生、数字线等新的数字化技术概念被提出并快速发展。

数字孪生于 2011 年由美国空军研究实验室提出,目的是解决未来复杂服役环境下的飞行器维护及寿命预测问题,计划在 2025 年交付一个新型号空间飞行器的同时,提供与该物理产品对应的数字模型即数字孪生体。伴随着数字孪生体的提出,美国空军研究实验室和 NASA 也提出了"数字线"的概念,旨在通过"数字线"连接数字化数据与实体设备,实现对制造网络实时可见、分析及优化。

美国 F-35 战斗机的设计生产通过采用数字孪生和数字线技术实现了前所未有的工程设计与制造的连接。设计阶段产生的 3D 精确实体模型可以用于加工模拟、数控编程、坐标测量机检测、模具/工装的设计与制造等。另外，所采用的 3D 模型也是单一数据源，通过统一的数据，不仅实现了产品设计与制造的无缝连接、降低现场出现工程变更的次数、提高研制效率、高效组织与集成管理数据，也实现了上下游企业的协同仿真分析，从而可以提高效率、减少返工。

2. 增材制造装备成为大型军工企业的重要生产设施

增材制造作为一种革命性的"数字化制造"技术，能够根据产品模型，在计算机控制下通过材料逐层添加堆积而对零件快速成形，并可成形传统铸造、锻造等方法无法实现的新颖材料和复杂结构，大幅减少制造周期和材料浪费。根据 2012 年最新版美国材料与试验协会（ASTM）增材制造技术子委员会 F42 制定的标准，将增材制造技术中的多种加工工艺划分为粉末床融合、直接能量沉积、材料喷射、黏结剂喷射、材料挤制、光聚合和层片叠加 7 类。

增材制造技术已经成为军工企业向智能制造迈进的重要使能技术。近年来，洛马、空客、通用电气等军工企业均在产品研制生产中部署增材制造设备，将其作为企业智能化转型升级的重要技术途径之一。洛马公司将增材制造作为其正实施的"数字织锦"制造方案的关键技术之一，大力发展增材制造技术在产品生产中的应用，目前旗下工厂中所使用的增材制造设备已经超过 100 台，拥有 5 个增材制造创新中心，还研发了世界上首台"多机器人增材减材混合设备"。空客公司不仅在多个在役产品上应用增材制造技术，而且还积极探索增材制造技术在飞机制造领域的未来应用，正在建造增材制造车间，以便能够在 24h 内制造出所需的定制零件。

3. 工业机器人显著提升军工制造业智能化水平

随着机器人技术水平的不断提升，为满足武器装备高效研制生产需求，工业机器人在国防制造领域的应用范围已经从武器装备焊接、表面喷涂等传统优势领域向装配、复合材料成形与检测、增材制造、弹药制造等领域迅速扩展，并显著提升这些领域的智能化水平。

一是工业机器人应用于舰船、导弹等武器装备的自动化装配，与工人协同作业，提升装配精度与装配效率。日本在 20 世纪 70 年代就提出"无人化船厂"概念，并积极推进智能化舰船建造设备在船厂的应用，先后开发了数控切割机器人、装配焊接机器人、线加热机器人等智能化制造装备，并开始涂装机器人的研制。2016 年，美国雷声公司采用发那科六轴自动装配机器人系统，实现了导弹导引头自动化装配，提高了生产效率。

二是工业机器人在复合材料构件成形过程在线检测的应用，可以显著提升复合材料构件铺放效率和质量。2015 年，美国 Orbital ATK 公司研发出自动化复合材料结构检测系统，可对通过自动铺带技术加工的平面或复杂曲面飞机零件结构进行在线检测，缺陷检出率超过 99.7%，可满足实际生产要求。

三是工业机器人与增材制造集成研究活跃，开始用于飞机、航天器、卫星等结构件的制造。2016 年，美国 Arevo Labs 公司建成世界上首台机器人增材制造装备，能够快速制造支架、支撑结构、无人机机身和机翼等飞机复合材料零部件。

另外，工业机器人已经用于弹药制造等危险研制生产任务，实现机器换人，以提高安全性。英国 BAE 系统公司将工业机器人用于 105mm 和 155mm 口径炮弹的生产，实现了加工过程自动化，无须人员介入，在提高生产能力和产品质量的同时，使工人生命安全得以保障。

4. 增强现实向研制生产全过程扩展

增强现实技术将数字信息、三维虚拟模型精确地叠加到真实场景中，使虚拟对象与真实场景融为一体，在装备研制生产领域具有广阔的应用前景。

在武器装备研制过程中，再精确的图纸也会限制设计理念的准确表达，借助增强现实技术，可以将虚拟设计快速、逼真地融合于现实场景中，在研制阶段就能使人直观地感受最终产品，并有效降低研制成本，为产品研制提供全新的科学辅助手段。美国海军 LPD-17 项目应用了达索公司 DELMIA（digital enterprise lean manufacturing interactive application）虚拟现实软件，对生产过程进行仿真，使得船体开工建造之前已完成了 80% 的设计，而用传统设计方法，船体开工建造之前只能完成 20%～30% 的设计，从而可以减少反复修改的成本、风险及时间。

在武器装备生产阶段，采用增强现实技术将装配检验工作流程以 3D 影像信息的形式直观地显示，并可在设备或工件上附加各类参数信息，大幅提升装配检验效率。空客公司将自行研发的智能增强现实工具（SART）用于 A400M 等飞机生产线中，辅助进行超过 6 万个管线定位及托架的安装质量管理。通过利用 SART 智能增强现实工具，可将飞机装配检验时间由 21 天减至 3 天，使漏检率降低 40%。

5. 基础保障为智能制造系统安全可靠运行提供重要支撑

标准体系、工业物联网、工业软件以及信息安全等基础保障技术是实现产品智能制造的核心与前提，是确保产品研制过程以及智能制造装备和系统安全可靠的重要支撑。国外国防工业企业也在积极研究基础保障技术，保障智能制造稳步推进。

在标准体系建设方面，美国通用电气公司、IBM 等 5 家公司组建的工业互联网联盟制定了"美国工业互联网标准框架"，其功能架构确定了商业、运营、信息、应用和控制 5 大功能领域，以及系统安全、信息安全、弹性、互操作性、连接性、数据管理、高级数据分析、智能控制、动态组合 9 大系统特性，并在功能架构基础上，进一步确定了由边缘层、平台层和企业层组成的系统架构，以及各层包含的软硬件系统和网络。

在工业物联网、工业软件方面，通用电气公司作为军工企业智能制造发展的领跑者，通过整合 IT 资源推出了工业物联网平台——Predix。Predix 的实质是一种位于云端的工业设备操作系统，可以承载各种工业软件。通用电气公司已经利用该平台开发了包括"卓越制造"软件解决方案在内的近 40 款工业物联网应用程序。

"卓越制造"软件解决方案将设计、制造、供应链、配送、维修服务等各个环节连接到一个可扩展的智能系统中，对工厂生产业务流程进行实时分析、调整和优化，预计可使突发停工期缩短10%～20%，库存降低20%，不同产品转产效率提升20%。

在信息安全方面，波音、洛马、通用电气公司等大型企业都非常重视数字化信息安全技术，通过自主研发、合作研发以及收购并购等多种途径针对数字化软件、硬件及数据的安全开展相关研究，提升赛博安全能力。例如，洛马公司于2014年收购了工业自动化安全公司Industrial Defender，通用电气公司于2014年收购了工业网络安全公司Worldtech，而波音、雷声、泰利斯等国际军工巨头也都成立了网络安全业务部门，大大加强了制造业企业自身的信息安全保障能力。

6. 智能工厂建设成效显著

近两年，通用电气、雷声、纽波特纽斯等大型军工企业分别开展数字化制造能力提升、现有工厂局部智能化改造、全新智能工厂建设等，代表了目前智能工厂的不同建设阶段和水平。

纽波特纽斯船厂计划基于核潜艇数字化建造经验以及三维扫描和设计技术方面的研究成果，在第3艘"福特"级航母CVN-80的建造中使用全三维模型，将船厂所有活动数据信息集中到中央计算机系统，创建集成数字化造船环境，工作人员按需提取或添加数据，实现无纸化造船，为建设智能船厂奠定基础。目前船厂正在CVN-79上开展试点建设，已构建1000

美军"福特"级航母的建造.pdf

多个数字化工作包，投放150个平板电脑作为移动终端，并使用激光扫描仪辅助创建三位数字化模型。预计通过实现并运行三维产品模型环境，将使CVN-80的建造成本至少降低15%。

雷声公司利用现有工厂软硬件技术基础，进行局部数字化智能化改造，布局虚拟现实、制造执行系统、机器人、增材制造等新兴技术领域的实际应用，分别开展以下工作并已取得成效：一是建立沉浸式设计中心使设计、制造、测试等相关人员协同工作，验证、测试和优化产品设计和制造工艺，实现产品设计制造无缝集成；二是将现有的企业资源计划（ERP）软件与集成制造创新与智能（MII）软件集成，采集并反馈所有生产相关数据，自动调整生产计划，并对操作人员进行全天候指导，有效提升产品质量；三是在各个工厂都部署多种类型的搬运机器人，并开发精密自动化装配机器人，在显著提高安全性的同时，高质、高效地完成搬运和装配工作；四是在整个产品开发周期内都采用了增材制造技术，并开发增材制造技术在新领域的应用，缩短研制周期。

通用电气提出"卓越工厂"建设模式，其核心思想是实现全价值链的数字化和智能化，主要包括虚拟设计制造、先进制造技术、智能机床、柔性工厂、可重构供应链5大技术支柱，并推出相应的软件整体解决方案。目前已建成多家智能工厂，这些按照"卓越工厂"模式建设的智能工厂可根据不同地区需求，在同一厂房内，用相同的生产线制造航空发动机、燃气轮机、风力发电机等不同类型产品,实现产品多品种、变批量、跨地域、高效、敏捷生产制造,大幅优化制造资源配置,提升制造系统效率。

11.2 军事强国的国防工业智能制造发展现状

11.2.1 各国对国防工业智能制造的总体安排

1. 美国

美国军事工业发展的实力和能力被公认为世界一流,其在 20 世纪 70 年代开始就运用了大量先进制造模式,在军事/防御工业领域应用柔性制造后,产品生产周期大幅缩短,加工的零件返修率和废品率大为降低;在特种产品企业应用计算机集成制造,大大提高了全员劳动生产率,使产品质量及生产稳定性显著提升;特种产品企业运用并行工程设计开发 YF-22 样机、天基拦截导弹等,成本大大降低,产品研制周期大幅缩短。这些模式在不同的历史时期和需求背景下,对美国军事工业的发展起到了积极的促进作用。

进入 21 世纪,美国越发重视先进制造在军事工业的发展和应用,在以新一代信息技术为核心的新科技革命引领下,美国政府搭建由制造创新机构、NASA、DARPA 等组成的美国国家制造业创新网络(NNMI),推动重大国防高端制造装备与武器装备研制稳步协调发展,并形成了“以武器装备需求为牵引,从国家层面统筹建设和发展,推动政产学研用结合的协同发展,充分发挥小企业创新优势”的特种产品制造体系,该体系有力推动了特种产品企业先进制造模式的变革和发展。

在国防部层面,制造技术(ManTech)规划是美国目前唯一致力于发展国防必需的制造技术、促进先进技术快速低风险应用于新型武器系统以及延长现役武器系统使用寿命的国防部规划,迄今已连续实施 50 余年。2012 年底发布的ManTech 规划最新战略计划中指出,该规划不仅仅关注武器系统的技术开发、生产和可持续发展,还将要把技术开发与工业应用紧密联系起来,促进制造技术与国防工业基础协调发展,进一步增强国防工业基础能力。另外,美国国防预先研究计划局(DARPA)也实施了多个制造相关的计划,如:2008 年启动颠覆性制造技术计划,重点关注能够显著减少武器系统生产成本与时间、将对未来武器系统产生深远影响的颠覆性制造技术,如复合材料非热压罐成形工艺、用于碳化硼装甲材料的纳米粉末等离子合成工艺等;2009 年,DARPA 启动了为期 5 年的自适应制造计划路线图,包括自适应车辆制造(AVM)、开源制造、生命铸造厂(living foundries)及制造梯度折射率光学组件制造等子计划。

在具体做法上,有几点值得重点关注。

一是以国防制造技术中心为平台,科技成果的工程化应用。国防制造技术中心在美国国防制造技术创新成果的工程化、规模化应用方面发挥着重要作用。从

20 世纪 80 年代起 ManTech 规划资助建立了 11 个制造中心，如国防制造与加工中心、海军金属加工中心等。这些中心通过协调国防部、工业界、学术界，提供制造技术研究、咨询等服务，为新工艺与装备的研发以及技术转移发挥了关键作用。ManTech 创新成果工程化应用效果非常显著。ManTech 在 2003 年至 2005 年期间启动的上百个工艺研究项目已经实现技术转移，在武器装备上获得应用带来超过 63 亿美元的投资回报。

二是以专项创新工程为牵引，集中突破一批关键制造技术。美国防部以"国家制造业创新网络"建设为契机，由国防部长办公厅监督、ManTech 相关管理部门负责，选取在国防领域有迫切需求的技术领域开展专项创新工程，联合工业界、学术界共同开展研究，充分利用社会资源，集中突破一批有重大影响的关键制造技术，提升国防制造能力。2012 年 8 月空军研究实验室牵头组建了"国家增材制造创新机构"，致力于增材制造技术的研究、开发、示范验证和推广应用，实现现役和未来武器装备的快速设计和功能化制造。2013 年 3 月，首批 7 个增材制造应用研发项目启动。"增材制造创新机构"的建立是通过国防部主导，利用学术界、工业界的社会资源提升国防制造能力的一个标志性成果。2013 年 7 月国防部正式发布了"数字化制造和设计""轻质及现代金属制造"两个制造创新机构的公告，标志着国防部负责的两个制造创新机构的正式启动。"数字化制造和设计创新机构"的建立将由陆军 ManTech 规划牵头，致力于研究开发基于模型的新型设计方法、虚拟制造工具以及基于制造网络的传感器和机器人技术等，加速数字化制造的创新。"轻质及现代金属制造创新机构"的建立由海军研究办公室牵头，致力于开发性能可与传统材料媲美的先进轻质合金，生产质量更轻的零部件及产品提高风力涡轮机、发动机、装甲车辆以及飞机机身等产品的全球竞争力，大幅减少制造和能源成本。2014 年 6 月，美国防部提出将在光子学、柔性混合电子、工程纳米材料、航空航天复合材料、先进纤维与纺织品、电子封装和可靠性 6 个领域选取两个成立新的制造创新机构，于 2015 年完成建设。

三是以民用制造优势为补充，进一步增强国防创新能力。为了最大限度地满足国防需求，美国政府多年来一直坚持以开放的视野充分吸收、借鉴和集成民用制造技术的优势。美国政府建立的多个发展计划，都面向社会发布需求。例如，国防部小企业创新研究计划（SBIR）/小企业科技成果转移计划（STTR）、工业基础创新研究基金计划等，均广泛吸纳社会相关中小企业直接参与国防制造技术研发与创新，这种模式对增强国防创新能力发挥了重要作用。2011 年 12 月，尽管政府预算面临巨大压力，但美国国会仍通过了一个新的议案，即将到期的 SBIR/STTR 计划的有关法律延续 6 年，并规定用于 SBIR 计划的经费由原来占总研发经费的 2.5% 逐年增加，至 2017 年达到 3.2%。

美国国防预先研究计划局构建通过互联网集成社会智慧的"众包"设计平台，以广泛吸收社会创新策略和方案，大幅提高武器系统研制效率和质量。在自适应车辆制造计划中,作战支援车采用"众包"设计后,从概念设计到原型制造用时不到半年。

2. 俄罗斯

21 世纪以来,俄罗斯大力推进国防工业体转型新策略。自 2014 年开始,俄罗斯结合国内外形势,相继出台了新版《俄罗斯军事学说》《俄罗斯国家军备计划的问题和优化发展报告》以及新版《2020 年前俄罗斯国家安全战略》,对国防军事战略做出了适当调整,并将国防工业研发和制造摆在了突出位置。

从国家层面大力提高国防采购水平,促进高技术研究开发。2010 年,普京在全国武器装备采购计划会上承诺,政府在未来 10 年将出资 20 万亿卢布采购 1300 多件装备,其中 220 种是最新开发或改进的。2011 年,普京宣布重新评估俄军装备,购买 8 艘装备"布拉瓦"潜射导弹的核潜艇、1000 架新直升机、600 架战斗机、100 艘军舰以及 S-400、S-500 导弹防空系统。"新面貌"改革期间,时任总统梅德韦杰夫强调俄罗斯应组建类似美国国防部高级研究计划局(DARPA)的国防科技研发机构,加强在高技术装备和前沿科技的探索研发。

国家推动打造大型康采恩军工联合体,增强国际竞争力。军工康采恩的设立,直接目标就是参与国际武器装备市场的竞争。军贸出口,不仅可以换取大量外汇资源,有利于俄罗斯经济产业调整发展,还有助于恢复其大国地位,扩大地缘政治的影响力。2006 年底,俄罗斯成立联合飞机制造公司,合并苏霍伊、伊尔库特、米格、图波列夫、伊留申、雅科夫列夫等飞机设计局和航空企业,建立大型航空集团,原因之一是为了在国际市场上匹敌美国波音集团和欧洲宇航防务集团。2009 年,俄罗斯成立联合造船公司,包括 33 个船舶设计及建造厂。俄罗斯还在积极探索组建发动机制造集团和弹道导弹生产集团。2013 年,梅德韦杰夫在庆祝俄罗斯军事工业委员会成立 60 周年的会议上,呼吁俄罗斯军工企业进一步合并,打造大型科研生产联盟。

近年来,俄罗斯多措并举大力推动军事工业创新发展,保存了关键技术和核心竞争力,优化了国防工业结构,拓宽了对外军事技术合作领域,实现了多种新一代武器装备以及关键领域的突破,为"新面貌"军事改革提供了装备保障。

当前,俄罗斯军事装备正在全面换代升级,军事工业发展更多转向了科技创新发展和提升生产效率方面。一是出台《2025 年前发展军事科学综合体构想》等国防工业战略规划,牵引并保障国防工业领域创新发展。二是设立完善创新组织管理机构,例如仿照美国 DARPA 成立先期研究基金会、设立促进机器人领域技术发展相关机构等,强化国防领域科研创新职能。三是成立技术开发平台和区域创新集群,产学研协同创新,形成具有跨行业跨区域带动作用和国际竞争力的产业组织形态。一系列政策的引导推动了俄罗斯军工制造模式持续发展。

以战术导弹武器集团为例,其制定了《2020 年前创新发展计划》,除继续保持其导弹武器优势领域的发展外,还坚持动态、平衡发展其他突破性技术及产品。在生产过程中更加注重新材料运用、新工艺优化和新技术改进，推动产品更加密切贴合军队武器装备现代化、未来信息化作战及下一代主战平台发展需求。

3. 英国

英国国防工业的最高决策层是国会、首相及首相领导下的内阁与内阁委员会。2016年，特雷莎·梅上台后对内阁委员会的构成进行了局部调整，新成立了脱欧与贸易委员会，负责处理包括欧洲国防科研合作在内的脱欧相关事务。国家安全委员会的职能、核心人员保持不变，负责与国防、国际关系、恐怖主义、突发事件等国防工业方面相关事务的处理。

英国国防工业管理的绝大部分事务由国防部承担，但在核、航天领域实施军民分管，军用核、航天管理依然由国防部负责，民用核、航天的管理则集中在商业、能源与工业战略部，除此之外还会涉及财政部、内政部、司法部、国际贸易部、脱欧部等相关职能部门以及它们的下属机构、合作机构。

目前，国防部的主要职能部门有国防装备与保障总署、国防基础设施局、国防安全局，分别统筹管理需求采办、基础设施及国防安全相关事务。其余的管理与服务职能都从国防部逐步分离出去，由执行机构、研究机构等相关的合作机构负责。脱欧部是2016年英国公投决定脱欧后新成立的，目前的主要职能是负责处理脱欧相关程序。在国防领域，英国与欧洲的合作较为紧密，相关合作的继续开展都需要脱欧部的介入。

此外，英国政府积极推进国防工业领域管理的市场化：一方面政府将许多事务的开展交给科研机构、企业等商业机构，以市场化的方式开展相关活动，政府通过资助的方式对其进行监管，或者直接以招标的方式购买服务；另一方面政府大幅减少对国有军工企业的持股比例，推动国有企业上市，政府只通过"金股"对其决策进行限制，阻止威胁国防与安全的公司交易或持股的权利。

4. 日本

2014年6月，日本防卫省发布《国防工业战略》，指出国防工业是日本独立自主维护国家安全的基础，有助于日本加强在国际对话中的话语权，同时推动和引领国内高端产业发展。

日本《国防工业战略》指出，"日本自身需要维持必要的国防工业基础，生产符合日本安全政策和自卫队需求的装备，以防备国外实行武器禁运，做到独立自主地维护国家安全"，"在满足成本与周期等条件下，最理想的是由了解本国国情的日本国内企业来制造武器装备，特别是无法公开需求、无国际采购渠道、必须走国内研发途径的装备"，以确保维护国家安全的自主性，规避潜在风险。由日本国内企业制造武器装备的另一个好处是，可以为装备的维修保障、改进改型、技术支持、零部件供给便利，最大限度降低对国外的依赖，有助于提高自卫队的作战能力。《国防工业战略》还指出，从保密的立场来看，非国产武器装备很可能产生诸多问题，且其他国家也会以知识产权为由限制日本武器进口，因此日本应尽可能从国内获取武器装备,并提供维修保障等支持,以实现日本维护国家安全的自主性。

日本将国防工业视为国家先进制造和自主创新的主要牵引和动力。《国防工业战略》指出,日本国防工业涉及航天、航空、船舶、电子等国民经济的多个领域,其支柱产业分布广泛,稳定的国防工业活动有助于推动经济发展,解决日本国内的就业问题,是国家先进制造和自主创新的主要牵引和动力。此外,国防工业是高技术综合型产业,在有效推进先进民用技术转军用的同时,积极将国防产业相关成果转为民用,促进军用技术和民用技术不断相互转化、日益融合,推动日本整体工业能力的发展。

受战后体制限制,日本不存在国有军工企业与工厂,而是在政府扶持下,建立了以私有企业为主、寓军于民的国防工业生产体系,从事军工生产活动的大多是私有企业。日本防卫省武器装备采购中排名前 50 的军工企业均为私有企业,这些企业既有陆、海、空自卫队装备的主承包商,也有动力、电子、材料等专业化配套商,同时还有服装、食品等防卫物资的供应商。受“武器出口三原则”以及“国防预算不超过国民生产总值 1％”的制约,日本企业军品业务的客户仅为日本防卫省一家,装备订单数量少,国家对企业的投资不足,如果仅依靠国防订单,企业难以维持生存。因此日本大多数军工企业始终坚持民用事业带动军工发展的道路,依靠民品产业发展技术、积聚资本,以民用生产及技术基础维持国防工业基础。虽然这种方式对“二战”后的日本而言是不得已而为之,但在经历了几十年的发展后,优势还是比较明显的。国家避免了潜在的武器装备研发投资风险,企业对军民两用技术的重视使得企业产品与单纯的民用企业产品相较有着很大的优势,技术先进、质量可靠。在日本,除了弹药行业仅限于国防领域外,其他各领域均灵活利用民用技术与设备弥补国防装备的研发、生产与维护,客观上促进了国防装备对最新技术及设备的运用。

日本有代表性的军工企业有三菱重工、川崎重工、三菱电机、NEC 和东芝集团等,这些企业区别于美国、欧洲等国家和地区军工企业的一个明显特点是防务收入在其总收入中所占的比重偏小,最高的川崎重工也只有 10％左右,三菱重工为 9％左右,其他企业均在 1％～3％。一旦战争来临,日本航空自卫队的飞机数量能够迅速扩大 10 倍以上。日本坦克生产企业只有 3 家。如果把部分汽车工业转产坦克,可年产坦克 1 万辆;若以 30％的汽车工业能力来制造飞机,则年产量可超过 1 万架。

日本在武器装备制造上推行全面质量管理、准时制造及精益制造模式,以降低成本,提高效率。

11.2.2　典型军工企业的智能制造实践

1. 洛克希德·马丁公司

美国著名特种产品制造商洛克希德·马丁公司(也称洛马公司),将先进制造作为与先进航空、纳米技术、机器人、科学发现、量子并列的 6 大新兴技术领域之一,加强了在增材制造、先进材料、

受中国制裁的
美国企业.pdf

数字制造与先进电子的开发，并且积极参与 NNMI 中的相关制造创新机构，与客户一同加速从实验室到生产的制造创新，带来可衡量的商业价值。

F-35 隐形战斗机是由洛马公司负责研制的，在制造过程中，洛马团队实施了基于网络化制造/虚拟企业模式的虚拟产品开发创新工程。该项工程以全球化网络为基础，30 多个国家 50 多家公司参与了研发的数字化协同网络，形成了无缝连接、紧密配合的全球虚拟制造。F-35 项目在制造过程中使用了全数字设计技术，完全数字化的方法大大缩短了研制周期、降低了研制成本，且在研制过程中，形成的所有数据均可以实现即时传送，效率和准确率大大提高。

洛克希德·马丁公司还围绕导弹研发设计开发了交互式导弹设计系统，系统集成了几何引擎、推进系统、气动分析、空气热环境分析、结构动力学、武器效能及费用模型等，构造了基于网络的实时协同设计环境。

此外，精益制造模式在洛马公司还得以实施。例如，洛马公司在"渐进一次性运载火箭"宇宙神 5 计划中，应用 LAI（即精益航空航天倡议）工作流程，使得制造一枚运载火箭的时间从宇宙神 2AS 的 48.5 个月（1997 年）缩短到宇宙神 5 的 10 个月（2003 年），发射价格下降了 25％～50％。

洛马航空系统公司将全员培训作为公司推行精益制造倡议的主要措施，在生产中最大限度地发挥出人的主动性和创造性。公司共有 9000 名雇员，大约一半人进行了精益制造培训教育。1998 年培训时间约 80000 小时，相当于对每一名雇员进行 8 个多小时的精益制造培训。通过在制造工程与经营活动中实施精益工程，该公司生产的 F-22 战斗机的图纸审批循环从 64 天缩短到 17 天；C-130J 运输机项目自实施精益制造和质量管理后，平均价格降低了大约 50 万美元。

2. 波音公司

国外军工制造业一直比较重视信息化建设，推行了一系列提升制造信息化水平的计划，这些计划与精益制造在军工企业的实施过程中相辅相成，使武器装备制造业的基础能力得到了提高。

精益制造追求的是消灭生产中各环节上的一切浪费，而信息技术的支持使得这一想法能够更快、更好地实现。例如，波音公司在研制联合攻击战斗机（JSF）的验证机 X-32 的过程中采用了精益制造。由于 X-32 是异地设计制造，在装配过程中采用信息技术将零件和系统的图像实况转播和视频交互传送给各个有关部门，仅仅旅差费就减少了 400 万美元；在生产过程中，通过采用实体造型、虚拟装配、制造模拟等信息化手段，X-32A 的成本降低了 40％以上。

波音公司将精益制造引入生产线后，总装时间减少了 50％，减少了 55％在制品库存和 59％的存货。

波音 777 的设计制造过程是以波音公司为核心，集合其他具备核心能力的公司的敏捷制造。波音公司作为敏捷制造组织的核心企业负责大部分机身的设计制造和整体的协调，日本的三家公司负责 20％的机身的设计和制造，在约 74 件组件中三菱重工主要制造三段机身的壁板和旅客舱舱门,川崎制造两个机身段的壁板、机尾密封框、货舱舱门和一些机翼部件,富士则负责制造机翼、机身整流罩、机翼中央段和主轮舱舱门,在经济上承担 25% 的发展成本。发动机由美国通用电气公司、英国的罗尔斯-罗伊斯公司以及美国普惠公司负责提供。另有一部分组件外包,以实现虚拟化。通过企业间的利益共享和风险共担来实现企业间的精诚合作,强调联合竞争、共同盈利的合作机制。

3. 贝尔直升机公司

贝尔直升机公司在实施精益制造后,V-22"鱼鹰"倾转旋翼机的生产移动时间减少了 70%~90%,装配时间减少了 37%。同时由于减少及合并了制造工序,改进了可视性和通信,使得制造一架飞机的时间大大减少,而且不需要返工。

4. 诺斯罗普·格鲁曼公司

2010 年美国导弹防御局和诺斯罗普·格鲁曼公司利用仿真系统完成了 2009 年的弹道导弹防御系统性能评估活动。该活动是一个端对端系统级仿真,用于分析弹道导弹防御系统集成雷达、通信网络以及拦截弹在各种场景内如何开展工作,反映了弹道导弹防御系统从敌方导弹发射到对其进行拦截的全过程。评估活动利用仿真系统进行了 2500 次以上的试验,并为 36 个截然不同的场景设定了基础配置,性能评估活动取得了成功。此外,美国德雷珀实验室在改进"三叉戟"导弹制导与控制系统时,也采用了基于仿真技术的设计方法对方案验证和系统性能进行评估。

5. 雷锡恩导弹系统公司

精益生产作为当前工业界最佳的一种生产组织体系和方式,在以雷锡恩公司为代表的武器装备制造企业的实践中取得了显著的成效。

参与美国 LAI 计划以来,雷锡恩导弹系统公司汲取当时已较为流行的"柔性制造""敏捷制造"等先进制造思想,紧密结合其实际导弹生产制造流程,以"既精益又灵敏"为目的,对传统的业务流程进行了变革,其中,以"柔性生产单元"和"多导弹制造设备"等为代表的制造方式成为精益思想在其导弹生产过程中的重要实践。

该模式所取得的具体成效包括:一是先进中程空空导弹(AMRAAM)项目——目标探测装置定位架(spacers)的研发成本降低了 60%,目标探测装置外包装材料(overwrap)的研发成本降低了 36%;二是战斧巡航导弹项目——发动机进气道的研发成本降低了 22%;三是密集阵舰炮项目——大容量炮架的研发成本降低了 27%;四是改进型海麻雀导弹(ESSM)项目——与战斗部兼容的测距仪天线罩原型的研发仅用了一周的时间;五是响尾蛇 AIM-9X 空空导弹项目——线束罩(harness cover)原型的研发仅用了两周的时间。

现今,精益生产已经作为一种理念深深地扎根于雷锡恩导弹系统公司的科研生产管理全过程中,并且通过进一步吸纳其他先进管理思想(如"六西格玛"等),逐渐演变为如今的"雷锡恩六西格玛",积淀成为雷锡恩导弹系统公司独特的管理哲学。

6.俄罗斯无线电电子技术公司

俄罗斯无线电电子技术公司成立于 2009 年,隶属于俄科技集团公司。其成立之后很快建立和实施了现代化综合企业管理模式。短期内对其并购企业进行了全面审计,梳理了内部合作关系,编制了公司系统的发展战略以及主要业务方向。其主要发展方向包括：军用和民用机载无线电电子设备、空基雷达、国籍识别系统与设备、电子战系统、多用途测量装置、电插头/连接器以及电缆接线排。

军民融合、兼并重组、柔性制造、产业链整合及技术群集聚是该公司推行的特种产品研制、生产及管理模式。

7.英国宇航公司

英国宇航公司在实施先进制造的 5 年时间里,军品销售额基本保持不变,成本却节省了 7 亿英镑,雇员从最多时的 6 万人减少到了 3 万余人。

8.英国 BAE 系统公司

数字化制造环境的引入为 BAE 系统公司的航空系统集团带来了重大效益,该集团是欧洲战斗机"台风"制造商。它也是 JSF(联合攻击战斗机)的合作伙伴之一,并从中获得重大效益。数字化制造实现了与设计标准及工程标准相匹配的产品标准,在虚拟环境中使用共同的工程工具,使每一个从事该工作的人可以看到产品不同部分的相关性,而无须一系列的界面、重新绘图、说明,也不需要检验关键特征及制造的实物标准。

9.欧洲航天局

通过开发并实际使用协同工程环境,欧洲航天局(European Space Agency,ESA)有效解决了需求管理、项目管理等问题,实现了设计流程、设计文档、设计方法、设计工具、设计架构和设计成果本身的重复使用,显著提升了型号的研制效率,降低了项目风险。ESA 还建立了多个并行设计支撑环境,由服务器、网络资源、基础软件、多媒体系统、多学科团队、标准规范等共同组成,实现了资源共享、协同设计的目的,在方案论证工作中发挥了重要作用。近年来,ESA 相关部门采用并行设计支撑环境完成了 130 余项未来项目的系统级概念研究与设计,以及 7 个新型运载器项目的概念设计,极大地缩短了研发周期,同时改进了产品质量和任务设计的一致性与完整性、技术可行性、风险控制及成本控制。

10.三菱重工

三菱重工是日本最大的军工企业,承担着日本防卫省约 25％的生产任务。其业务涉及核能设备、航空航天系统、防务系统、车辆、造船、动力系统、通用机械、机床、空调与制冷设备、钢结构、印刷机等众多领域。其中,通用机械与车辆业务、核能业务占较大比例。

三菱重工一方面向军需产业投入力量,同时在民间设备投资及出口主导型路线上继续发展,而对外宣称防卫产业只是其副业。由此可见,三菱重工的特点是亦军亦民,可根据形势变化及时调整产业方向:在和平时期,发展耐用消费品、重大技术装备和武器装备(战机、舰艇、坦克)并举,同时,向高技术产业装备制造扩展,如核能、运载火箭、导弹等;在战争期间,能尽快转入军品生产,进入武器装备领域,发展军工制造业,通过军备订货促进发展。

11.3　全球军工智能制造的发展趋势

为顺应新时期世界武器装备发展的新趋势,满足新形势下武器装备的需求,世界主要军事大国和军工行业部门也积极应变,不断通过智能制造调整武器装备科研生产的重心和发展模式,主要呈现出以下几个方面的趋势。

一是注重技术储备,以高新技术保障"高精尖"武器装备发展。高新技术水平是"高精尖"武器装备发展的关键。世界各军事大国充分重视高新技术储备。美国制定了一系列与武器装备高新技术储备相关的战略规划,特别是美国的《国防授权法》中,很早就从政策上对军民两用技术的研发做出了详细规定,目前美国已建立了较为完整的技术立项研发、技术转移、成果转化相关的政策体系。同时,为了促进高新技术的研发,美国陆续出台"美国国家创新战略""技术再投资计划""美军关键技术计划""两用技术核心计划""小企业研究计划""合作研究和开发计划""联邦实验室多种经营计划"和"NASA 技术利用计划"等,并持续不断更新,有效地推动了高新技术的储备和转移。尤其是《美军关键技术计划》(MCTP),旨在保障美国国防科技的全面健康可持续发展,其中"样机研制加有限生产"策略的广泛实行有效促进了技术储备工作。

二是更加重视智能制造技术在武器装备科研生产中的应用。将智能制造技术应用到武器装备的生产研制中,可以有效缩短武器装备的生产研制时间、降低生产研制成本、提高武器装备质量。目前,世界各主要军事大国在武器装备科研生产中纷纷开展智能制造技术实践。比如,欧洲启动"面向知识工程应用的方法和工具"计划,建立共享设计平台,大大缩短了武器装备的设计时间;美国拟"通过下一代可视化技术提高集成设计效率"项目开发软件工具,利用虚拟样机实现缩短设计时间、降低设计成本。此外,机器人焊接系统也在欧美国家的国防科技生产中得到了广泛应用。

三是联合研制以分摊成本。在当前战争发展趋势中,联合作战成为常态,这对武器装备通用性提出了更高的要求,不同军种或不同国家联合研制已成为武器装备研制的重要模式。2006 年 3 月英法两国签订了联合研制较大吨位新型航空母舰的协议,按照计划,英法两国共同制定了通用的航空母舰基础设计方案,来指导英国的未来航母(CVF)建造计划和法国的 PA2 航母建造计划,虽然此次联合研制由于法国预算原因最后搁浅,但英国通过联合研制获取了多项国外先进技术,法国自身的航母技术也取得了进展。此外,洛马公司主承担研制的 F-35"闪电Ⅱ"联合攻击战斗机也是一个由多军兵种(海军、空军)、多国(美国、英国、意大利、荷兰、加拿大、挪威、澳大利亚、丹麦、新加坡和土耳其)联合研制的武器装备的典型案例，F-35"一机多型"的设计方案可以满足不同国家、不同军兵种的不同需求，并能有效分摊研制成本，同时由于联合研制国家主要为北约成员国，相互之间数据互通也能有效促进协同作战。

四是改造老式武器装备，提升武器装备智能化程度。新型智能化武器装备的研制开发周期长、成本高，对现役的老式装备进行信息化改造可以降低成本、节约时间，因此世界各国充分重视改造老式武器装备，以满足现实军事战争装备的需要。目前美军使用的许多装备都是经过信息化改造的武器装备。比如，美军在海湾战争后对 B-52 轰炸机进行了 16 次信息化改造，大大提高了它的自主导航、定位、通信和精确打击能力；在普通炸弹上"嵌入"GPS 制导系统，提升弹药的精确制导性能。

五是民技军用，军民融合式的武器装备科研生产体系一方面有利于统筹协调国防建设和经济建设，另一方面也能有效提升新技术的两用性。目前，美国、欧洲、日本等世界主要军事大国和地区的武器装备研制生产体系多为军民融合的模式，而且多由最高层实施顶层决策和宏观管理，通过法律政策推动，采用民为军用的军民融合建设方式，将军民两用技术研发作为着力点，军民融合型企业是创新主体。

11.4　中国国防工业智能制造探索

"中国制造 2025""德国工业 4.0""美国先进制造合作伙伴计划"均将智能制造技术作为带动产业发展，实现制造业整体变革的核心发展方向。作为国家安全保障和国家经济发展的支柱性产业之一以及中国制造业发展最高水平的典型代表，中国国防工业企业在新的时期发展智能制造技术具有两个方面的重要意义。一方面，面对武器装备研制单件小批量、快速定制的特点，传统制造模式因存在质量稳定性不高，生产效率偏低，过程数据不完整、不系统，问题处理及时性较差，人员加班加点多等问题，使得型号研制的风险与成本显著增加，亟须通过智能制造技术解决生产中面临的效率与质量问题。另一方面，国防工业企业具有较好的工业技术基础，在中国制造业发展中位于前列，作为"中国制造 2025"的重点领域，发展国防工业的智能制造，对于构建先进制造体系具有重要的引领作用。

11.4.1　中国航天智能制造技术体系

1. 背景

当前，卫星等航天器作为现代高端装备的典型代表，其制造环境与运行环境差异较大，具有探索性、先进性、复杂性、不可维护性、高风险性的突出特点，这决定了航天器的生产制造模式——单件、小批量生产。随着任务量的增加，以及航天器性能指标、质量与可靠性要求的不断提高,航天器制造模式呈现出研制与生产并存、多型号交叉并行、单件与组批混合的变化,生产任务量大且不均衡,对航天制造体系(包括产品制造的管理水平)提出了更高的能力要求。

一是面向用户的柔性定制能力。在新的形势下,航天制造的柔性体现在对产品的柔性、对批量的柔性和对成本的柔性。航天制造体系必须能够适应包含各类卫星、飞船和探测器的不同类型、不同质量标准、不同批量、不同成本控制的要求,并能够以最短的时间满足客户的要求。

二是面向设计的开放性响应能力。设计是产品核心功能实现的关键环节,建立面向设计的开放响应能力(包括设计技术指标的形成、更改和变化),有助于推动航天器制造整体能力的提升,保证效益的最大化。

三是国产化自主能力。中国航天制造受到国外的装备与技术封锁,自主发展能力既是中国航天发展的优良传统,也是突破发展禁锢和实现跨越式发展的重要基石。国产化自主能力也是由航天大国向航天强国转变的核心能力,只有制造强,才能航天强。

四是绿色节能环保能力。绿色环保是先进的理念,更是可持续发展的前提。航天制造技术应该自觉主动地引领先进的发展方向,积极开发绿色制造技术,形成具有可持续性的产业能力。

五是先进技术和制造体系发展能力。航天作为高新技术,对技术先进性的追求永无止境,同样不断追求航天制造技术的先进性。未来航天的发展依赖于先进制造技术的应用,更依赖于制造技术、管理方法融合一体的制造体系的发展能力。不断创新制造技术和体系是实现航天创新的基石。

六是相关产业的协同/协调能力。制造产业链是航天制造体系得以发展的前提。在新时期,构建新的制造体系,实现从相对固定的产业链向动态的、广泛协同的产业链发展,需要航天企业具有更强的协同和协调能力。

2. 航天智能制造的具体做法和成效

智能制造作为新的制造模式和技术,可为高品质复杂零件制造提供新的解决方案,更适应单件小批量产品生产的需要。在制造模式方面,智能制造是通过网络高度连接、知识驱动,优化企业全部业务和作业流程,可实现生产力持续增长、能源持续利用、提高经济效益目标。在制造技术方面,智能制造利用传感技术、智能技术实现制造过程的无人化,可改变航天器不可维修的现状。

中国航天智能制造技术体系(China Aerospace Smart-manufacturing Technology,CAST),采用了数字化、网络化、智能化等手段,通过单元化、定制分离、数字化与自动化融合,支撑了载人航天、北斗导航、高分遥感等航天产品的研制,正是智能制造在航天领域的典型实践。

CAST 的成功实践为航天器制造的转型发展打下了坚实的基础。CAST 诠释了本书研究的智能制造先进理念,对 4 个字母可解读为:C 既可代表 China,也可代表 Cloud；A 代表 Automation(自动化)，也代表 Analytics(大数据分析)；S 包含 Smart(智能)与 Service(服务)；T 代表 Transformation(转型)或 Transition(变革)。

1) 航天产业云制造

云制造是近年来提出的一种基于知识和服务的高效网络化智能制造模式。在 CAST 体系中，航天产业云制造利用云计算、云制造技术，通过对现有网络化制造与服务技术进行延伸和变革，将各类制造资源和制造能力虚拟化、服务化，并进行统一、集中的智能化管理和经营，跨界构建动态技术网、动态制造网、动态营销网，实现智能化、多方共赢、普适化和高效的共享和协同，推动航天制造由相对固定的产业链向相对动态的产业网转变，从而推动实现面向用户的、性价比优良的，高品质、高效率的产品与服务。

通过 CAST 平台，航天制造企业加强与外部厂商、科研院所等合作，促进军民技术的转换与融合，引进民营资本和社会资本，盘活资产，不断孵化、培育制造资源云、技术云、资本云，从而促进航天产业的发展，满足军品、民品及国际市场的需求，实现航天产业的军民深度融合发展。

2) 基于数据分析的自动化

数据是智能制造的灵魂。对从设备、人、机器、流程、生态链上采集的海量数据进行分析并转化为有效的服务提供给客户，是制造系统智能化的重要体现。在 CAST 体系中，通过自动化与数字化的融合，以数据为核心实现生产过程中设计、工艺、加工、检测、试验全链路的打通和闭环。中国航天器研制经过近 50 年的数据积累，近年来初步实现了产品特性、单元数据、流程数据、工艺数据、设备数据等的分析和挖掘。同时，通过数据的历史积累和对用户需求的分析，初步实现了工艺、生产布局、运行计划等的量化输出，完成了数据驱动管理流程、生产装备、数据采集和决策分析等的自动化，推动了生产方式的自动化变革。主要体现在以下方面。

一是研制流程的分析。针对航天器中的管路、电缆网、直属件、结构板等典型产品，在现有设计制造协同、以 TC 为基础平台的三维工艺设计与研制模式下，通过对产品研制过程中关键流程和重点环节的分析，实现型号产品的设计、工艺、制造、检测、装配(装联)、交付的数字一体化闭环管理，从而达到优化产品性能和提升效率的目的。

二是单元的数据分析。根据不同产品的工艺特点，建立了专业化生产单元，实施单元生产模式。通过对生产单元内数据的分析，实现资源、任务的合理调配与安排，消除生产瓶颈，提高生产效率。

三是装备自动化。装备自动化可以提高生产效率，保证产品质量，推动生产能力的持续提升。例如：埋件自动涂胶机器人通过视觉定位等技术，实现自动涂胶，单个埋件涂胶时间 0.75s，每分钟可涂胶 70 个，效率提升 120％；胶层厚度偏差 ±2％，上胶量偏差±5％。自动胶膜热破机，胶膜热破率达到 99.9％，生产效率提升 300％，设备应用明显降低了劳动强度，减少了岗位人员。蜂窝芯自动清洗机器人实现了无人化操作,生产效率提高 50%。埋件自动缠胶机可连续作业,每分钟可完成 180 个,效率提升 200%,单个埋件质量偏差±1%。发泡胶自动植入机器人连续作业,胶量可控,质量稳定,每分钟可完成 100 芯格,效率提升 200%。面板自动涂胶机器人实现自动化涂胶,生产效率提高 150%;胶层厚度偏差±3%,上胶量偏差±5%。大、小缠绕机兼容用于环氧树脂基体复合材料和氰酸脂基体复合材料缠绕成形,实现多丝束缠绕,张力在线监测、闭环控制,温度传感器直接接触胶液,胶液温度控制精度±3℃。

四是信息采集自动化。在自动化装备应用的基础上,打通了软、硬件之间的数据通道,实现了航天器研制过程中各类信息的自动采集。例如电缆网研制过程实现了设计、工装、加工、测试过程各类数据的自动采集。同样在数据分析的基础上,焊接工艺在实施前可完成数字模型模拟,实现了焊接等自动化设备加工过程可视化,特殊过程参数实时监控、记录、分析、预警,为后续的再优化提供依据。

3）基于智能化的制造服务

CAST 制造平台主要体现在技术层面的智能化和产品层面的服务化。智能化主要包括设备智能化、单元智能化、工厂智能化、供应智能化 4 个层次,通过柔性制造单元和软件系统(智能化的信息管理平台、物流物联系统、设计单元、自动化采集系统)打通软、硬件的数据链路,采用大数据分析等技术手段实现各个级别、各个层次数据的采集、控制、执行和分析,保证制造过程的闭环控制和高效运行。产品的服务化主要包括面向市场的商品、制造、智能制造等相关的体验服务和技术技能培训等。CAST 制造在单元化制造方面取得了显著成效。例如,通过单元化生产,基板的单件工时缩短 15%,年均产量提高 6 倍;结构板的单件工时缩短 45%,年均产量提高 3 倍以上。

在单元化生产模式的基础上,通过整合自动化装备可实现单元化与数字化的结合,目前已经建成结构板、精密机加、电装、管路等一批生产线。各生产线是以三维设计模型为核心的信息链路,可实现产品研制过程的统一数据源、信息闭环。在此基础上,构建了智能管控与决策平台,具有如下功能:以产品(商品)的齐套流转为目标,通过基于产品实现流程的计划分发与控制实现即时准备的物流配送;第一时间、第一现场发现问题与解决问题;合理有效的设备人力资源配置;高效、完整、即时的数据包生成与判读;准确、快捷的成本核算,从而实现产品在线上的连续流转,拉动配套零部件与资源的逐级补充。

4）基于制造模式的转型发展

CAST 基于制造模式的转型发展主要包括技术驱动的转型和模式驱动的转型。技术驱动的转型体现在从减材制造向增材制造转型、从信息互联向物物互联转变、从机器固定向机料互动转变。模式驱动的转型主要体现在推动式生产模式向拉动式生产模式转变、单一封闭模式向开放服务模式转变,从数字化制造模式向智能制造模式转变。借助 CAST 制造平台,积极推动航天器制造模式的转变,如为适应航天器追求轻量化、功能化的需求，开展了 3D 打印技术的探索和 3D 打印试验室建设。在数控加工车间构建上，通过车间自动化物流和物联系统建设，建立了时间-空间逻辑链接，实现了车间物料转运、加工和环境等实际状态的监控。在生产单元构建上，重点实现研制和生产分离，建立了基于自主研发的专业机器人和智能平台车的可移动制造单元。在生产环节的梳理上，尊重产业链发展的规律，加快航天系统内部单位之间的模块化分工，并促进其向高级阶段发展。

3. 未来展望

基于智能制造的 CAST 总体框架是借鉴互联网、云计算等技术，构建航天器智能制造的云、管、端：云主要是通过加强企业内部网络和物联网的建设，完善基于互联网的供应链；管主要是面向航天器研制过程，不断引进新设计、新工艺，采用工业工程专业方法和工具，优化、完善研制流程，提升产品制造的数字化、精细化、自动化、单元化 4 项核心能力，推进研制模式向拉动式生产、精益化生产转变，向下支撑航天制造产业链的完善与发展，向上满足新原理、新技术、新战略、新集成的需求；端是指用户的需求端，航天器智能制造就是面向用户，解决产品不断采用新原理、新技术、新战略、新集成的需求。

在迈向智能制造的征程中，应注重整体制造模式和技术手段的相互促进和协调发展。在当前的技术条件下发展智能制造模式，应不断深化制造模式研究，优化产品生产流程，夯实数字化制造技术，持续推进产品数字化设计思想和制造技术的融合与推广应用，加快增材制造等新兴制造方法、装备、工艺及应用方法的研究，实现生产装备的自动化、数字化，利用车间制造执行层、控制层的信息系统，构建产品数字化单元体系。而后，持续发展物联网、大数据、云计算等技术，逐步实现以感知、分析、执行一体化为代表的智能制造水平，开展在轨组装、在轨加工、在轨增材制造、空间机器人等技术的研究，提升天地一体化网络通信能力，逐步实现天地一体化协同的航天器智能制造模式。

当然，航天智能制造在推进过程中还存在诸多的技术难点，例如当前航天企业数字化制造水平参差不齐，信息物理融合系统、大数据分析技术、天地一体网络技术等很多关键技术有待突破，无线通信带来的信息安全问题还缺少完善的解决方案，智能制造自身所需要的高层次人才缺乏等，这些问题均需要在深入推进智能制造的过程中予以解决。

11.4.2 飞机结构件数字化车间构建

飞机结构件加工是典型的小批量、大柔性离散型制造，在实现智能制造转型过程中存在诸多难点。中国航空工业成都飞机工业（集团）有限责任公司提出了面向智能制造的飞机结构件数字化车间构建关键技术，为建立飞机结构件智能制造范式奠定基础。

1. 背景

飞机结构件加工具有品种多、批量小、科研批产混线等离散制造特征,又具有多学科交叉、工程边缘性问题多、尖端性技术突出等特点,为其智能制造转型带来了几个难点,具体体现在以下 4 个方面。

(1) 飞机结构件加工涉及制造大纲编制、毛坯订货、工艺程序编制、下料、粗加工、精加工、去凸台、钳工打磨、表面处理等多个环节,这些制造环节通常分布于不同部门,在不同时段由不同人员和设备进行处理,各环节信息系统相对孤立。一件产品的形成往往会经历多个时间和空间的变换,无论是在每一个特定时空连续的制造过程,还是不同时空之间承接性突变的制造过程,都将产生大量与产品相关的制造信息。这些信息发生所涉及的时空开放性强导致采集度低,信息涉及范围广造成集成性差,从而导致飞机结构件智能制造转型缺乏信息基础。

(2) 飞机结构件几何特征复杂,通常一项零件具有多种槽腔特征,同一槽腔具有多种加工轨迹设计方法,每一种加工轨迹下具有多种加工参数设置方法。因为缺乏统一工艺编程标准,不同工艺编程人员针对同一项零件或一类相似零件,往往具有不同的加工工艺规划和程序编制方法。即使同一个工艺员,在不同时间针对相似工件也会编制出不同的加工工艺,所加工形成的产品质量波动性较大。产品质量数据的一致性和可重复性较差,使得加工质量数据样本容量过大,聚集特征不足,为建立零件质量数据库,实现数据深度分析和优化带来了极大的挑战。

(3) 飞机结构件材料以高强度、高刚度的航空铝合金、钛合金和复合材料为主,普遍采用五轴联动铣削加工完成。一方面,加工过程材料去除率大,刀具与材料切削运动伴随强烈的交变载荷和温度变化;另一方面,五轴数控机床精密复杂易受到加工力和温度变化影响而产生加工误差,进而影响飞机结构件的加工精度。此外,五轴数控机床的进给单元、刀库、冷却系统、液压系统、电控系统、数控单元等多个复杂系统都处于频繁动态工作中,任何系统或单元故障都将影响产品质量。数控机床精度退化和系统故障都将影响优质、高效加工,成为飞机结构件智能化生产的一道屏障。

(4) 飞机结构件制造过程中,科研生产混线,多品种、小批量个性定制特征明显,对制造系统柔性要求高。在设计制造初期,飞机结构件种类多,单件需求量小,通常还会依据设计需求进行某项零件的个性化定制加工。在制造稳定期,结构件加工产量需求明显提升,并要求能及时响应设计更改实现快速制造。而任何一个飞机结构件制造企业必然存在研究产品和批产零件交替和并存的情况,在当前单机制造模式或简单小柔性制造环境下,还难以实现飞机结构件个性化定制加工与大柔性快速批产结合的智能制造生产模式。

2. 数字化车间构建关键技术

智能制造既是制造业转型参考的范式,也是实现优质高效生产的重要手段,但归根到底智能制造必须服务于制造业提质增效的目标。就当前飞机结构件制造具有的工业、信息技术基础而言，实现智能制造还需从飞机结构件的智能化设计、短板智能装备的研发、关键工业智能软件的开发、智能加工工艺研究、智能传感检测、大数据分析技术、云计算等多个方面努力。必须认识到这是一个漫长的过程，距离智能制造依然还有相当大的距离，规划未来制造蓝图的同时更需要立足当下国情、企业行情，持续推进基础工业和信息技术的发展。

数字化车间作为智能制造实现的基础载体，是迈向智能制造不可跨越的基石，也是结合当下飞机结构件制造基础走向智能制造的第一大步。本章基于飞机结构件制造转型的难点分析，提出飞机结构件数字化车间构建的关键点如下。

（1）自上而下，建立飞机结构件制造信息协同系统；自下而上建立制造过程信息采集系统，共同形成飞机结构件智能制造的信息网络基础。

在上层构建企业 MES 云系统，企业制造云平台一方面与供应商企业连接实现供应商协同管理；另一方面与设计数据进行集成，通过协同设计制造平台实现从设计到零件制造的全流程数字化。在底层构建制造资源保障系统、零件自动加工系统及车间智能物流系统，与车间智能管控系统集成，对生产现场进行实时信息采集和管控，解决飞机结构件制造过程信息采集度低的难题。在中部建立 MES 信息纽带，车间 MES 向下与智能管控系统集成，下发生产计划，向上与企业制造云平台集成，接收公司级生产计划并反馈车间生产任务完成情况，以车间 MES 为纽带实现企业顶层与制造底层纵向信息流通；通过不同车间级 MES 系统在企业 MES 云系统中实现信息共享，打通飞机结构件制造横向信息交互，解决飞机制造过程信息集成度低的难题，从而建立结构件智能制造的信息网络基础。

（2）全面采用零点定位快速装夹、零件在线测量、基于特征的智能编程技术、工艺知识库及加工仿真等工艺技术，建立具有高度工艺一致性的数字工艺体系。

采用零点定位系统可实现零件与通用工装所构成的整体在运输及加工时快速装夹，同时确保工装在同种机床装夹时安装位置的高度一致性。采用零件在线检测技术，一方面可实现零件加工初始位置找正，确保相同工件加工初始位置一致性；另一方面在加工过程中可进行间歇性测量和加工参数调整，确保零件最终加工质量具有高度稳定性。采用基于特征的智能编程技术可以有效减小人机交互频次，统一同类零件特征的工艺处理规范，提升飞机结构件工艺规划的一致性。应用加工仿真技术对飞机结构件切削参数进行优化整合，通过工艺知识库对切削参数进行统一管理，建立飞机结构件切削参数选择标准方法。通过上述多种技术的应用，在飞机结构件制造流程中的物理接口和信息接口处建立统一的规范和标准，形成具有高度一致性的工艺体系，使得飞机结构件制造过程工艺信息一致性和重复性大大提升，为飞机结构件智能制造奠定数字化工艺基础。

（3）全面整合刀具监测与寿命管理技术、数控装备远程故障预警技术、机床精度快速评测技术，建立数字化车间可靠性保障技术体系。

应用刀具特征检测与识别技术，结合刀具磨损机理，建立刀具寿命预测曲线，开发刀具在线监测与寿命管理系统,有助于及时获取加工系统中刀具的寿命状态,一方面可以避免刀具破损、断裂等突发问题引起的加工质量事故,另一方面通过刀具状态监控与寿命预测研究能够提升刀具的利用率、降低制造成本。开发数控机床精度快速评测技术,实现飞机结构件加工精度的事前预测,能有效避免高价值零件加工质量问题,也为机床预防性维护保养提供了指导依据。建立数控装备远程监控系统与故障预警系统,及时获取车间加工装备的状态信息,通过故障预测模型和设备维护专家知识库,实现车间设备故障提前发现、及时排除,能有效避免重大设备故障,提升设备综合利用率。从刀具监测与寿命管理、精度评测和故障预警等多方面努力,建立数字化车间可靠性保障体系,全面提升飞机结构件制造系统的可靠性,为数字化车间的健康运行提供重要支撑。

(4) 全面应用柔性生产线、自动化立体库、车间 AGV 小车、工业机器人以及自动化上下料系统,建立可变节奏数字化加工车间以及物流系统。

建立由多条柔性生产线构成的加工车间。同一条柔性生产线内的加工具有可替换性,以满足批量生产要求。不同柔性生产线之间的加工设备具有互补性,以满足个性化定制加工的需求。每条柔性生产线具有独立的运输及缓存功能,能够满足短时间无人工干预加工的需求。每条柔性生产线分别具有至少一个物料和刀具进出接口,并通过物料 AGV 和刀具 AGV 与车间立体仓库建立物流通道。车间立体库依据生产计划自动存货和出货,货物(工装、毛坯、刀具)由 AGV 小车运送到生产线物流接口,再通过自动上下料结构、工业机器人分别实现柔性生产线物料和刀具的补充和更换。车间物流系统采用 RFID 射频识别技术,可以甄别货物的具体规格参数,并通过物流仿真系统实时显示和生产现场一致的物流状态,用以实现生产全流程物料状态监控。由柔性生产线、自动化立体仓库、自动上下料系统、AGV 小车及机器人所构成的数字化车间具有灵活的调整能力,能够很好地适应飞机结构件科研生产混线,以及大批量生产与多品种、小批量个性定制的多重要求,为飞机结构件数字化车间提供了必要的基础支撑。

美日 F-35 机群咄咄逼人,中国歼-20 能从容应对吗.pdf

11.4.3　制导弹药智能总装生产线研制

中国科学院沈阳自动化研究所针对弹药智能制造面临的高安全性及可重构性等共性技术难题,研制了系列化弹药智能制造工艺装备与成套智能生产线,满足多型号产品共线生产需要,实现了行业首创应用。项目为弹药总装行业由传统手工为主的制造模式到智能制造模式的转变,提供了技术支撑,实现自动化生产与信息化管控深度集成,自动化率达到 80%,质量参数在线自动检测率达到 100%,危险工位实现无人化,生产效率较行业传统制造模式提高 2 倍以上,经济效益及社会效益显著。

1. 项目背景

弹药尤其是先进的制导的弹药为重要国防装备，弹药制造为典型的危险有害工种。在军用弹药行业，共有生产制造企业上百家，是维护国家安全、巩固国防和发展军事力量的重要保障。我国的弹药生产制造行业经过几年来的工艺技术进步，突破了部分重点工艺技术，实现了部分工序、单机和单元的机械化操作，提高了一定的生产效率，降低了成本，但生产组织方式、工艺流程和制造装备都没有根本性的改变，产品工艺技术和装备技术水平与国际先进水平相比有一定差距，还有诸多关键技术问题需要解决，急需进行智能制造升级。目前，弹药总装仍以传统人工操作为主，存在生产效率低、质量一致性差、不适应新型号产品快速响应制造及生产过程本质安全度低等问题，无法满足未来弹药"高精、高效、高安全"要求。现有装备尚未突破易爆环境下的机器人防爆、超高可靠性操作、多产品混流共线生产及安全感知控制等技术壁垒。研制弹药总装智能生产线，并建设弹药总装数字化车间，解决行业效率及安全问题，改善工人生产环境具有重要社会及经济意义。

2. 项目目标

弹药智能总装生产线的目标为：将传统的人工总装模式转变为具有紧时序约束的拉动式自动化生产，实现生产模式的精益化及标准化；解决弹药智能制造所面临的高安全性及在线可重构性等共性技术挑战，研制系列化弹药智能制造成套装备，满足防爆性及高可靠性要求，并集成成套智能生产线及数字化车间，适应多型号产品混流共线生产，实现其制造过程的自动化及智能化；通过工业互联网实现物、料、法、环的互联互通及信息感知，提升信息化水平，并将自动化生产与信息化管控深度融合。减少危险有害生产环境用工数量、提高作业效率、提升产品质量、保障安全生产、实现行业制造模式创新及首创应用、助推行业转型升级。

具体目标包括：

（1）生产效率较传统制造模式提升 2 倍以上；

（2）自动化率达到 80％以上；

（3）资源利用率提升 100％以上，减少资源、场地浪费，人员由 40 人减少到 9 人；

（4）危险工位无人化；

（5）检测、测量在线化及自动化，数据通过现场总线上传；

（6）物料配送智能化，根据 MES 派工计划，通过智能物流装备实现物料及时配送；

（7）状态监测实时化，装备、产品及物料联网，现场装备状态自感知和互感知、产品及物料身份信息及制造过程状态信息感知；

（8）生产信息集成化，实现全制造过程及全制造元素的信息感知、贯通及集成，为大数据挖掘优化做准备，装备、产品及物料联网，现场装备状态自感知与互感知、产品及物料身份信息及制造过程状态信息感知；

（9）决策数据化，通过产品信息、装备状态、物料信息等的集成化上传，实现及时决策，减少等待时间；

（10）生产线实现虚拟化，虚拟现实与物理工厂融合，实现工艺仿真优化，提高生产线实施的可行性及合理性；

（11）人、机、产品互动化，对所有操作过程进行人机工程优化设计，提升操作过程方便性，减少操作人员疲劳，各工位实现手动/自动功能切换；

（12）产品多样化，可适应一定范围内不同型号产品的混流共线生产，可快速复制扩展。

3. 项目实施与应用

弹药智能总装生产线集产品装配、在线检测、多机协调控制及智能化管控于一体，可实现产品装配、检测、喷码、包装和成品智能垛放等全总装过程智能生产。同时具有产品配套管理、生产信息管理、不合格品信息记录、性能参数记录分析、产品数据自动维护的数字化生产管理功能，并实现生产过程监控显示。项目构建了满足弹药总装生产数字车间多层模块化体系，包括：现场智能装备与物流装备的工序控制层、过程监控及综合控制层、制造执行系统管控层。现场装备控制层由专用智能工艺装备、智能检测设备、物流传输线等专用设备组成，各装备通过现场工业网络连接，实现工序级的内部控制及信息的采集和双向传输。过程监控及综合控制层由过程监控软件平台及综合控制平台等构成，实现对各类设备的数据采集和纵向信息集成，实现对生产现场时空状态的监视，通过在线分析诊断技术，提供质量缺陷、设备故障、工艺参数修正等方面的预警和控制。制造执行控制平台层由制造执行基础服务及生产调度系统等组成，实现整个生产的上层组织与调度。

生产线经过方案设计、现场安装调试、试运行及批量生产等过程，满足某弹药的批量化生产要求，生产线无故障运行率达到了99%以上。与传统弹药总装模式相比，在厂房等资源利用率、生产效率、质量一致性、现场人员数量、自动化率及生产本质安全度等方面具有质的提升，其中危险工位实现无人化，总体人员减少75%，同产能节省厂房面积50%，生产效率提高2倍以上，一次性总装成品率达99%以上。

项目创新点及关键技术包括以下几方面。

（1）率先攻克了弹药自动化装配检测安全工艺技术，建立了弹药智能装配检测工艺库，并进行了全制造流程工艺优化与集成。由于弹药生产的危险性及特殊性，目前弹药生产所有的技改和安改均在原有装配工艺上用机械代替人工，不能实现生产工艺过程的优化。虽然部分工序实现自动化，但生产效率和产品质量不能得到本质的提高。分析弹药装配检测工艺对弹药生产的作用及性能影响，突破原有装配工艺限制，研究了适用于自动化生产的弹药装配检测工艺，并在此基础上对弹药全制造过程进行了工艺优化与集成，形成了弹药总装工艺库。

（2）提出了多种机构安全及防爆安全技术，研制成功了装药装配、检测及物流3类18种系列化弹药专用智能工艺装备，替代了人工生产，提升了生产效率及本质安全度。由于弹药具有易爆危险性的特征,其生产制造所用的装备首先要满足安全性要求,装备的安全包含两方面内容:设备自身满足机械及电气防爆要求,设备操作具有超高可靠性。项目依据国内国际安全防爆标准,提出多种智能设备机械及电气防爆解决方案,设计了多种基于机械互锁的本质可靠执行机构,并采用力、视觉、温度传感器实现操作参数实时感知及安全闭环控制,确保了设备的安全性。

(3)研制了基于多机网络协调的弹药高可靠性安全控制技术体系模型,实现了复杂弹药生产线数据实时采集及全制造过程安全协调控制。弹药等危险品生产行业对多机网络控制的可靠性、协调性及安全控制的策略及方法都提出了很高的要求。本项目组成弹药装配生产线的专机较多,装配和检测工艺流程较为复杂,设备与外界的接口形式不尽相同,实现整条生产线各专机及设备高效、安全的网络化管理与控制,提高生产过程控制的可靠性及安全性是实现生产线高效安全运行的基础。项目通过采用关键技术实现了弹药生产线的安全协调控制,生产线的控制系统模型如图 11-1 所示。

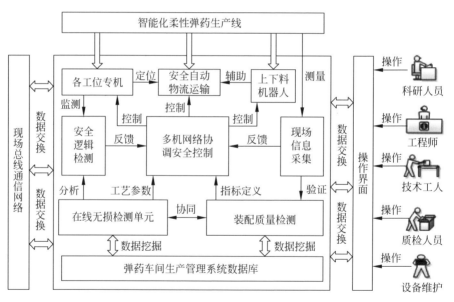

图 11-1　制导弹药智能总装生产线控制系统模型

(4)形成了弹药总装智能制造生产线及数字化车间集成技术体系,研制成功了集动态管控与自动化生产于一体的弹药智能总装生产线及数字化车间,填补了国内空白。将弹药工艺技术、安全防护技术、智能机器人技术、多种传感测量技术、工业互联网技术及生产过程智能管控技术集成应用于弹药总装制造,通过将现场设备通信接口标准化,以及将各单元通信协议及数据传输格式标准化,将制造执行系统(MES)等信息化系统与现场数据采集监视与控制系统深度集成,实现了自动化与信息化的深度融合,为弹药行业智能制造模式转型提供了技术积累及成功经验。

4．效益分析

项目在人员减少 75％及场地面积减少 50％基础上,可将生产效率提高 2 倍,具有较高的经济效益。生产线研制及实施形成了弹药总装智能制造技术体系及整体解决方案,相关技术在 2015 年申请发明专利 6 项。生产线的相关技术获得了多项国家奖励,其中,国家科技进步二等奖 1 项,中国机械工业科学技术奖 1 项,中国科学院科技促进二等奖 1 项。项目相关关键技术获得了 2014 年度国家"863 计划"先进制造领域机器人主题项目支持。

易爆危险品数字化、智能化成套装填及检测生产线的研究和示范应用是促进我国易爆危险品生产制造行业技术升级的重要手段,为传统产业转型,提高产品的附加值起到重要的技术支撑作用。自动化工艺装备及生产线的建立,将产生如下社会效益。

（1）提升弹药总装行业智能制造水平。

本项目紧密结合国家走新型工业信息化道路的发展战略,充分利用机器人技术、在线检测技术、控制技术和信息技术来提升易爆危险品行业生产制造水平,符合我国有关产业政策中关于支持信息化、数字化重大装备产业发展的精神。

（2）促进易爆弹药安全生产及职业健康。

本项目具有完整的自主知识产权,有很高的成果转化显示度。自动化工艺装备及生产线的建立,将极大地减少危险生产工序的人工数量,降低人工劳动强度,提高生产过程的本质安全度,提高生产效率和产品质量,促进易爆危险品生产企业在职业健康、安全生产、管理水平等方面的全面提升。

（3）提升绿色制造及环境保护水平。

本项目主要应用对象是易爆危险品行业,研究开发的技术与装备目标是提高本质安全度和生产效率,降低原材料等资源消耗,提高产品的质量和可靠性。通过数字化、智能化自动生产装备和生产线改善企业的环保条件,降低工作噪声和粉尘排放,减轻工人劳动强度,提高职业健康水平,实现易爆危险品的绿色安全生产。

国产航母建造
"小步快跑".pdf

11.5　深度解析——美欧在军工领域深化应用机器学习技术

近年来,机器学习技术与先进制造技术融合发展,成为世界各国智能制造落地实施的重要支撑技术之一。美欧等军事强国重点推进机器学习技术在国防制造领域的应用,在加速复杂武器系统设计优化、提升制造工艺能力、提升工厂车间效率等方面初见成效。

11.5.1　抢占智能制造先机

机器学习技术是一门多领域交叉学科,专门研究计算机如何模拟或实现人类的学习行为,以获取新知识或技能,重新组织已有知识结构使之不断改善优化,是提高"将信息提炼为知识"能力的方法。机器学习技术的核心基础是基于对真实有效的大数据的分析,在武器系统设计研发、生产制造、部署应用的整个过程中会产生大量的数据,包括产品设计仿真、制造装配、零件测试、质量评估、供应商采购、决策制定等各种类型的数据信息。机器学习技术采用标准的算法,通过历史样本学习来选择和提取特征,构建并不断优化模型,使得原有制造系统增加自主学习的能力,可解决武器装备研制生产过程的不确定业务,提升武器系统设计优化、工艺过程控制、设备预测性维护、供应链优化、工厂设备能耗管理等能力,确保能够快速高效地向客户交付高质量产品。

2018年1月,美国总统行政办公室发布《美国先进制造业领先地位战略》报告指出,机器学习技术可以从所有相似系统的已有生产经验中提取有用知识,为后续生产提供精确指导,其与云计算、数据分析和基于人工智能的计算建模等技术融合,将成为推动工业物联网发展的关键因素,是"抢占智能制造先机"这一战略目标的重点支撑技术之一。

11.5.2　加速优化复杂武器系统设计

随着未来武器装备系统向信息化、智能化、一体化发展,对于设计工具的优化也提出了更高要求。基于机器学习的优化设计技术不断发展,扩展了设计空间,简化了复杂参数模型的优化设计流程。

2019年4月,美国通用电力(GE)公司宣称已将机器学习技术用于喷气发动机和涡轮发动机的设计研发,可减少一半的设计流程,有助于加速下一代产品研发。在确定柴油发动机活塞顶部最佳形状时,GE公司的研究人员采用神经网络技术对约100个计算流体动力学近似模型进行训练,仅15min就评估了一百万种设计变更,而如果采用传统计算机仿真方法则需要2天时间。新的设计结构还使得柴油机燃油效率提高7%,同时"烟尘排放"显著降低。

2018年3月,美国国防先期研究计划局(DARPA)启动"基本设计"项目,旨在开发基于人工智能的复杂机械系统自动化设计工具。该项目由威斯康星大学麦迪逊分校、施乐帕克研究中心共同完成,主要面向车辆、飞机等复杂机械组件的系统概念设计,开发全新的数学框架D-FOCUS,采用机器学习技术,可系统搜索满足功能要求的拓扑布局,以改变现有设计工具不能实现拓扑映射、设计空间探索等现状。DARPA希望利用机器学习取得的最新成果为设计师设计复杂部件提供新思路。

2017年11月,美国联合技术研究中心(UTRC)和联合技术公司(UTC)开发了一个"发现"(Discover)设计框架,其目标是将机器学习应用到设计过程,从而快速生成更为优化的系统。设计师通常根据以往的设计经验进行改进,寻找部分参数优化的设计方案,但只能搜索有限的设计空间。Discover 使用基于物理模型的设计方法,能够确保设计出正确的构型,通过智能推理能够全面探索设计空间,以识别所有可行的选项,最后通过机器学习评估最终设计方案的可行性和合理性。由于引入机器学习算法进行训练,过去需要 3 个月完成的计算,现在可以 10 天左右完成。

11.5.3　提升制造工艺可靠性

美欧等国家/地区军事机构或军工企业积极研究机器学习技术在 3D 打印、复合材料制造等新兴制造技术领域的应用,取得多项重要突破。

1. 改进 3D 打印零件质量

2019 年 4 月,美国 Senvol 公司表示,在美海军研究局支持下开发的增材制造机器学习软件 Senvol ML 主要用于分析增材制造中材料、设备与工艺参数之间的关系,其基础是增材制造数据模块化框架,包括:工艺参数、工艺特征、材料属性和机械性能 4 个模块。软件通过算法量化 4 个模块之间的关系,来确定合适的材料、工艺和设备。通过该软件,可以根据加工对象要求,直接确定适合的增材制造工艺参数和设备,而无须再进行试验或试错,能够节省大量时间和成本。该软件已在美国海军、美国国防后勤局、美国国家标准与技术研究院等机构获得应用,并取得较好应用成效,后续将进行商业化推广。

2018 年 10 月,美国海军研究实验室与洛马公司签订了为期 2 年、价值 580 万美元的合同,旨在探索应用机器学习技术来训练 3D 打印机器人,使其能够独立监控并优化复杂零件 3D 打印过程。洛马公司以多轴激光沉积机器人为研究对象,开发了相应软件系统,使得机器人能够在制造过程中监测并调整参数,从而确保制造出质量一致性更高的零件。通过审查 3D 打印过程中常见的微观结构类型,并对机器人系统中的材料属性数据进行测量,然后将微观结构类型与材料属性数据进行一一匹配,最后将这些知识集成到机器人系统中。根据这一整套知识系统,结合机器学习技术,3D 打印机器人能够自主决策打印策略以制造性能最优的零件。

2. 改进复合材料制造工艺稳定性

2018 年 2 月,英国国家复合材料中心和建模仿真中心开展了一项合作研究项目,验证机器学习技术在树脂传递模塑(RTM)工艺闭环控制中的应用。具体包括以下步骤:在生产过程中测量工艺参数(输入数据);测量成品的关键质量数据(输出数据);使用机器学习技术来模拟输入数据和输出数据之间的关系;使用训练后的模型来设置最佳工艺参数。在该项目中,计算机经过训练,可以识别 RTM 工艺中不同时间的阀门位置与树脂流动之间的关系。该项目旨在将机器学习技术与虚拟制造仿真相结合,改善制造工艺学习曲线,缩短产品上市时间,同时改进工艺流程和产品质量。

在 DARPA 的支持下，洛马公司牵头开展了复合材料胶结工艺项目研究，旨在采用基于贝叶斯过程控制(BPC)方法的机器学习技术，通过对复合材料胶结工艺进行大数据分析，建立一个可以捕获车间级变异性和利用概率计算工具的系统架构，来评估并降低复合材料构件胶结工艺的风险。目前，复合材料胶结技术已经可以实现机翼、机身等复合材料结构的胶结，正在通过建造更大的试验件，验证复合材料胶结工艺模型的效果，推动该技术在航空航天领域大型复合材料构件制造中广泛应用。通过该项目研究，有望解决复合材料胶结结构件质量不确定性问题，一旦胶结工艺过程控制通过审查，建立的系统架构将成为标准化实践，对飞机制造业将产生重大影响。

3. 实现原子级制造自动化

2018 年 3 月，加拿大阿尔伯塔大学披露，在原子级电路制造过程中，通过自动检测和修复扫描探针显微镜的探针针尖，在全球首次实现原子级制造的自动化。研究人员利用基于卷积神经网络的机器学习技术，分析已知原子缺陷的图像，确定扫描探针显微镜的探针针尖钝化问题，并自动进行原位锐化调节，解决了此前手动调节耗时极长的问题，为原子级制造实现规模化应用奠定了基础，利用此项技术的新型电子设备可使生产能耗降低到原来的千分之一以下，处理速度提高上百倍。

11.5.4 促进车间生产效率提升

在工厂车间，利用机器学习技术可以对制造系统实时采集的各种数据进行加工处理，挖掘出产品缺陷与制造系统历史数据之间的关系，形成控制规则，并向制造系统实时反馈，进而控制生产过程、减少产品缺陷，并实现制造设备预测性维护，提升车间智能化水平。

针对工厂车间的应用，雷神公司 2018 年披露，其正在开展"利用分析和机器学习技术降低缺陷"项目研究，以开源分析和机器学习软件为基础，从多种信息系统中提取信息、实现多源数据的自动集成，并快速筛选大量信息、识别复杂模式和预测未来结果，从而支持数据驱动的决策。目前，利用该项目的研究成果已使零件级/系统级使用案例的缺陷预测准确率提高到 99%；另外，该项目研究还识别出测试流程中的冗余区域，根据识别结果对工艺流程进行优化后预计可以使产能提高约 40%。

2017 年 9 月，美国工业互联网联盟推出"面向智能工厂预测性维护的机器学习技术"测试平台，以评估、验证机器学习技术在适于大批量生产的制造设备的预测性维护中的应用，实现在设备发生故障之前对可能出现的异常现象和故障情况进行有效识别及预测性维护，进而延长制造设备的使用寿命、提高设备能效。经验证，采用该技术对数控机床主轴头等关键部件进行监控，可使由于这些关键部件故障或性能退化导致的数控机床停机时间从 10 天减少到仅 8 小时，节省停机成本达 200 万美元。

　　总之,工业物联网、网络信息系统、云平台等新兴技术在国防制造领域深入应用,将产生大量可用数据信息,机器学习技术的应用和价值也随之扩大,包括从优化产品设计、提高制造工艺稳定性,到生产排产优化、工厂布局规划、设备预测性维护、自动化质量检测等工厂车间精准控制,再到优化业务流程、准确预测成本、精准供应链管理等业务精准管理,可以进一步加速国防领域智能制造发展。

参 考 文 献

[1] 郑力,莫莉.解码世界先进制造管理[M].北京:清华大学出版社,2014.

[2] 布劳克曼.智能制造:未来工业模式和业态的颠覆与重构[M].北京:机械工业出版社,2018.

[3] 辛国斌,田世宏.国家智能制造标准化体系建设指南[M].北京:电子工业出版社,2016.

[4] 王鹏.2017—2018年中国智能制造发展蓝皮书[M].北京:人民出版社,2018.

[5] 孟光,郭立杰,林忠钦,等.航天航空智能制造技术与装备发展战略研究[M].上海:上海科学技术出版社,2017.

[6] 胡成飞,姜勇,张旋.智能制造体系构建[M].北京:机械工业出版社,2017.

[7] 蒋志强,施进发,王金凤.先进制造系统导论[M].北京:科学出版社,2005.

[8] 戴庆辉.先进制造系统[M].北京:机械工业出版社,2006.

[9] 但斌,刘飞.先进制造与管理[M].北京:高等教育出版社,2008.

[10] 莫莉,郑力.世界先进制造系统的演进路径及体系结构[J].兵工自动化,2013(11):1-7.

[11] 周济.智能制造——"中国制造2025"的主攻方向[J].中国机械工程,2015(9):2273-2284.

[12] 孙柏林.中国"智能制造"发展之路——《智能制造发展规划(2016—2020年)》解读[J].电气时代,2017(5):42-47.

[13] 李晓红,苟桂枝,徐可.美欧推动机器学习技术在国防制造领域的应用[J].国防科技情报,2019(11):6-13.

[14] 于成龙,侯俊杰,蒲洪波.美国人工智能发展及其国防领域应用[J].国防科技情报,2019(9):1-7.

[15] 蔡莉,许春阳.国外应用3D打印技术制造核级部件进展简析[J].国防科技情报,2018(24):9-11.

[16] 宋智勇,李杰,刘大炜.面向智能制造的飞机结构件数字化车间构建关键技术[J].航空制造技术,2019(7):26-31.

[17] 中国科学院沈阳自动化研究所.制导弹药智能总装生产线研制与推广应用[J].自动化博览,2016(5):72-75.

[18] 孙京,刘金山,赵长喜.航天智能制造的思考与展望[J].航天器环境工程,2015(6):577-582.

[19] 王友发,周献中.国内外智能制造研究热点与发展趋势[J].中国科技论坛,2016(4):156-162.

[20] 张慧颖,段韶波.宏微观视域下智能制造关键领域及技术热点研究[J].天津大学学报(社会科学版),2017(4):10-15.

[21] 周佳军,姚锡凡,刘敏.几种新兴智能制造模式研究评述[J].计算机集成制造系统,2017(3):624-639.

[22] 林汉川,汤临佳.新一轮产业革命的全局战略分析:各国智能制造发展动向概览[J].学术前沿,2015(11):64-77.

[23] 朱剑英.智能制造的意义、技术与实现[J].机械制造与自动化,2013(3):7-12.

[24] 瞿培丽.从工业4.0的发源地德国看智能制造[J].印刷经理人,2018(3):8-10.

[25] 丁纯,李君扬.德国"工业4.0":内容、动因与前景及其启示[J].德国研究,2014(4):49-66.

[26] 李金华.德国"工业4.0"与"中国制造2025"的比较及启示[J].中国地质大学学报(社会科学版),2015(15):79.

[27] 方晓霞,杨丹辉,李晓华.日本应对工业4.0:竞争优势重构与产业政策的角色[J].经济管理,2015(11):20-31.

[28] 王玉.博世:做智能制造的探索者与实践者:访博世(中国)投资有限公司工业4.0业务项目总监任晓霞[J].物流技术与应用,2017(11):20-22.

[29] 陈曦,王娜,梁娜.透过案例展望德国工业4.0[J].中国电信业,2015(1):26-29.

[30] 葛雯斐.云翼互联报喜鸟工业4.0探索与实践[J].信息化建设,2016(10):40-41.

[31] 白伦.在喧嚣的网络背后——工业4.0五大案例[J].互联网周刊,2015(9):64-65.

[32] 隋少春,牟文平,龚清洪.数字化车间及航空智能制造实践[J].航空制造技术,2017(7):46-50.

[33] 黄恺之.智能制造发展浪潮下的国外国防工业[J].舰船科学技术,2018(2):144-148.

[34] 叶秀敏.基于"工业4.0"的智慧企业特征分析[J].北京工业大学学报(社会科学版),2015(1):15-20.

[35] 欧阳明高.中国汽车智能制造技术路线图[J].世界制造技术与装备市场,2017(1):71-74.

[36] 夏妍娜,王羽.大数据在德国汽车制造商宝马集团中的应用[J].智慧工厂,2018(3):65-68.

[37] 刘建军,张艳芬.浅谈汽车智能制造[J].汽车实用技术,2018(1):1-2.

[38] 刘来超,胡志强,蔡云生.汽车产业智能制造研究分析[J].汽车工艺师,2017(5):60-63.

[39] 孙冠男.智能制造在汽车工业中的应用[J].汽车工程师,2017(8):49-51.

[40] 张立乔.美国3D打印创新中心发展概览[J].新材料产业,2016(6):7-15.

[41] 林雪萍,贲霖,王晓明.美国国家制造创新模式探析[J].中国工业评论,2017(10):32-41.

[42] 王媛媛.美国推动先进制造业发展的政策、经验及启示[J].亚太经济,2017(6):81-85.

[43] 吴士权.美国先进制造业的最新发展及其运行机制(上)[J].上海质量,2016(10):20-24.

[44] 吴士权.美国先进制造业的最新发展及其运行机制(下)[J].上海质量,2016(11):29-33.

[45] 朱宏康,贾豫冬.美国制造创新计划研究[J].中国材料进展,2017(5):395-400.

[46] 朱传杰.美国重建制造业大国最新进展[J].合作经济与科技,2017(17):10-12.

[47] 孙迁杰.俄罗斯国防工业发展之路[J].军工文化,2016(6):80-82.

[48] 马建光.俄罗斯国防工业启示录[J].军事文摘,2016(11):21-23.

[49] 祁萌,李晓红.美、日等军事强国智能制造装备发展策略分析[J].国防制造技术,2017(3):8-10.

[50] 李晓红,高彬彬.美国大力提升先进制造能力[J].国防科技工业,2014(9):62-65.

[51] 魏博宇.日本国防工业概貌[J].现代军事,2016(6):108-112.

[52] 韩一丁,满璇,徐熙阳.新时期世界武器装备科研生产趋势及对我国国防科技工业的发展要求[J].中国航天,2017(6):66-68.

[53] 郝璐,张瑾,张浩.英国国防工业管理体系发展简析[J].航天工业管理,2017(10):43-45.

[54] 黄恺之.智能制造发展浪潮下的国外国防工业[J].舰船科学技术,2018(2):144-148.

[55] 李晓红,高彬彬,祁萌.智能制造技术发展及其国外国防领域研究应用现状[J].国防制造技术,2015(4):9-12.

[56] 徐迩铱,孙静芬,张璋,等.航天系统研制与生产中的数字化变革[J].国防科技情报,2019(19):8-12.

[57] DANNIELLE B,ROLF B,KEVIN C. National network for manufacturing innovation program:annual report[R]. Washington,Executive Office of the President National Science and Technology Council Advanced Manufacturing National Program Office,2016.